高等职业教育智能制造技术专业群系列规划教材

GONGYE JIQIREN

LIXIAN FANGZHEN JISHU

工业机器人

离线仿真技术

■ 主 编 孙 伟 范洪艳

主 审 王翠凤

大连理工大学出版社

图书在版编目(CIP)数据

工业机器人离线仿真技术 / 孙伟，范洪艳主编. --
大连 ：大连理工大学出版社，2024.6
ISBN 978-7-5685-4277-7

Ⅰ. ①工… Ⅱ. ①孙… ②范… Ⅲ. ①工业机器人－程序设计－高等职业学校－教材②工业机器人－计算机仿真－高等职业教育－教材 Ⅳ. ①TP242.2

中国国家版本馆 CIP 数据核字(2023)第 050137 号

大连理工大学出版社出版

地址:大连市软件园路 80 号　邮政编码:116023

发行:0411-84708842　邮购:0411-84708943　传真:0411-84701466

E-mail:dutp@dutp.cn　URL:https://www.dutp.cn

辽宁虎驰科技传媒有限公司印刷　　大连理工大学出版社发行

幅面尺寸:185mm×260mm　印张:16.5　字数:400 千字

2024 年 6 月第 1 版　　2024 年 6 月第 1 次印刷

责任编辑:刘　芸　　责任校对:陈星源

封面设计:方　茜

ISBN 978-7-5685-4277-7　　定　价:59.80 元

本书如有印装质量问题,请与我社发行部联系更换。

前　言

《工业机器人离线仿真技术》是高等职业教育智能制造技术专业群系列规划教材之一。

在现代制造业中，工业机器人发挥着越来越重要的作用。它不仅可以替代传统的人工生产，还可以提高生产率和质量，降低生产成本，改善工作环境，促进制造业升级转型等。《中华人民共和国国民经济和社会发展第十四个五年规划和2035年远景目标纲要》提出：培育先进制造业集群，推动包括机器人产业在内的高端制造产业创新发展；提高安全生产水平，推进危险岗位机器人替代。工业机器人应用技术已成为智能制造和工业自动化的关键技术之一。

编写本教材旨在提高高校学生和工程技术人员的工业机器人编程技能与素养。本教材以工业机器人的主流产品——ABB机器人为对象，系统地介绍了工业机器人程序设计与离线仿真的相关知识。全书以实践操作过程为内容主线，采用以图为主的编写形式，通俗易懂。通过对典型工作站仿真进行分析，重构知识点与技能点，并将其融入各个模块。

全书分为5个模块，主要阐述了ABB机器人离线编程仿真软件RobotStudio的安装与授权、工作站创建、建模、测量、Smart组件使用、编程与仿真调试等知识，每个模块中都融合了与工业机器人应用编程1+X证书相关的知识点与技能点，内容独立，难度逐级递增。

本教材结合党的二十大精神，以立德树人为根本任务，将科技报国、安全生产、工匠精神和团结合作等思政元素有机融入，实现德技并修双育人。

本教材为“互联网+”新形态融媒体教材，书中配有微课视频，对机器人的仿真操作进行了清晰、细致的讲解，有助于学生课后对重点、难点进行回顾复习，加深理解。本教材所涉及的项目程序及仿真素材包可登录职教数字化服务平台进行下载。

本教材主要适用于高等职业院校工业机器人技术专业的学生学习，也适用于电气自动化技术、机电一体化技术、数控技术、机械制造及自动化等专业的学生学习。学时分配如下：

序号	内容	建议学时	
		理论	实践
1	离线编程及RobotStudio的基本操作	2	4
2	轨迹工作站离线编程与仿真	6	6
3	涂胶工作站离线编程与仿真	6	6
4	搬运工作站离线编程与仿真	8	8
5	装配工作站离线编程与仿真	8	10
合计		30	34

本教材由辽宁轻工职业学院孙伟、范洪艳任主编，孙伟编写模块1，范洪艳编写模块2至模块5。全书由孙伟负责统稿和定稿。本教材的仿真素材基于亚龙智能装备集团股份有限公司的工业机器人实训系统YL-399设备的配套素材。在编写本教材的过程中，我们得到了亚龙智能装备集团股份有限公司魏帅召的大力支持与精心指导，在此表示诚挚的谢意！福建信息职业技术学院王翠凤审阅了全书并提出了许多宝贵的意见和建议，在此深表感谢！

另外，我们在编写过程中参考、引用和改编了国内外出版物中的相关资料以及网络资源，在此对这些资料的作者表示深深的谢意！请相关著作权人看到本教材后与出版社联系，出版社将按照相关法律的规定支付稿酬。

因作者水平有限，书中仍可能存在疏漏之处，恳请读者批评指正。

编　者

2024年5月

所有意见和建议请发往：dutpgz@163.com
欢迎访问职教数字化服务平台：https://www.dutp.cn/sve/
联系电话：0411-84707424　84708979

目　录

本书配套微课资源

序号	微课名称	页码	模块	序号	微课名称	页码	模块
1	创建轨迹工作站	41	模块2	19	创建仓储台	136	模块4
2	创建工件坐标	49		20	创建工具	141	
3	创建菱形路径	51		21	创建搬运工作站	152	
4	创建风车形路径	58		22	建立板卡与信号	156	
5	创建树叶形路径	66		23	编写程序	159	
6	创建涂胶工作站	88	模块3	24	示教目标点	164	
7	建立板卡与信号	94		25	Smart 组件设置	170	
8	建立程序数据	98		26	工作站逻辑设计	177	
9	编写程序	102		27	仿真调试运行	178	
10	示教目标点	105		28	创建变位机机械装置	184	模块5
11	Smart 组件设置	107		29	创建夹爪机械装置	194	
12	工作站逻辑设计	113		30	工作站逻辑设计	214	
13	仿真调试运行	114		31	Smart_xipan 组件设置	222	
14	碰撞监控	115		32	Smart_liaokou1 组件设置	226	
15	TCP 跟踪	117		33	Smart_liaokou2 组件设置	231	
16	创建简单 3D 模型	124	模块4	34	Smart_jiazhua 组件设置	236	
17	创建组合 3D 模型	126		35	示教目标点	243	
18	创建物料台	131		36	仿真调试运行	252	

模块 1

离线编程及 RobotStudio 的基本操作

认识工业机器人，明确示教编程和离线编程的各自特点，知晓常用离线编程软件，掌握 ABB 机器人离线编程软件 RobotStudio 的安装、授权以及基本操作。

知识目标

1. 了解什么是机器人。
2. 知道机器人的主要编程方法。
3. 了解国内外离线编程软件。
4. 掌握 RobotStudio 软件的下载、安装与授权。
5. 掌握 RobotStudio 软件的基本操作。

能力目标

1. 能下载、安装与授权 RobotStudio 软件。
2. 能对 RobotStudio 软件进行基本操作。

素质目标

关注时事，了解国家政策，明确机器人发展规划和方向。

1.1 认识机器人及离线编程

想象中的机器人是影视作品中出现的、具有人的形态的自动化机器，如《变形金刚》里的擎天柱，他们大都具有超能力。但实际机器人并不都具有人的形态，如工业上用到的各种机械臂、扫地机器人等。1987 年，国际标准化组织对工业机器人进行了定义："工业机器人是一种具有自动控制操作与移动功能，能完成各种作业的可编程操作机。"我国科学家也对机器人下了定义："机器人是一种自动化的机器，所不同的是这种机器具备一些与人或生物相似的智能能力，如感知能力、规划能力、动作能力、协同能力，是一种具有高度灵活性的自动化机器。"

工业机器人是一种能模拟人的手、臂的部分动作，按照预定的程序、轨迹及其他要求，实现抓取、搬运工件或操作工具的自动化装置。工业机器人通常具有六个关节，借助伺服技术控制机器人的关节，利用人手对机器人进行动作示教，机器人能实现动作的记录和再现，这就是所谓的示教再现机器人。现有机器人所进行的示教编程就是采用这种控制方式。

机器人的编程方法主要有两种：示教编程和离线编程。示教编程是指使用示教器手把手对机器人进行示教，将动作顺序、运动速度、位姿等信息用一定的方法预先教给机器人，由工业机器人根据需要再现操作，展现示教的动作和作业的内容。离线编程是指编程人员通过软件，在计算机里重建整个机器人工作场景的三维虚拟环境，然后使用离线编程软件，根据要求控制机器人的运动，之后操作人员在离线编程软件中仿真与调整机器人的运动轨迹，最终生成机器人程序并传输给机器人。

工业机器人在线示教编程与离线编程各具特点。在线示教编程需要实际机器人和工作环境，编程时机器人停止工作，需要在实际控制系统上测试程序，编程的质量取决于编程人员的经验，复杂的机器人运行轨迹难以实现，各机器人厂家有自己的编程语言，通用性不强。离线编程需要机器人系统和工作环境的图形模型，离线编程时不影响机器人工作，通过仿真测试程序，可以用 CAD 软件进行最佳轨迹规划，能实现复杂运动轨迹编程，使用范围广，可对多种类型的机器人进行编程。

离线编程的优点：

(1)不占用机器人工作时间或减少机器人停机时间，当对机器人进行离线编程时，机器人仍可在生产线上工作。

(2)可以导入 CAD 格式数据，能识别 CAD 模型的点、线、面并生成轨迹。

(3)可以自动生成路径，通过使用待加工部件的 CAD 模型，自动生成机器人路径规划数据。

(4)带有仿真功能，可以对机器人工作站进行模拟仿真，测试系统的周期节拍以及对机器人在运动过程中是否与周边设备发生碰撞干涉进行验证；可以优化产品设计，通过虚拟装配避免和减少物理模型的制作，缩短开发周期，降低成本。

(5)可使用计算机高级语言对复杂任务进行编程，离线编程程序便于修改，编程人员可远离危险的现场环境。

1.2 常用的离线编程软件

离线编程软件大体可分为两类：一类是由机器人生产商开发的专用离线编程软件，它仅限于该生产商生产的品牌机器人的离线编程，如日本发那科公司的 ROBOGUIDE、瑞士 ABB 公司的 RobotStudio、德国库卡公司的 KUKA. Sim Pro 等；另一类是由专门的软件公司开发的通用离线编程软件，它适用于多种品牌的机器人，如加拿大的 Robotmaster、法国达索公司的 DELMIA、德国西门子公司的 ROBCAD、以色列的 RobotWorks 等，国产通用离线编程软件北京华航唯实机器人科技股份有限公司的 RobotArt、江苏汇博机器人技术股份有限公司的 RoboDK、华中科技大学国家数控系统工程技术研究中心和佛山华数机器人有限公司联合开发的 iNC Robot 等。表 1-2-1 中列出了几种常用的离线编程软件。

表 1-2-1 几种常用的离线编程软件

仿真软件名称	工业机器人品牌	功 能
Robotmaster（加拿大）	绝大多数机器人品牌，如 KUKA、ABB、FANUC、安川、松下、三菱、DENSO、COMAU 等	Robotmaster 在 Mastercam 中无缝集成了机器人编程、仿真和代码生成功能，提高了机器人编程速度。 优点：可以按照产品数字模型生成程序，适用于切割、铣削、焊接、喷涂等；具有独特的优化功能，运动学规划和碰撞检测非常精确，支持外部轴（直线导轨系统、旋转系统），并支持复合外部轴组合系统。 缺点：暂不支持多台机器人同时模拟仿真，基于 Mastercam 做的二次开发，价格昂贵
ROBCAD（德国西门子公司）	兼容多种品牌	ROBCAD 重点在生产线仿真，该软件支持离线点焊、多台机器人仿真、非机器人运动机构仿真、精确的节拍仿真，主要应用于产品生命周期中的概念设计和结构设计两个前期阶段。 优点：与主流的 CAD 软件（如 NX、CATIA、IDEAS）无缝集成，实现工具工装、机器人和操作者的三维可视化，制造单元、测试以及编程的仿真。 缺点：价格昂贵，离线功能较弱，为 Unix 移植过来的界面，人机界面不友好
DELMIA（法国达索公司）	兼容多种品牌	汽车行业大多用 DELMIA，它是法国达索公司旗下的 CAM 软件，具有六大模块，其中 Robotics 解决方案涵盖汽车领域的发动机、总装、白车身（Body in White），航空领域的机身装配、维修维护以及一般制造业的制造工艺。DELMIA 的机器人模块 ROBOTICS 是一个可伸缩的解决方案，利用强大的 PPR 集成中枢快速进行机器人工作单元建立、仿真与验证，是一个完整的、可伸缩的、柔性的解决方案。 优点：用户从可搜索的、含有 400 种以上的机器人的资源目录中，下载机器人和其他的工具资源，在工厂布置规划工程师所完成的工作基础上，加入工作单元中工艺所需的资源进一步细化布局。 缺点：操作难度太大，工业正版软件的单价在百万元以上

续表

仿真软件名称	工业机器人品牌	功　能
RobotArt （中国北京华航唯实机器人科技股份有限公司）	兼容多种品牌	RobotArt 是北京华航唯实机器人科技股份有限公司推出的一款国产离线编程软件，2022 年北京冬奥会生产奥运火炬的软件就是 RobotArt。它的出现彻底打破了国外软件垄断的局面，降低了国内机器人的成本，为国内机器人发展提供了更好的服务。根据几何数字模型的拓扑信息生成机器人运动轨迹，集成处理轨迹仿真、路径优化、后置代码，同时集碰撞检测、场景渲染、动画输出于一体，可快速生成效果逼真的模拟动画。RobotArt广泛应用于打磨、去毛刺、焊接、激光切割、数控加工等领域。RobotArt 教育版针对教学实际情况，增加了模拟示教器、自由装配等功能，帮助初学者在虚拟环境中快速认识机器人，快速学会机器人示教器基本操作，可大大缩短学习周期，降低学习成本。但该软件不支持整个生产线仿真，对国外小品牌机器人也不支持
ROBOGUIDE （日本发那科公司）	FANUC 机器人	ROBOGUIDE 是日本发那科公司提供的一个机器人仿真软件，它围绕一个离线的三维世界进行模拟，在这个三维世界中模拟真实的机器人和周边设备的布局，进一步模拟机器人的运动轨迹。通过这样的模拟可以验证方案的可行性，同时获得准确的节拍时间。 优点：软件内置了所有 FANUC 机器人的模型和运动参数及大量的外围设备模型库，可以使用几乎所有机器人选项功能，甚至进行视觉处理程序的仿真。 缺点：只支持发那科公司的品牌机器人

这些虚拟编程的仿真软件具有软件菜单操作简便、人机界面友好、操作提示简明扼要、使用简单等优点，为机器人在工业使用及设计领域的虚拟仿真设计提供了解决方案。

1.3 RobotStudio离线编程软件

RobotStudio 是瑞士 ABB 公司推出的离线编程软件，它是机器人本体商中软件做得较好的一款。

RobotStudio 软件支持机器人的整个生命周期，使用图形化编程、编辑和调试机器人系统来创建机器人的运行，并模拟优化现有的机器人程序。RobotStudio 包括如下功能：

（1）编程。RobotStudio 软件既是仿真软件，又是编程软件，它可以把编好的程序下载到真实机器人中，真实机器人示教器里的程序也可在 RobotStudio 软件中打开。

（2）构建工作站。RobotStudio 软件可以创建工作站，并且模拟真实场景，测量节拍时间，据此工作人员就可以在办公室对整个工作站流水线进行生产测试。构建工作站时，RobotStudio 软件支持各种主流 CAD 格式的数据导入，包括 IGES、STEP、VRML、VDAFS、ACIS 及 CATIA 等。编程人员可依据这些精确的数据编制精度更高的机器人程序，从而提高产品质量。

（3）自动生成路径。对于一些不规则的轨迹，通常人为示教比较麻烦，并且效率低。此功能通过使用待加工零件的 CAD 模型，仅在数分钟之内便可自动生成跟踪加工曲线所需要的机器人位置（路径），并把生成好的路径下载到真实机器人中，大幅度地提高了效率。

（4）自动分析伸展能力。此功能可以测量机器人能够到达哪些位置，优化工作站单元布局。

（5）碰撞监测。此功能可避免设备碰撞造成的严重损失。选定检测对象后，RobotStudio 软件可自动监测并显示程序执行时这些对象是否会发生碰撞。

（6）在线作业。使用 RobotStudio 软件与真实的机器人进行连接通信，可对机器人进行便捷的监控、程序的修改、参数的设定、文件的传送、程序的备份与恢复等。

（7）二次开发。RobotStudio 软件提供二次开发的功能，可使工作人员更方便地调试机器人，以及更加直观地观察机器人生产状态。

1.4　RobotStudio软件的安装与授权

1. 安装 RobotStudio 软件

（1）注意在安装 RobotStudio 软件的过程中若没有关闭防火墙和杀毒软件，有可能造成 RobotStudio 的运行不正常，如无法操作虚拟控制器等，建议安装之前关闭防火墙和杀毒软件。系统默认安装在 C 盘，也可以更改为别的安装位置，建议选择完整版安装。

（2）计算机配置要求：CPU i5 或以上；内存 4 GB 或以上；硬盘空闲 20 GB 或以上；独立显卡 2 GB 或以上；操作系统 Windows 7 或以上。

（3）安装过程：

①解压下载的安装软件，双击“setup. exe”。

②进入选择安装语言界面，如图 1-4-1 所示，选择“中文（简体）”，单击“确定”，继续安装。

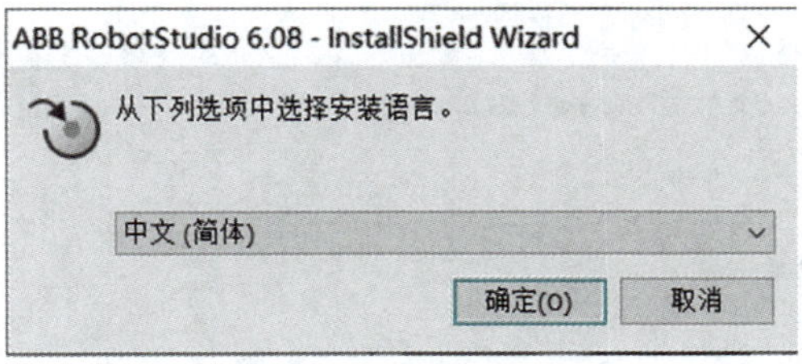

图 1-4-1　选择安装语言

③进入欢迎使用界面，单击“下一步”，然后进入许可证协议界面，选择“我接受许可证协议中的条款”，单击“下一步”，如图 1-4-2 所示。

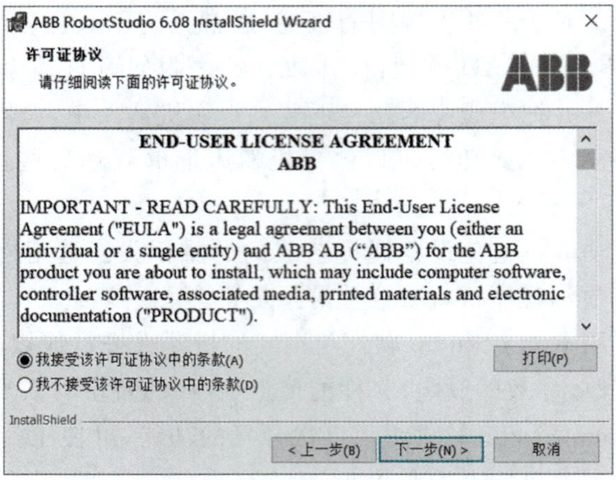

图 1-4-2 接受许可证协议

④选择安装地址，如图 1-4-3 所示，建议采用默认安装地址，也可以单击“更改”安装到选定的目录文件下，注意安装路径中不要出现中文字符。

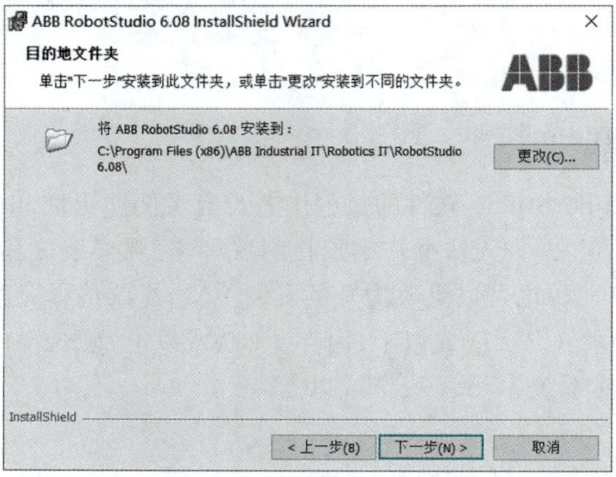

图 1-4-3 选择安装地址

⑤选择安装类型，如图 1-4-4 所示，建议采用默认的“完整安装”，之后单击“下一步”。

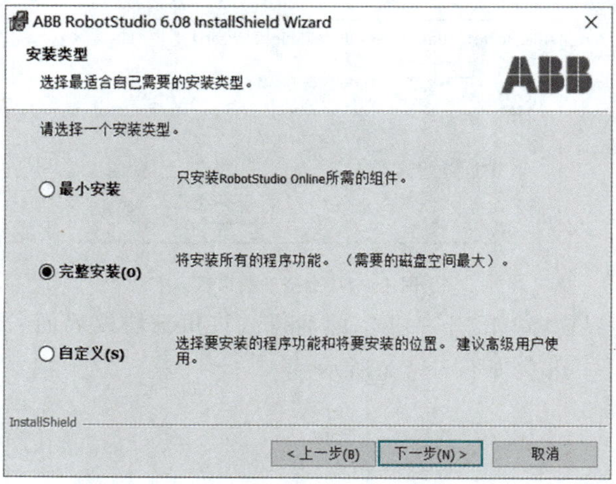

图 1-4-4 选择安装类型

⑥进入准备安装界面，如图 1-4-5 所示，单击“安装”则开始安装软件，直至完成。

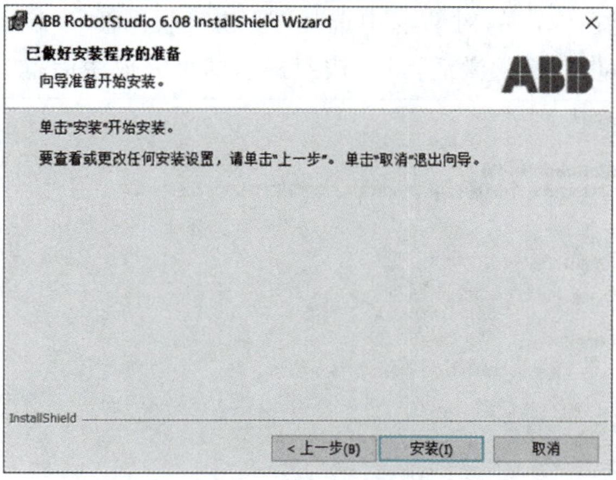

图 1-4-5 进入准备安装界面

2. RobotStudio 软件授权管理

第一次正确安装 RobotStudio 软件之后，用户可享受 30 天的全功能高级免费试用，30 天后如果没有进行授权操作的话，则只能使用软件基本版的功能。

软件基本版：提供所选的 RobotStudio 功能，如配置、编程和运行虚拟控制器，还可以通过以太网对实际控制器进行编程、配置和监控等在线操作。

软件高级版：提供 RobotStudio 所有的离线编程和多机器人仿真功能。高级版中包含基本版中的所有功能，使用高级版需进行授权，在进行授权激活之前，需要将计算机联网。

第 1 步：双击安装好的 RobotStudio 仿真软件，在“文件”下拉菜单中单击“选项”。

第 2 步：在弹出的对话框中单击“授权”→“激活向导”，如图 1-4-6 所示。

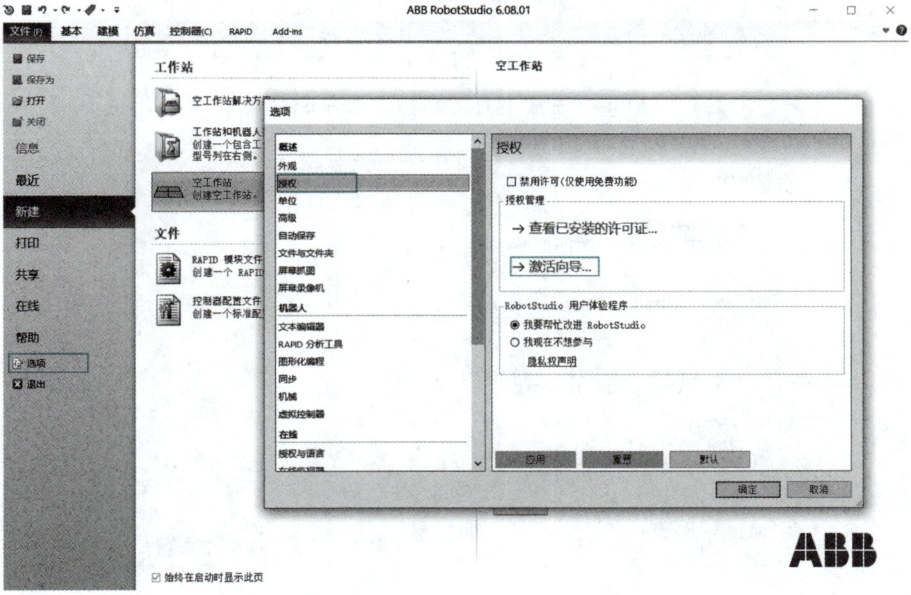

图 1-4-6 在“文件”下拉菜单的“选项”操作中激活向导

第 3 步:根据授权许可证选择“单机许可证”或“网络许可证”,如图 1-4-7 所示。若选择“单机许可证”激活,则在弹出的对话框中选择“通过互联网激活 RobotStudio”,如图 1-4-8 所示。之后单击“下一步”,输入激活密钥,按照提示即可完成激活,如图 1-4-9 所示。

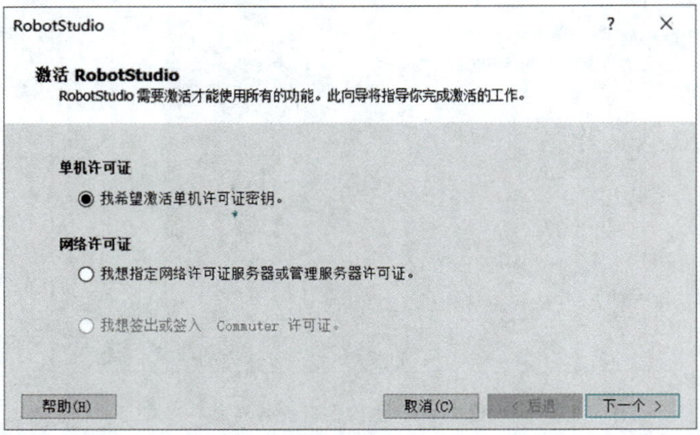

图 1-4-7　选择许可方式

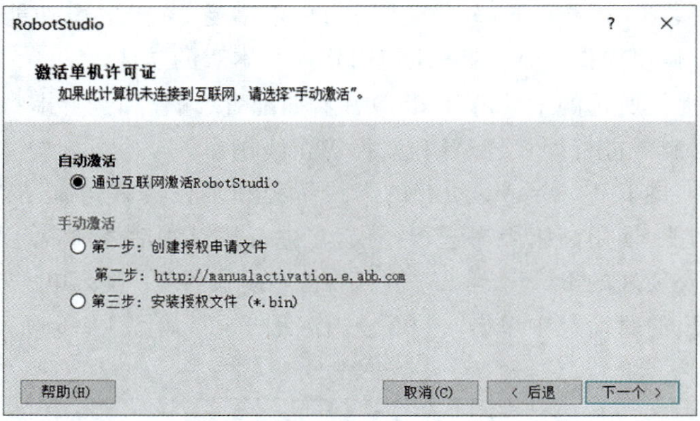

图 1-4-8　选择“通过互联网激活 RobotStudio”

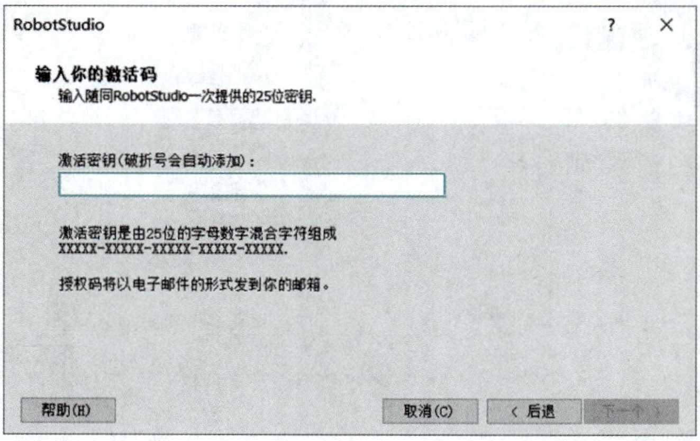

图 1-4-9　输入激活密钥

1.5 RobotStudio软件的基本操作

1. 软件界面介绍

双击计算机桌面上的 RobotStudio 软件快捷方式图标后，打开 RobotStudio 软件进入界面，如图 1-5-1 所示，在“文件”下拉菜单中单击“新建”→“空工作站”，再单击“创建”，进入 RobotStudio 软件主界面，如图 1-5-2 所示。该主界面分为五个区，分别为功能窗口区、布局窗口区、视图窗口区、输出信息窗口区和快捷菜单窗口区。

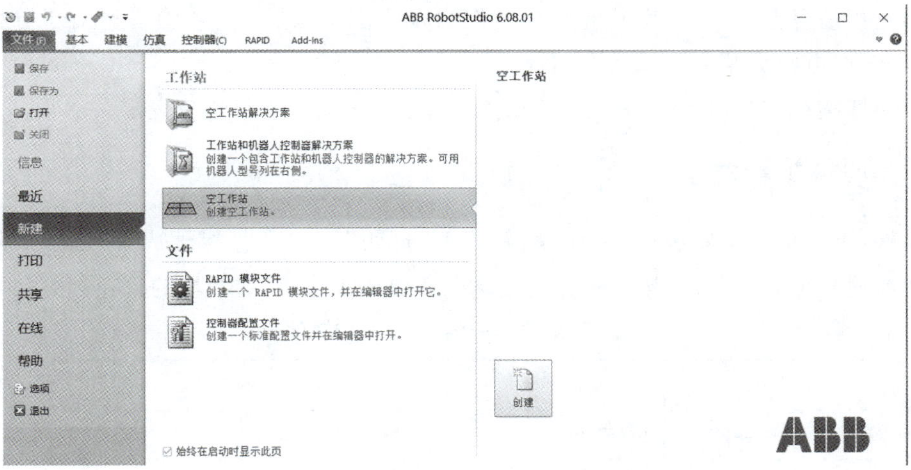

图 1-5-1 RobotStudio 软件进入界面

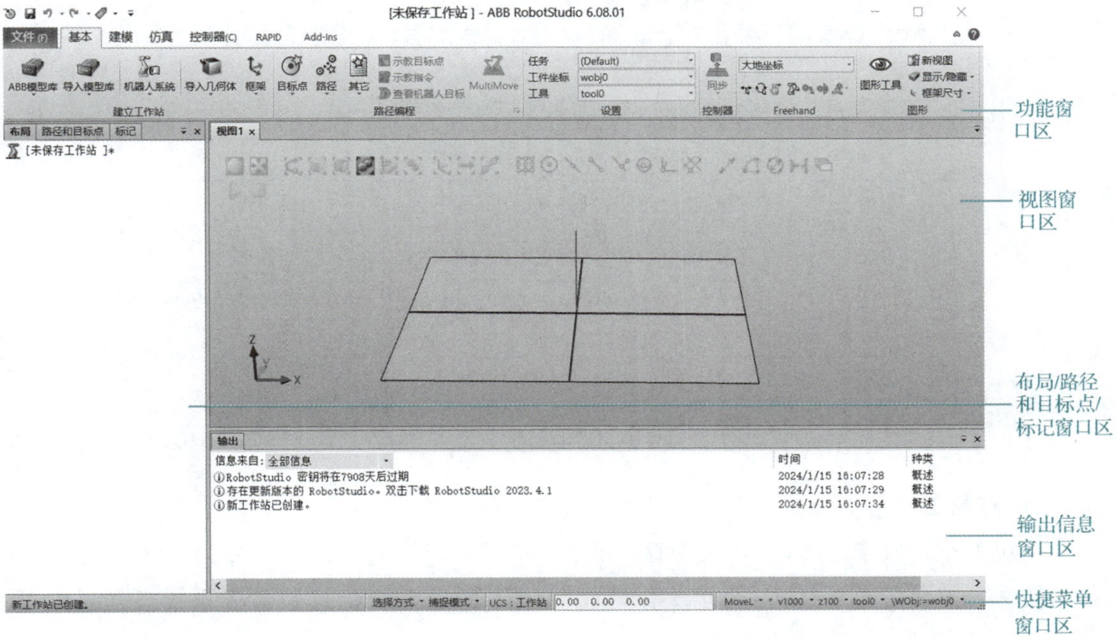

图 1-5-2 RobotStudio 软件主界面

(1)功能窗口区:包括“文件”“基本”“建模”“仿真”“控制器”“RAPID”“Add-Ins”七个功能选项卡,每个功能选项卡中设有相应的操作命令。功能窗口区集成了 RobotStudio 的绝大部分操作命令。

(2)布局/路径和目标点/标记窗口区:该区域的布局窗口用于显示机器人工作站中包含的基本部件和模型名称,选中部件或模型后可对其进行相应的设置。该区域还可切换显示为路径和目标点窗口、标记窗口,单击其上方相应的选项卡即可。路径和目标点窗口中包含路径及目标点的操作。

(3)视图窗口区:工作站部件的显示窗口,包括工业机器人及工作站内的其他设备部件均在此窗口区显示。在视图窗口区的上方有一排常用的工具按钮,包括查看视图工具按钮、手动操作工具按钮、选择方式工具按钮、捕捉模式工具按钮和测量工具按钮。

(4)输出信息窗口区:工作站的一切操作均在此窗口区显示,该窗口区对于分析、排除工作站的错误有很大帮助。

(5)快捷菜单窗口区:在软件界面的最底部,用于运动指令的快速设定。

2.“文件”下拉菜单

“文件”下拉菜单主要包括“保存”、“新建”、“打印”、“共享”、“帮助”与“选项”等命令选项,其功能简介见表 1-5-1。初学者首先应掌握新建空工作站、共享里的打包与解包等操作。

表 1-5-1 “文件”下拉菜单中各命令选项的功能简介

命令选项	功 能
保存/保存为	保存工作站
打开/关闭	打开以前保存过的工作站/关闭工作站
信息	显示工作站的属性、机器人系统及库文件
最近	显示最近访问的工作站和项目
新建	创建工作站、RAPID 模块文件、控制器配置文件
打印	打印活动窗口内容,设置打印机属性
共享	创建共享数据,工作站打包与解包
在线	连接到控制器,导入和导出控制器,创建并运行机器人系统
帮助	提供有关 RobotStudio 的帮助支持文档,诸如授权管理、RAPID 指令、函数和数据类型、手册
选项	显示有关 RobotStudio 设置选项的信息
退出	关闭 RobotStudio

(1)打包工作站

打包工作站操作之前,必须先保存工作站,保存工作站的文件扩展名为. rsstn,打包工作站的文件扩展名为. rspag。打包工作站能把保存的工作站文件、机器人系统等都集中打包起来,方便移植于不同的计算机。

在“文件”下拉菜单中单击“共享”→“打包”，在打开的“打包”对话框中单击“浏览”，设置存储路径，可勾选“用密码保护数据包”来设置密码保护，如图 1-5-3 所示。

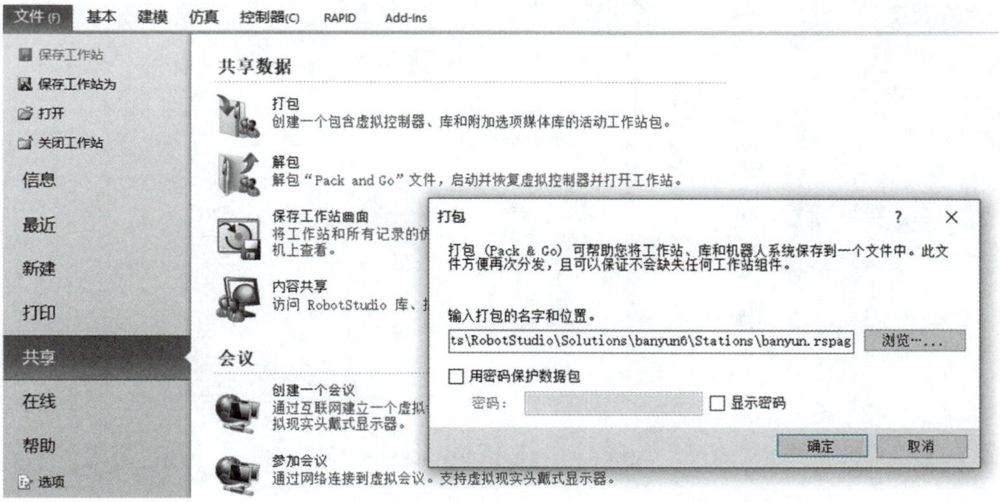

图 1-5-3 打包工作站

(2)解包工作站

在“文件”下拉菜单中单击“共享”→“解包”，打开“解包”对话框，单击“下一个”，进入如图 1-5-4 所示界面，通过上面的“浏览”按钮找到要解包的文件，通过下面的“浏览”按钮指定解包文件的存储位置，单击“下一个”，进入如图 1-5-5 所示界面，选择与解包文件相同的 RobotWare 版本。单击“下一个”→“完成”，即开始解包。若解包文件有密码，则必须正确输入密码才能解包。

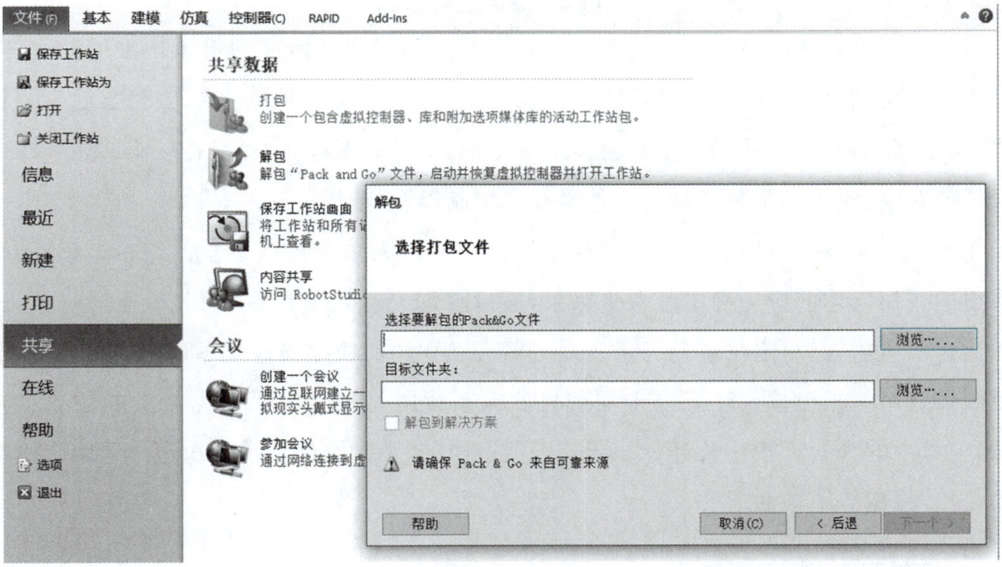

图 1-5-4 解包工作站

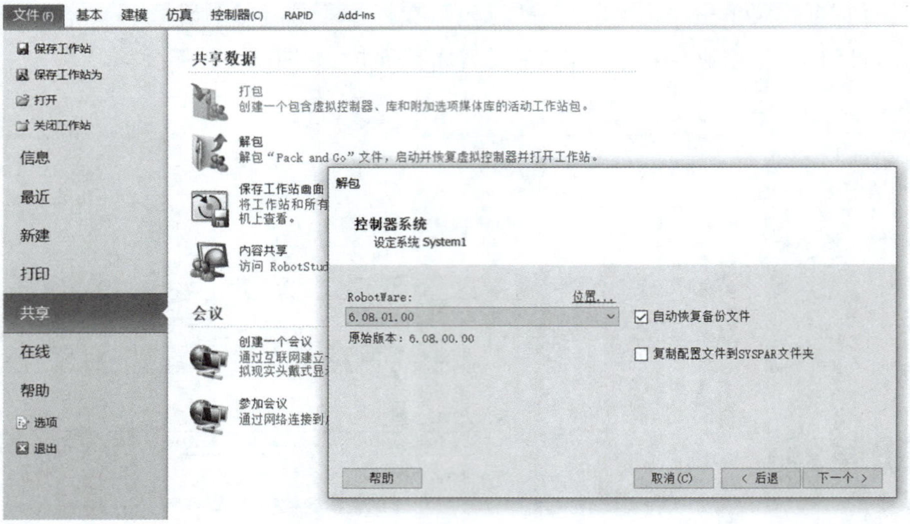

图 1-5-5　选择 RobotWare 版本

3."基本"功能选项卡

"基本"功能选项卡包含"建立工作站"、"路径编程"、"设置"、"控制器"、"Freehand"和"图形"六个选项组，其中设置了创建系统和排放物体所需的控件，如图 1-5-6 所示。

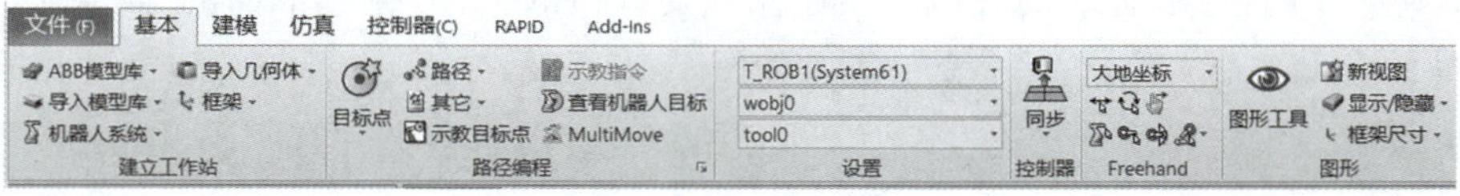

图 1-5-6　"基本"功能选项卡

"建立工作站"选项组的主要功能是导入机器人和工作站所需的机械模型或几何体，添加机器人系统，制作机器人工具的 TCP 框架；"路径编程"选项组的主要功能是创建新目标点，建立空路径，生成自动路径以及创建工件坐标、工具数据等；"设置"选项组的主要功能是设置任务对象、应用的工具坐标与工件坐标；"控制器"选项组的功能是同步，同步到 RAPID 或工作站，它是实现共享、交换工作站数据设置与机器人系统数据设置的纽带；"Freehand"选项组的按钮操作前应先确定参考坐标系，通过移动、旋转、拖拽、手动关节运动机器人、手动线性运动机器人、重定位运动等来实现机器人和物体的快捷操作；"图形"选项组的功能包括视图设置与编辑设置。注意当未加载机器人系统时"路径编程"选项组中的按钮、"控制器"选项组中的"同步"按钮及"Freehand"选项组中的"手动线性""手动重定位""多个机器人手动操作"按钮等不被激活。

4."建模"功能选项卡

"建模"功能选项卡如图 1-5-7 所示，包含"创建"、"CAD 操作"、"测量"、"Freehand"和"机械"五个选项组。"创建"选项组的主要功能是创建 Smart 组件、固体、曲线、框架、表面、物体边界、表面边界等；“CAD 操作”选项组的主要功能是进行几何体的交叉、减去、结合运算，拉伸表面、拉伸曲线、修改曲线等；“测量”选项组的主要功能是测量几何体及几何体间的物理尺寸；“Freehand”选项组的主要功能是用来选择对应参考坐标系，手动操纵工作站内物体移动、旋转以及以关节运动、线性运动、重定位运动等运动方式操纵机器人；“机械”选项组的主要功能是创建工具、机械装置、传送带等。

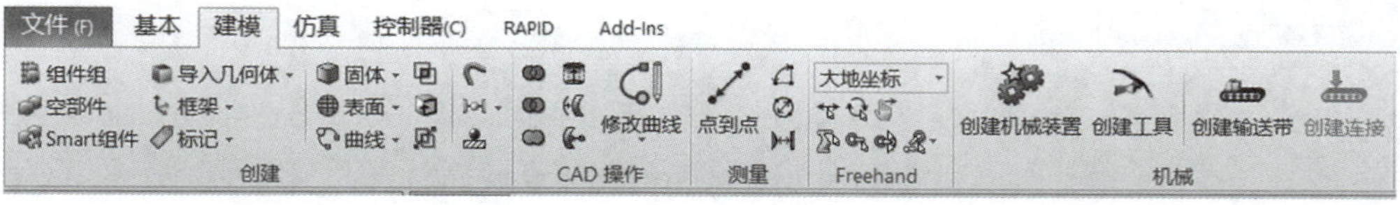

图 1-5-7 “建模”功能选项卡

5.“仿真”功能选项卡

“仿真”功能选项卡如图 1-5-8 所示，包含“碰撞监控”、“配置”、“仿真控制”、“监控”、“信号分析器”和“录制短片”六个选项组。“碰撞监控”选项组的主要功能是验证机器人在运行过程中是否与周边的设备、物品发生碰撞；“配置”选项组的主要功能是设置仿真任务执行模式、仿真程序进入点以及选择需要仿真的对象，进行工作站与机器人系统之间的属性和信号的连接设置；“仿真控制”选项组的主要功能是控制仿真的播放、暂停、停止、重置等操作；“监控”选项组的主要功能是启动 I/O 仿真器，监控机器人运动时的 TCP 运行轨迹及运行速度，添加仿真计时器；“信号分析器”选项组的主要功能是显示、设置来自机器人控制器的信号，进而分析和优化机器人程序；“录制短片”选项组的主要功能是录制机器人的仿真运行过程，生成各种形式的视频文件。

图 1-5-8 “仿真”功能选项卡

6.“控制器”功能选项卡

“控制器”功能选项卡如图 1-5-9 所示，主要用于管理真实控制器、虚拟控制器的配置和所分配任务的控制措施，包括“进入”、“控制器工具”、“配置”、“虚拟控制器”和“传送”五个选项组。

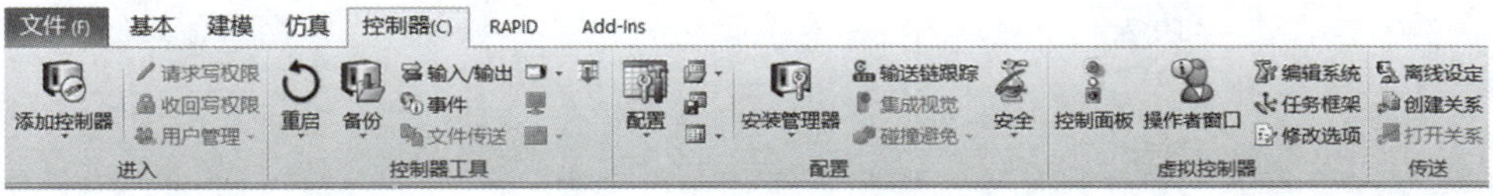

图 1-5-9 “控制器”功能选项卡

7. “RAPID”功能选项卡

“RAPID”功能选项卡如图 1-5-10 所示，其功能主要是对 RAPID 程序进行创建、编辑和管理等操作，不仅可以管理真实控制器上的在线程序，也可以管理虚拟控制器上的离线 RAPID 程序。

图 1-5-10 “RAPID”功能选项卡

8. “Add-Ins”功能选项卡

“Add-Ins”功能选项卡如图 1-5-11 所示，其上提供了 RobotWare 插件、RobotStudio 插件和一些组件。

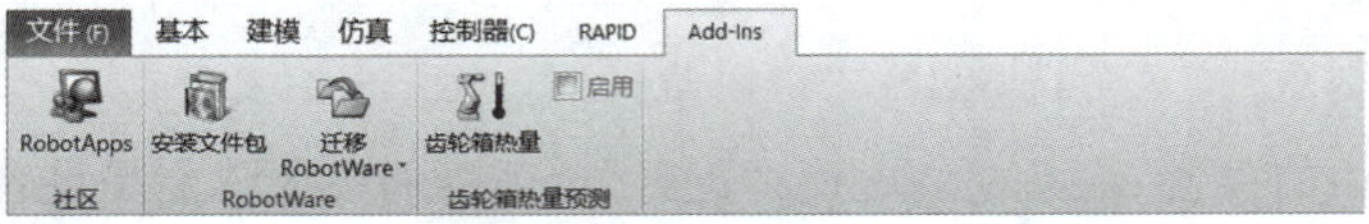

图 1-5-11 “Add-Ins”功能选项卡

如图 1-5-12 所示，单击“RobotApps”，在展开的面板中选中 RobotWare 插件，之后选择要安装的版本，再单击“添加”，即可为本台计算机安装需要版本的 RobotWare。一种版本的 RobotStudio 可安装多种版本的 RobotWare。

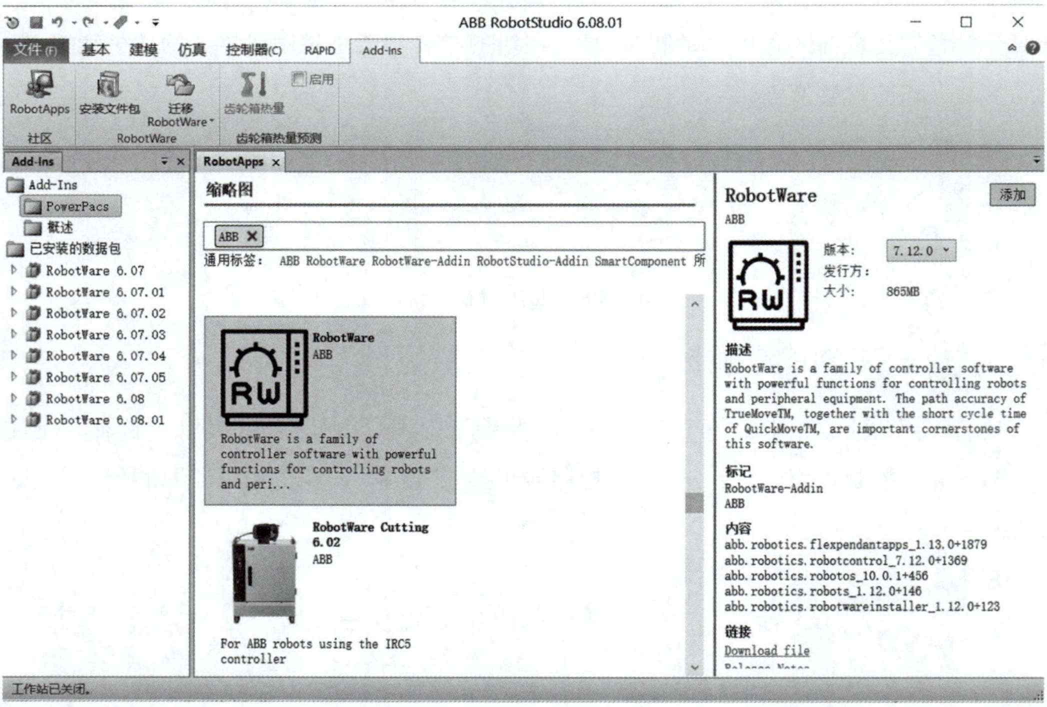

图 1-5-12 安装 RobotWare 插件

9. 常用基本操作

(1)RobotStudio 默认界面恢复

初学 RobotStudio 时，经常会因误操作而将某些窗口关闭，如找不到路径与目标点窗口或输出信息窗口，这时可以进行恢复 RobotStudio 默认界面的操作，如图 1-5-13 所示。

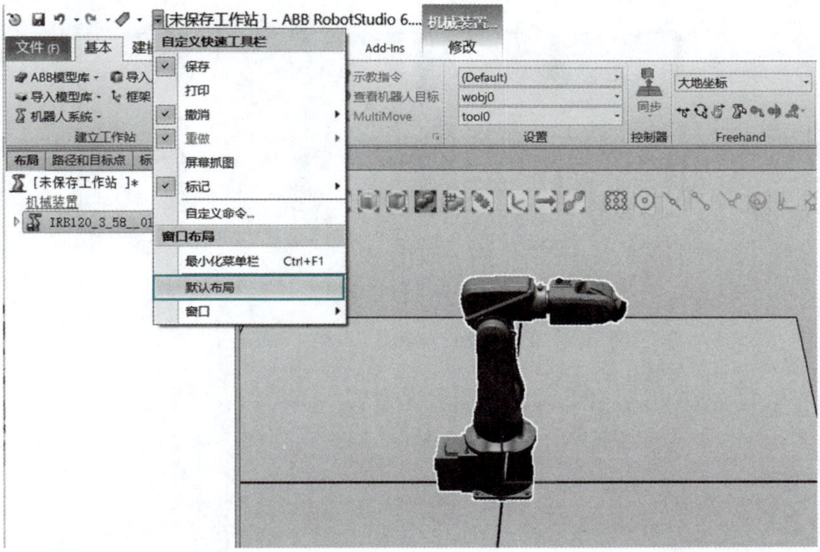

图 1-5-13 RobotStudio 默认界面恢复

RobotStudio 软件界面的左上方是快速工具栏，单击快速工具栏右侧的下拉按钮，在其下拉菜单中单击"默认布局"，即可恢复 RobotStudio 软件界面的默认布局，也可以在其下拉菜单中单击"窗口"，在展开的级联菜单中勾选所需要打开的窗口，来打开指定的窗口。

(2)视图操作

对视图进行操作时，常使用键盘、鼠标组合操作，见表 1-5-2。

表 1-5-2 键盘、鼠标组合操作

键盘、鼠标组合	说 明
Ctrl+鼠标左键	平移工作站
Ctrl+shift+鼠标左键	旋转工作站
鼠标滚轮前/后	放大/缩小工作站

(3)导入机器人与创建机器人系统

如图 1-5-14 所示，在"基本"功能选项卡中单击"ABB 模型库"，在其下拉面板上选择一款型号的 ABB 机器人，例如选择"IRB 2600"，接着确定机器人的容量和到达距离，单击"确定"，即把 IRB 2600 型机器人导入到了视图窗口中。要想让机器人能正常工作，必须为其添加机器人系统，使其具有电气特性，以完成相关的仿真操作，就如同为新买来的计算机安装 Win10、Win7 等操作系统一样。如图 1-5-15 所示，在"基本"功能选项卡中单击"机器人系统"→"从布局"，进入如图 1-5-16 所示界面。

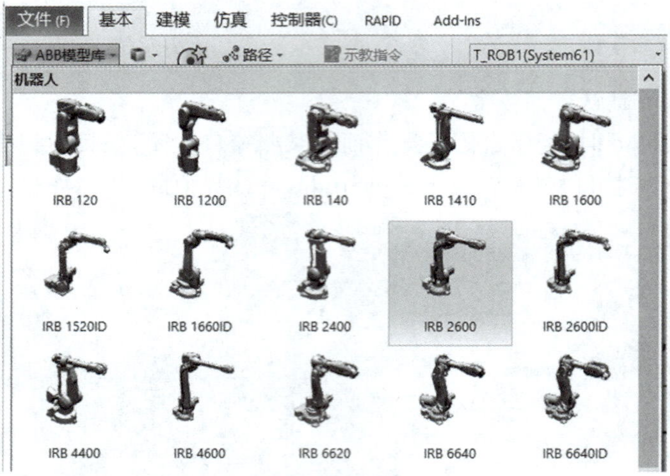

图 1-5-14　ABB 模型库

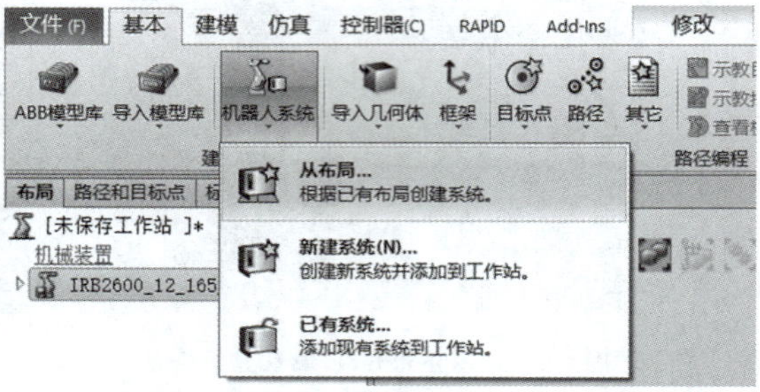

图 1-5-15　选择"从布局"建立机器人系统

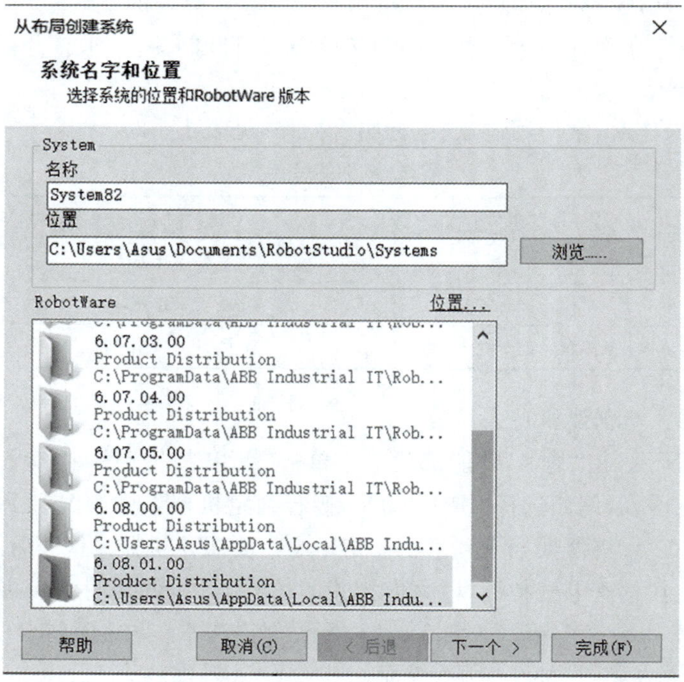

图 1-5-16　设置系统名称和位置

在“从布局创建系统”对话框内，设置创建系统的名称和位置，可以采用软件默认设置，也可以自己重新设定。之后选择相应版本的 RobotWare，再单击“下一个”，进入选择系统的机械装置界面，勾选所创建的机械装置“IRB2600_12_165_C_01”，再单击“下一个”。进入设置系统选项界面，如图 1-5-17 所示，单击“选项”，系统弹出“更改选项”对话框，根据实际需求进行相应的配置，在这里只是进行语言的设置与工业网络的设置。将“Default Language”设置为“Chinese”，如图 1-5-18 所示；将“Industrial Networks”设置为“709-1 DeviceNet Master/Slave”，如图 1-5-19 所示。之后单击“确定”→“完成”。右下角弹出“控制器状态”对话框，若进度条是红色，则表示系统正在创建；若进度条变成绿色，则表示系统创建完成。当机器人系统创建完成后，“控制器”功能选项卡中的“示教器”功能被激活，“基本”功能选项卡下“Freehand”选项组中的“手动线性”“手动重定位”“多个机器人手动操作”功能被激活。

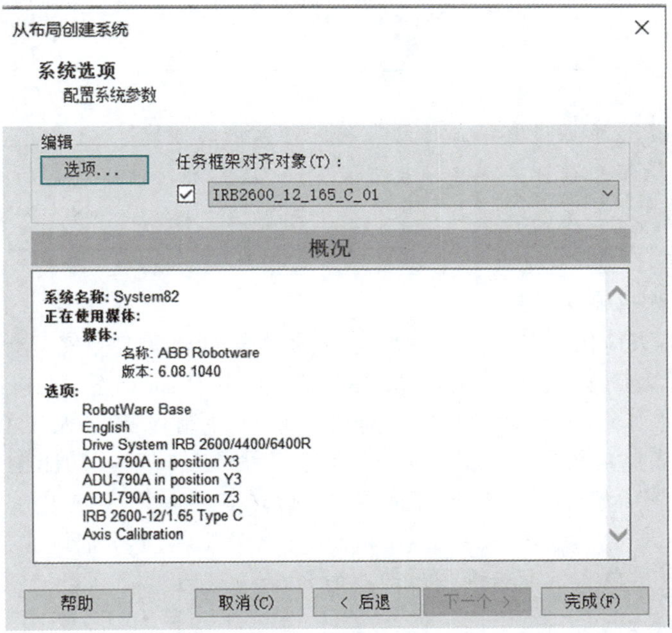

图 1-5-17 系统选项

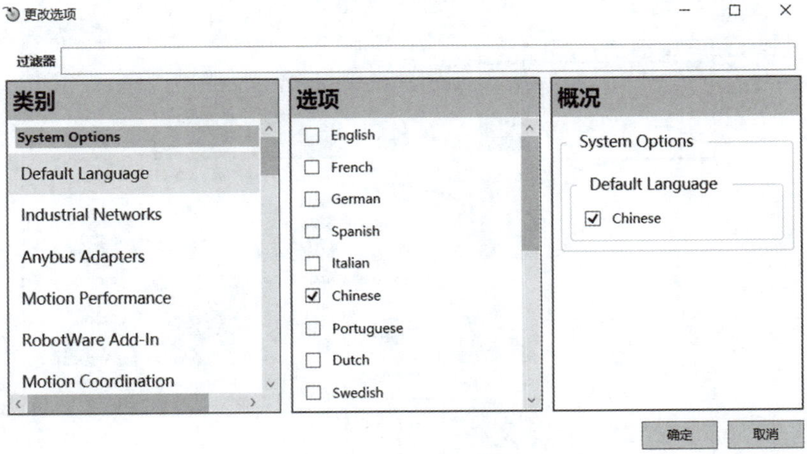

图 1-5-18 设置默认语言为 Chinese

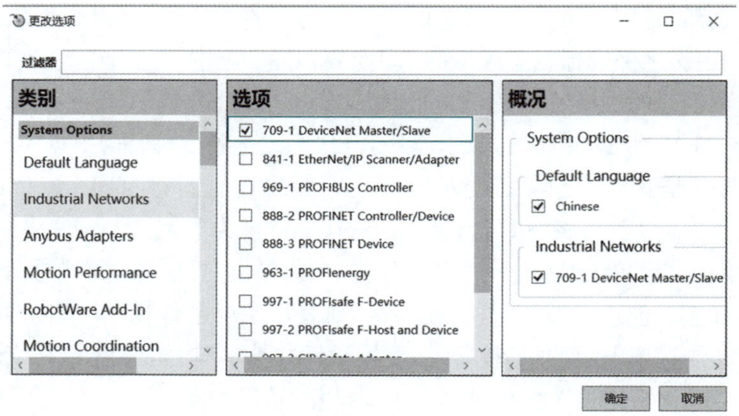

图 1-5-19　设置工业网络

注意

从布局：是指根据现有的工作站布局进行系统的创建。
新建系统：是指创建一个新的机器人系统，从而加入已布局好的工作站中。
已有系统：是为工作站添加一个现有的机器人系统。

(4)安装或拆除机器人工具

为使工业机器人应用于各种不同的场合，机器人末端法兰盘上安装有不同的工具，常见的有焊枪工具、吸盘工具、喷涂工具、夹爪工具等。RobotStudio 软件内自带的模型设备库提供了一些机器人末端工具，也可以用其他三维软件制作机器人工具模型，然后导入RobotStudio软件内制成机器人工具。如图 1-5-20 所示，在“基本”功能选项卡中单击“导入模型库”→“设备”，然后在展开的面板中单击“工具”区域中的最后一个工具“Tregaskiss22deg_rev0”，这样“Tregaskiss22deg_rev0”工具就添加到了布局窗口内。刚刚导入的工具可以通过单击鼠标右键(右击)重命名。

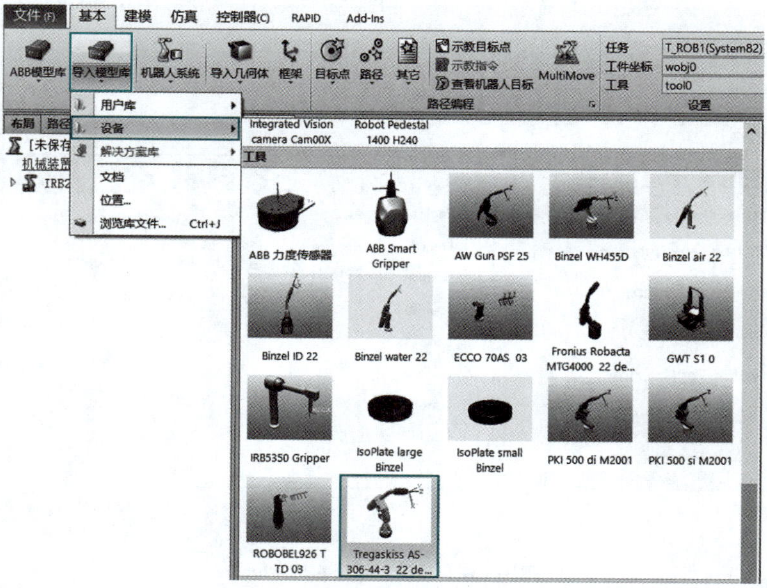

图 1-5-20　选中设备库里的“Tregaskiss22deg_rev0”工具

①安装机器人工具

安装方法 1 拖拽安装法

如图 1-5-21 所示，选中布局窗口中的“Tregaskiss22deg_rev0”并将其拖动到“IRB2600_12_165_C_01”机器人上释放，弹出“更新位置”对话框，如图 1-5-22 所示，单击“是”，这样机器人工具就安装到了机器人末端法兰盘上，如图 1-5-23 所示。

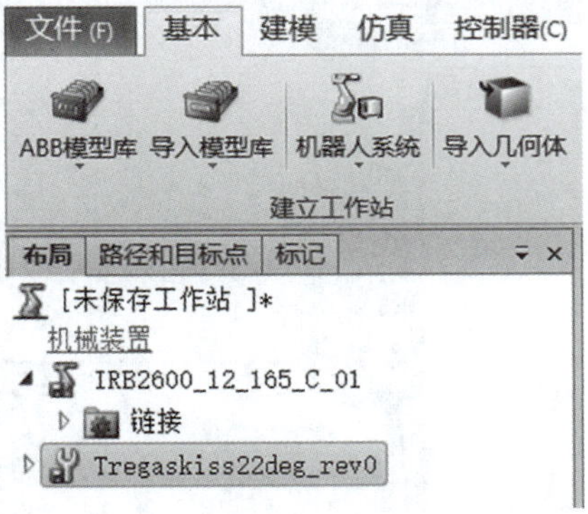

图 1-5-21 选中布局窗口中的机器人工具

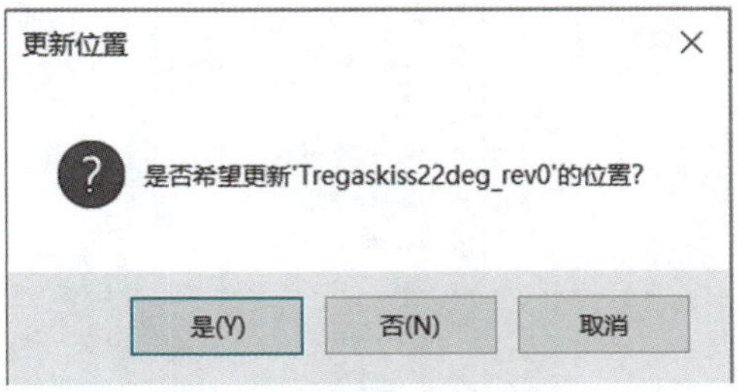

图 1-5-22 更新机器人工具位置

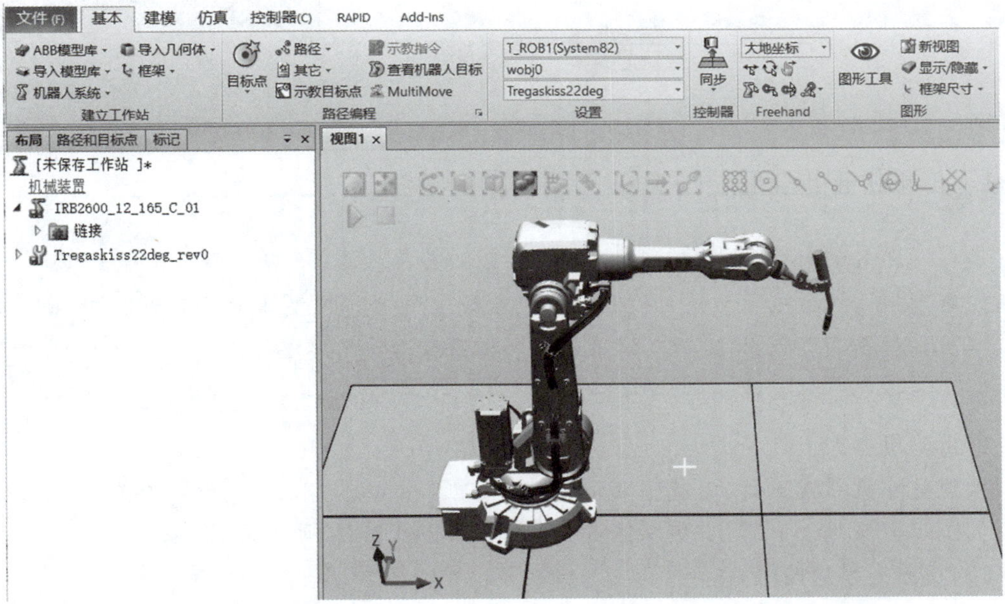

图 1-5-23 机器人工具安装成功

安装方法 2 右键安装法

如图 1-5-24 所示，选中布局窗口中的“Tregaskiss22deg_rev0”并右击，单击“安装到”→“IRB2600_12_165_C_01(T_ROB1)”，弹出“更新位置”对话框，单击“是”，这样机器人工具同样也安装到了机器人末端法兰盘上，如图 1-5-23 所示。

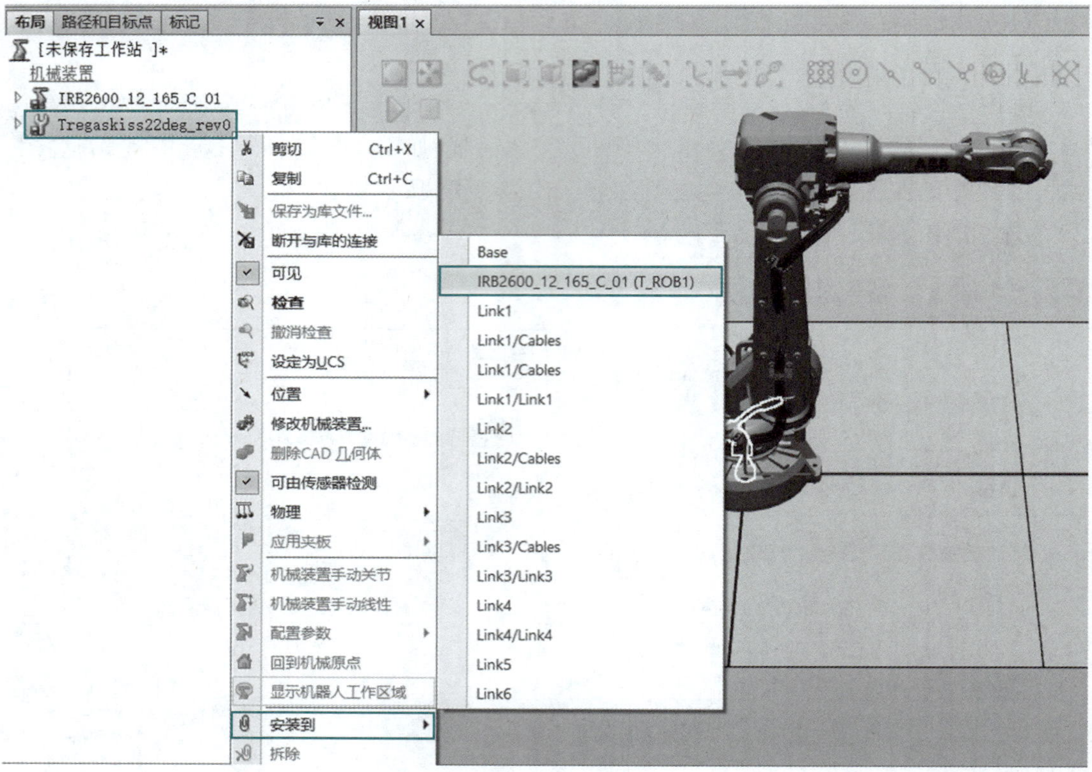

图 1-5-24 右键安装法安装机器人工具

注意

RobotStudio 自带模型库中，不仅有机器人工具，还有机器人控制柜、示教器、弧焊设备、输送链、围栏、力度传感器等。ABB 模型库中还有变位机、导轨。根据实际使用的需要，都可以放到机器人工作站中进行使用。

②拆除机器人工具

要想拆除机器人工具，可选中布局窗口中的“Tregaskiss22deg_rev0”并右击，单击“拆除”，如图 1-5-25 所示。弹出“更新位置”对话框，如图 1-5-22 所示，单击“是”。

(5)机器人手动操作

工业机器人大多为六轴机器人，其手动操作方式有手动关节、手动线性、手动重定位。工业机器人的手动操作方式可以利用“基本”功能选项卡下“Freehand”选项组中的快捷工具按钮，快速拖动机器人达到相应的位置与姿态，这种方式是直接拖动方式；也可以在“控制器”功能选项卡中启动“虚拟控制器”，在手动操纵动作模式里选择关节运动、线性运动或重定位运动并借助方向键，来实现机器人手动控制方式，这种是示教器控制方式。

如图 1-5-26 所示，单击“基本”功能选项卡下“Freehand”选项组中的“手动关节”，然后选择要运动的机器人轴，拖动鼠标即可操作机器人的各轴运动。也可以精确控制机器人各轴的角度，方法是选中布局窗口中的机器人“IRB2600_12_165_C_01”，右击，单击“机械装置手动关节”，弹出如图 1-5-27 所示的对话框，该对话框给出了机器人各个轴(J1～J6 轴)的角度范围。在图 1-5-27 中,1 为滑块,2 为步长,3 为点动按钮。拖动各轴的滑块或直接给滑块输入数值进行关节运动,也可单击点动按钮("<"或">")以点动方式控制关节轴,"step"步长用于设定关节轴每次点动的距离。

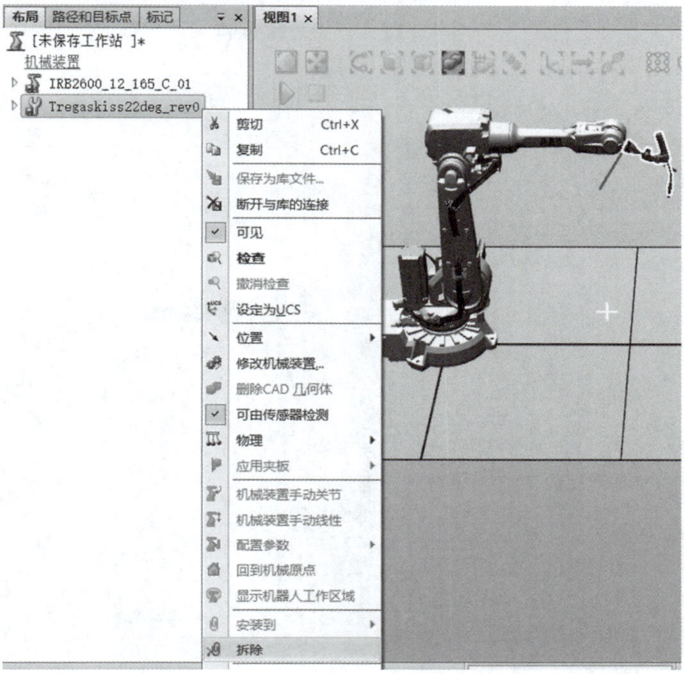

图 1-5-25 拆除机器人工具

图 1-5-26 单击"手动关节"

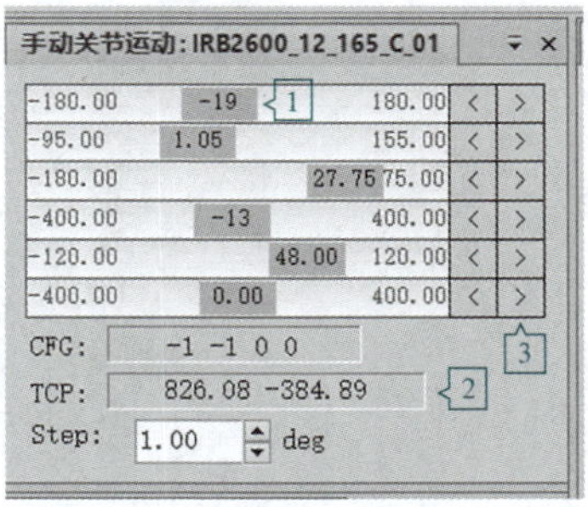

图 1-5-27 机械装置手动关节

单击"基本"功能选项卡下"Freehand"选项组中的"手动线性",机器人进行线性运动。进行线性运动时要先确定当前任务所用的工件坐标与工具坐标,线性运动所参考的坐标系如图 1-5-28 所示。线性运动是指机器人 TCP 点沿参考坐标系的 X 轴、Y 轴和 Z 轴做直线运动,如图 1-5-29 所示,拖拽蓝色箭头沿 Z 轴运动,拖拽绿色箭头沿 Y 轴运动,拖拽红色箭头沿 X 轴运动。也可以控制机器人 TCP 点沿各轴线性运动到达精确的位置,方法是选中左侧布局窗口中的机器人"IRB2600_12_165_C_01",右击,单击"机械装置手动线性",弹出如图 1-5-30 所示的对话框,在该对话框中可直接输入坐标值使机器人到达预定位置,或者单击"<"或">"点动控制机器人位置,"Step"步长用于设定增量大小。

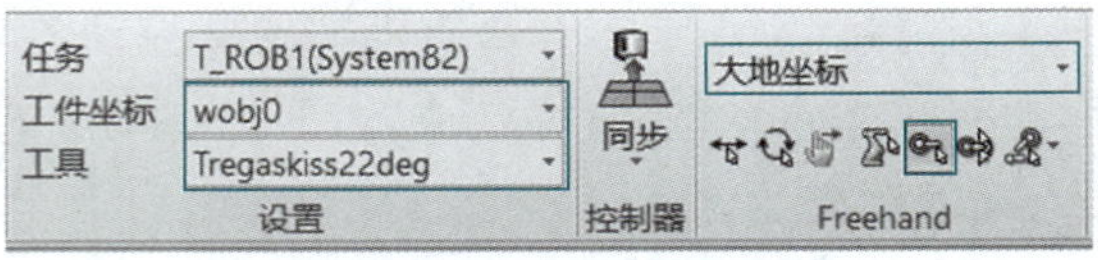

图 1-5-28 “手动线性”操作

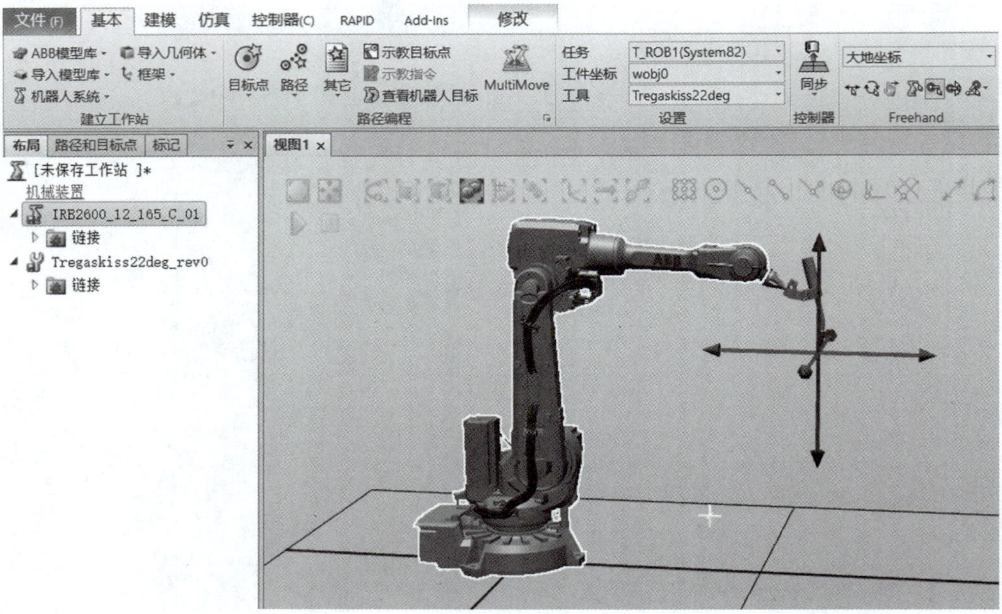

图 1-5-29 机器人线性运动

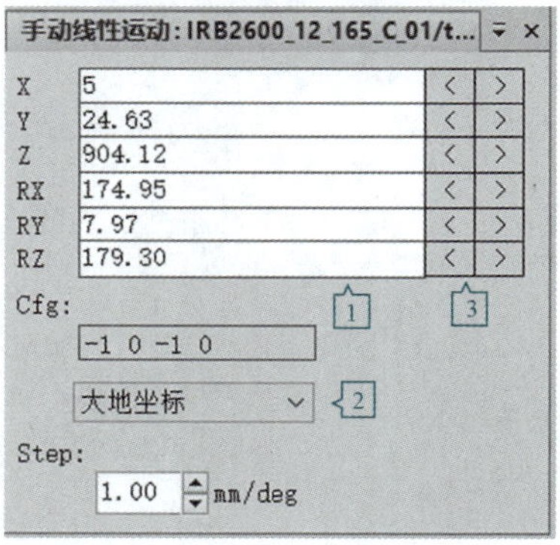

图 1-5-30 机械装置手动线性

如图 1-5-31 所示，单击“基本”功能选项卡下“Freehand”选项组中的“手动重定位”，机器人进行手动重定位运动。在该运动前要先设置当前任务所使用的工具坐标与参考坐标系。重定位运动是指机器人 TCP 点绕参考坐标系的坐标轴旋转。如图 1-5-32 所示，包括机器人 TCP 点绕红色 X 轴方向旋转，绕绿色 Y 轴方向旋转，绕蓝色 Z 轴方向旋转，也可理解为机器人绕着工具 TCP 点做姿态调整的运动，TCP 点位置保持不变。

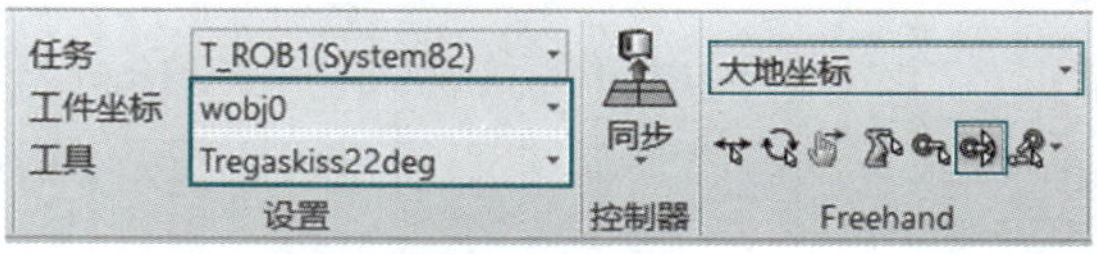

图 1-5-31 “手动重定位”操作

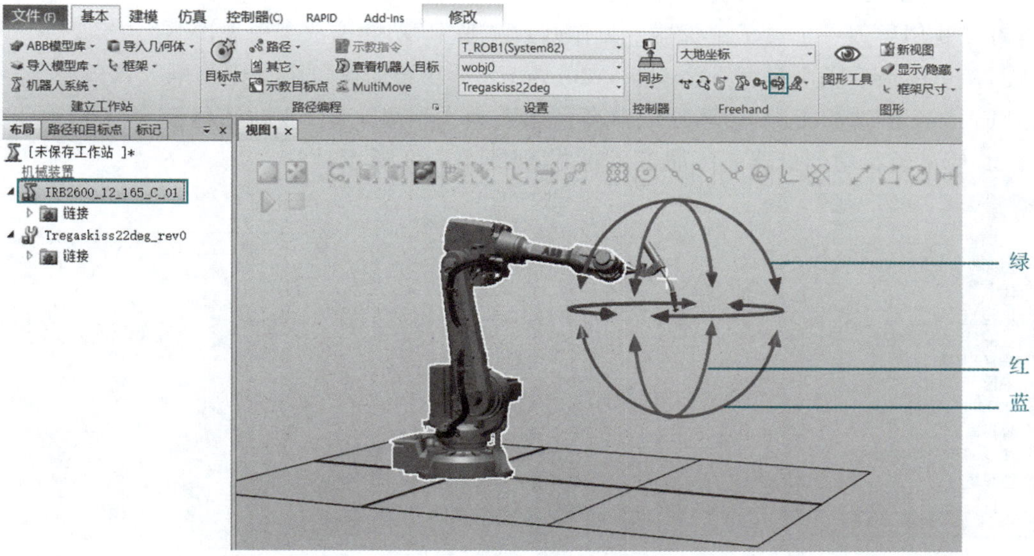

图 1-5-32　机器人重定位运动

(6)回到机械原点

如果想恢复 Robot 软件导入机器人的默认姿态,可选中左侧布局窗口中的机器人“IRB2600_12_165_C_01”,右击,单击“回到机械原点”,如图 1-5-33 所示,机器人即可回到软件默认状态,此时六轴角度为 0°、0°、0°、0°、30°、0°。

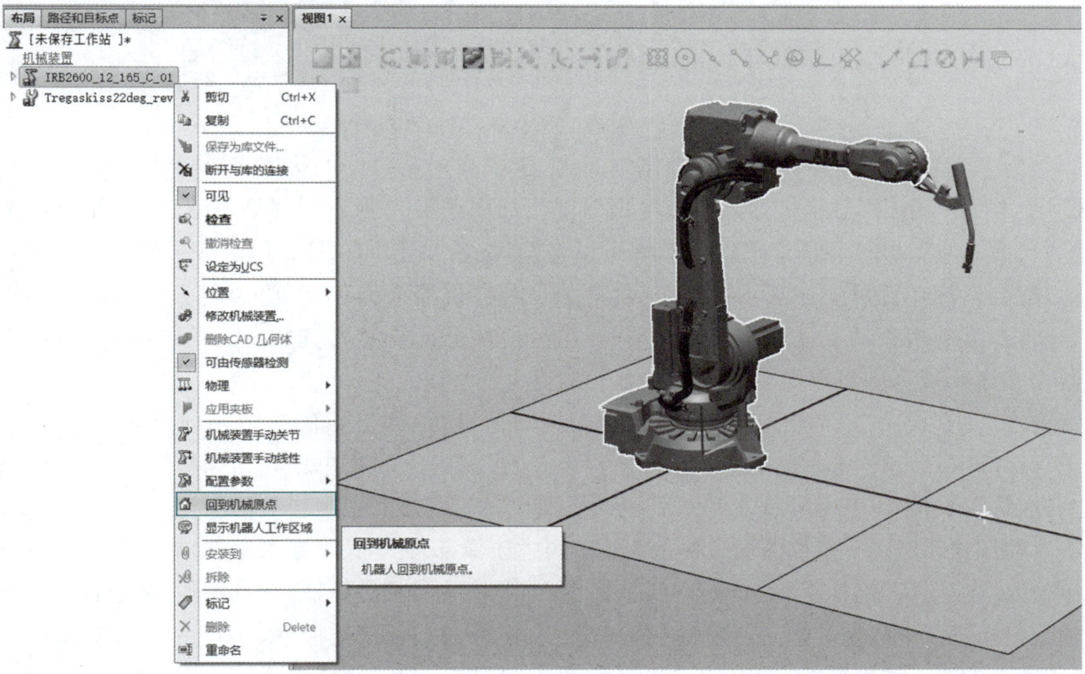

图 1-5-33　机器人回到机械原点

(7)放置工业机器人周边模型放置

首先我们导入一个桌子到机器人工作站,在“基本”功能选项卡中单击“导入模型库”,选择“设备”里的最后一个模型“propeller table”。之后在布局窗口中选中刚刚导入的桌子,再单击“Freehand”选项组中的“移动”,参考坐标系为大地坐标系,拖动红色箭头沿 X 轴正方向移动,使桌子移动到机器人可加工区域内,如图 1-5-34 所示。

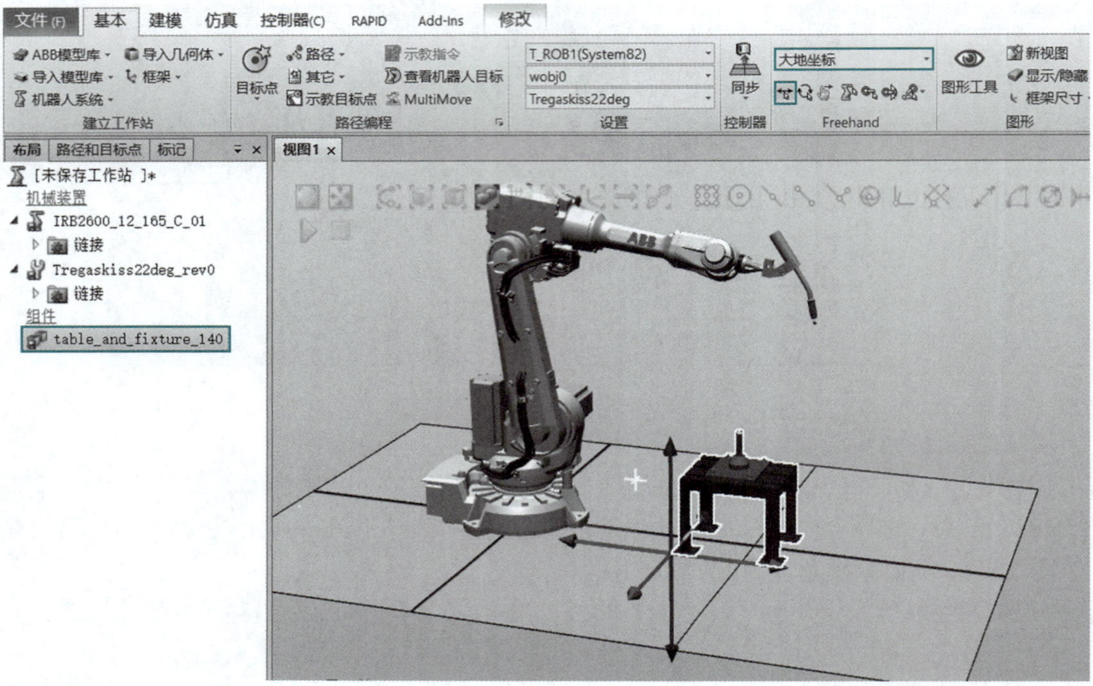

图 1-5-34　移动桌子到机器人可加工区域内

为了判别桌子是否在机器人操作空间内,选中布局窗口中的机器人“IRB2600_12_165_C_01”,右击,单击“显示机器人工作区域”,弹出如图 1-5-35 所示的对话框,显示工作空间选择“当前工具”,“2D 轮廓”“3D 体积”都可以勾选,之后单击“关闭”。同时按住“Ctrl+Shift”键,配合鼠标左键可切换三维视角,观看桌子是否在机器人操作空间内,若不在机器人操作空间内,需利用移动工具调整桌子的空间位置,使机器人能够对其加工。若再执行“显示机器人工作区域”,则将取消工作区域的显示。

之后把“设备”里的“Curve_thing”导入视图窗口,运用三点法把“Curve_thing”放到桌子“propeller table”上。选中“Curve_thing”,右击,在弹出的菜单中单击“位置”→“放置”→“三点法”,如图 1-5-36 所示。

在图 1-5-37 中,在视图窗口区的上方选中“选择部件”与“捕捉末端”,将①点的空间坐标填入“主点-从”坐标框,②点的空间坐标填入到“主点-到”坐标框,③点的空间坐标填入“X 轴上的点-从”坐标框,④点的空间坐标填入“X 轴上的点-到”坐标框,⑤点的空间坐标填入“Y 轴上的点-从”坐标框,⑥点的空间坐标填入“Y 轴上的点-到”坐标框,之后单击“应用”。放置好的“Curve_thing ”如图 1-5-38 所示。

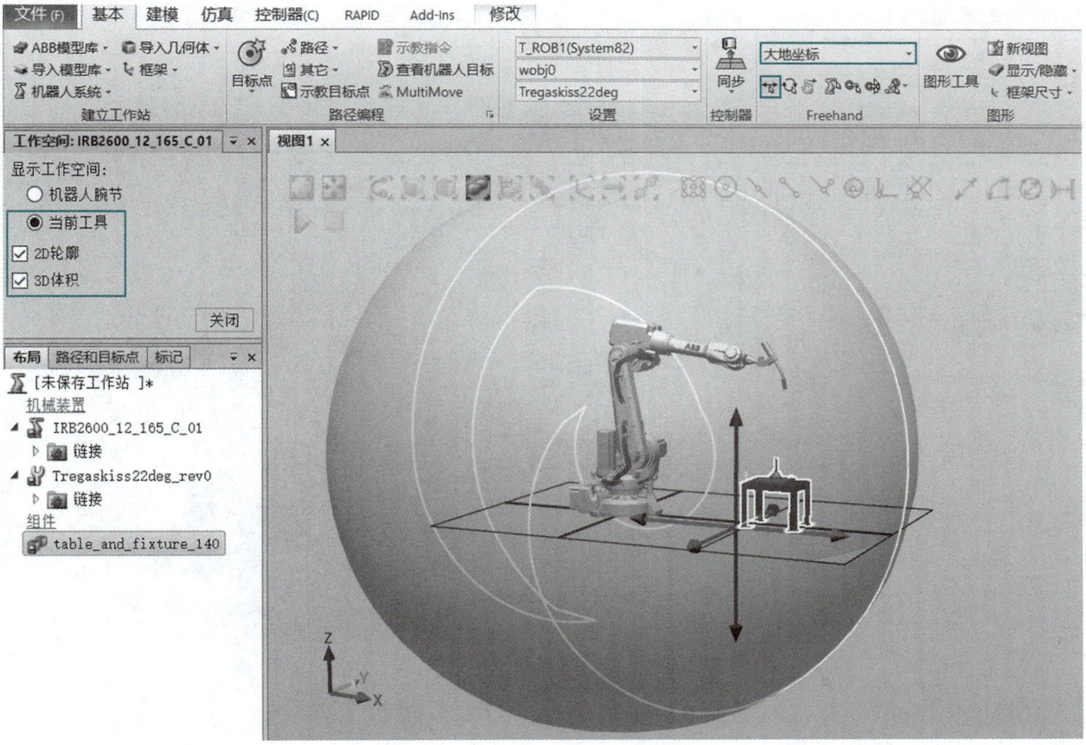

图 1-5-35 显示机器人工作区域

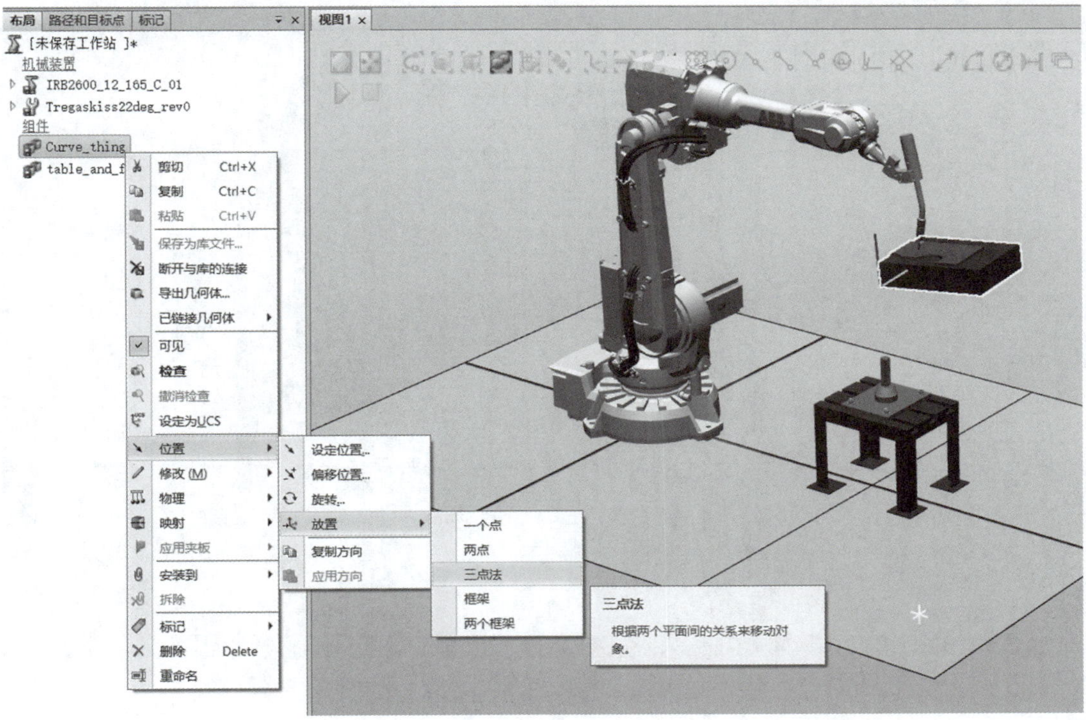

图 1-5-36 三点法放置模型(1)

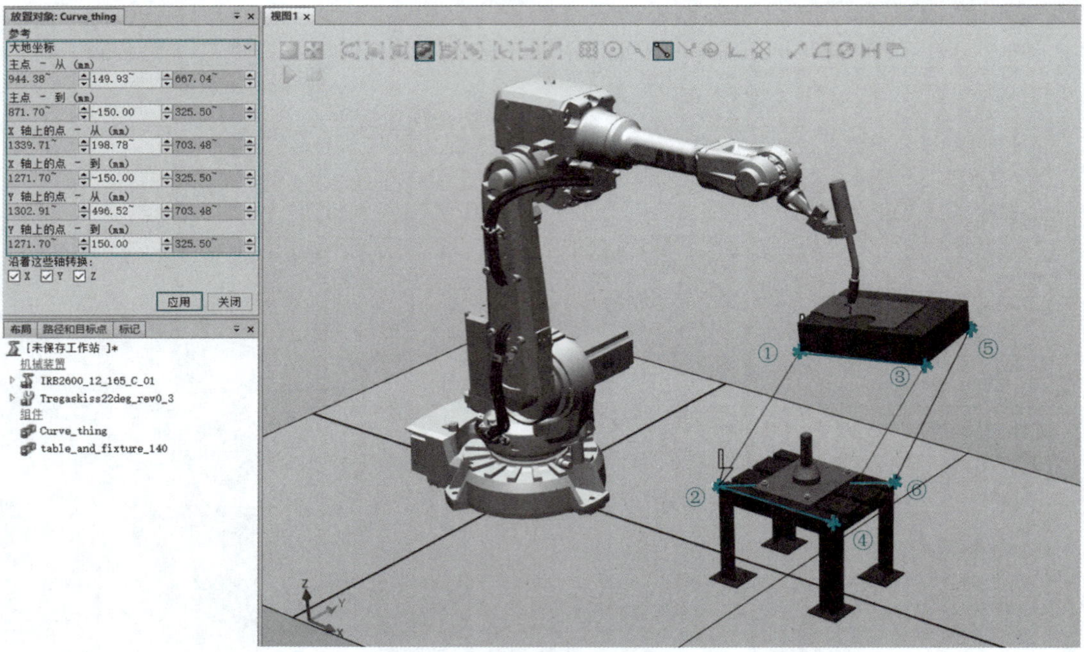

图 1-5-37　三点法放置模型(2)

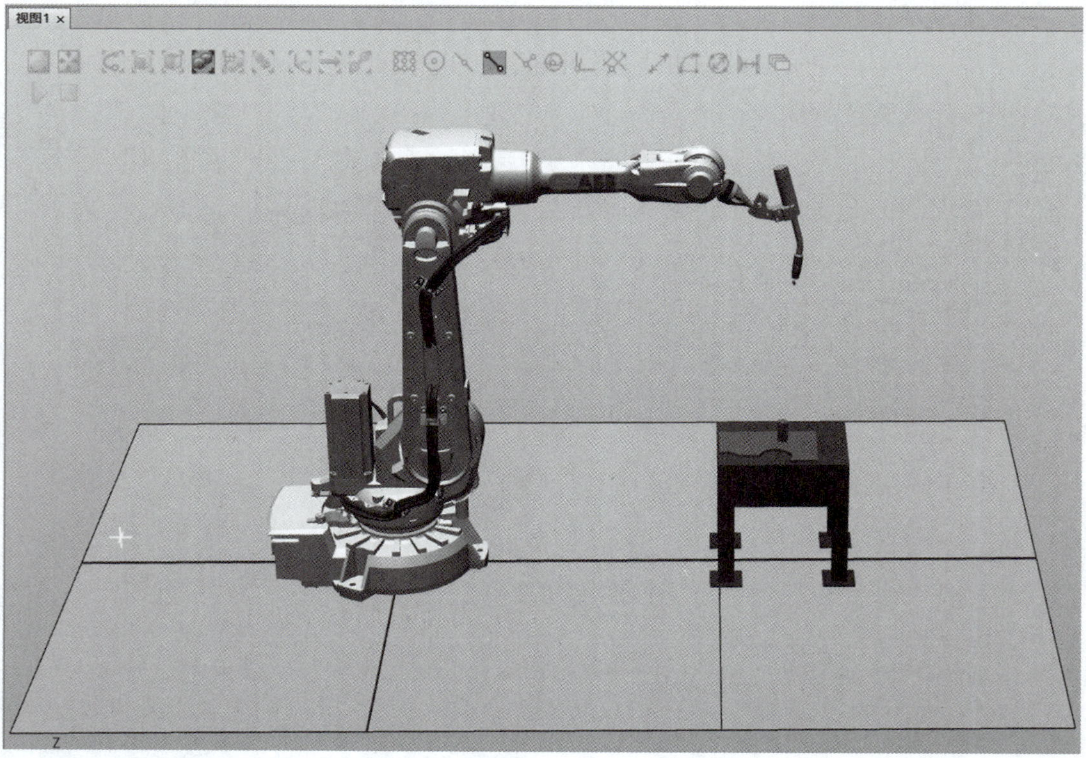

图 1-5-38　放置好的“Curve_thing”

拓展阅读

"十四五"机器人产业发展目标

机器人被誉为"制造业皇冠顶端的明珠",其研发、制造、应用是衡量一个国家科技创新和高端制造业水平的重要标志。当前,机器人产业蓬勃发展,正极大改变着人类生产和生活方式,为经济社会发展注入强劲动能。

"十三五"以来,通过持续创新、深化应用,我国机器人产业呈现良好发展势头。产业规模快速增长,年均复合增长率约15%,2020年机器人产业营业收入突破1000亿元,工业机器人产量达21.2万台(套)。技术水平持续提升,运动控制、高性能伺服驱动、高精密减速器等关键技术和部件加快突破,整机功能和性能显著增强。集成应用大幅拓展,2020年制造业机器人密度达到246台/万人,是全球平均水平的近2倍,服务机器人、特种机器人在仓储物流、教育娱乐、清洁服务、安防巡检、医疗康复等领域实现规模应用。

当前新一轮科技革命和产业变革加速演进,新一代信息技术、生物技术、新能源、新材料等与机器人技术深度融合,机器人产业迎来升级换代、跨越发展的窗口期。世界主要工业发达国家均将机器人作为抢占科技产业竞争的前沿和焦点,加紧谋划布局。我国已转向高质量发展阶段,建设现代化经济体系,构筑美好生活新图景,迫切需要新兴产业和技术的强力支撑。

机器人作为新兴技术的重要载体和现代产业的关键装备,引领产业数字化发展、智能化升级,不断孕育新产业新模式新业态。机器人作为人类生产生活的重要工具和应对人口老龄化的得力助手,持续推动生产水平提高、生活品质提升,有力促进经济社会可持续发展。

面对新形势新要求,未来5年乃至更长一段时间,是我国机器人产业自立自强、换代跨越的战略机遇期。必须抢抓机遇,直面挑战,加快解决技术积累不足、产业基础薄弱、高端供给缺乏等问题,推动机器人产业迈向中高端。

"十四五"机器人产业发展目标是:到2025年,我国成为全球机器人技术创新策源地、高端制造集聚地和集成应用新高地。一批机器人核心技术和高端产品取得突破,整机综合指标达到国际先进水平,关键零部件性能和可靠性达到国际同类产品水平。机器人产业营业收入年均增速超过20%。形成一批具有国际竞争力的领军企业及一大批创新能力强、成长性好的专精特新"小巨人"企业,建成3~5个有国际影响力的产业集群。制造业机器人密度实现翻番;到2035年,我国机器人产业综合实力达到国际领先水平,机器人成为经济发展、人民生活、社会治理的重要组成。

——资料来源:中国政府网,节选自"十四五"机器人产业发展规划(2021年12月)

小结

本模块主要介绍了什么是工业机器人，工业机器人的编程方法（示教编程与离线编程），离线编程的优点以及常用的离线编程软件；ABB机器人的专用离线编程软件RobotStudio的相关操作。通过本模块的学习要求掌握RobotStudio软件的下载、安装与授权，熟悉RobotStudio软件的界面，能进行RobotStudio软件的常规操作，诸如恢复默认布局、视图操作、创建机器人系统、安装与拆除机器人工具、机器人回机械原点、机器人手动操作、放置周边模型等。

习 题

一、判断题

1. 机器人离线编程可以不需要机器人系统和工作环境的图形模型。（ ）

2. 机器人离线编程可以减少机器人不工作时间，当对机器人下一个任务进行编程时，机器人仍可以在生产线上工作，编程不占用机器人的工作时间。（ ）

二、选择题

1. RobotStudio是由________公司推出的离线编程软件。（ ）

A. FUNUC　　B. KUKA　　C. ABB　　D. KAWASAKI

2. 在RobotStudio中拆除工业机器人工具的方法：在________窗口中选中要拆除的工具，单击鼠标________，选择“拆除”即可。（ ）

A. 布局、左键　　B. 路径与目标点、右键

C. 标记、左键　　D. 布局、右键

模块2

轨迹工作站离线编程与仿真

本轨迹工作站是在铝型材上蚀刻出不同图形轮廓的轨迹，在 RobotStudio 里搭建工作站场景，运用创建空路径与自动生成路径两种方法生成各个轨迹的路径子程序，然后把各个路径子程序添加到 main 里，并借助焊枪工具实现在铝型材上绘制各种图形轨迹；之后把仿真调试成功的离线程序在线下载到实际的机器人轨迹工作站，通过重新定义真实机器人轨迹工作站的工具坐标与工件坐标方式来完成轨迹工作站的运行。此模块对接 1+X 工业机器人应用编程中级考核要求中的掌握离线编程方法与仿真调试、工件坐标与工具坐标的运用、离线程序的在线应用等要求。

知识目标

1. 掌握运动指令的用法。
2. 掌握工件坐标与工具坐标的创建方法。
3. 掌握创建空路径的操作。
4. 掌握自动生成路径的操作。
5. 掌握示教目标点的操作。
6. 掌握目标点位姿的调整。
7. 了解轴配置参数的操作。
8. 掌握离线仿真程序的在线应用。

能力目标

1. 会使用视图窗口区上方的工具按钮。
2. 能对工件坐标与工具坐标进行实际应用。
3. 能生成轨迹程序。
4. 能示教目标点。
5. 能完成 RobotStudio 文件的共享。
6. 能把离线程序下载到真实机器人,运行实际轨迹工作站。

素质目标

崇尚科技,热爱祖国,培养民族自豪感,激励学生科技报国。

知识准备

一、机器人运动指令

1. 关节运动指令 MoveJ

关节运动指令用于在对路径精度要求不高的情况下,将机器人的工具中心点(Tool Center Point,TCP)从一个位置移到另一个位置,两个位置之间的路径不一定是直线,如图 2-0-1 所示。

执行关节运动指令时,机器人运动状态不完全可控,但运动路径保持唯一,适合机器人在较大空间范围内运动时使用,不容易在运动过程中出现关节轴进入机械死点的问题。

指令示例:

```
MoveJ p20, v1000, z50, tool1\Wobj:=wobj0;
```

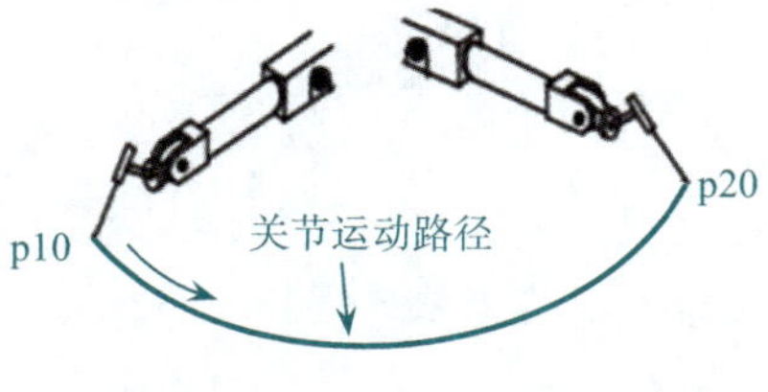

图 2-0-1 关节运动路径

2. 直线运动指令 MoveL

直线运动是机器人的 TCP 从起点到终点之间的路径始终保持为直线的运动,如图 2-0-2所示。执行 MoveL 指令时,机器人运动状态可控制,运动路径唯一,可能出现死点,一般应用在焊接、涂胶等对路径要求高的场合。

指令示例：

MoveL p20,v1000, fine, tool1\Wobj:=wobj0;

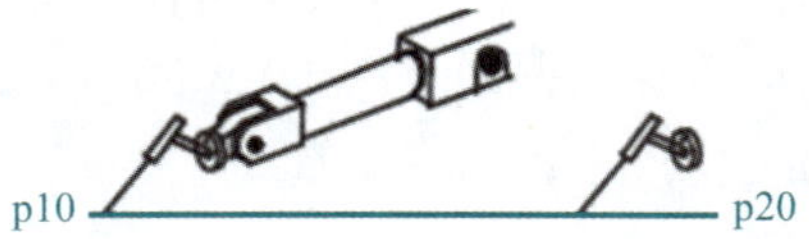

图 2-0-2 直线运动路径

3. 绝对位置运动指令 MoveAbsJ

绝对位置运动指令是机器人的运动使用 6 个轴和外部轴的角度值来定义目标位置数据。

MoveAbsJ 指令的功能是移动机械臂至绝对位置。执行 MoveAbsJ 指令时，机器人以单轴运动的方式运动至目标点，不存在死点，运动状态不可控，应避免在正常生产中使用此指令。指令中 TCP 与 Wobj 只与运动速度有关，与运动位置无关，常用于机器人 6 个轴回到机械零点的位置。

指令示例：

MoveAbsJ jpos10, v1000, z50, tool1\Wobj:=wobj0;

4. 圆弧运动指令 MoveC

圆弧运动路径是在机器人可到达的空间范围内定义三个位置点，第一个点是圆弧的起点，第二个点用于确定圆弧的曲率，第三个点是圆弧的终点，如图 2-0-3 所示。执行该指令时，机器人运动状态可控制，运动路径唯一，常用于机器人在工作状态下的移动。

指令示例：

MoveC p30, p40, v1000, z50, tool1\Wobj:=wobj0;

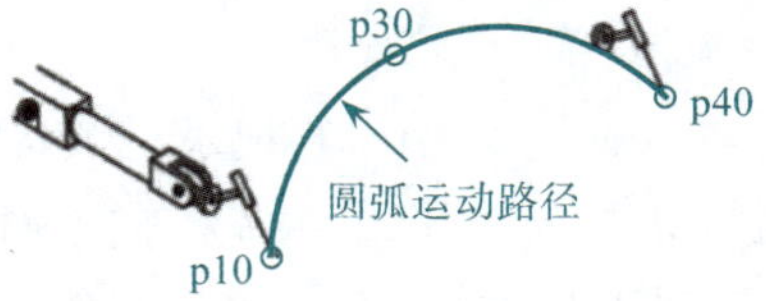

图 2-0-3 圆弧运动路径

5. 偏移功能 Offs

偏移功能：以选定的目标点为基准，沿着选定工件坐标系的 X、Y、Z 轴方向偏移一定的距离。

指令示例：

MoveL Offs(p20,0,0,100),v1000, z50, tool1\Wobj:=wobj0;

执行该功能时，将机器人 TCP 移动至以 p20 为基准点，沿着 wobj0 的 Z 轴正方向偏移 100 mm 的位置。

6. 注释行“!”

若在语句前面加上“!”，则整个语句为注释行，不被程序执行。例如：

MoveAbsJ home\NoEOffs，v1000，z50，tool1\Wobj：=wobj0；

! 机器人回到关节原点 home。

! Set do0；

二、工件坐标系的定义方法

定义工件坐标系通常采用三点法，如图 2-0-4 所示，这三点分别是 X 轴上第一点 X_1、X 轴上第二点 X_2 和 Y 轴上第三点 Y_1。过 Y_1 点作 X_1、X_2 点所在直线的垂线，垂足即新建工件坐标系原点，X 轴正方向为 X_1 点至 X_2 点的射线方向，Y 轴正方向为垂足至 Y_1 点的射线方向。一般情况下，可以使 X_1 点与原点重合进行示教。工件坐标系符合右手定则，如图 2-0-5 所示。

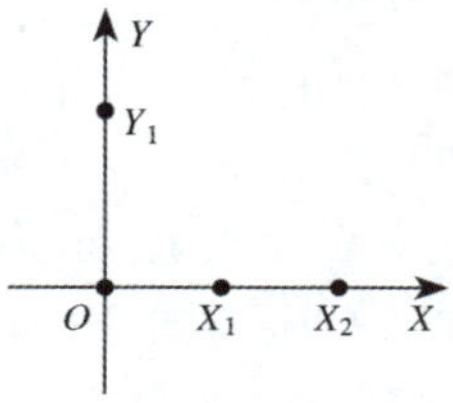

图 2-0-4 采用三点法定义工件坐标系

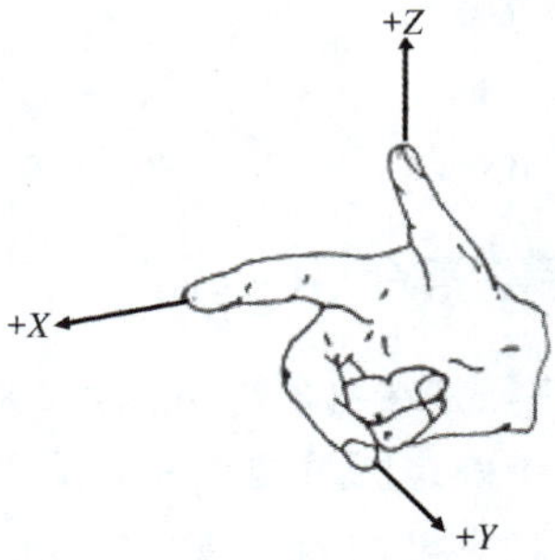

图 2-0-5 右手定则

三、机器人工具坐标的定义方法

1. 工具坐标的定义

工具坐标可认为是一种工具数据 tooldata，它记录了工具的质量、重心及 TCP。机器人系统对其位置的描述和控制是以机器人的 TCP 为基准的，为机器人所装工具建立工具坐标系，可以将机器人的控制点转移到工具末端，方便手动操纵与编程调试。默认工具坐标系 tool0 的 TCP 在机器人法兰盘中心，Z 轴正方向垂直于法兰盘方向向外，如图 2-0-6 所示。

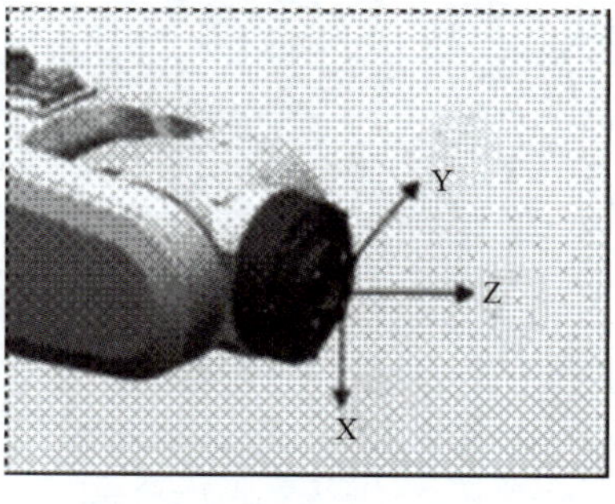

图 2-0-6 默认工具坐标系 tool0

2. 工具坐标的定义原理

在机器人工作空间内找一个辅助标定装置，确定工具上的参考点，手动操作机器人，至少用 4 种不同的工具姿态，使机器人工具上的参考点尽可能与辅助标定装置的尖端点刚好接触；通过 4 个位置点的位置数据，机器人可以自动计算出 TCP 的位置，并将 TCP 的位姿数据保存在 tooldata 数据中，以供程序调用。

3. 工具坐标系的定义方法

工具坐标系的定义方法有三种："TCP(默认方向)"、"TCP 和 Z"以及"TCP 和 Z,X"，如图 2-0-7 所示。三种方法的相同点是都重新定义了工具坐标的 TCP。但"TCP(默认方向)"方法继承了 tool0 的方向；"TCP 和 Z"方法改变了相比于 tool0 的 Z 轴方向；"TCP 和 Z,X"方法改变了相比于 tool0 的 X、Y、Z 轴方向。

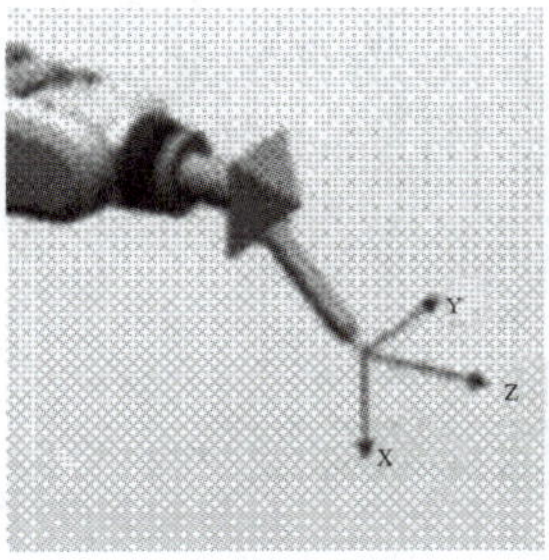

TCP(默认方向)

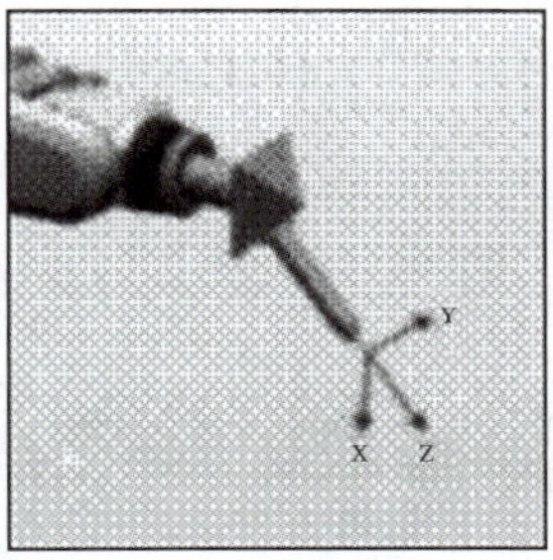

TCP 和 Z

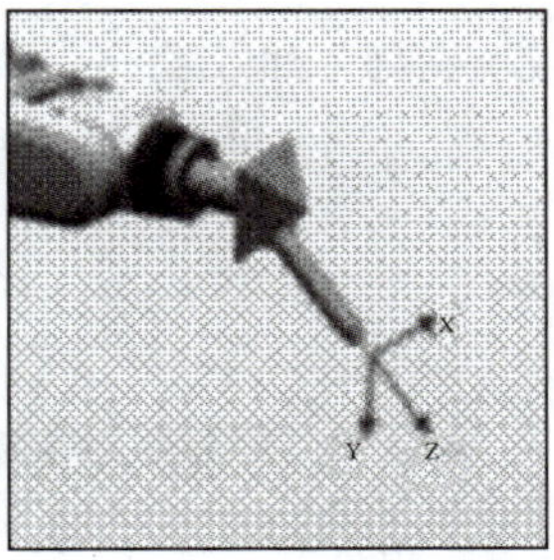

TCP 和 Z、X

图 2-0-7 工具坐标系的定义方法

4. 定义工具坐标的操作步骤

(1)定义工具坐标的 TCP，即相对于默认 tool0(0,0,0)的新建工具坐标原点 TCP 的坐标，如图 2-0-8 所示。

trans:	[0,0,0]	pos
x :=	0	num
y :=	0	num
z :=	0	num

图 2-0-8 定义工具坐标的 TCP

前已述及，定义工具坐标系时有"TCP(默认方向)""TCP 和 Z""TCP 和 Z,X"三种方法(俗称四点法、五点法、六点法)，采用任一种方法定义好工具坐标系后，新建工具坐标系原点 TCP 的坐标就会自动加载进来，不需要手动输入，如图 2-0-9 所示。

名称	值	数据类型
tframe:	[[3.0802,8.95961,293....	pose
trans:	[3.0802,8.95961,293.796]	pos
x :=	3.0802	num
y :=	8.95961	num
z :=	293.796	num

图 2-0-9 新建工具坐标系原点 TCP 的坐标

(2)定义工具的质量 mass。

(3)定义工具的重心 cog,如图 2-0-10 所示。

mass :=	-1	num
cog:	[0,0,0]	pos
x :=	0	num
y :=	0	num
z :=	0	num

图 2-0-10 定义工具的重心 cog

定义工具的质量、重心可以通过称重工具、测量工具进行估测,把测量数据填写到 mass 和 cog 的值内。确定工具的质量与重心更为精确的方法是通过运行机器人自带的例行程序 LoadIdentify,来检测出机器人所带工具的质量与重心。下面介绍一下利用 LoadIdentify 来检测机器人工具的质量与重心。

第 1 步:新建一个工具坐标 tool1,修改其 mass 值为正数即可,例如 3,如图 2-0-11 所示。

名称: tool1

点击一个字段以编辑值。

名称	值	数据类型
q4 :=	0	num
tload:	[3,[0,0,0],[1,0,0,0],...	loaddata
mass :=	3	num
cog:	[0,0,0]	pos
x :=	0	num
y :=	0	num

图 2-0-11 修改工具坐标 tool1 的 mass 值为正数

第 2 步:采用手动操作,将工具坐标选为刚刚新建的 tool1,如图 2-0-12 所示。

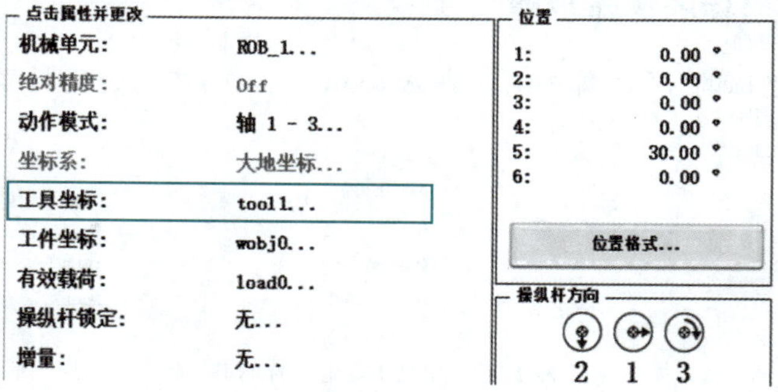

图 2-0-12 将工具坐标选为 tool1

第 3 步:打开程序编辑器,单击"调试"→"PP 移至 Main",然后单击"调用例行程序",如图 2-0-13 所示。

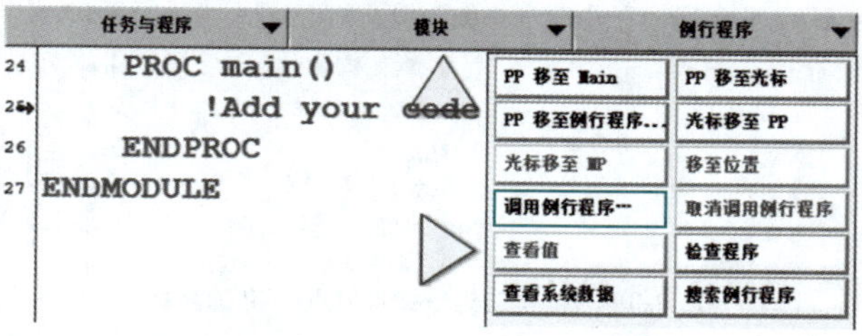

图 2-0-13 将 PP 移至 Main 并调用例行程序

第 4 步：进入例行程序界面后选中“LoadIdentify”，单击“转到”，如图 2-0-14 所示。

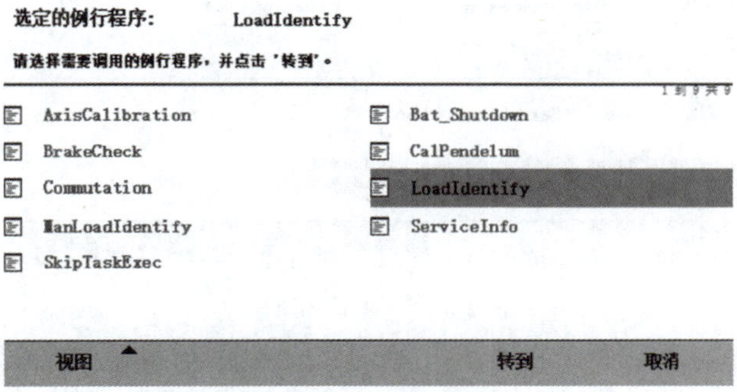

图 2-0-14　转到 LoadIdentify

第 5 步：示教器使能按钮上电，在手动模式下单击播放按钮，如图 2-0-15 所示。

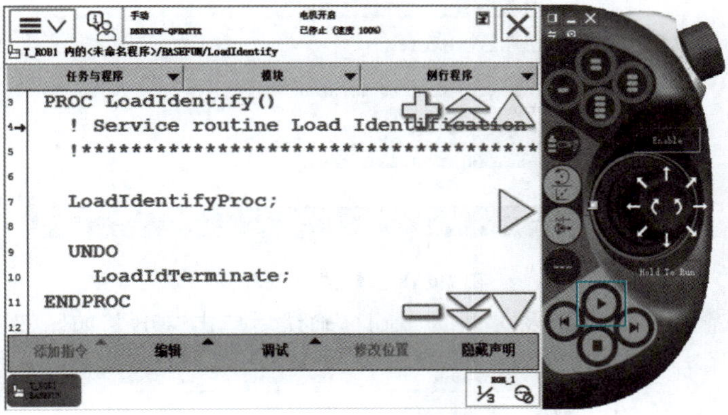

图 2-0-15　单击播放按钮

第 6 步：单击“OK”，如图 2-0-16 所示。

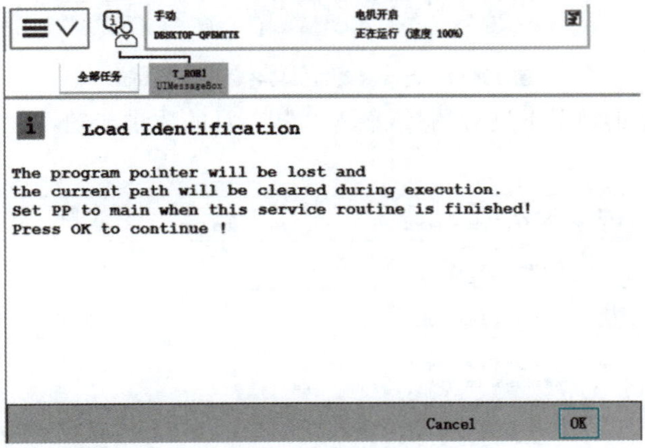

图 2-0-16　单击“OK”(1)

第 7 步：由于测量的是工具，单击“Tool”，进入下一步，如图 2-0-17 所示。

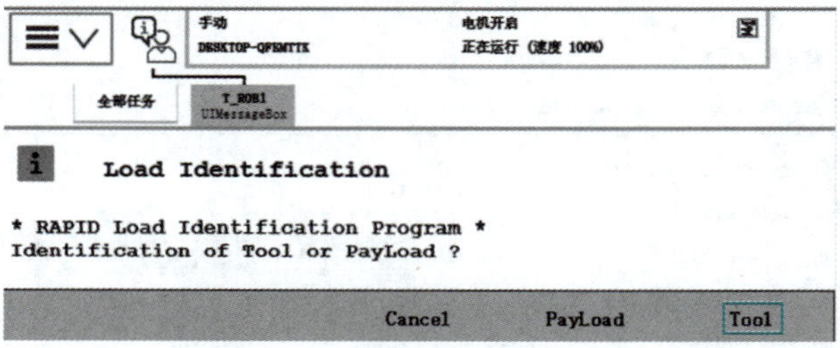

图 2-0-17　单击“Tool”(1)

第 8 步：要识别的 Tool 必须在机器人上定义并被激活，确认安装到机器人上，确认检测前的条件，单击“OK”，如图 2-0-18 所示。

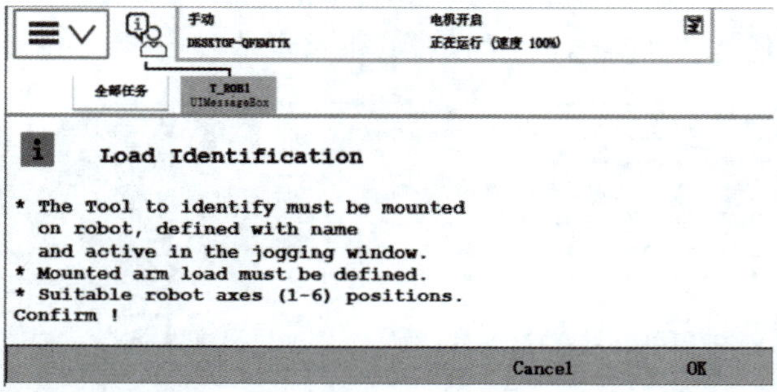

图 2-0-18　单击“OK”(2)

第 9 步：确认测量的工具名称是否为 tool1，确认后单击“OK”，如图 2-0-19 所示。

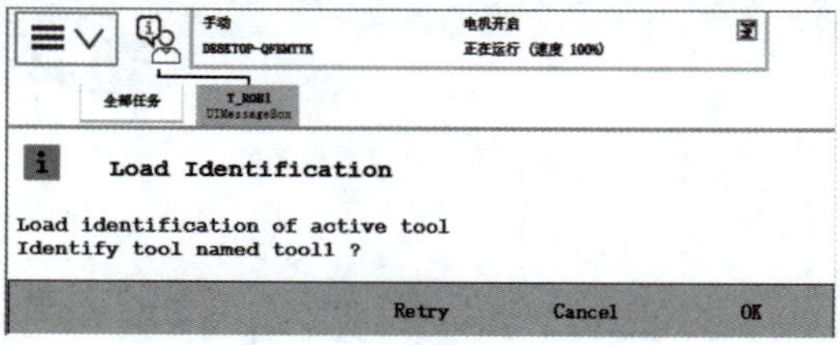

图 2-0-19　确认测量的工具名称是否为 tool1

第 10 步：在未知的情况下进行测量，输入“2”，工具的质量未知，单击“确定”，如图 2-0-20 所示。

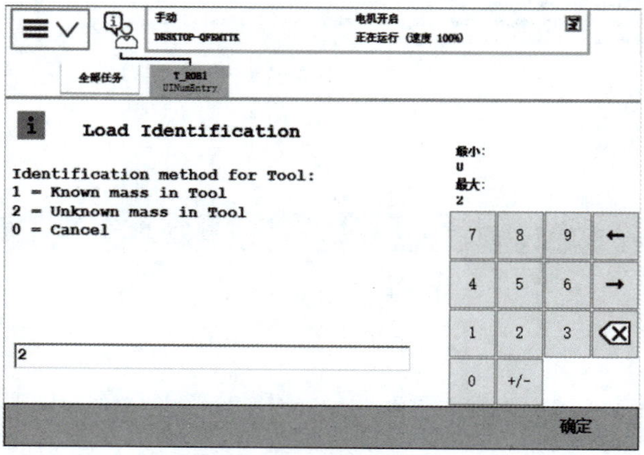

图 2-0-20　选择未知工具质量

第 11 步:测量范围选择“+90”,如图 2-0-21 所示。

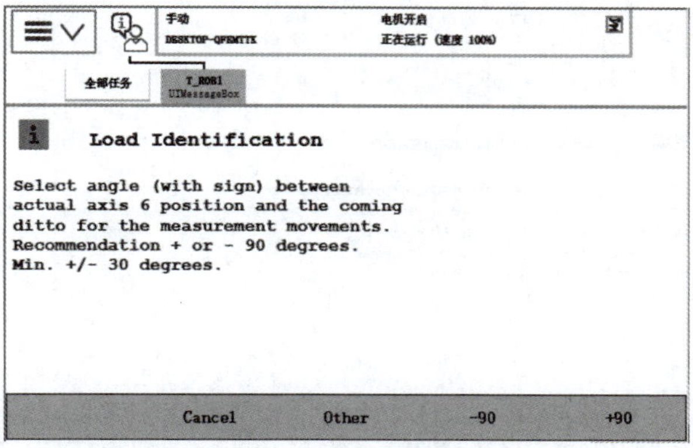

图 2-0-21 测量范围选择“+90”

第 12 步:若机器人当前位置不在机械原点,须将机器人先调整到机械原点。例如当前机器人的 5 轴不是 0°,需经过如图 2-0-22 和图 2-0-23 所示的调整过程,在图 2-0-22 所示的界面中单击“OK”,之后在图 2-0-23 所示的界面中单击“MOVE”。若机器人当前就在机械原点,则不需要执行此步。

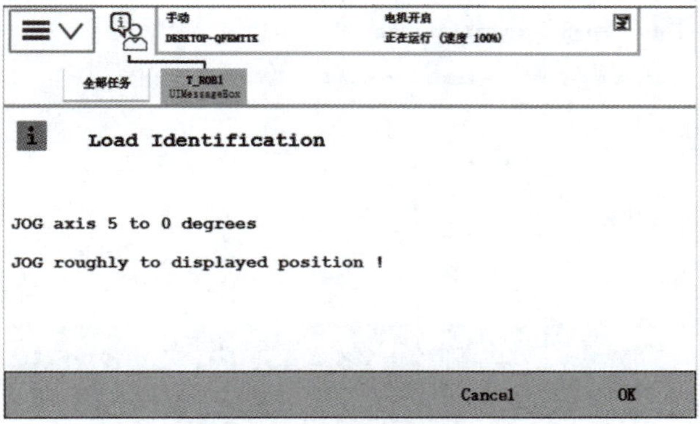

图 2-0-22 5 轴回机械零点

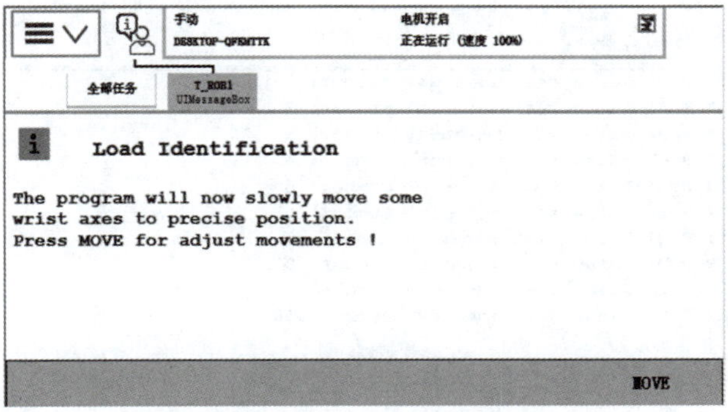

图 2-0-23 单击“MOVE”慢速移动

第 13 步:单击"YES",手动模式下慢速进行载荷识别,如图 2-0-24 所示。

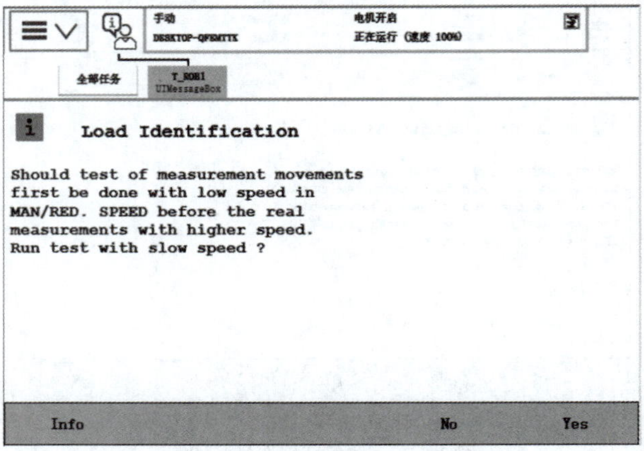

图 2-0-24 单击"YES"

第 14 步:如图 2-0-25 所示,单击"MOVE"进行慢速测试,测试过程如图 2-0-26 所示。

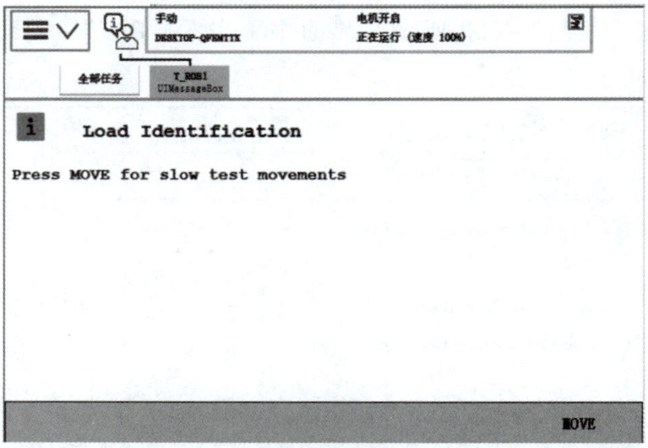

图 2-0-25 单击"MOVE"进行慢速测试

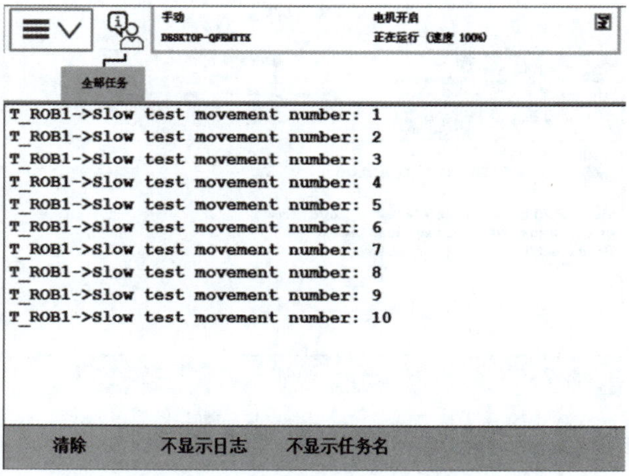

图 2-0-26 手动模式下慢速测试过程

第 15 步:当出现如图 2-0-27 所示情况时,需要切换到自动模式,单击使能按钮,这时使能按钮常亮,之后单击播放按钮,进行自动模式测量,过程如图 2-0-28 所示。

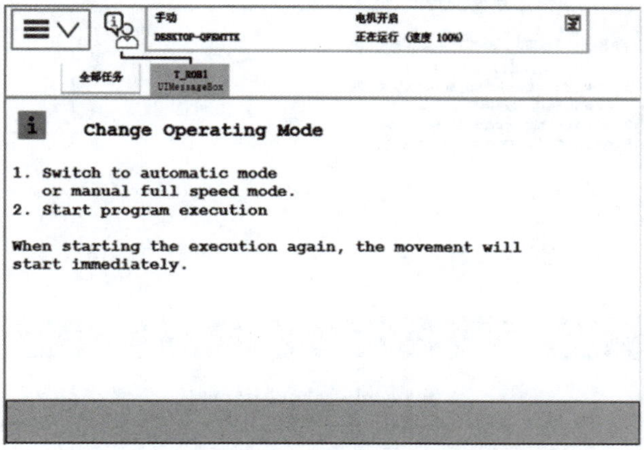

图 2-0-27 切换到自动模式的情况

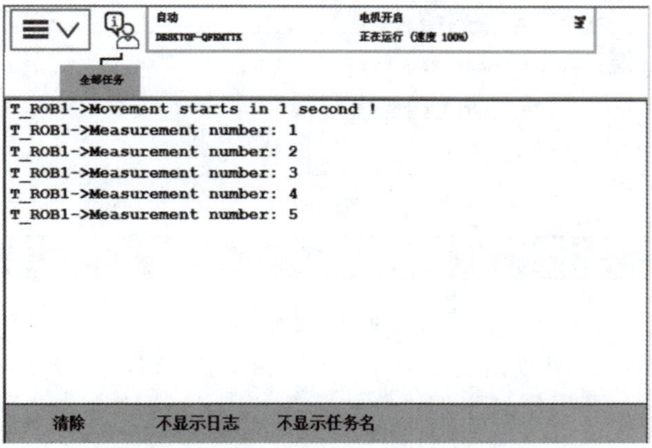

图 2-0-28 自动模式下的测量过程

第 16 步:当出现如图 2-0-29 所示情况时,切换到手动模式,可扭动钥匙开关进行切换,伺服使能按钮常亮,之后单击播放按钮,弹出如图 2-0-30 所示的界面,再单击“OK”,即可测试出机器人所带工具的质量和重心,如图 2-0-31 所示。

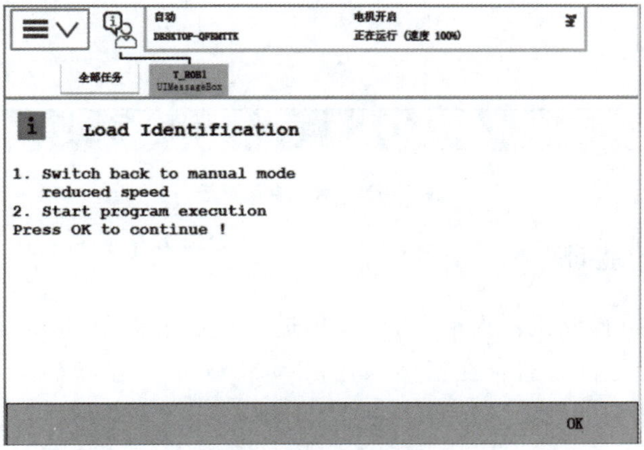

图 2-0-29 切换到手动模式

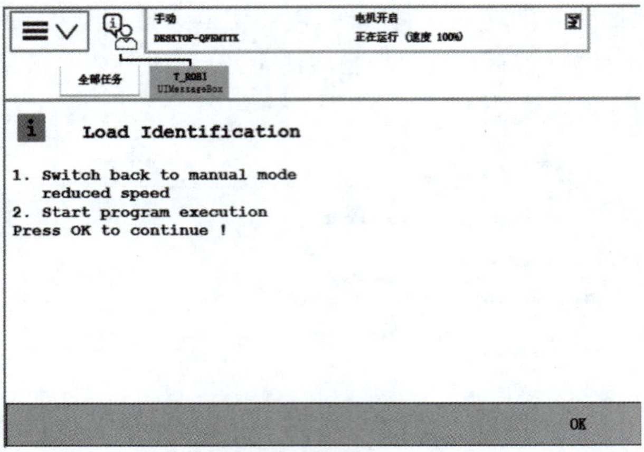

图 2-0-30 单击“OK”(3)

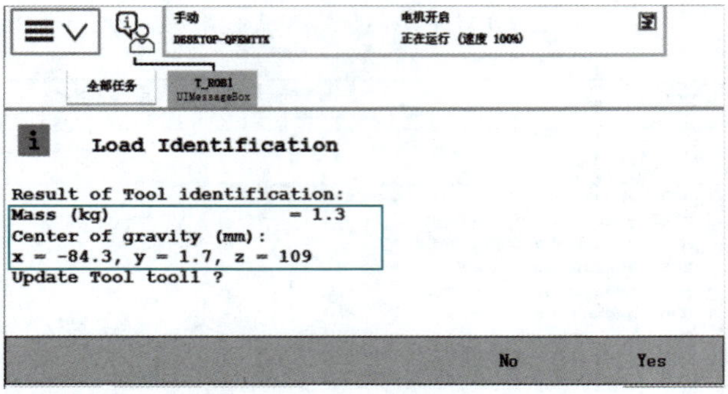

图 2-0-31 测试结果

第 17 步: 弹出界面询问数据更新到 tool1 吗？单击“YES”，数据就会被自动更新到新建 tool1 的 mass 与 cog 内，如图 2-0-32 所示。

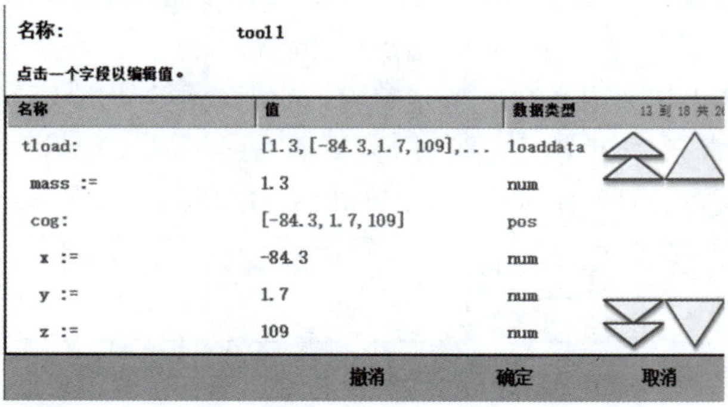

图 2-0-32 数据自动更新

5. 工具坐标的验证

重定位运行验证：操纵机器人沿 X、Y、Z 轴进行重定位运动，检查末端执行器的末端与辅助标定装置尖端点之间是否存在偏移，如图 2-0-33 所示。若机器人工具尖端与辅助标定装置尖端点之间距离偏差较大，需重新定义工具坐标。

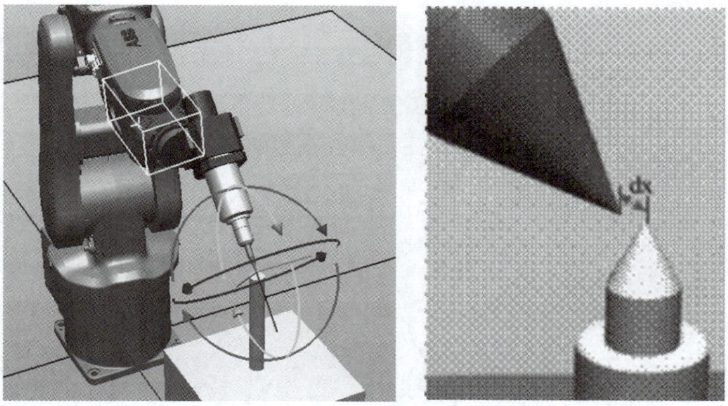

图 2-0-33　重定位验证

2.1 创建轨迹工作站

第 1 步：打开 RobotStudio 软件，从“基本”功能选项卡的“ABB 模型库”中导入 IRB120 型机器人“IRB120_3_58__01”，如图 2-1-1 所示。

第 2 步：创建机器人系统，在“基本”功能选项卡中单击“机器人系统”→“从布局”，如图 2-1-2 所示。

微课

创建轨迹工作站

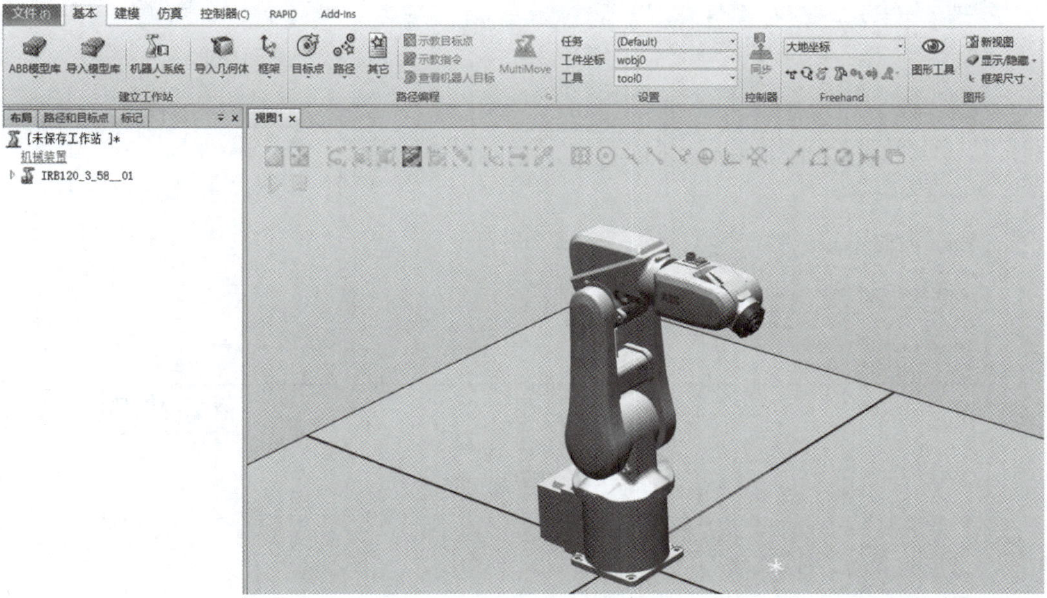

图 2-1-1　导入 IRB120 型机器人

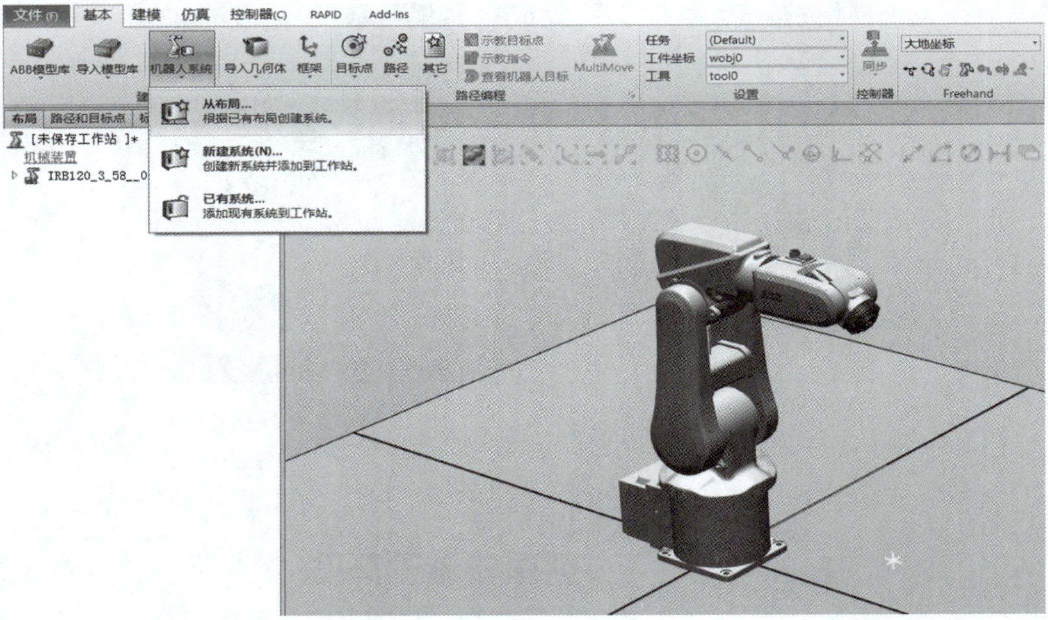

图 2-1-2　从布局创建机器人系统

第 3 步:在弹出的对话框中单击“下一个”→“下一个”→“选项”,默认语言设置“Default Language”,取消“English”的勾选,之后勾选“Chinese”,如图 2-1-3 所示。

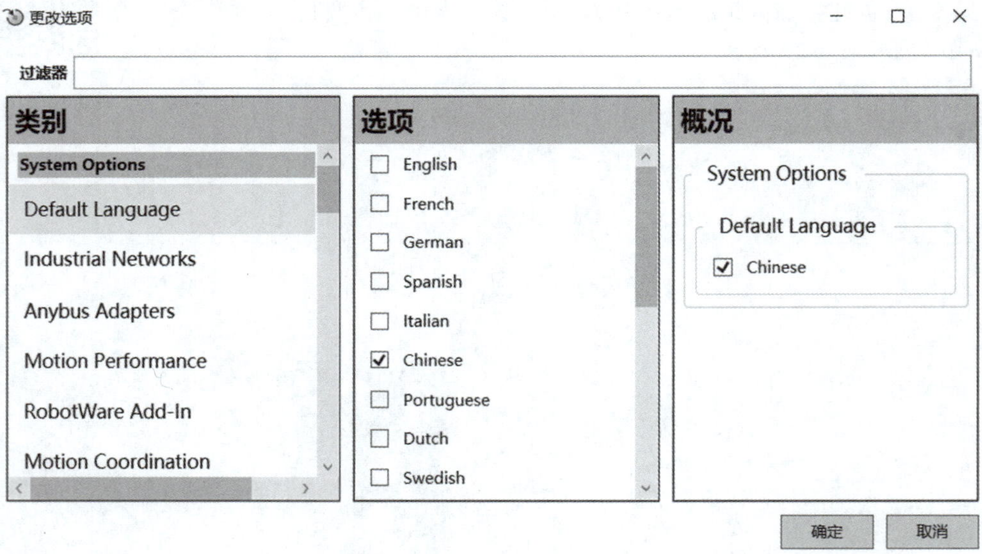

图 2-1-3　勾选“Chinese”语言

第 4 步:工业网络“Industrial Networks”设置为“709-1 DeviceNet Master/Slave”,如图 2-1-4 所示。单击“确定”→“完成”,等待装载系统。

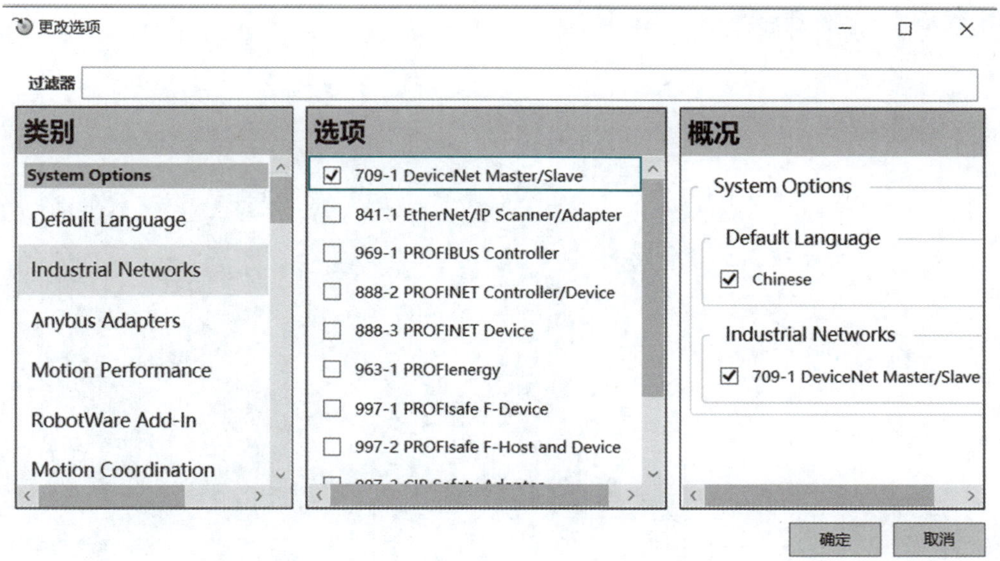

图 2-1-4　勾选“709-1 DeviceNet Master/Slave”工业网络

第 5 步：如图 2-1-5 所示，单击“导入模型库”→“浏览库文件”，找到轨迹文件夹，把周边模型和工具一起全部导入进来。

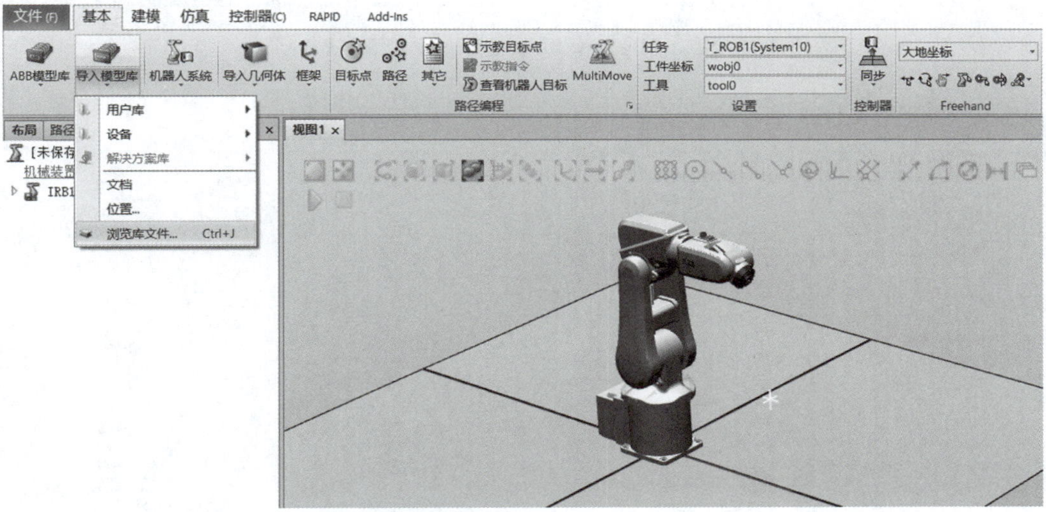

图 2-1-5　从浏览库文件导入轨迹工作站模型

第 6 步：为了后续操作方便，选中左侧布局窗口中的“399 工业机器人系统实训考核装备”并右击，之后取消勾选“可见”，如图 2-1-6 所示，暂时隐藏该外围设备。

第 7 步：把工具安装到机器人法兰盘上。在布局窗口中选中“IRB120 焊枪”，并将其拖拽到“IRB120_3_58__01”机器人上，系统弹出“更新位置”对话框，单击“是”，更新 IRB120 焊枪的位置，如图 2-1-7 所示。

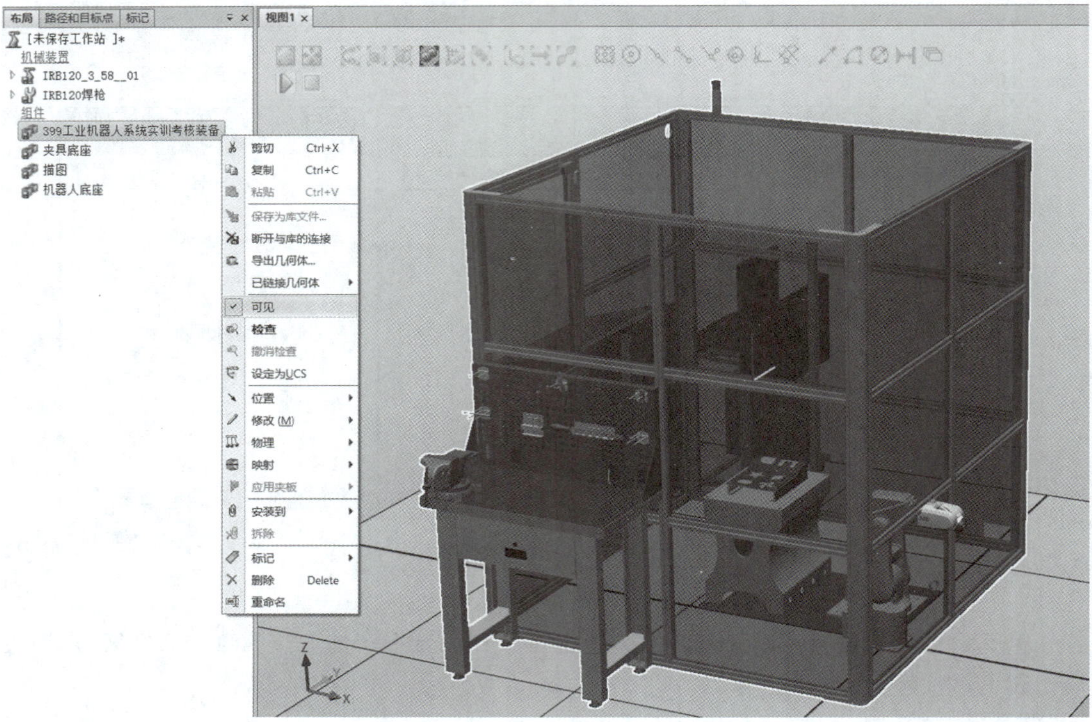

图 2-1-6 隐藏 399 工业机器人系统实训考核装备

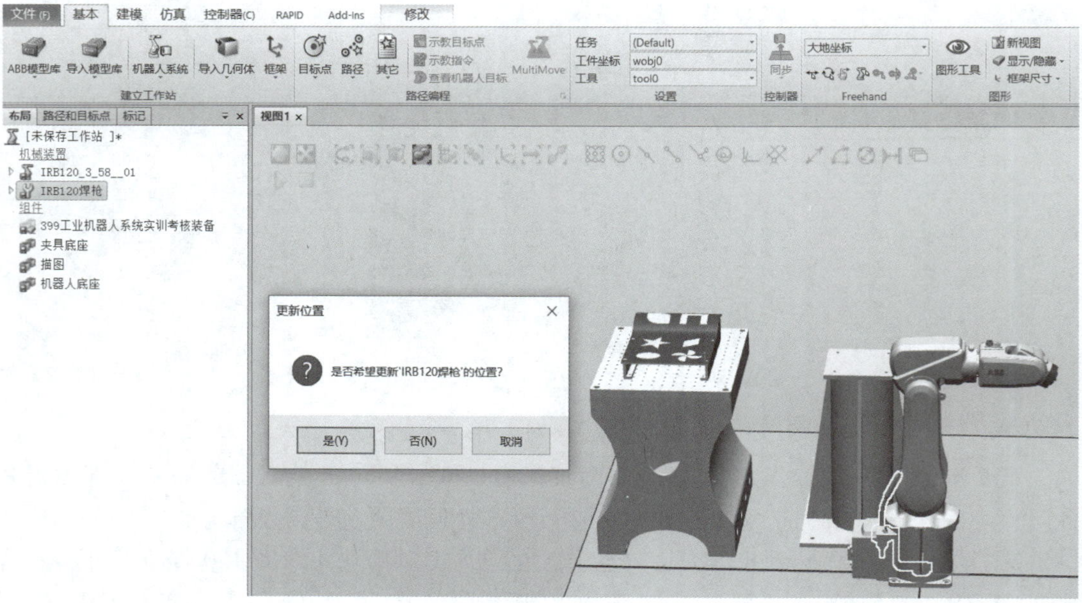

图 2-1-7 安装机器人工具

第 8 步：把机器人安装到机器人底座上。选中“IRB120_3_58__01”机器人并右击，依次单击“位置”→“放置”→“一个点”，如图 2-1-8 所示。

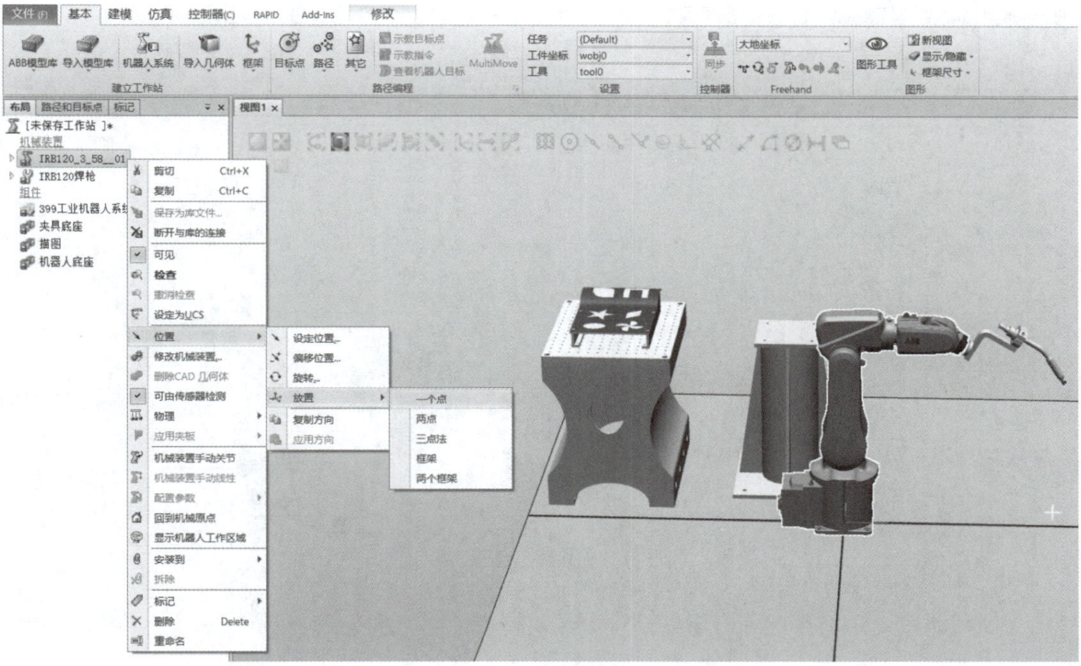

图 2-1-8　一个点放置方法

第 9 步： 选中视图窗口区上方的“捕捉中心”，按住“Ctrl+Shift+鼠标左键”切换视角，旋转到机器人的底面，把鼠标光标放到左侧“主点-从”坐标框位置，捕捉到机器人底面中心并单击，这样机器人底面中心坐标就被写入“主点-从”的坐标框内，如图 2-1-9 所示。

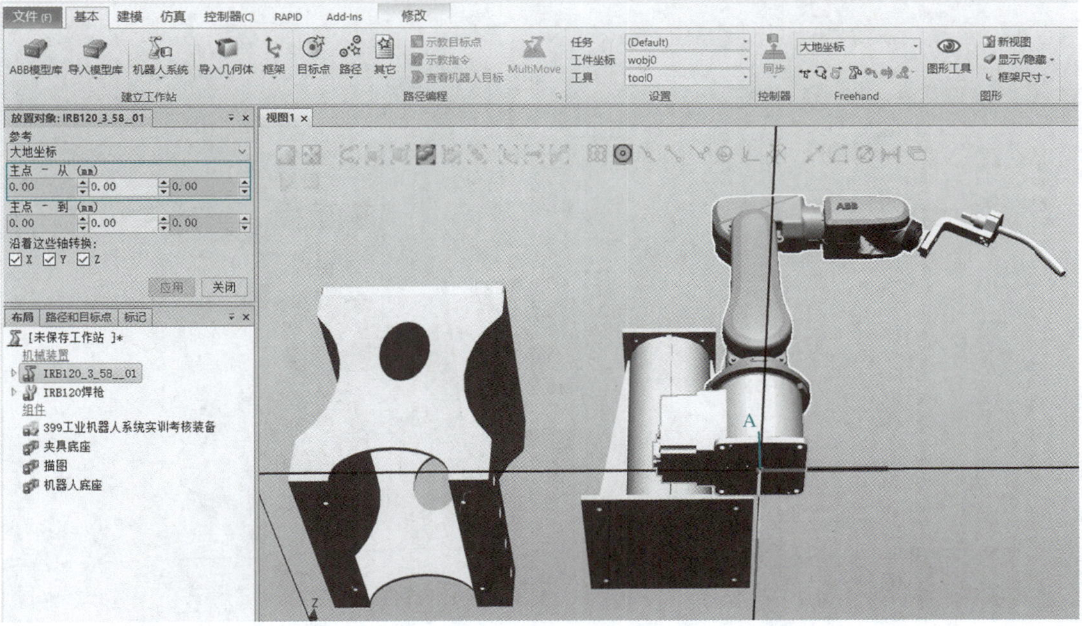

图 2-1-9　主点-从

第 10 步： 按住“Ctrl+Shift+鼠标左键”切换视角，捕捉到机器人底座上表面中心，把机器人底座中心坐标填入“主点-到”坐标框内，并单击“应用”，如图 2-1-10 所示。

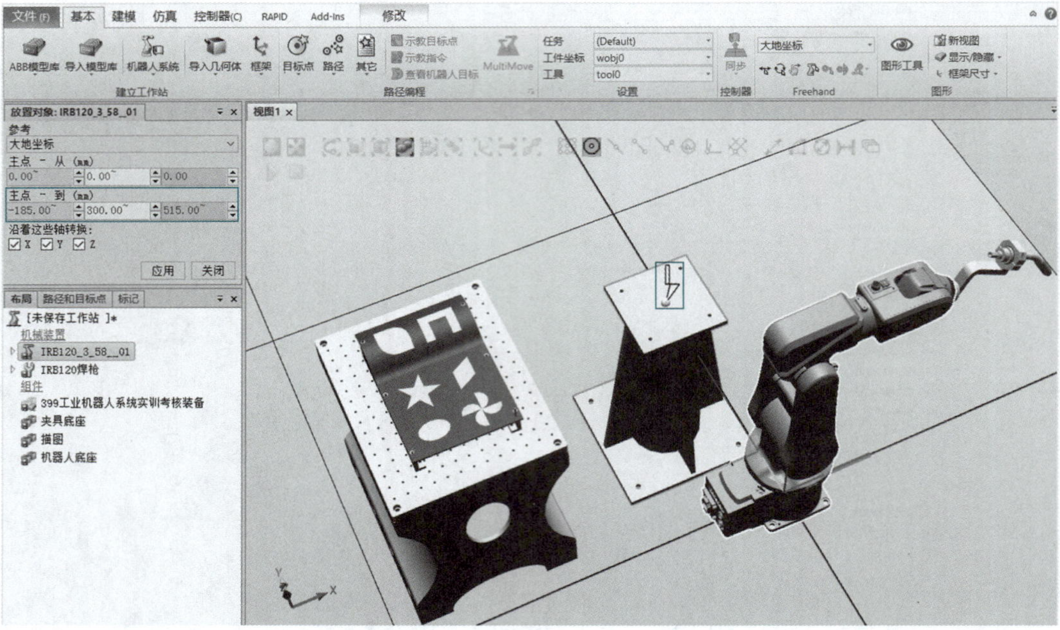

图 2-1-10　主点-到

第 11 步：选中 IRB 120 型机器人并右击，再依次单击“位置”→“旋转”，如图 2-1-11 所示。

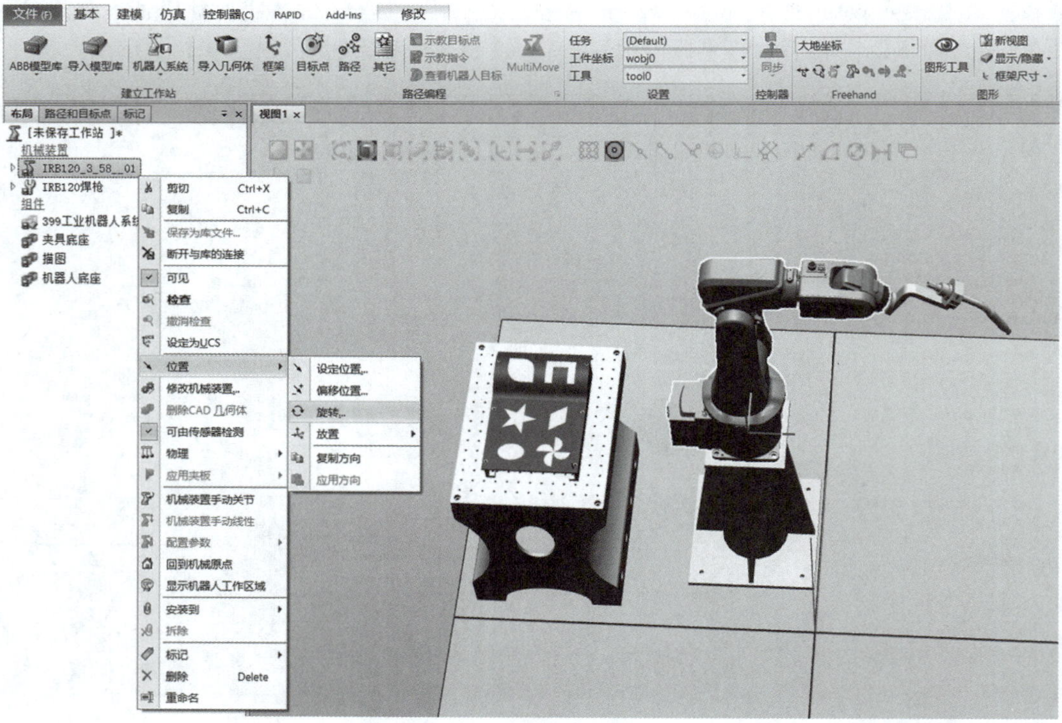

图 2-1-11　位置—旋转

第 12 步：参考本地坐标绕 *Z* 轴旋转 180°，单击“应用”→“关闭”，如图 2-1-12 所示。

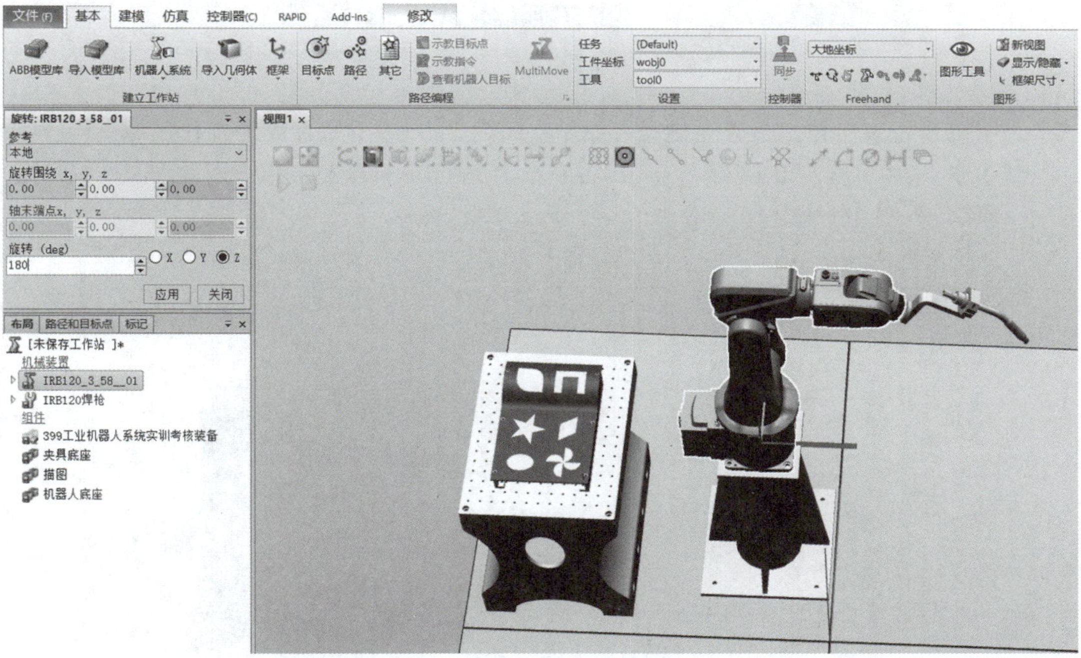

图 2-1-12 绕 Z 轴旋转 180°

第 13 步：此时机器人旋转到正对应着加工台，如图 2-1-13 所示，至此轨迹工作站搭建完成。

第 14 步：保存工作站，单击左上角快速工具栏上的保存按钮，或单击“文件”下拉菜单中的“保存工作站为”。在后续操作中要及时保存，以防数据丢失。

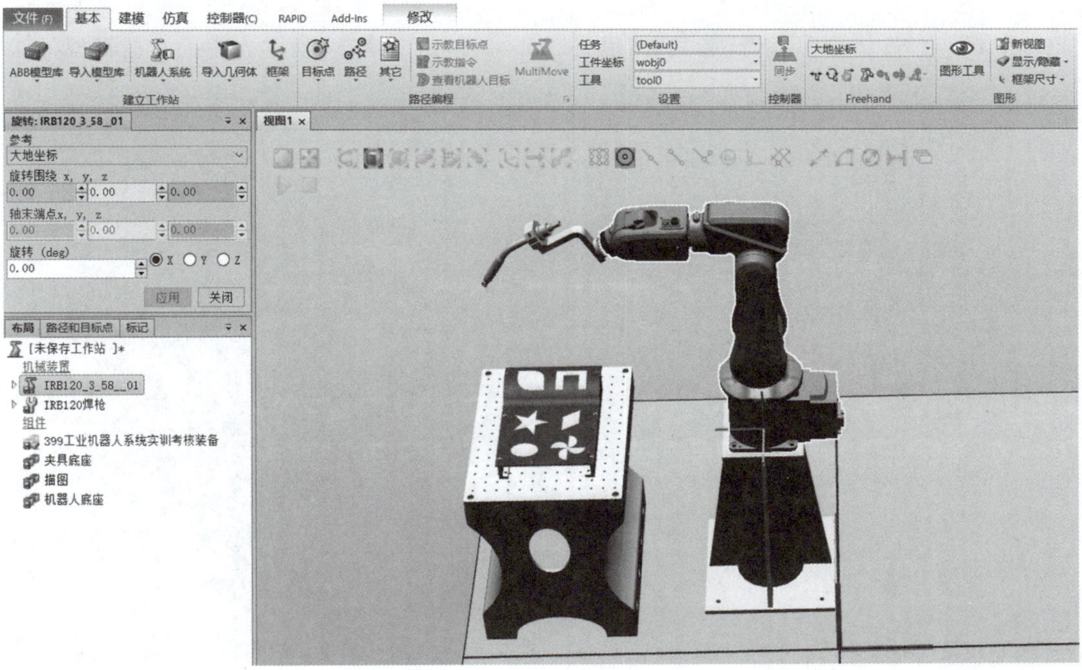

图 2-1-13 绕 Z 轴旋转 180°后

2.2 显示机器人工作区域

为了确定轨迹工作站是否在机器人操作空间内，可以查看机器人的工作区域。

第 1 步：选中机器人“IRB120_3_58__01”并右击，单击“显示机器人工作区域”，如图 2-2-1 所示。

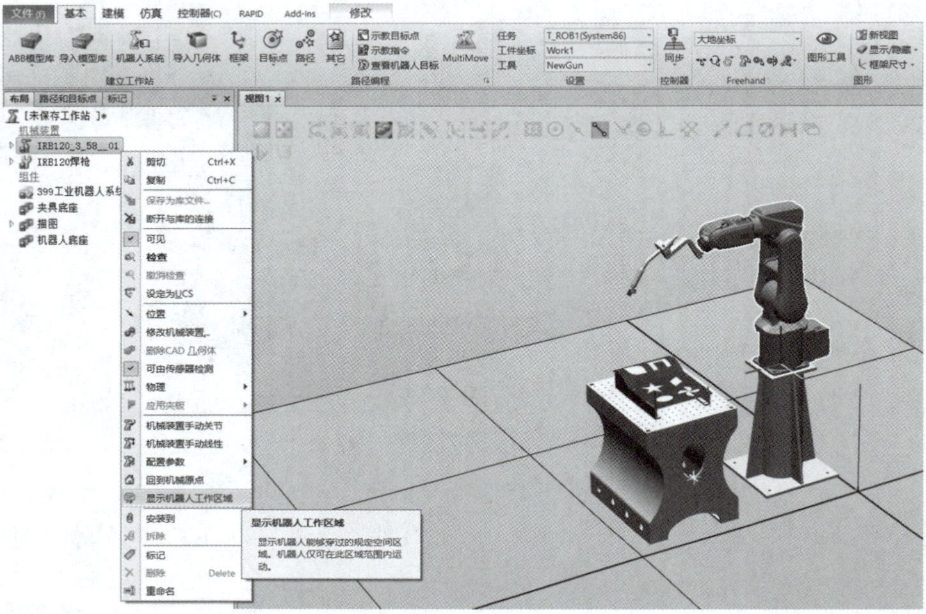

图 2-2-1　显示机器人工作区域

第 2 步：显示工作空间选择“当前工具”，“2D 轮廓”是二维显示，“3D 体积”是三维显示。“2D 轮廓”与“3D 体积”可以任选其一，也可以都勾选，如图 2-2-2 所示。本工作站铝型材加

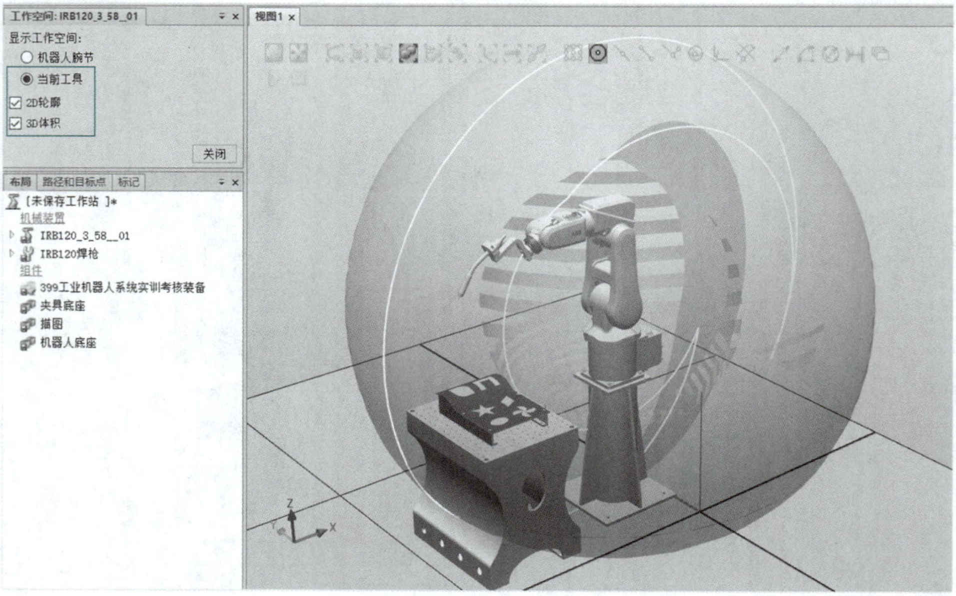

图 2-2-2　显示三维工作区域

工模型处于机器人工作区域内，无须移动。若机器人底座与铝型材模型不在机器人操作空间内，则需利用移动工具调整它们的空间位置，使机器人能够对其加工，之后单击“关闭”。再单击一次“显示机器人工作区域”，就取消了工作区域的显示。

2.3 创建工件坐标

为了使程序具有良好的可移植性，应创建工件坐标。工件坐标的使用可方便程序的重复使用。

微课

创建工件坐标

第 1 步： 单击“基本”功能选项卡中单击“其他”→“创建工件坐标”，如图2-3-1 所示。

第 2 步： 给新建的工件坐标重命名为“Work1”，也可以采用默认名称。

第 3 步： 单击“取点创建框架”后面的下拉按钮。

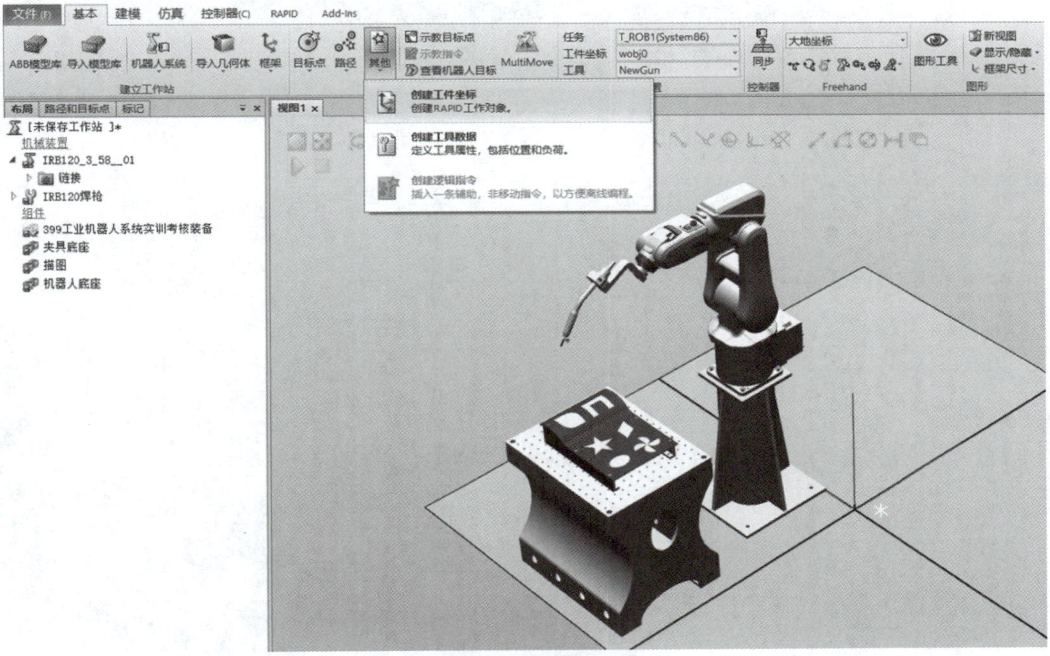

图 2-3-1 创建工件坐标

第 4 步： 在视图窗口区的上方选中“选择表面”和“捕捉末端”。

第 5 步： 选择三点法创建工件坐标，将鼠标放到“X 轴上的第一个点”坐标框内，捕捉到工件的角点①并单击，这样角点①的空间位置坐标就被写入“X 轴上的第一个点”坐标框内。同理捕捉角点②和角点③，将其坐标分别写入“X 轴上的第二个点”坐标框内与“Y 轴上的点”坐标框内。

第 6 步： 单击“Accept”→“创建”，如图 2-3-2 所示。

新创建的工件坐标 Work1 如图 2-3-3 所示，在“基本”功能选项卡下，利用“图形”选项组中的“框架尺寸”选择合适的“大”、“中型”或“小”尺寸，如图 2-3-3 所示。

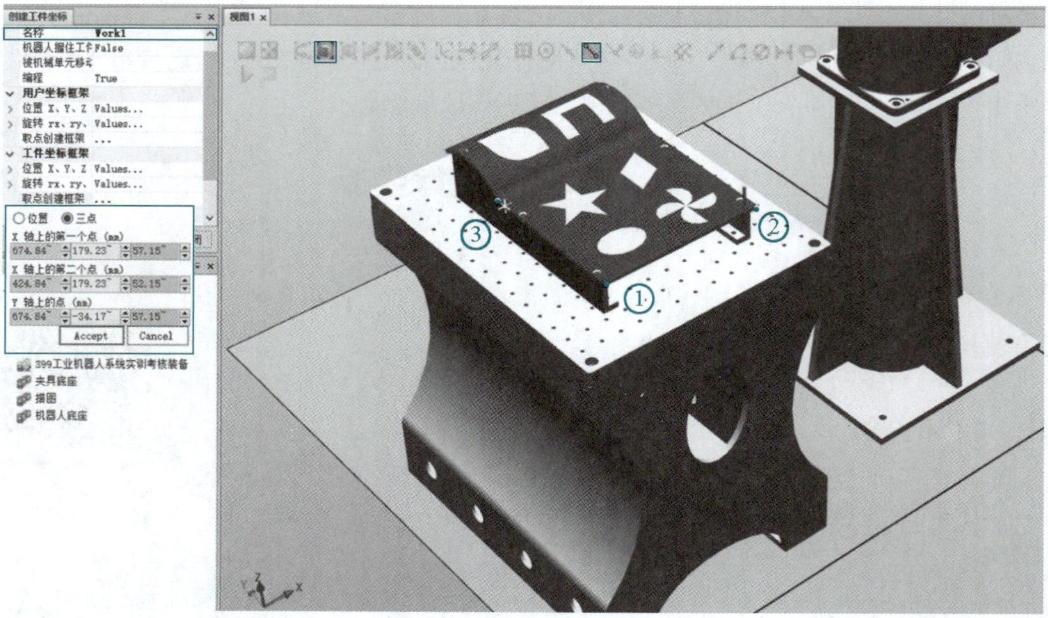

图 2-3-2 三点法创建工件坐标

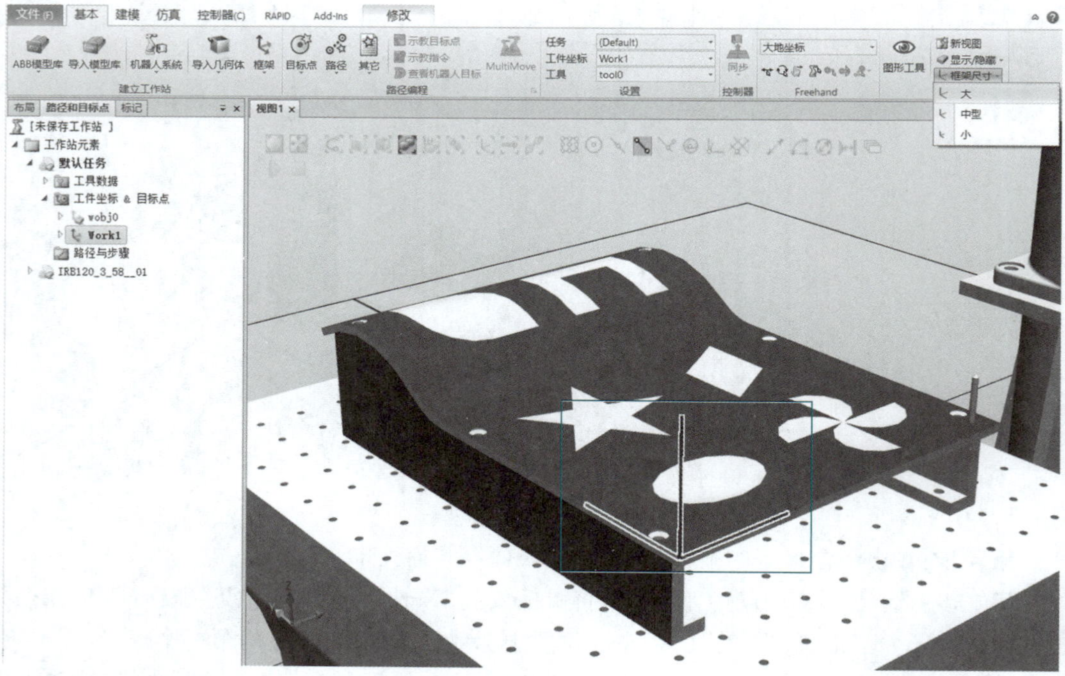

图 2-3-3 合理选择框架尺寸

2.4 创建菱形路径

在轨迹工作站上有菱形轨迹、风车形轨迹、五角星形轨迹、椭圆形轨迹，这四种轨迹位于铝型材的水平底面上；还有树叶形轨迹和凹字形轨迹，这两种轨迹在铝型材的曲面上。前四种轨迹用创建空路径、示教目标点的方式来创建机器人程序，后两种轨迹形状不规则，需要机器人示教较多点才能较为精准地逼近轨迹，所以后两种轨迹借助机械模型的点、线、面特征自动生成路径的方式来创建机器人程序。

微课
创建菱形路径

第 1 步：根据当前任务，工件坐标选择“Work1”，工具选择“NewGun”，如图 2-4-1 所示。

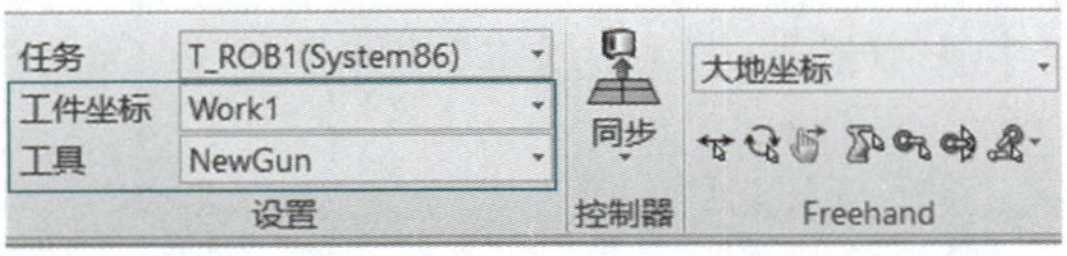

图 2-4-1 确定工件坐标与工具坐标

第 2 步：运动指令选择 MoveL，速度为 200 mm/s，转弯半径为 fine，工具坐标为 NewGun，工件坐标为 Work1，如图 2-4-2 所示。

图 2-4-2 设置运动指令参数

第 3 步：在“基本”功能选项卡中单击“路径”→“空路径”，如图 2-4-3 所示。

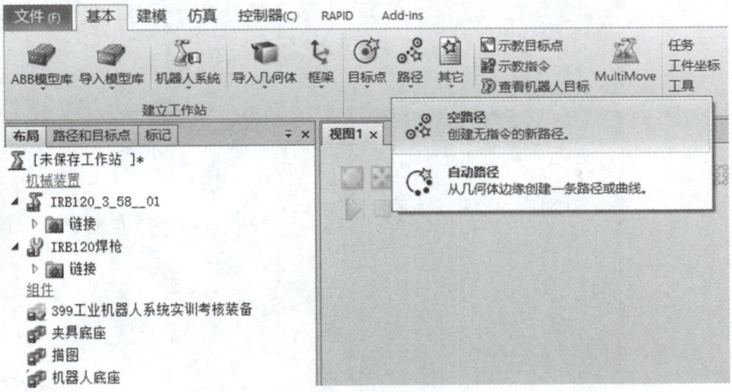

图 2-4-3 添加空路径

第 4 步：在路径和目标点窗口的“路径与步骤”选项下就新建了路径“Path_10”，如图 2-4-4 所示。路径可以理解为是一个子程序。

第 5 步：为了后续拖动机器人 TCP 线性运动时避免出现奇异点，选中“手动关节”，如图 2-4-5 所示。拖动 5 轴，使其调到 60°左右，这时机器人工具尖端近似垂直于地面。

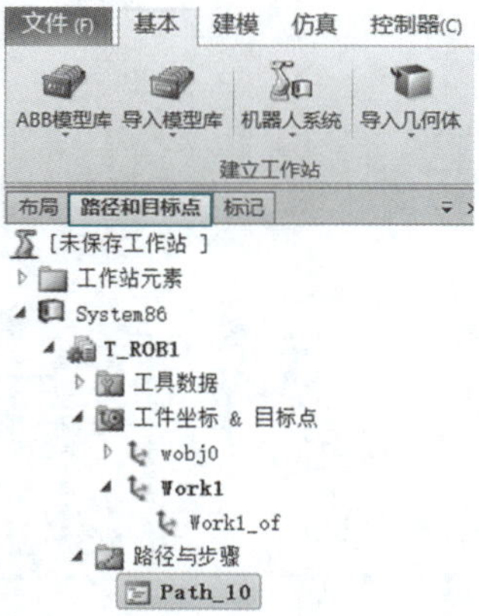

图 2-4-4 空路径 Path_10

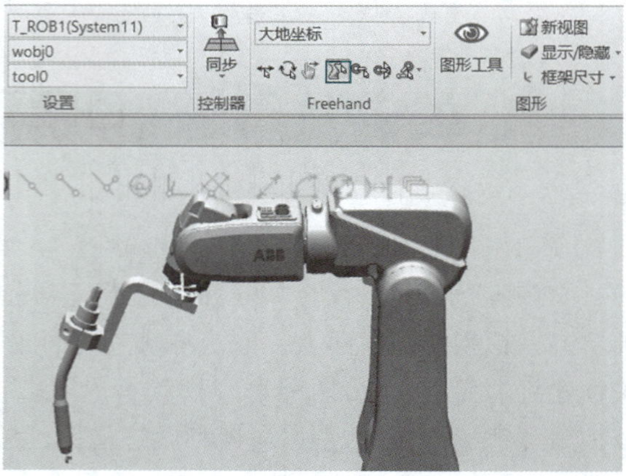

图 2-4-5 选中"手动关节"

第 6 步:工具坐标设为"NewGun",在视图窗口区的上方选中"捕捉末端"。

第 7 步:在布局窗口中选中机器人,在"基本"功能选项卡下的"Freehand"选项组中选择"手动线性",如图 2-4-6 所示。

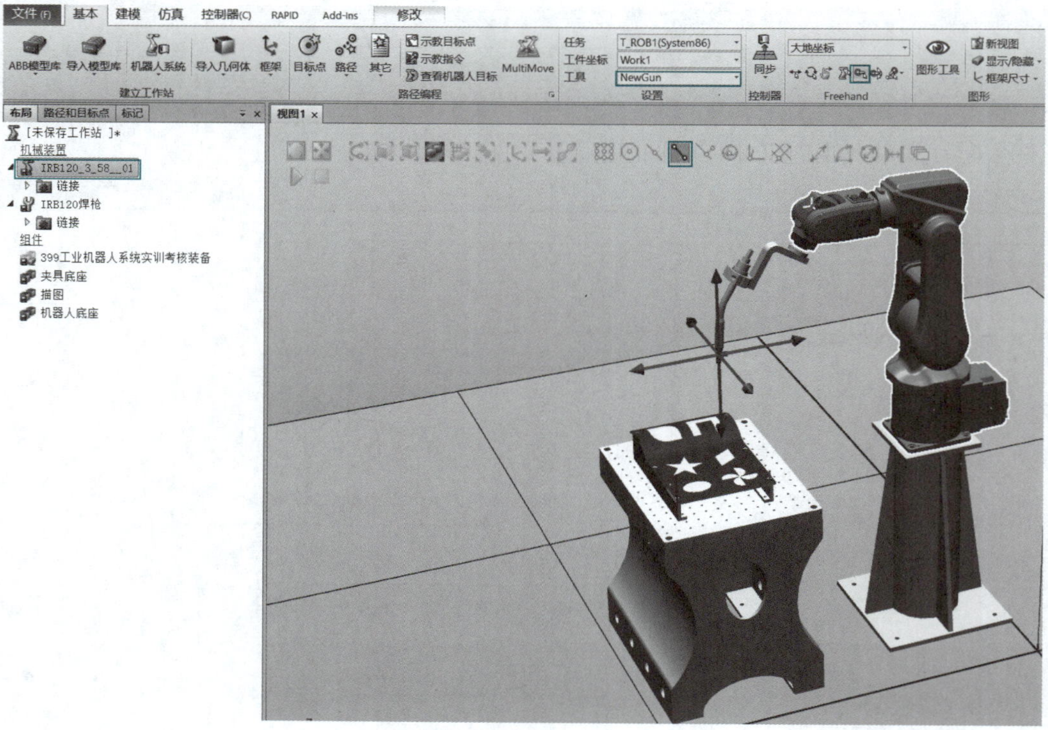

图 2-4-6 选择"手动线性"

第 8 步:沿 Z 轴向下拖动 TCP,直至捕捉到菱形的一个端点,如图 2-4-7 中点①,之后取消"手动线性"的选择。

第 9 步:单击"基本"功能选项卡中的"示教指令",切换到路径和目标点窗口,在 Work1 坐标下会创建一个目标点"Target_10",在路径 Path_10 里会新建一条 MoveL 指令语句,如图 2-4-8 所示。

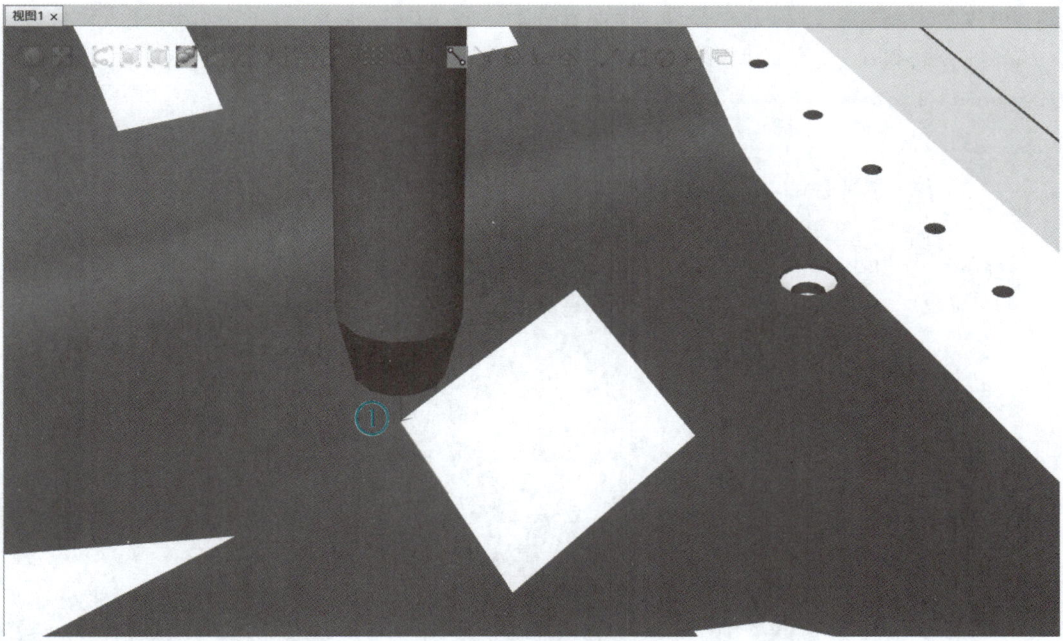

图 2-4-7 捕捉到菱形的一个端点

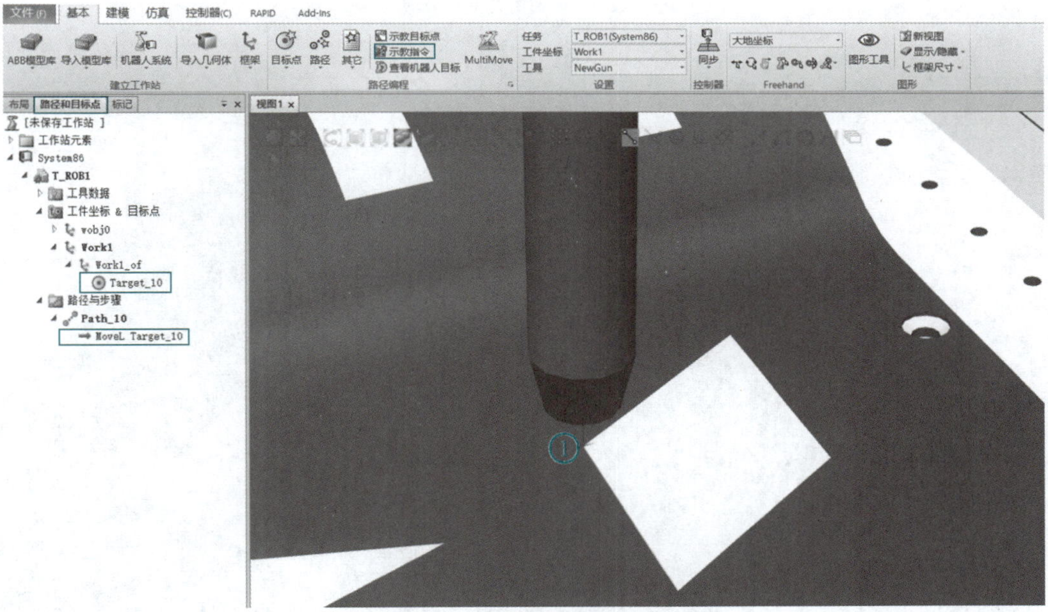

图 2-4-8 新建示教指令

第 10 步：再次选中“手动线性”，拖动 TCP 到达点②，单击“基本”功能选项卡中的“示教指令”，在 Work1 坐标下又创建了一个目标点“Target_20”，在路径 Path_10 里又新建了一条 MoveL 指令语句，如图 2-4-9 所示。

第 11 步：拖动 TCP 到达点③和点④，分别单击“基本”功能选项卡中的“示教指令”，在“Work1”坐标下即创建了目标点“Target_30”和“Target_40”，在路径“Path_10”里有 4 条 MoveL 指令语句。机器人运行菱形封闭轨迹，需再回到①点，因此选中“MoveL Target_10”

指令并右击，单击“复制”，并粘贴到最后一条指令处，如图 2-4-10 所示。弹出对话框询问用户是否创建新目标点，单击“否”。

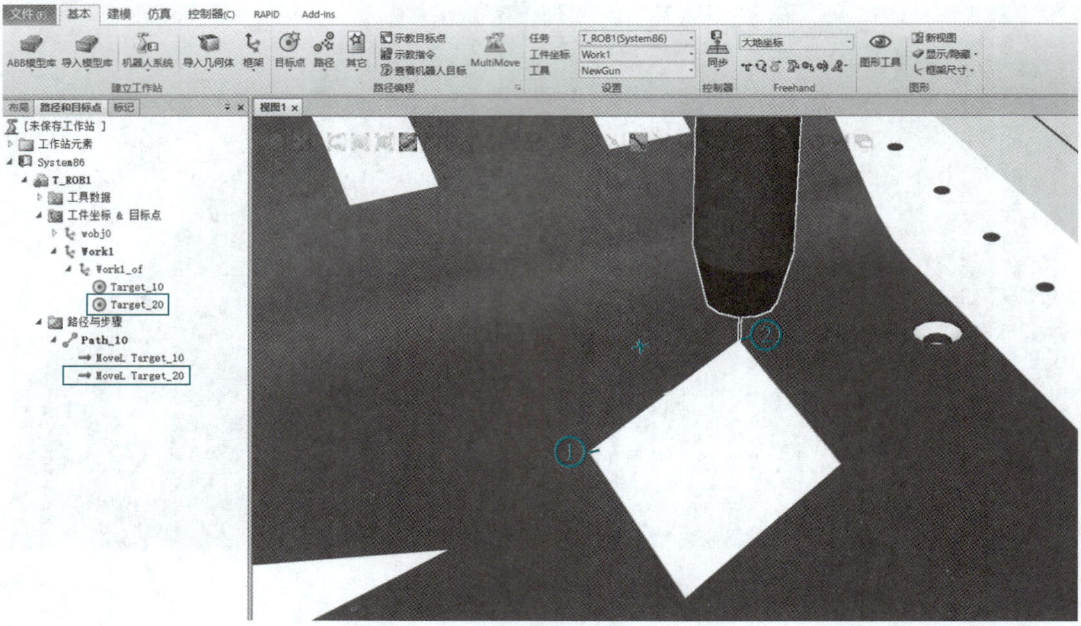

图 2-4-9　添加第二条示教指令

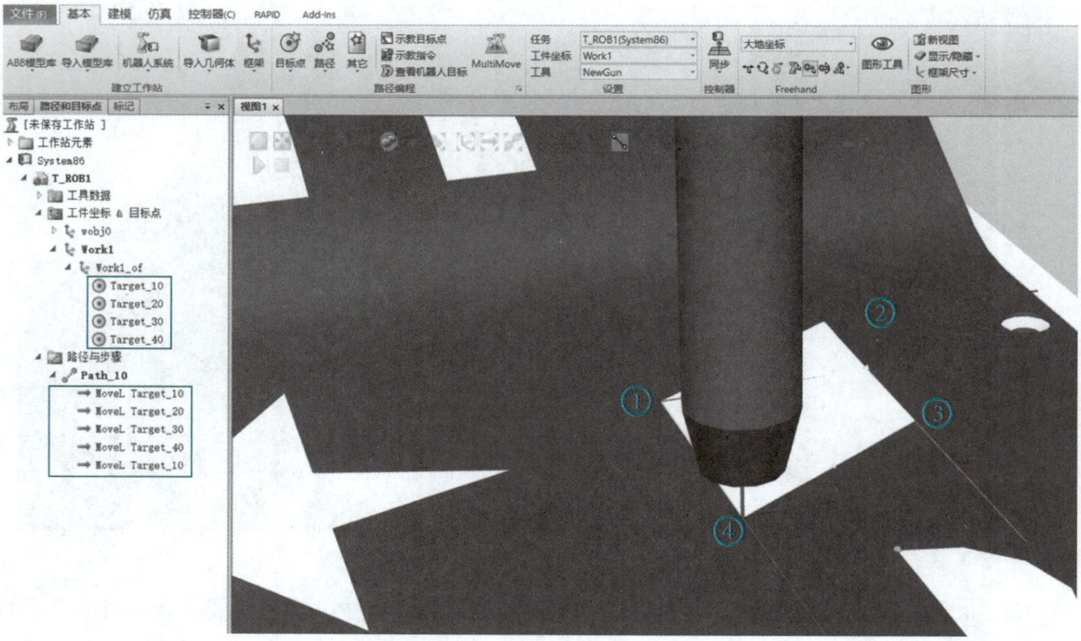

图 2-4-10　菱形轨迹程序指令

第 12 步：选中“Target_10”，右击，单击“跳转到目标点”，如图 2-4-11 所示。

第 13 步：在布局窗口中选中机器人，在“基本”功能选项卡下的“Freehand”选项组中选择“手动线性”，沿 Z 轴方向把机器人工具往上抬高一些，单击“示教指令”，产生一个新目标点“Target_50”，该点作为菱形轨迹的进入点与离开点。复制指令语句“MoveL Target_50”，选中第一条指令“MoveL Target_10”并右击，单击“粘贴”，弹出询问是否创建新目标点的对话框，单击“否”。再把“MoveL Target_10”拖动到第二条指令位置，如图 2-4-12 所示。

“MoveL Target_50”在第一条指令处，Target_50 是 Path_10 的进入点，同时也是 Path_10 的离开点。

第 14 步：切换到布局窗口，选中 IRB120 型机器人，右击，单击“回到机械原点”，如图 2-4-13 所示。之后再单击“示教指令”，在坐标 Work1 下创建新目标点 Target_60，在路径 Path_10 下增加 MoveL Target_60 指令语句。

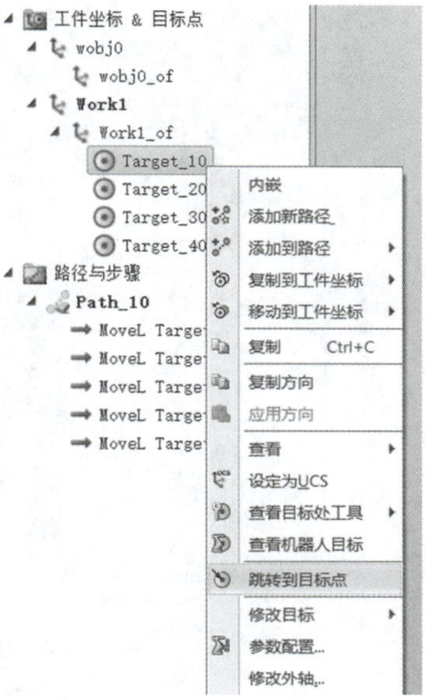

图 2-4-11　跳转到 Target_10 点

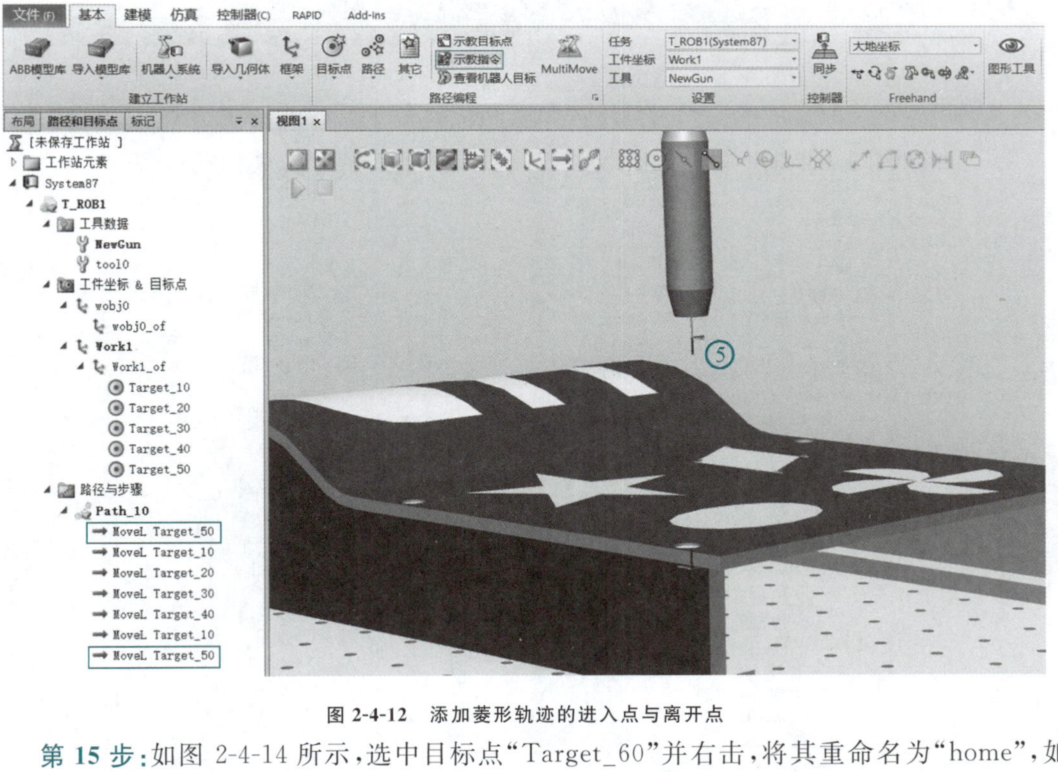

图 2-4-12　添加菱形轨迹的进入点与离开点

第 15 步：如图 2-4-14 所示，选中目标点“Target_60”并右击，将其重命名为“home”，如图 2-4-15 所示。

第 16 步：如图 2-4-15 所示，复制“ MoveL home”指令语句，并粘贴到路径“Path_10”下的第一条指令处，粘贴过程中弹出对话框询问是否创建新目标点，单击“否”。

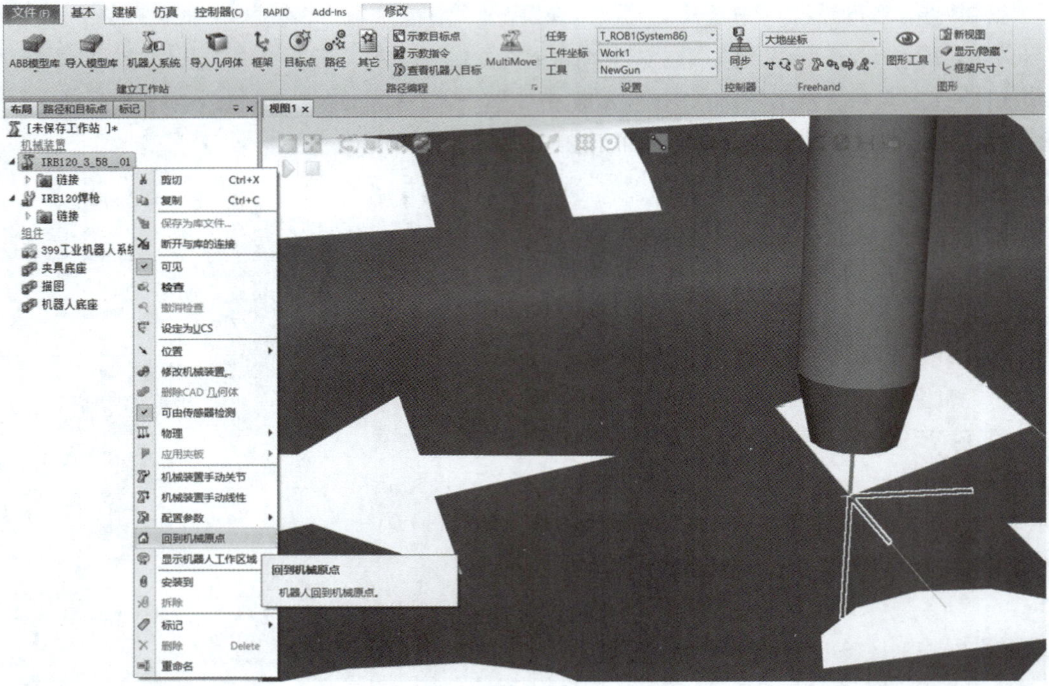

图 2-4-13　回到机械原点并示教指令

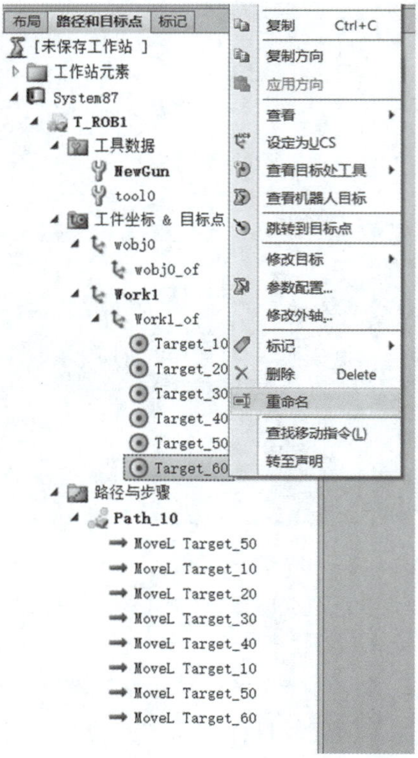

图 2-4-14　重命名为 home

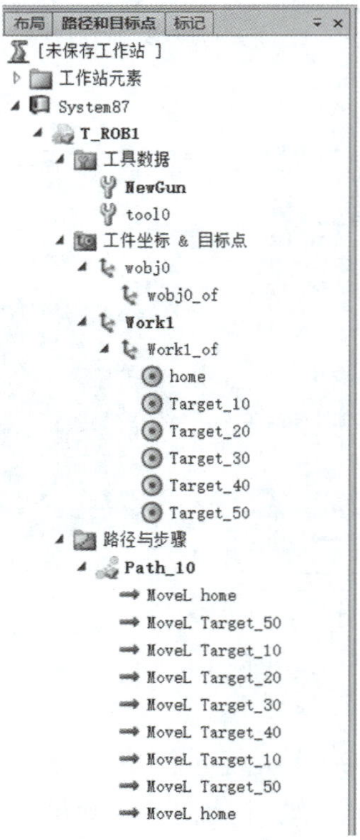

图 2-4-15　添加安全工作点指令

第 17 步：选中路径“Path_10”并右击，单击“自动配置”→“所有移动指令”，如图 2-4-16 所示。再选中路径“Path_10”并右击，单击“沿着路径运动”，如图 2-4-17 所示。

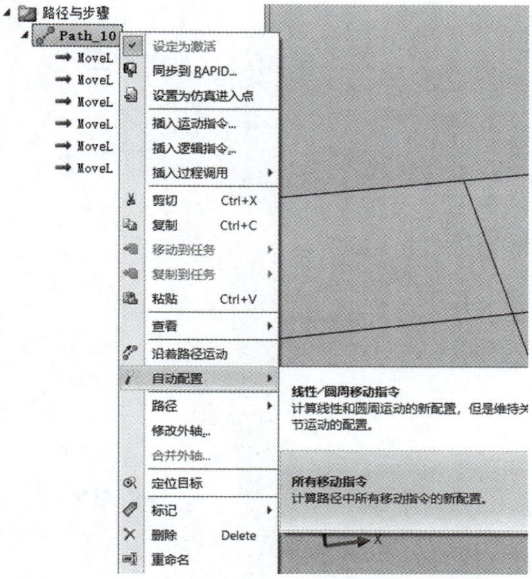

图 2-4-16 自动配置

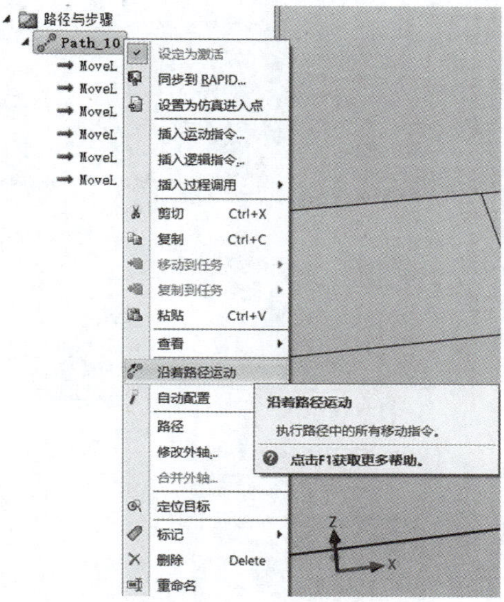

图 2-4-17 沿着路径运动

第 18 步：在“基本”功能选项卡中单击“同步”→“同步到 RAPID”，如图 2-4-18 所示。弹出“同步到 RAPID”对话框，如图 2-4-19 所示，选项全部勾选，即把机器人工件坐标、工具数据、路径目标点等都同步到 RAPID，之后单击“确定”。

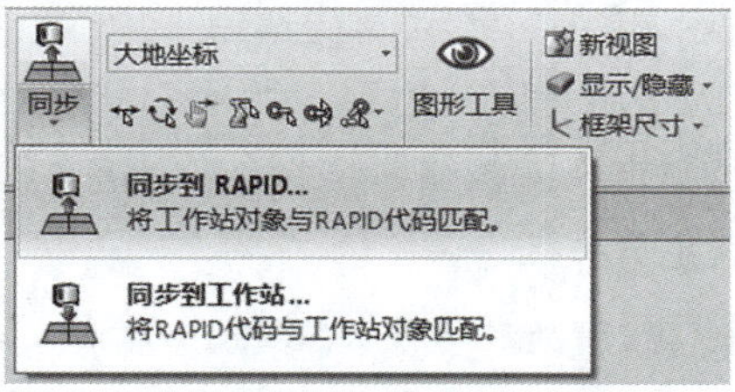

图 2-4-18 同步到 RAPID

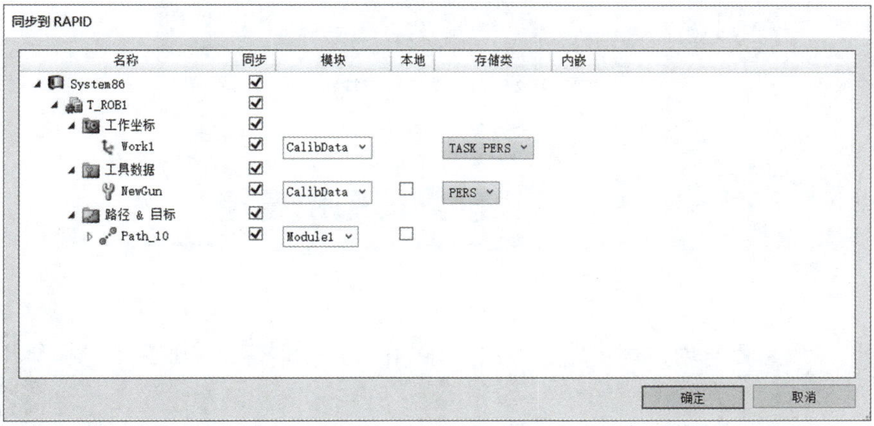

图 2-4-19 任务目标全选

第 19 步：在“仿真”功能选项卡中单击“仿真设定”，再单击“System86”，根据需要选择运行方式,这里选择“单个周期”运行方式。之后单击“T_ROB1”,进入点选择“Path_10”。然后单击“关闭”,如图 2-4-20 所示。

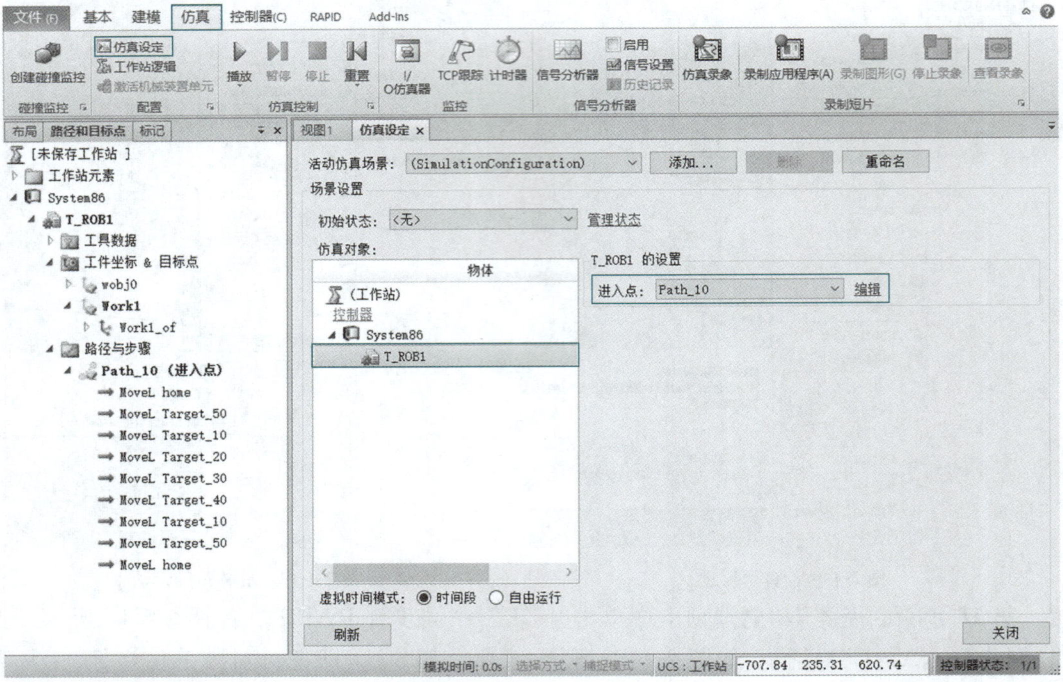

图 2-4-20 设置仿真进入点

第 20 步:如图 2-4-21 所示,单击“仿真”功能选项卡中的“播放”,运行仿真程序,待运行完毕单击“重置”。重置按钮的作用是回到仿真开始前的状态,为下一次仿真做准备。暂停按钮的功能是暂时停止仿真,单击恢复按钮将继续仿真;仿真过程中若单击停止按钮,则仿真停止,继续仿真也需要单击重置按钮。

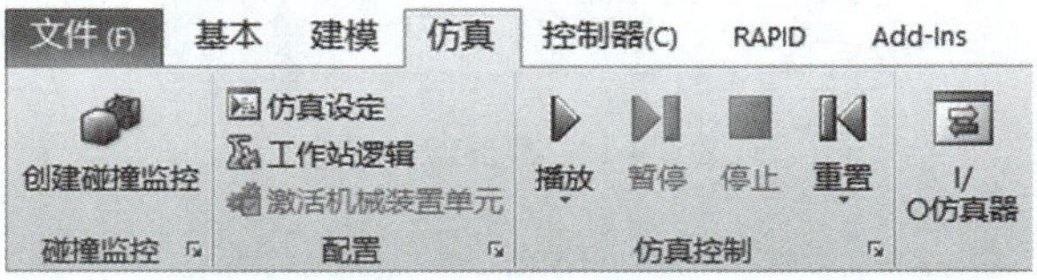

图 2-4-21 仿真操作按钮

2.5 创建风车形路径

微课

创建风车形路径

创建风车形路径与创建菱形路径方法大体相同,只是创建风车形路径中用到了圆弧运动指令。

第 1 步:如图 2-5-1 所示,在“基本”功能选项卡中单击“路径”→“空路径”。在“路径与步骤”选项下将生成空路径“Path_20”。

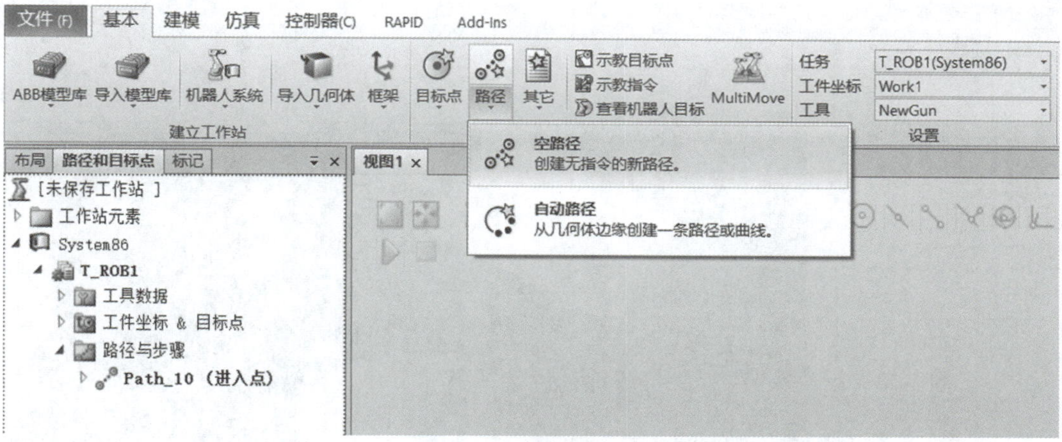

图 2-5-1 设置仿真进入点

第 2 步:在视图窗口区的上方选中“捕捉对象”,运用“Freehand”选项组中的“手动关节”和“手动线性”,使机器人工具末端捕捉到风车的中心位置①,尽量使机器人工具末端垂直于水平面。单击“示教指令”,这样路径 Path_20 中有一条“MoveL Target_60”指令语句,Work1 工件坐标下也出现一个新的目标点“Target_60”,如图 2-5-2 所示。

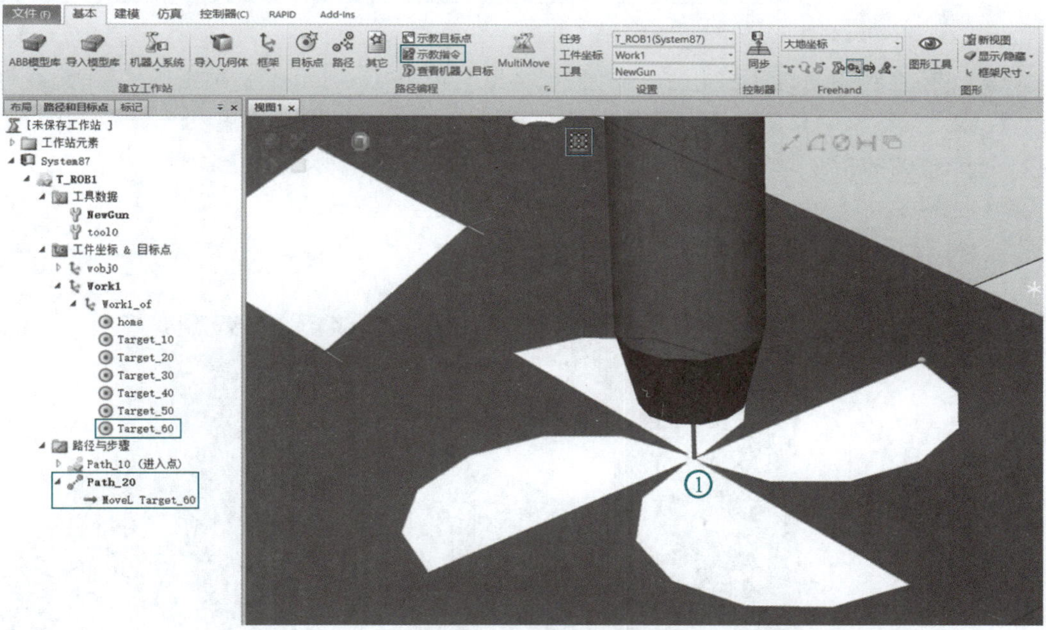

图 2-5-2 添加风车中心点轨迹程序

第 3 步:在视图窗口区的上方选中“捕捉末端”,运用“Freehand”选项组中的“手动线性”拖动机器人工具末端,使其捕捉到风车的位置②。单击“示教指令”,产生新的目标点“Target_70”和指令语句“MoveL Target_70”,如图 2-5-3 所示。

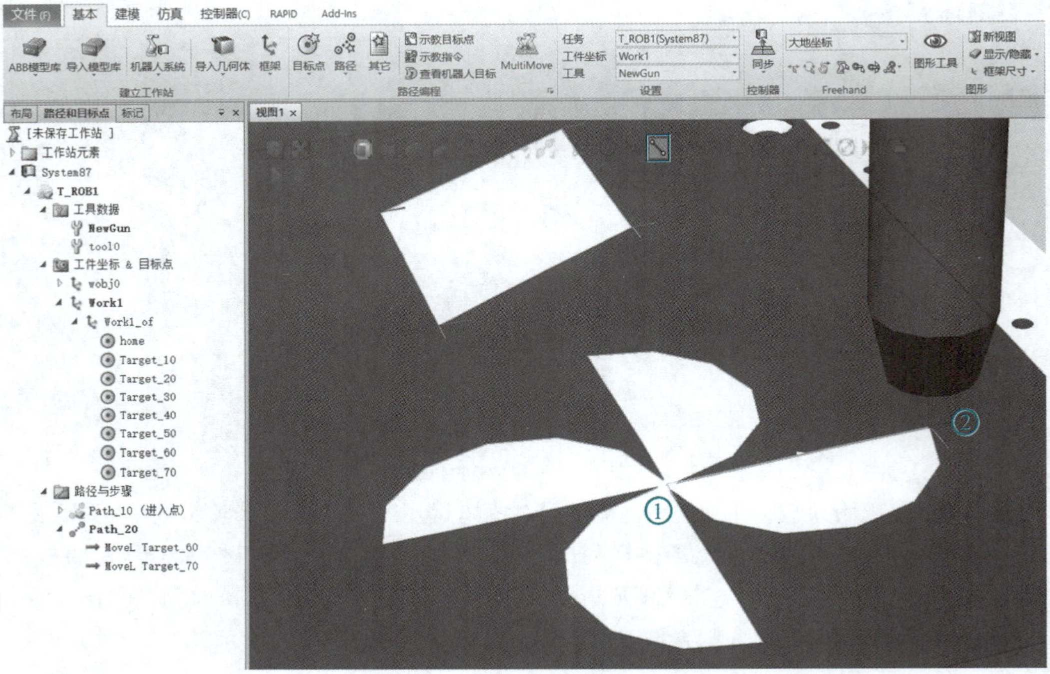

图 2-5-3　添加第二条直线指令

第 4 步：在视图窗口区的上方选中"捕捉边缘"，运用"Freehand"选项组中的"手动线性"拖动机器人工具末端移动到风车圆弧边缘上的任一点③。单击"示教指令"，产生新的目标点"Target_80"和指令语句"MoveL Target_80"，如图 2-5-4 所示。

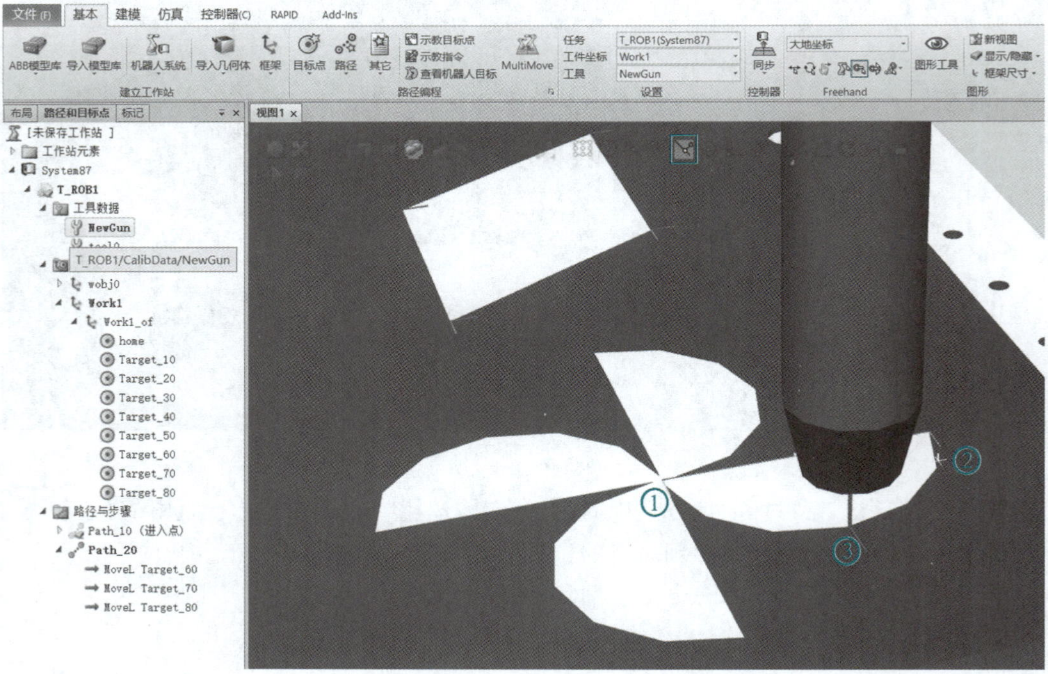

图 2-5-4　添加圆弧中间点指令

第 5 步：复制"MoveL Target_60"指令语句，粘贴到 Path_20 路径下的最后一条，如图

2-5-5 所示。此过程中会弹出询问是否创建新目标点的对话框,单击“否”。

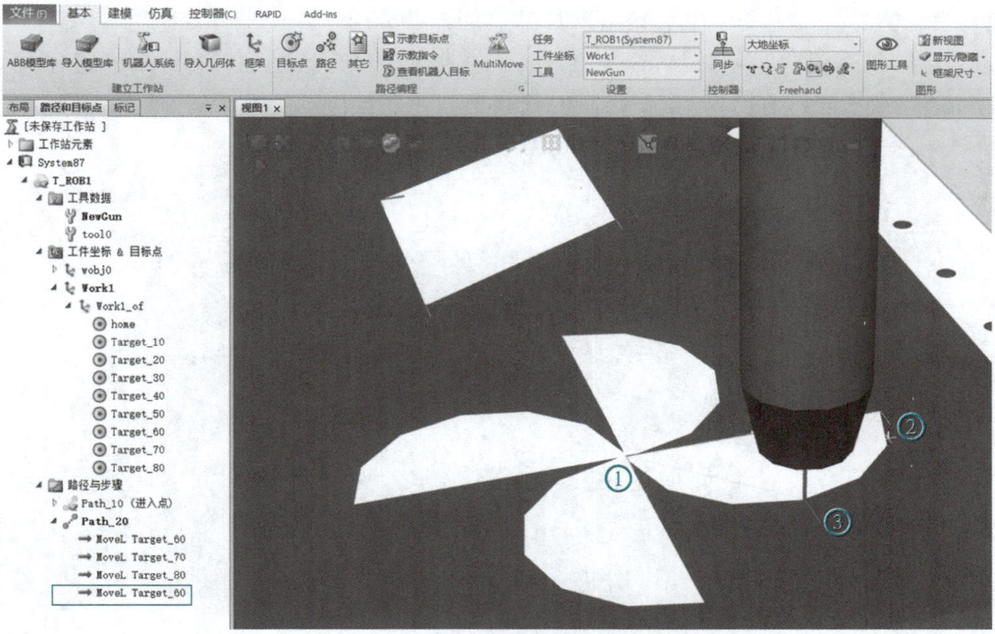

图 2-5-5 复制指令

第 6 步:生成圆弧运动指令。如图 2-5-6 所示同时选中“MoveL Target_80”和“MoveL Target_60”指令语句,右击,单击“修改指令”→“转换为 MoveC”,生成圆弧运动指令“MoveC Target_80 ,Target_60”。

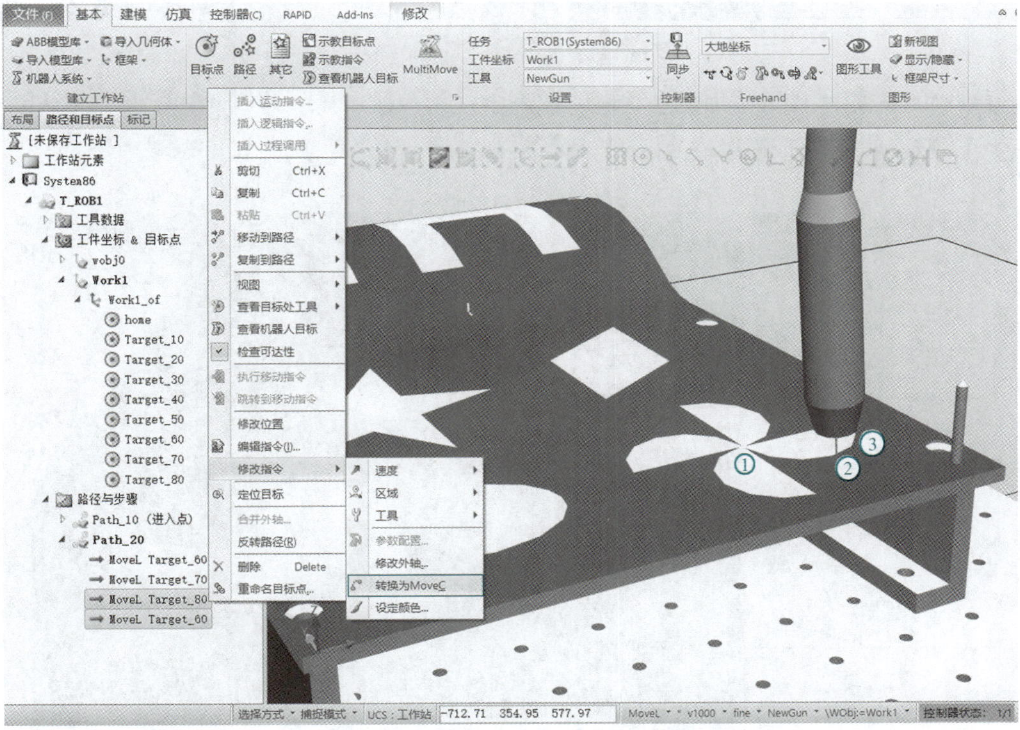

图 2-5-6 转换为 MoveC 指令

第 7 步：选择“手动线性”，拖动机器人工具末端到达点④和点⑤，分别单击“示教指令”，创建新目标点“Target_90”和“Target_100”。同时生成了“MoveL Target_90”和“MoveL Target_100”指令语句。复制“MoveL Target_60”指令语句，粘贴到 Path_20 路径下的最后一条，如图 2-5-7 所示，此过程中会弹出询问是否创建新目标点的对话框，单击“否”。

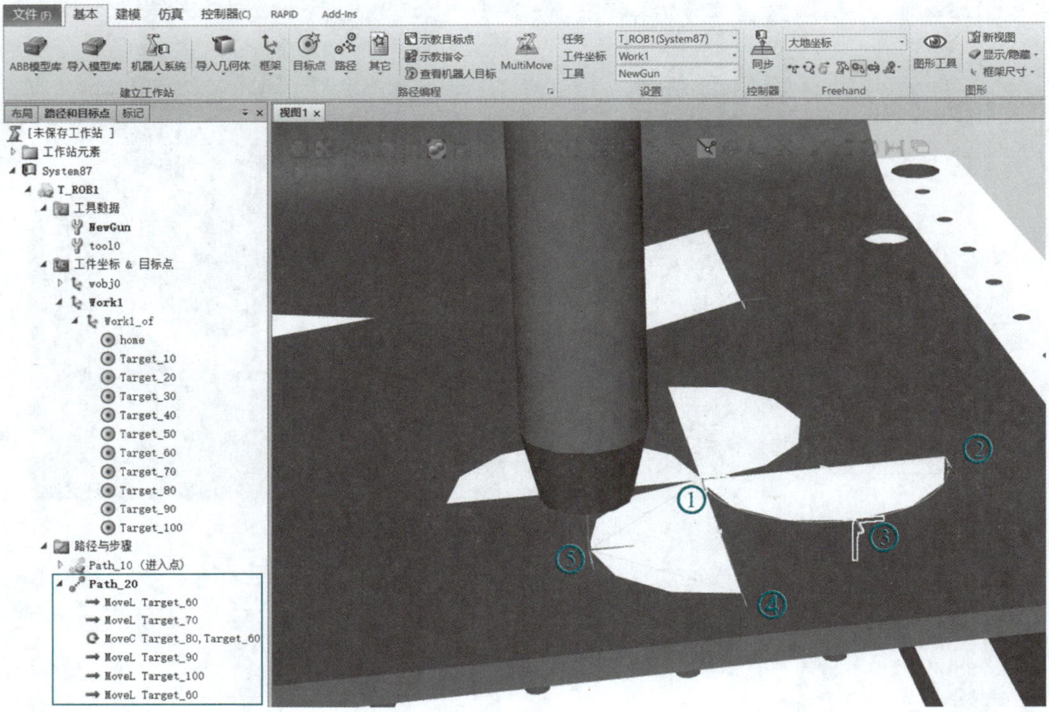

图 2-5-7　编写第二个风叶指令

第 8 步：生成圆弧运动指令，同时选中“MoveL Target_100”和“MoveL Target_60”，右击，单击“修改指令”→“转换为 MoveC”，生成圆弧运动指令“MoveC Target_100 ，Target_60”，如图 2-5-8 所示。

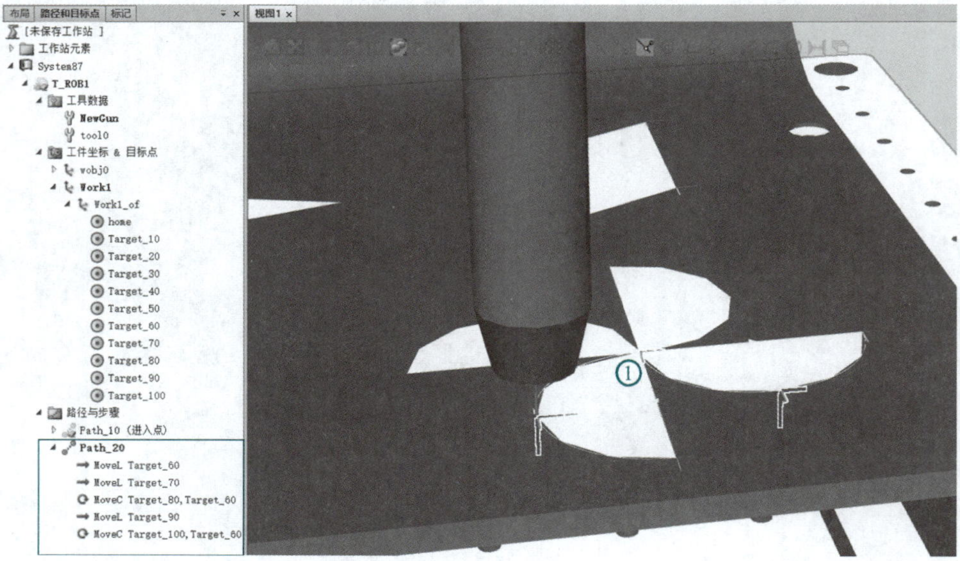

图 2-5-8　转换为第二个 MoveC 指令

第 9 步:同理生成风车剩下的两个风叶的轨迹指令语句,如图 2-5-9 所示。

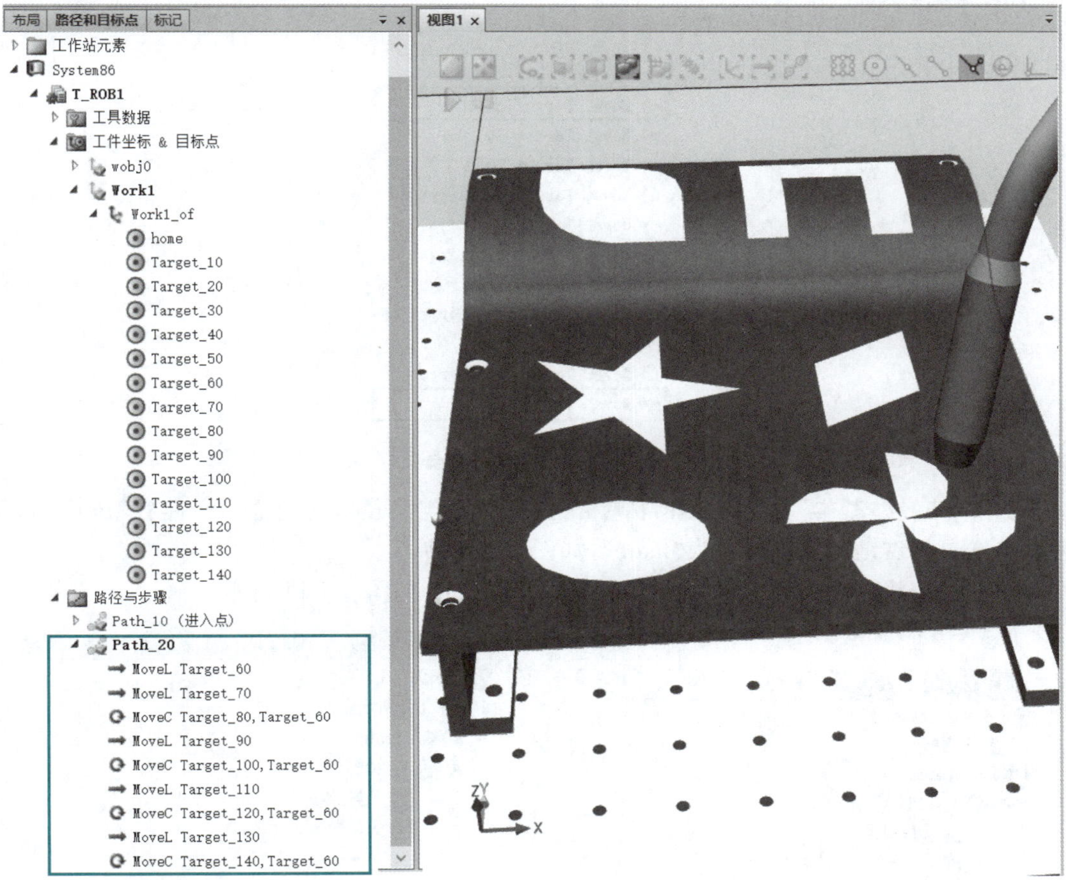

图 2-5-9 生成风车轨迹指令

第 10 步:设置风车轨迹进入点与离开点的上方偏置点。首先复制"MoveL Target_60"指令语句,将其粘贴到路径 Path_20 里的最下方,粘贴过程中会弹出询问是否创建新目标点的对话框,如图 2-5-10 所示,单击"是",系统自动生成一个目标点 Target_60_1,选中 Work1 下的 Target_60_1,右击,单击"修改目标"→"偏移位置",弹出如图 2-5-11 所示的对话框,设置沿 *Z* 轴正方向偏移−100 mm。

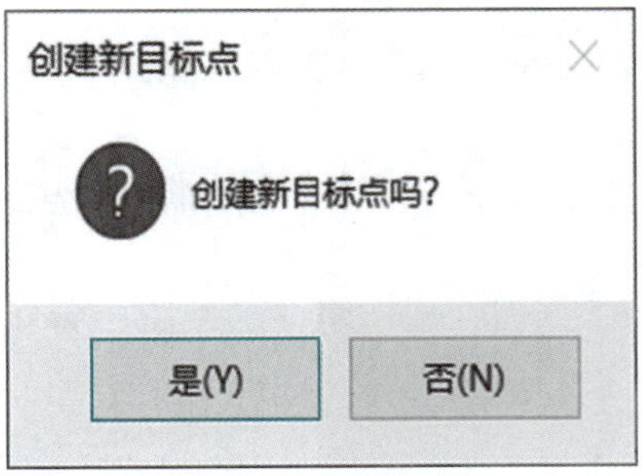

图 2-5-10 创建新目标点

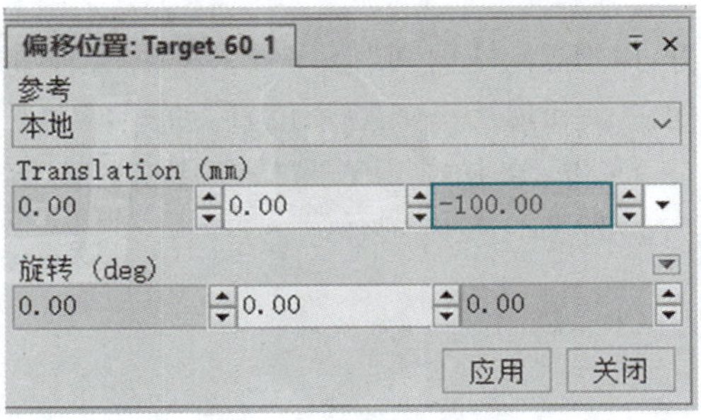

图 2-5-11 目标点沿 *Z* 轴正方向偏移−100 mm

第 11 步：如图 2-5-12 所示，复制“MoveL Target_60_1”指令语句，将其粘贴到 Path_20 里的第一条指令处。

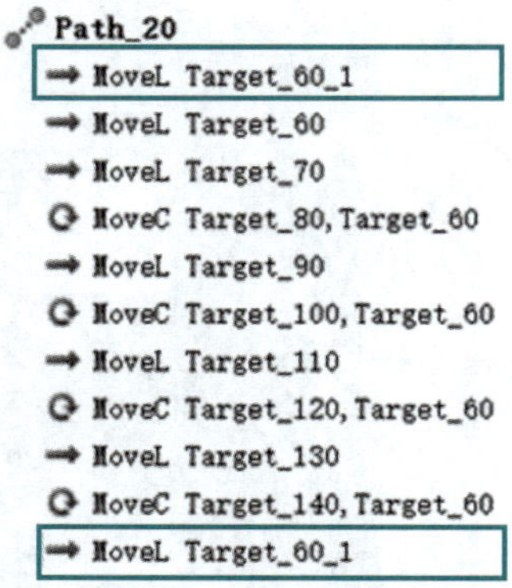

图 2-5-12 添加进入点

第 12 步：在“基本”功能选项卡中单击“路径”→“空路径”，再建立一个路径“Path_30”，通过单击鼠标右键将其重命名为“main”，如图 2-5-13 所示。

第 13 步：将“Path_10”和“Path_20”拖入“main”里，如图 2-5-14 所示。

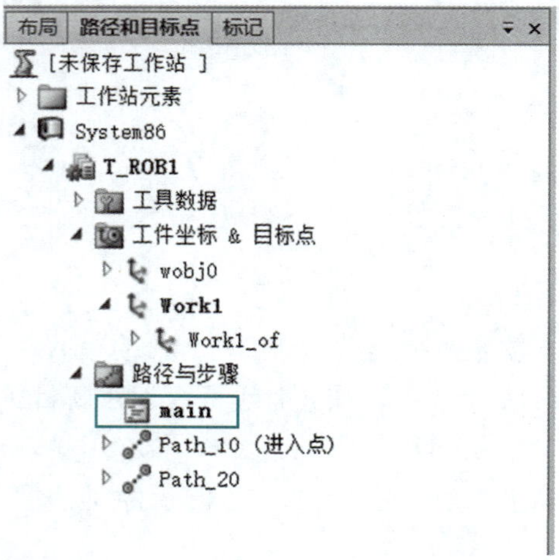

图 2-5-13 创建 main 主程序

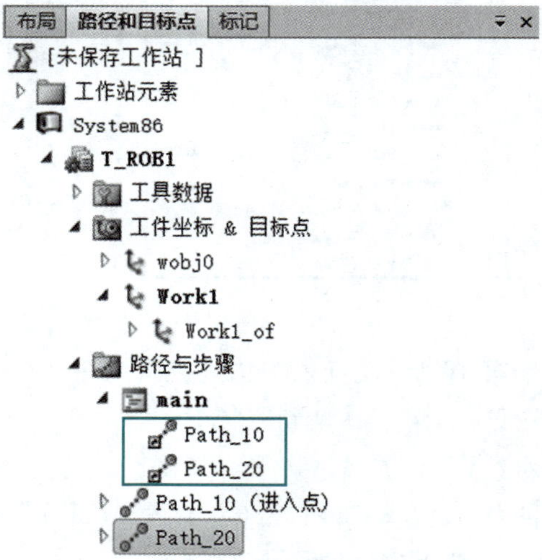

图 2-5-14 在 main 中拖入子程序

第 14 步：分别剪切“Path_10”路径里的两条“MoveL home”指令，将其粘贴到 main 路径里的第一条和最后一条指令位置，如图 2-5-15 所示。

第 15 步：单击“自动配置”→“所有移动指令”，再选中“Path_20”，右击，单击“沿着路径运动”，如图 2-5-16 所示。

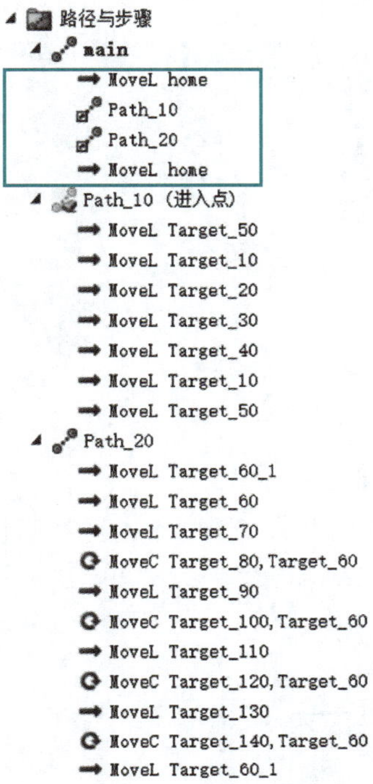

图 2-5-15　主程序里添加安全点指令

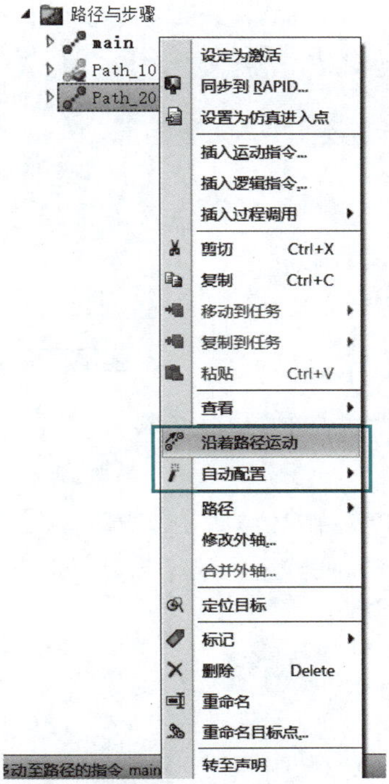

图 2-5-16　沿着路径运动

第 16 步：单击“基本”功能选项卡中的“同步”→“同步到 RAPID”，如图 2-5-17 所示，或者选中“main”，右击，单击“同步到 RAPID”，在弹出的对话框中勾选全部选项，之后单击“确定”。

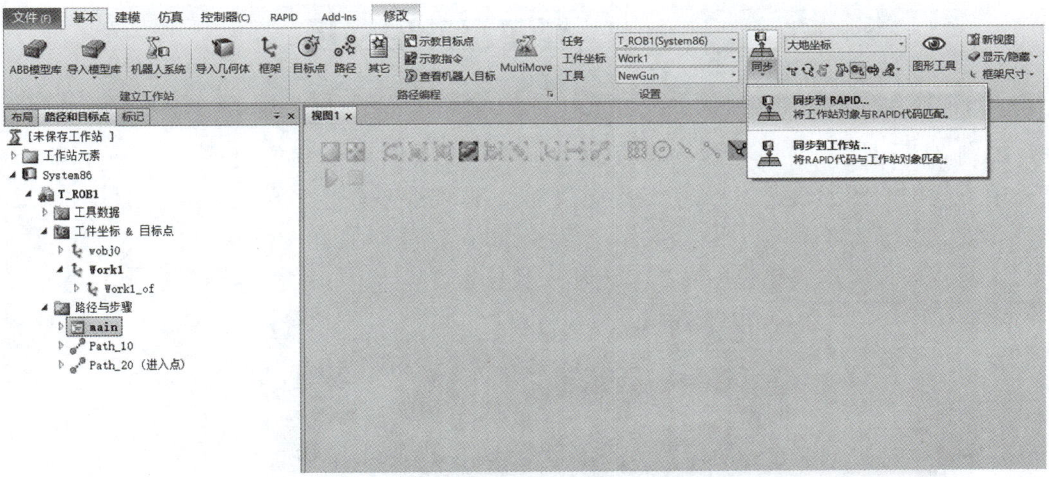

图 2-5-17　同步到 RAPID

第 17 步：在“仿真”功能选项卡中单击“仿真设定”，之后选中“T_ROB1”，将程序进入点改为“main”，如图 2-5-18 所示，单击“关闭”。

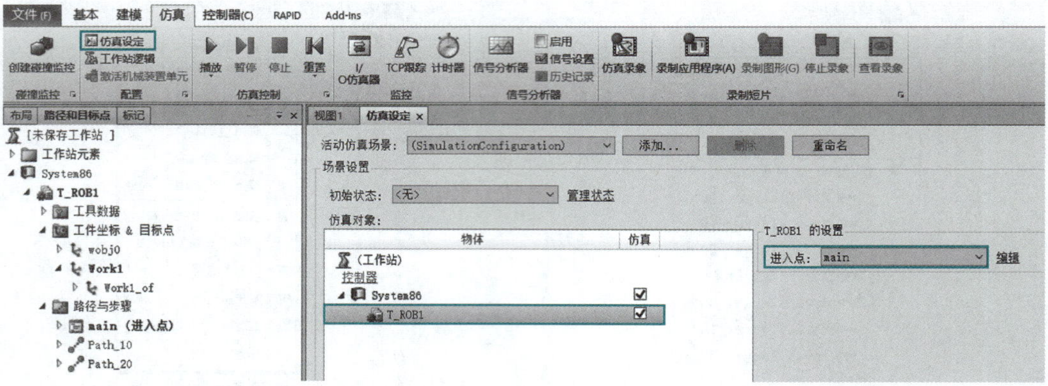

图 2-5-18 设置 main 程序为仿真进入点

第 18 步:在"仿真"功能选项卡中单击"播放",如图 2-5-19 所示,进行程序仿真运行,先运行菱形轨迹,再运行风车形轨迹,最后回到 home 位置,仿真结束后,单击"重置"复位工作站状态。

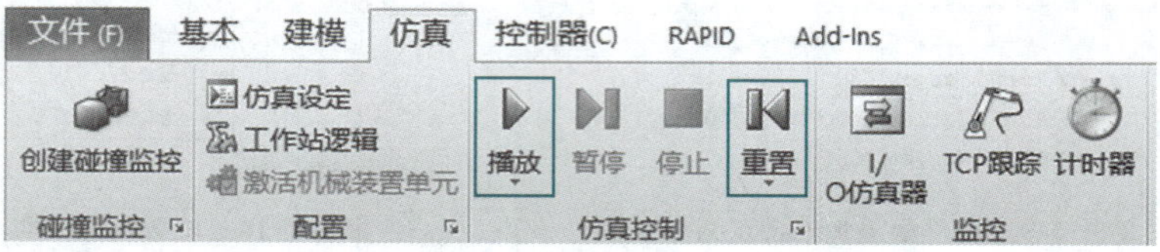

图 2-5-19 仿真控制

2.6 创建树叶形路径

微课

创建树叶形路径

如图 2-6-1 所示,在铝型材圆弧表面上有一个类似树叶形状的轨迹,它属于不规则的图形轨迹,若是手动示教目标点,则需要示教较多点位,操作较烦琐。对于此类问题,可以应用 RobotStudio 软件能捕捉三维模型点、线、面特征自动生成路径的功能来创建新目标点。

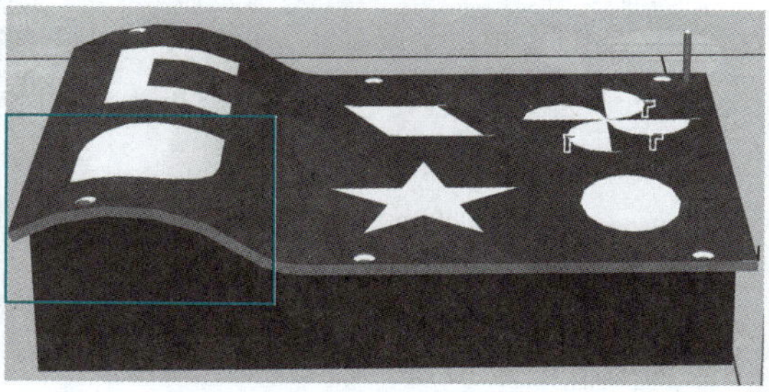

图 2-6-1 铝型材上的树叶型轨迹

第 1 步:如图 2-6-2 所示,在视图窗口区的上方选中"选择表面"。

第 2 步:在"建模"功能选项卡中单击"表面边界"。

第 3 步：弹出“在表面周围创建边界”对话框，单击“选择表面”输入框，将光标放入，之后，选择待加工工件铝型材的圆弧表面，单击“创建”→“关闭”，创建的离线轨迹曲线为如图 2-6-2 所示的白色轮廓曲线。同时在布局窗口内产生“部件_1”。

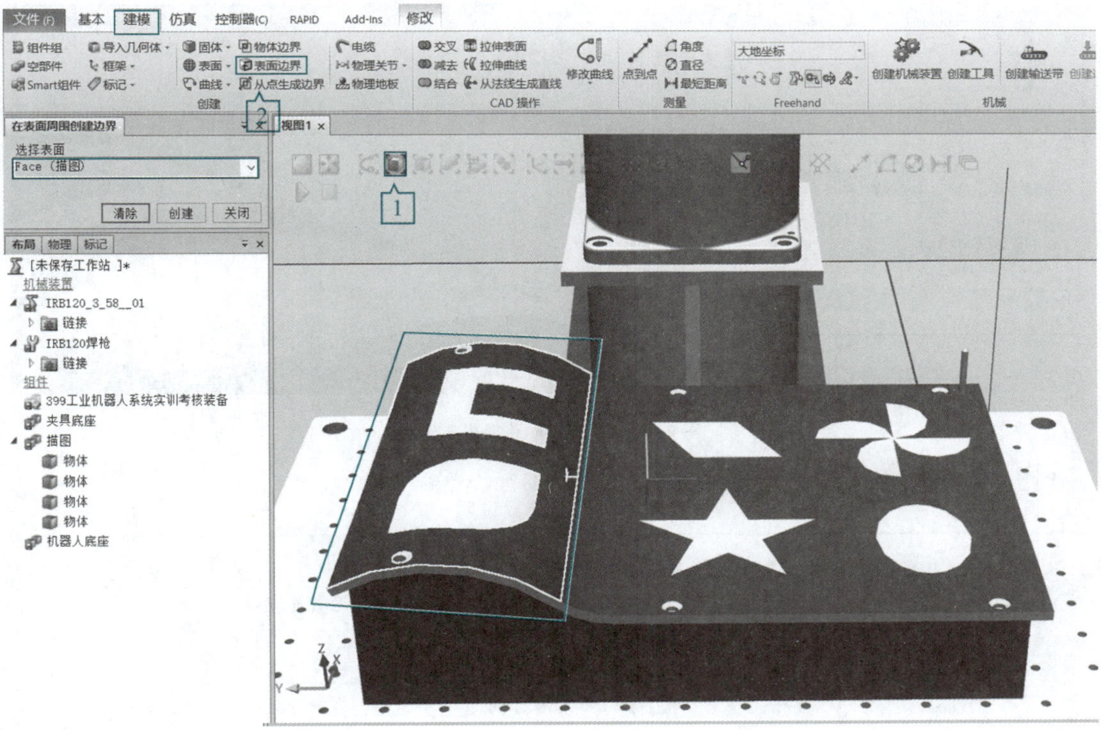

图 2-6-2 建立“部件_1”

第 4 步：在视图窗口区的上方选中“选择曲线”，选中树叶形轨迹的边界线，如图2-6-3 所示。

第 5 步：在“基本”功能选项卡中单击“路径”→“自动路径”。

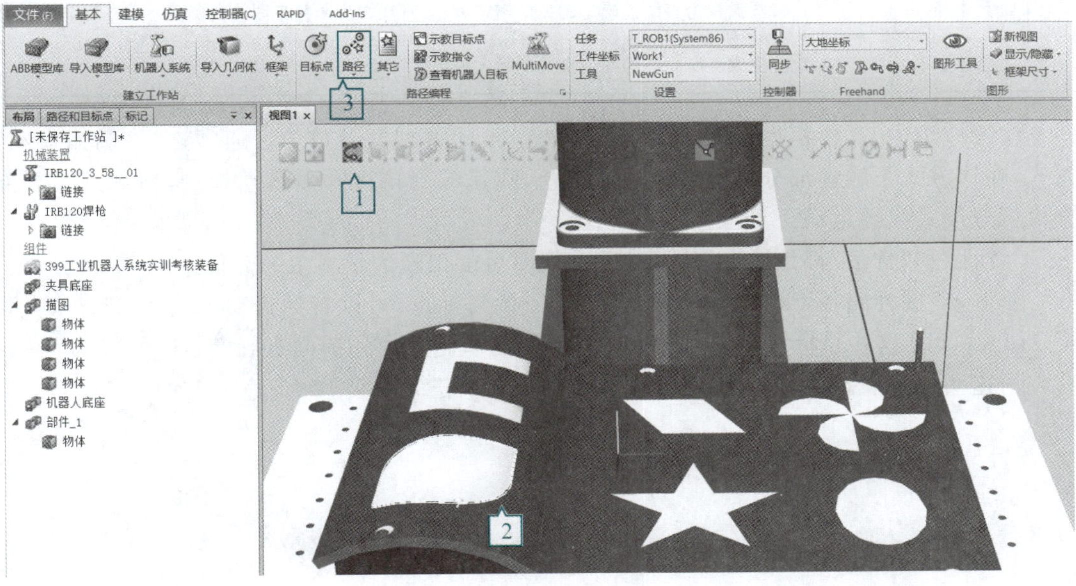

图 2-6-3 选择自动路径

第 6 步：如图 2-6-4 所示，参照面选择铝型材的圆弧表面。

第 7 步：近似值参数选择“圆弧运动”，最小距离设为 0.10 mm，最大半径设为 100.00 mm，公差设为 0.10 mm，之后单击“创建”，自动生成“Path_30”，再单击“关闭”。

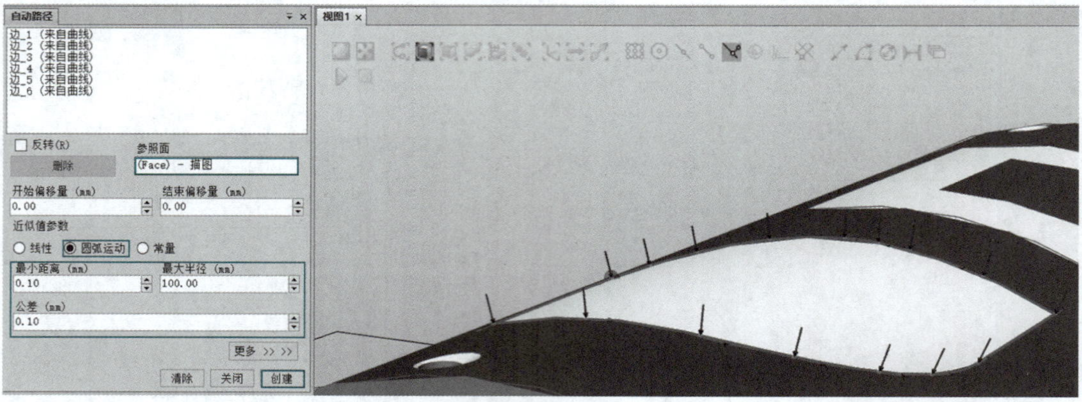

图 2-6-4　设置自动路径生成选项

自动路径参数说明见表 2-6-1。

表 2-6-1　自动路径参数说明

参数	说　明
反转	运行轨迹默认方向为顺时针方向，反转后运行轨迹为逆时针方向
参照面	运行轨迹的目标点 Z 轴方向与参照面垂直
线性	为每个目标点生成直线运动指令，圆弧进行分段线性处理
圆弧运动	在圆弧特征处生成圆弧运动指令，在线性特征处生成直线运动指令
常量	生成具有恒定间隔距离的点
最小距离/mm	设置两生成点之间的最小距离，小于该距离的点将被过滤掉
最大半径/mm	在将圆弧视为直线前确定圆弧的半径大小，直线视为半径无限大的圆弧
公差/mm	设置生成点所允许的几何描述的最大偏差

实际应用中，需要根据不同的曲线特征选择不同类型的参数值。通常选择“圆弧运动”方式，在该方式下线性部分执行直线运动指令，圆弧部分执行圆弧运动指令，不规则曲线部分执行分段式线性运动。

“线性”和“常量”都是固定模式，处理曲线时可能出现大量多余的点位。

第 8 步：展开路径 Path_30，展开 Work1 下的目标点，可以看到自动生成了 Target_150 至 Target_310 这些目标点。在路径 Path_30 里有些指令语句前面有红圈，如图 2-6-5 所示。其表示这些点位姿态机器人是到达不了的，需要对其进行位姿调整。

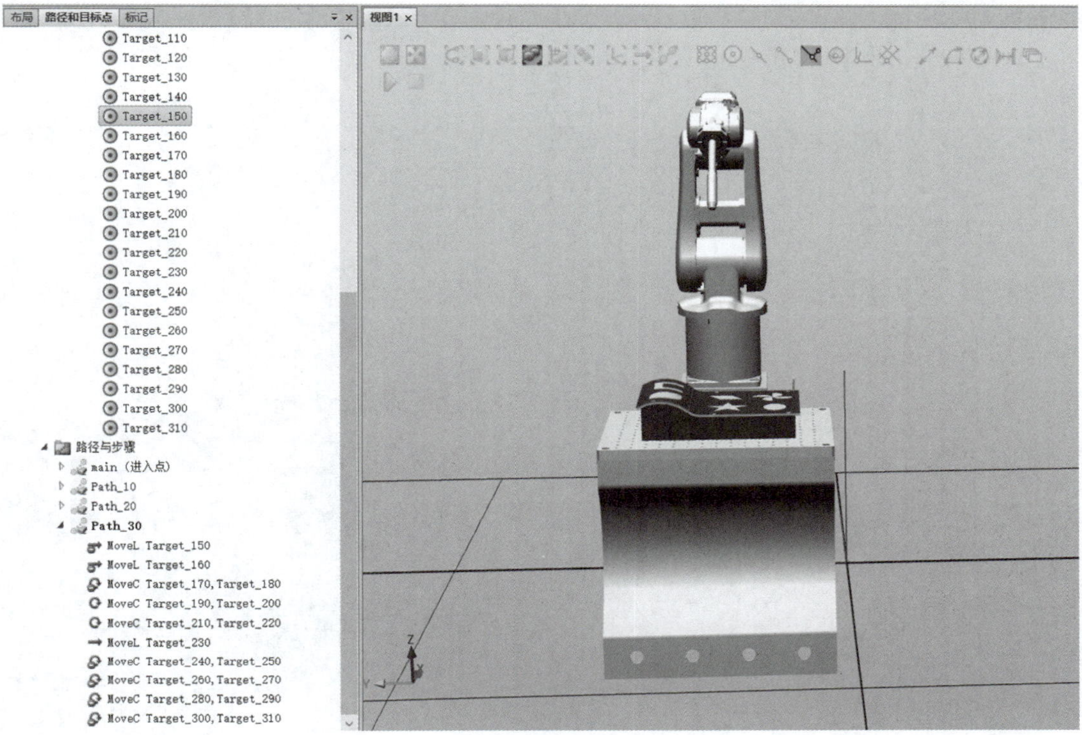

图 2-6-5 展开路径 Path_30

第 9 步：查看目标点姿态。选中目标点 Target_150，右击，移动光标到“查看目标处工具”，勾选“IRB120 焊枪”，如图 2-6-6 所示。

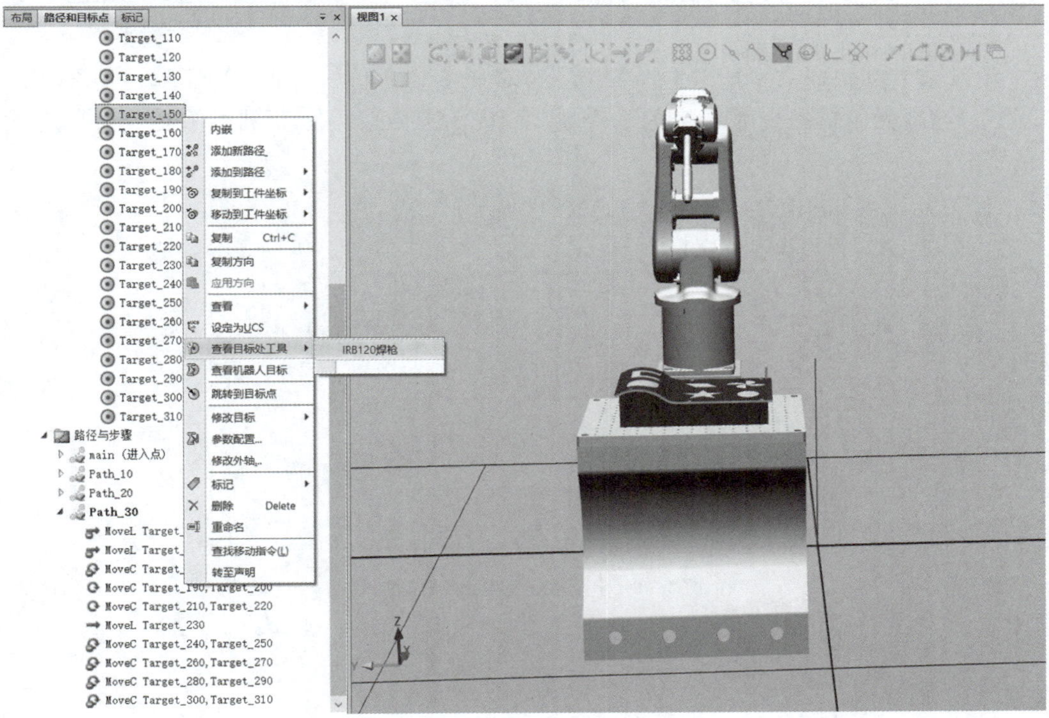

图 2-6-6 查看目标处工具

第 10 步:单击键盘上的“PageDown”,观察从点 Target_150 到点 Target_310 的位姿,点 Target_250 的姿态较好些,选中 Target_250,右击,单击“修改目标”→“旋转”,如图 2-6-7 所示。

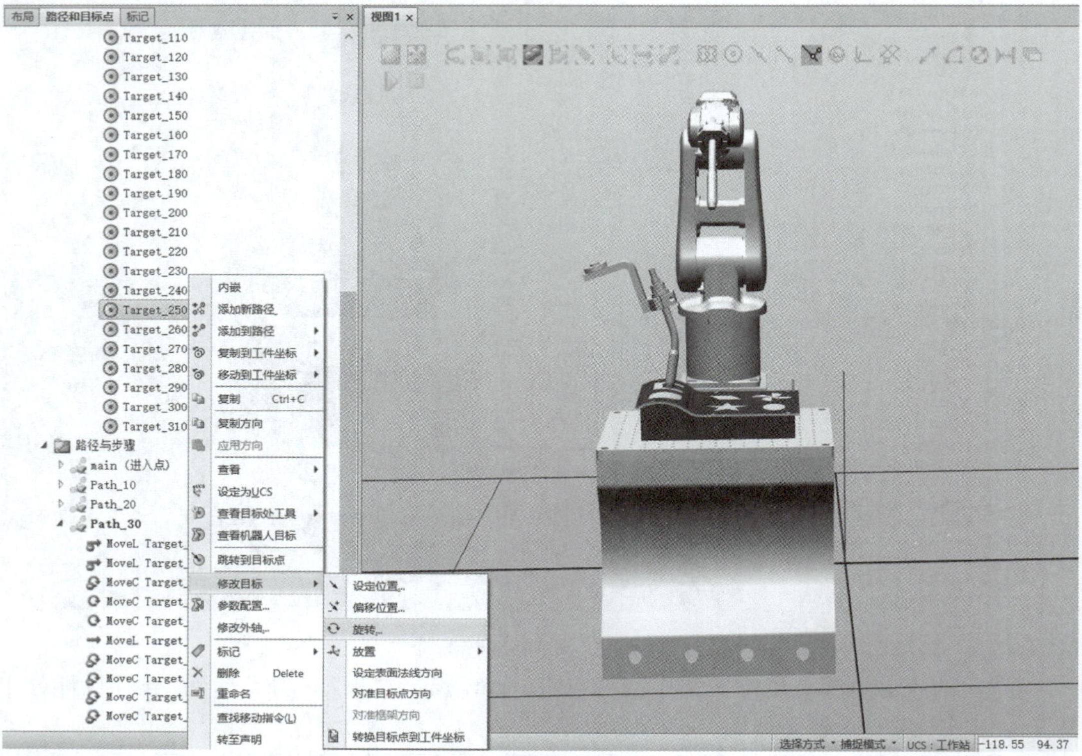

图 2-6-7 目标点工具旋转

第 11 步:参考选择“本地”,选择“Z”轴,绕 Z 轴旋转 90°,如图 2-6-8 所示,单击“应用”→“关闭”。这样做的目的是调整点位 Target_250 的工具姿态,调整后机器人更容易到达此处的位姿。

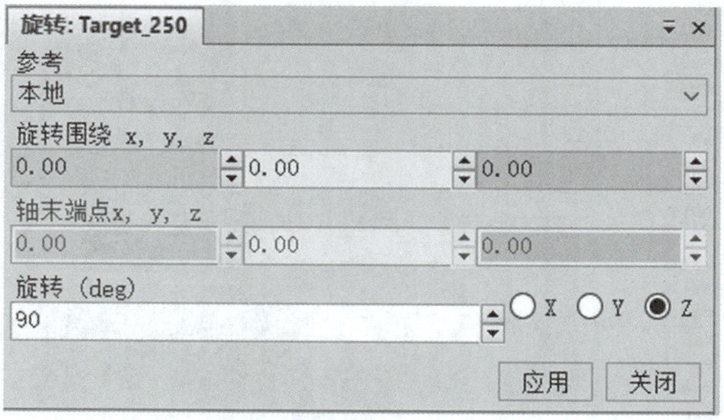

图 2-6-8 参考本地坐标绕 Z 轴旋转 90°

第 12 步：同时选中点 Target_150 至点 Target_310，右击，单击“修改目标”→“对准目标点方向”，如图 2-6-9 所示。

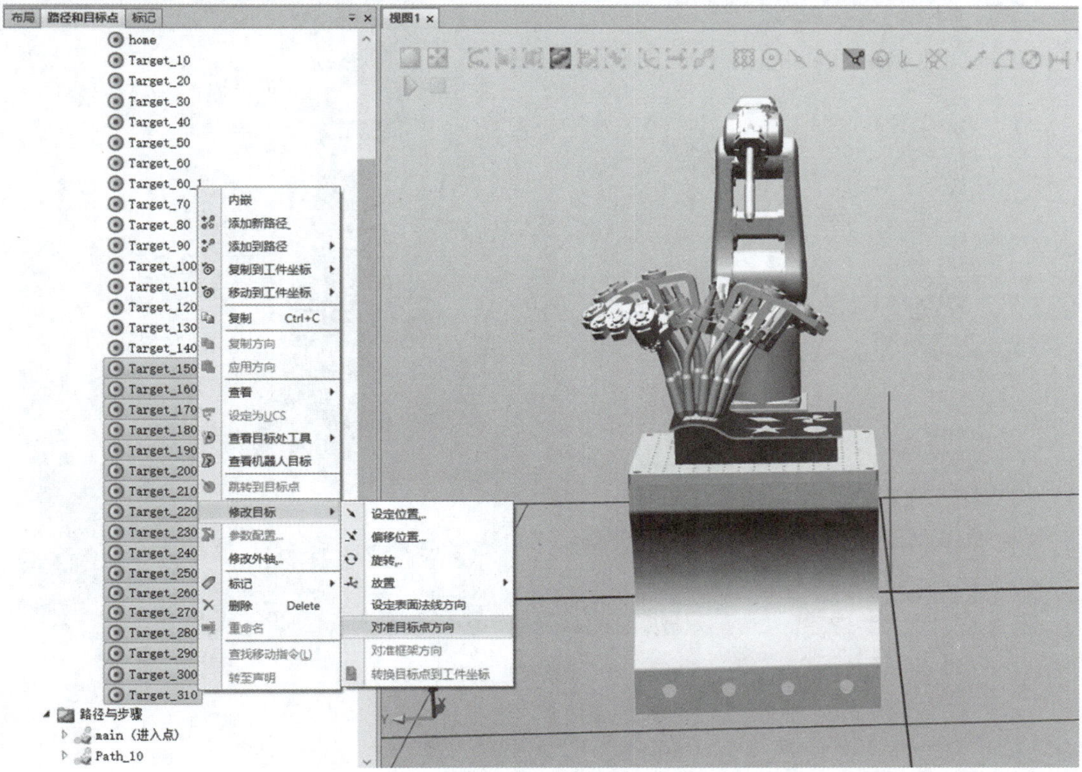

图 2-6-9 对准目标点方向

第 13 步：参考选择 Target_250 点，单击“应用”→“关闭”，如图 2-6-10 所示。

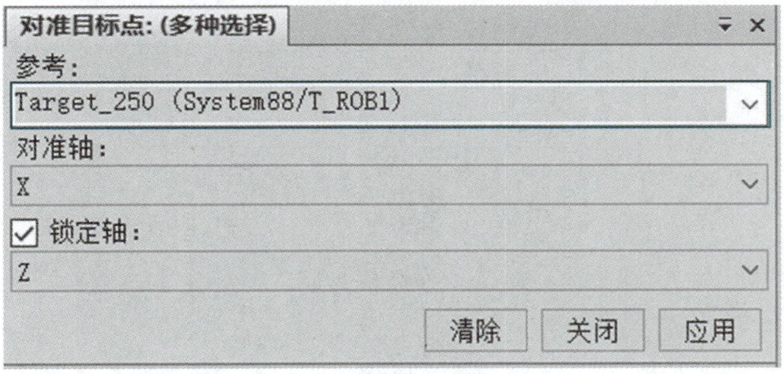

图 2-6-10 参考目标点 Target_250

其余点参考 Target_250 的位姿进行调整，此时 Path_30 里的程序语句前边的红圈标记消失，如图 2-6-11 所示。

第 14 步：选中 Target_150 点，右击，单击“跳转到目标点”，弹出“配置参数”对话框，选择“Cfg1(0,0,0,0)”，再单击“应用”，如图 2-6-12 所示。

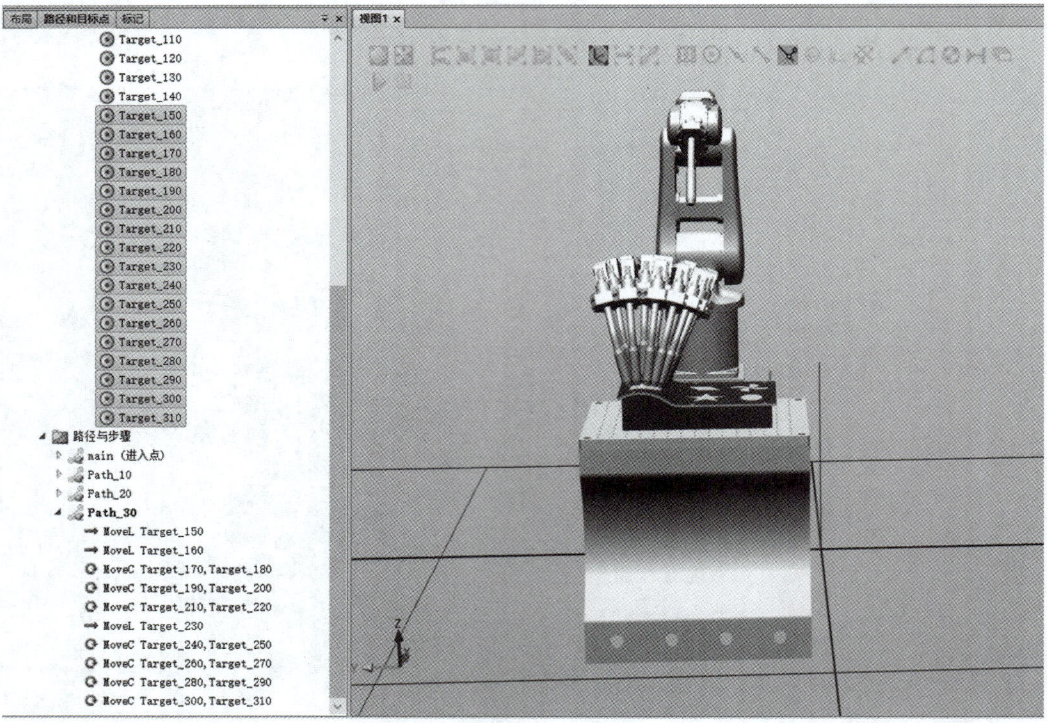

图 2-6-11 批量调整目标点位姿

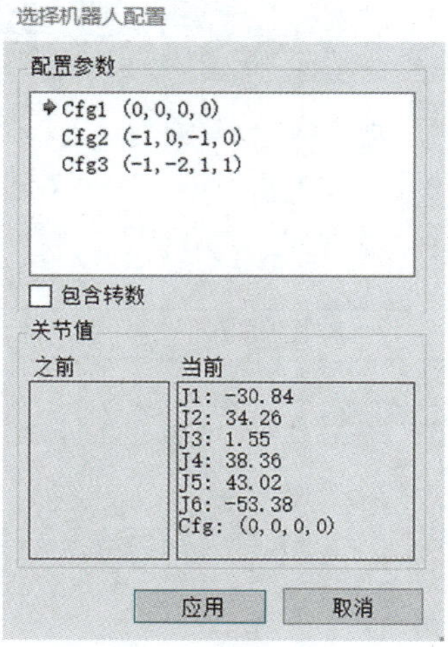

图 2-6-12 轴配置

注意

机器人要到达某一点，需要多个关节轴的配合运动，该配合运动可以有多种不同轴的组合方式，这就是轴配置。通常选择轴配置数值小的，这样各个轴转动的角度相对于机械原点就小，机器人各个轴就会有更大的转动空间，减少轴超限与奇异点的发生。

第 15 步：如图 2-6-13 所示，在布局窗口中选中机器人，在“基本”功能选项卡下的“Freehand”选项组中单击“手动线性”，拖动机器人工具向上抬起一段距离，此点作为树叶形轨迹的进入点，在“基本”功能选项卡中单击“示教指令”，将在路径 Path_30 里生成一条新指令“MoveL Target_320”，并把该指令拖到路径 Path_30 里的第一条指令处，如图 2-6-14 所示。

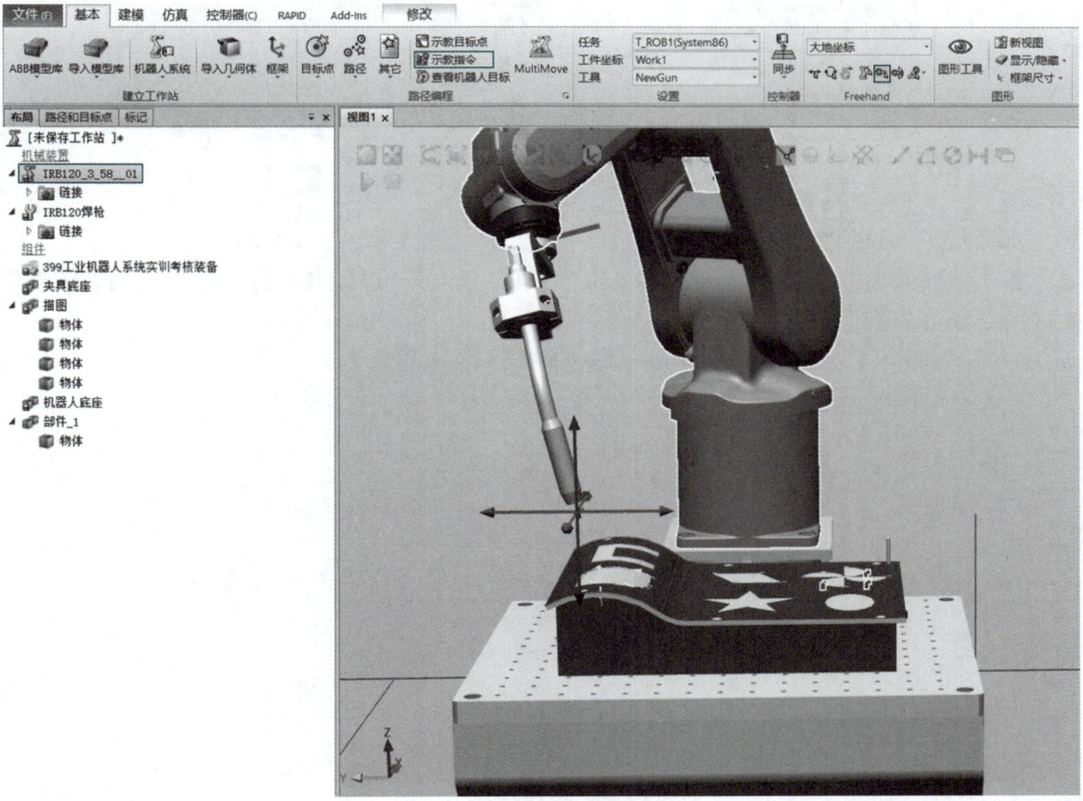

图 2-6-13 添加轨迹进入点与离开点指令

第 16 步：采用上述同样方法，跳转到目标点 Target_310，轴配置参数也选择“Cfg1(0,0,0,0)”。在“基本”功能选项卡中单击“手动线性”，拖动机器人工具向上抬起一段距离，此点作为树叶形轨迹的离开点，再单击“基本”功能选项卡中的“示教指令”，将在路径 Path_30 里生成一条新指令“MoveL Target_330”，此条指令位于路径 Path_30 里的最后一条，如图 2-6-14 所示。

第 17 步：把 Path_30 拖到 main 里。在“基本”功能选项卡中单击“同步”→“同步到 RAPID”。如图 2-6-15 所示，弹出“同步到 RADID”对话框，勾选全部选项，都同步到机器人系统。若启动虚拟示教器，则在程序编辑器里可看见从工作站同步过来的程序 main、Path_10、Path_20 和 Path_30。路径与步骤中的程序如图 2-6-16 所示。

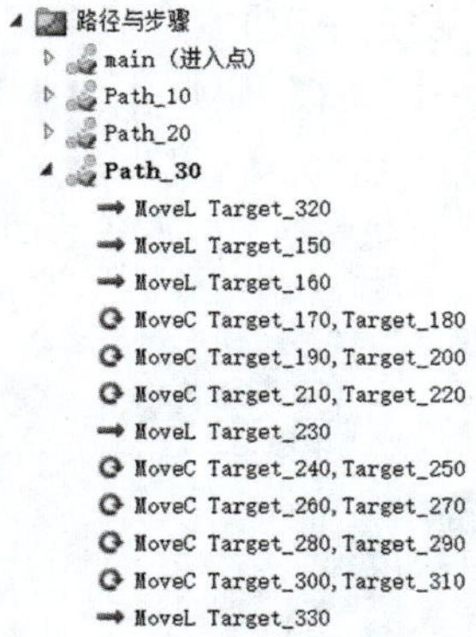

图 2-6-14　添加轨迹进入点与离开点指令

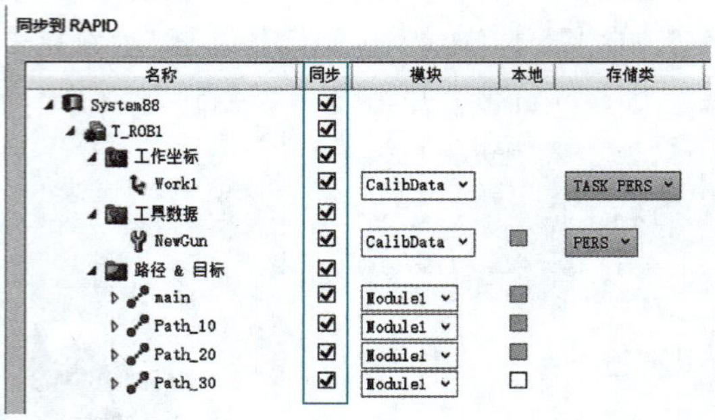

图 2-6-15　同步 RAPID

第 18 步:在"仿真"功能选项卡中单击"播放",依次进行菱形轨迹、风车形轨迹与树叶形轨迹的仿真,并保存工作站。

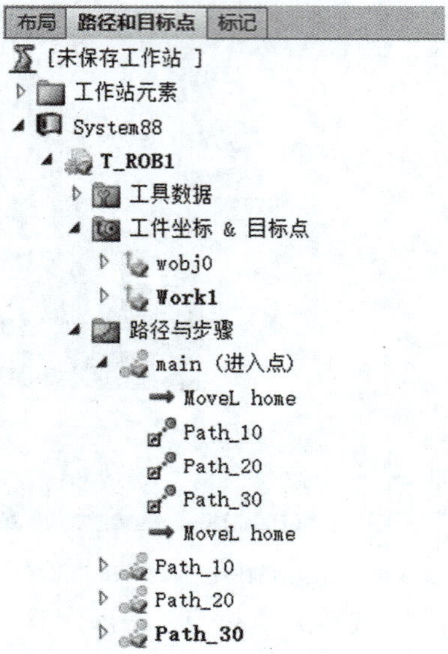

图 2-6-16　主程序

轨迹工作站中的菱形轨迹、风车形轨迹和树叶形轨迹通过示教目标点与自动生成目标点的方式已经各自生成了相应的路径程序,这些路径程序是例行程序,在主程序 main 中调用各个例行程序。其余椭圆形轨迹、星形轨迹及凹字形轨迹与前面的做法相同,请读者自行完成。也可以参看轨迹工作站的微课视频,里面有完整的轨迹工作站操作方法。

2.7 文件打包

轨迹工作站仿真调试运行成功后,在"文件"下拉菜单中单击"保存工作站",然后单击"共享"→"打包",如图 2-7-1 所示。通过"浏览"设置存储路径,并命名为轨迹工作站,可勾选"用密码保护数据包"来设置密码保护。打包文件集成了机器人系统文件与工作站文件,便于文件的存储与共享。

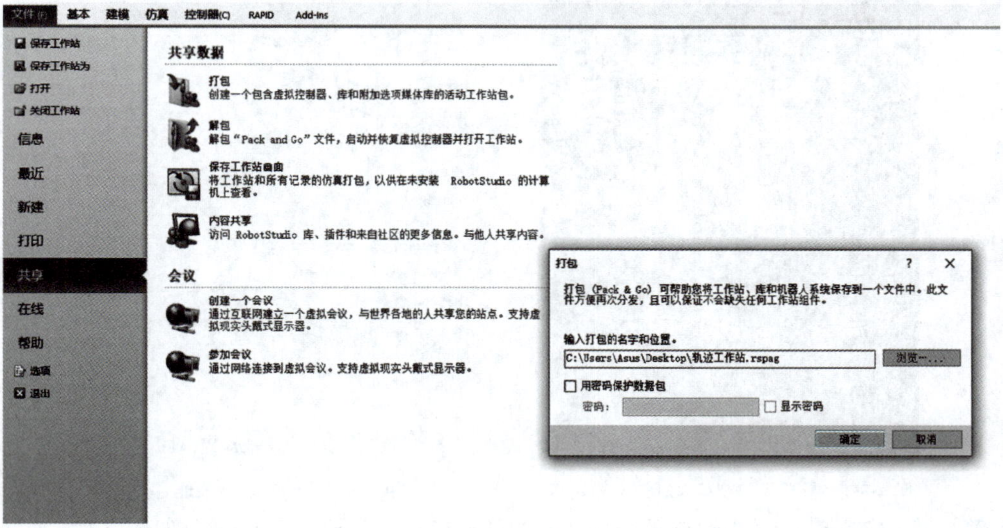

图 2-7-1 共享打包

2.8 轨迹工作站的在线操作

在 RobotStudio 软件中完成了轨迹工作站的仿真运行后，把软件内的轨迹工作站离线程序导入真实的工业机器人控制器中，通过操作真实工业机器人，标定工具坐标系和工件坐标系，运行从软件中导出的轨迹工作站离线程序，完成真实工业机器人的轨迹工作站的调试。

RobotStudio 软件具有在线作业功能，将软件与真实机器人进行连接通信，可对机器人进行便捷的监控、程序修改、参数设定、文件传送及备份系统的操作，使调试与维护工作更轻松。

使用网线将计算机与机器人控制柜(Server)连接，网线一端插入计算机网线端口，另一端插入机器人控制柜的网线端口。将计算机的 IP 地址设定为“自动获得 IP 地址”或者是机器人默认的 IP 网段地址“192.168.125.×××”，然后，打开“控制器”功能选项卡中的“添加控制器”列表，其中有“一键连接”“添加控制器”“从设备列表添加控制器”“启动虚拟控制器”四个选项，通常选择“一键连接”选项，即可通过服务端口连接真实的工业机器人控制器。

将 RobotStudio 软件与工业机器人建立连接，如果要通过软件对工业机器人进行程序的导入、程序的编写和参数的修改等，为防止软件中的误操作对机器人造成损坏，需要获取真实机器人控制器的“写权限”，具体操作为：将机器人控制柜的“手动/自动”开关旋至“手动”状态，在软件的“控制器”功能选项卡中单击“请求写权限”，在示教器上“同意”写权限。

仿真环境下的坐标系和真实轨迹工作站中的坐标系数值是不一样的，因此，在真实机器人轨迹工作站中须重新标定工具坐标和工件坐标。

第 1 步：将网线一端连接计算机，另一端接到机器人控制柜 X2(Server)端口，如图 2-8-1 所示，计算机的 IP 地址设为“192.168.125.×××”网段，如图 2-8-2 所示。

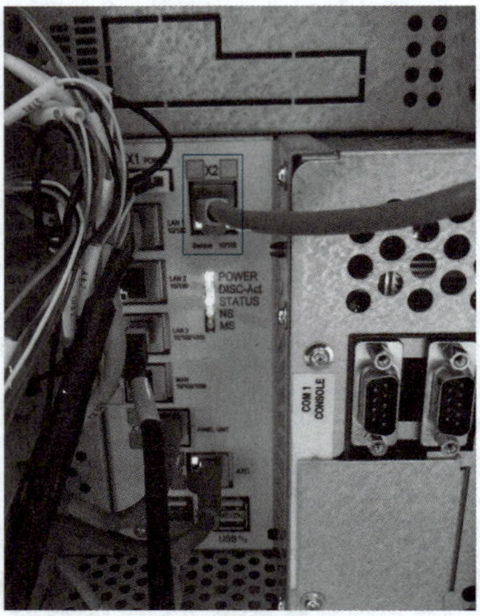

图 2-8-1　机器人控制柜 X2(Server)端口

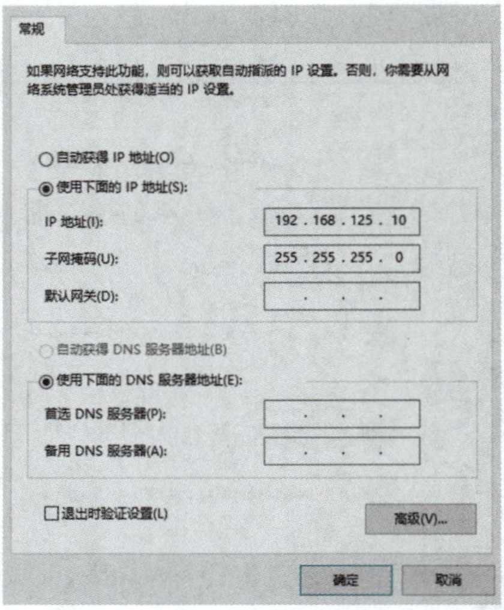

图 2-8-2　计算机 IP 地址

第 2 步：在“控制器”功能选项卡中单击“添加控制器”→“一键连接”，如图 2-8-3 所示。

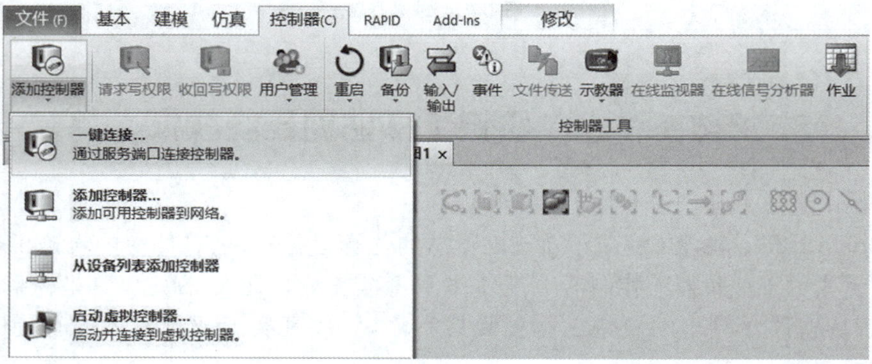

图 2-8-3　一键连接

第 3 步：在“控制器”功能选项卡中单击“创建关系”，如图 2-8-4 所示，图中控制器“120-506518”是真实的机器人控制器。

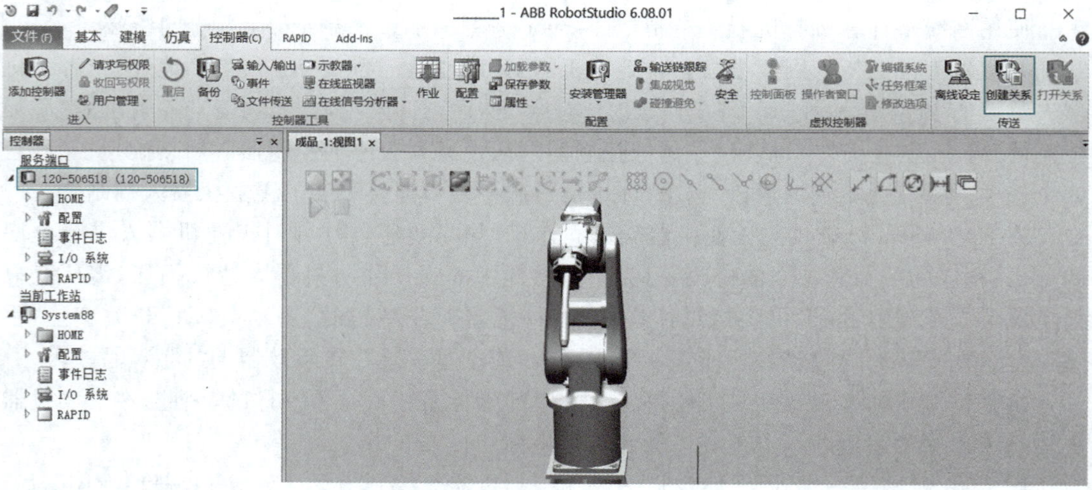

图 2-8-4　单击创建关系

第 4 步：系统弹出“创建关系”对话框，关系名称可任意设定，本次取名为“sf”，如图 2-8-5 所示，第一控制器是现场真实的机器人控制器，第二控制器是仿真软件里的机器人系统“System88”，之后单击“确定”。

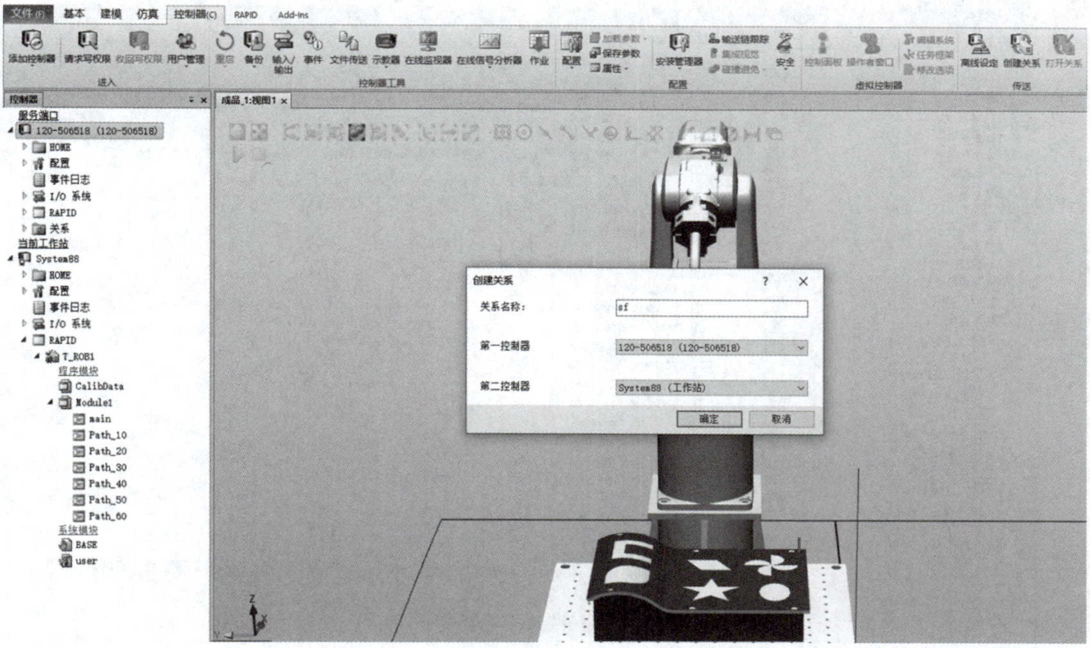

图 2-8-5 创建关系设置

第 5 步：如图 2-8-6 所示，单击“更改方向”，使数据由虚拟仿真的机器人系统“System88”传递给真实的机器人系统。

图 2-8-6 更改方向

第 6 步：单击“sf”前的按钮，展开“sf”下的所有选项，如图 2-8-7 所示，去除这些选项的勾选，可取消“HOME”和“num”后的勾选，即可将这些选项的勾选去除。

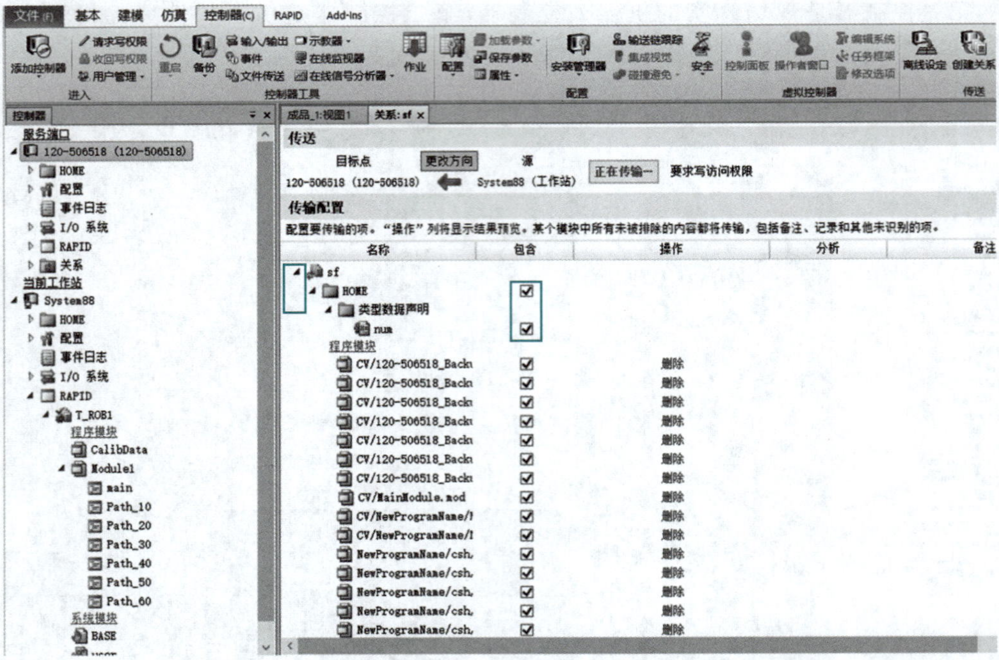

图 2-8-7　展开“sf”下的所有选项

第 7 步： 如图 2-8-8 所示，选中“T_ROB1”，勾选工具数据“tooldata”、工件数据“wobjdata”以及程序模块“CalibData”、“MainModule”和“Module1”。

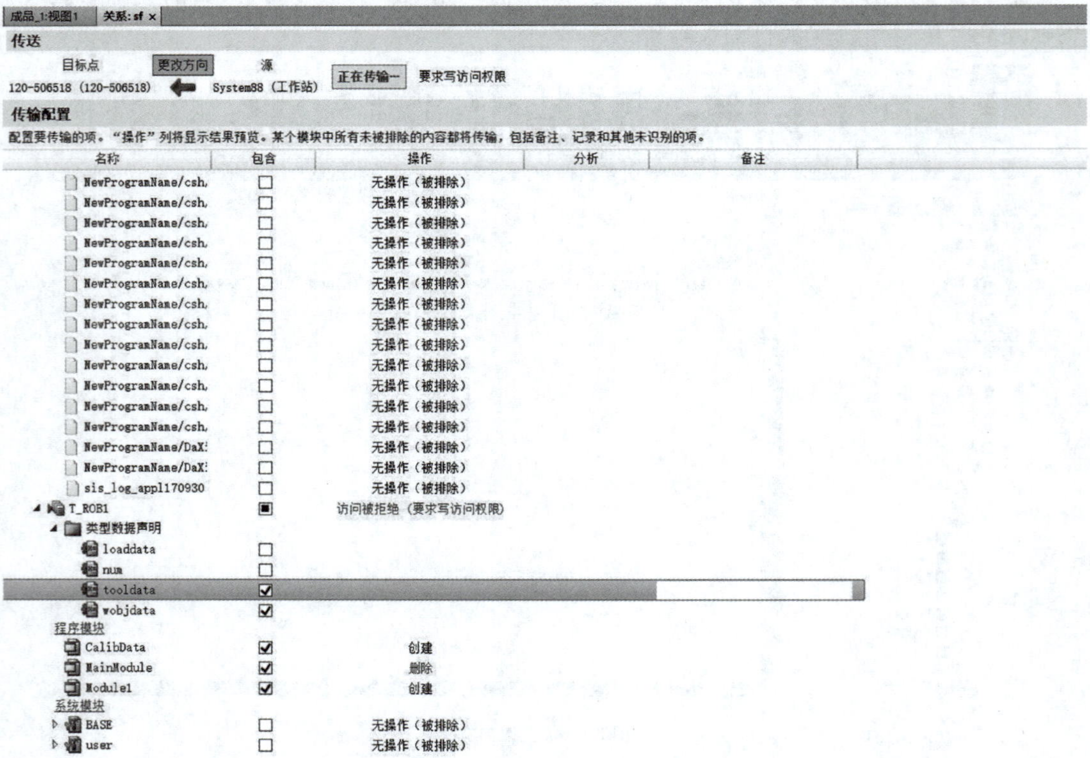

图 2-8-8　设置写的内容

第 8 步:在“控制器”功能选项卡中单击“请求写权限”,如图 2-8-9 所示。

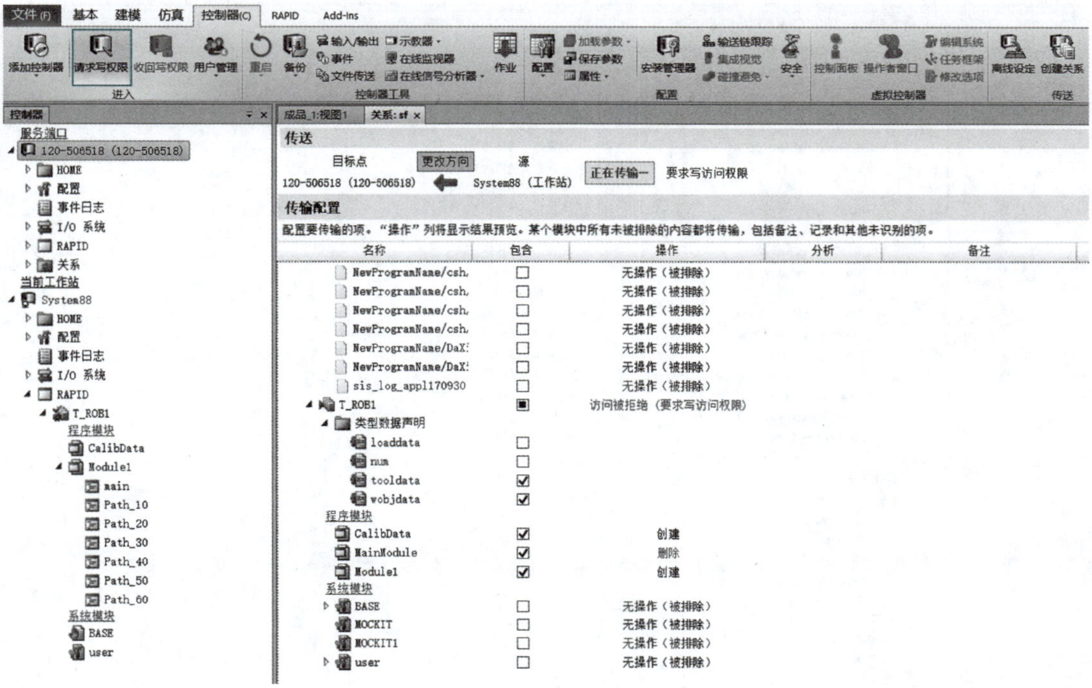

图 2-8-9 单击“请求写权限”

第 9 步:在真实机器人示教器上单击“同意”,如图 2-8-10 所示。

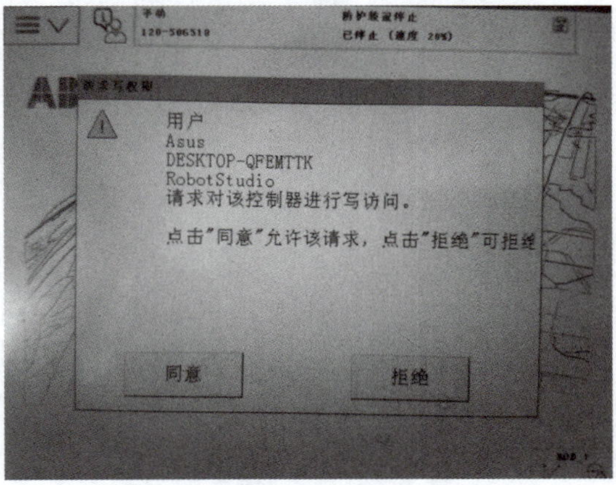

图 2-8-10 同意写请求

第 10 步:单击 RobotStudio 软件界面上的“正在传输”,如图 2-8-11 所示,把仿真软件的程序、数据向真实机器人示教器传送。

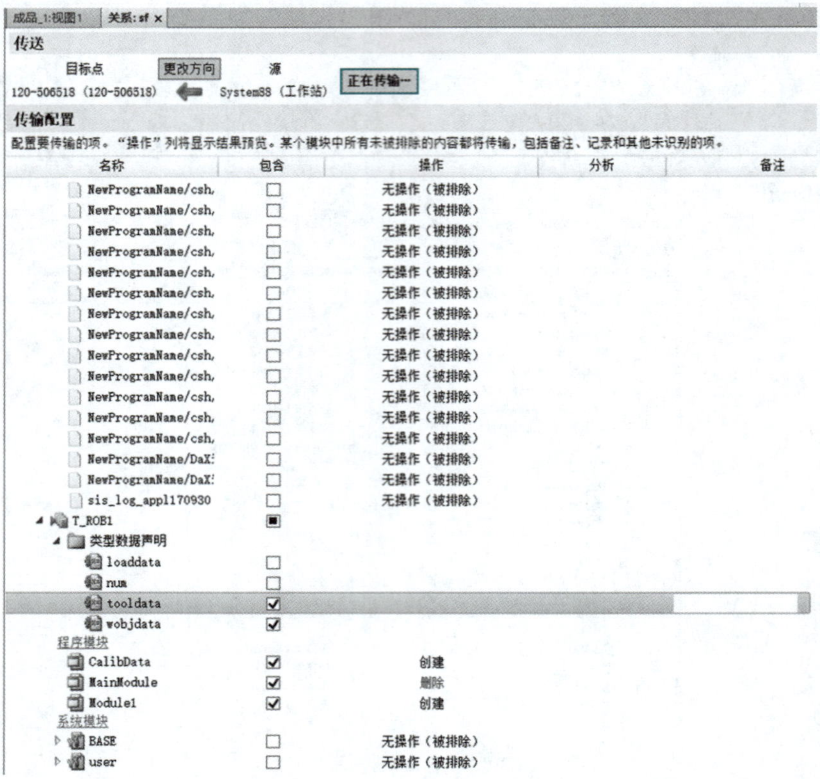

图 2-8-11　将仿真软件的程序、数据传输到真实机器人示教器

第 11 步: 弹出“传输摘要”对话框,单击“是”,如图 2-8-12 所示。

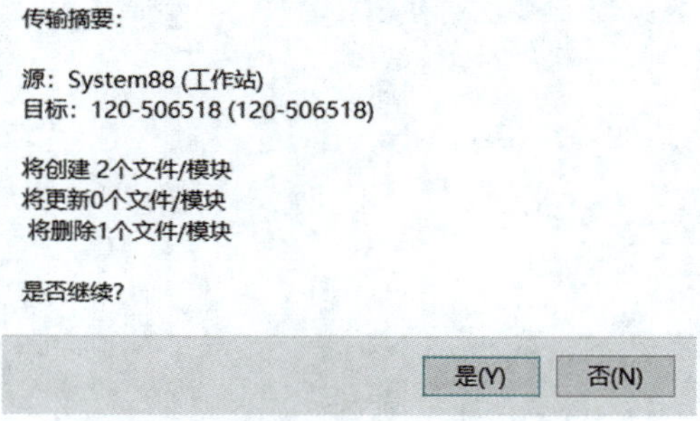

图 2-8-12　传输摘要

第 12 步: 传输完毕后,单击真实机器人示教器上的“撤回”,或者单击仿真软件“控制器”功能选项卡中的“收回写权限”,如图 2-8-13 所示。此时真实机器人示教器内就有了仿真软件的离线程序,并且真实机器人示教器工具坐标除了默认的 Tool0 外,还增添了 NewGun。工件坐标除了默认的 Wobj0,还增添了 Work1。检测真实机器人示教器程序是否有错误,保证只有一个 main 主程序,该 main 主程序就在 RobotStudio 软件导进去的模块 Module1 中。

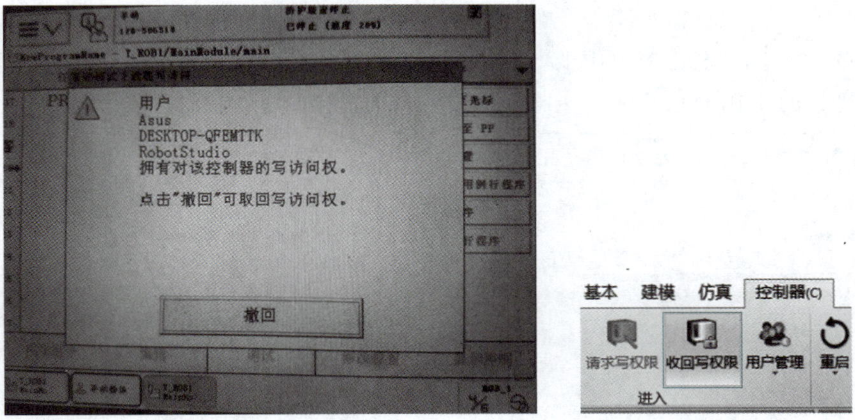

（a）　　　　　　（b）

图 2-8-13　撤回写权限

第 13 步：如图 2-8-14 所示，在真实机器人示教器的“手动操纵-工具”界面选中“NewGun”之后，单击“编辑”上拉菜单中的“定义”，定义与离线程序里一样的 TCP 及方向。

第 14 步：方法选择“TCP 和 Z,X”，点数选择“4”，如图 2-8-15 所示。

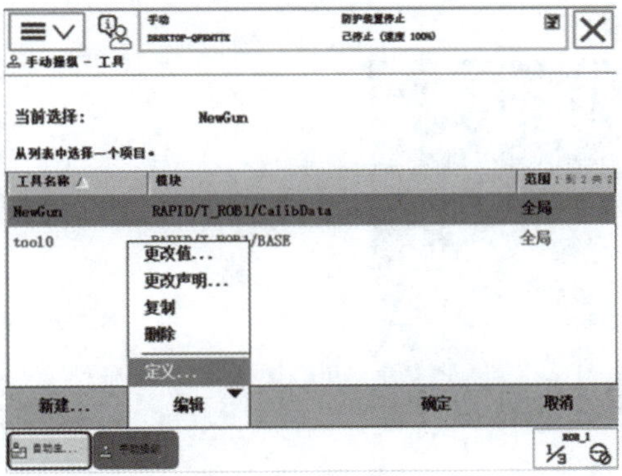

图 2-8-14　真实机器人示教器增添了 NewGun 工具坐标

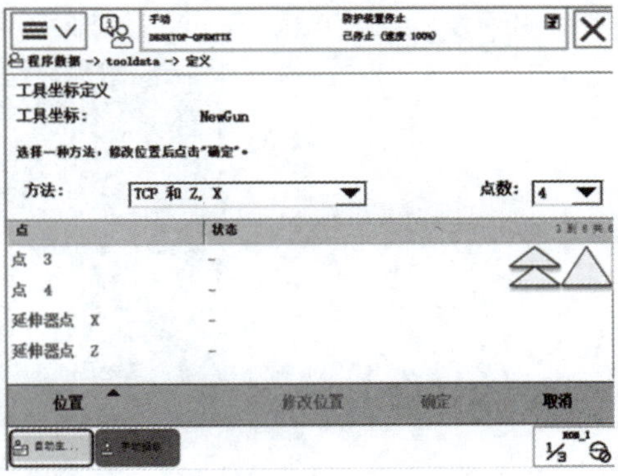

图 2-8-15　重定义 NewGun 工具坐标

第 15 步：采用六点法标定工具坐标系时机器人的姿态尽可能变化幅度大些。第 4 点使焊枪工具垂直于水平面，延长器点 X 方向向前，Z 方向向上，如图 2-8-16 所示。六个点都示教后，单击“确定”。

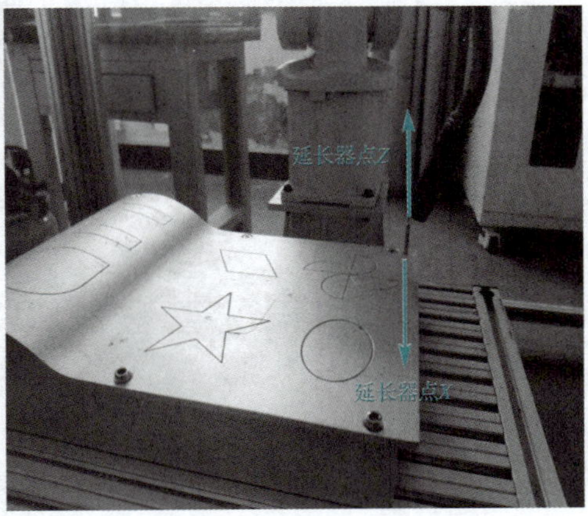

图 2-8-16　延长器点 X、Z 方向

第 16 步:在真实机器人示教器的“手动操纵—工件”界面选中“Work1”,如图 2-8-17 所示。之后单击“编辑”上拉菜单中的“定义”,定义与离线程序里一样的工件坐标原点与方向。定义工件坐标时采用三点法。

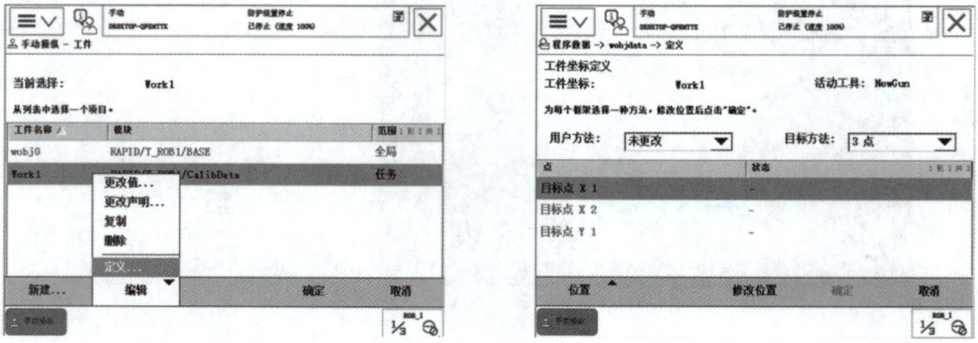

(a) (b)

图 2-8-17 三点法重新定义 Work1 工件坐标

第 17 步:在真实轨迹工作站设定 Work1 工件坐标的 X_1 点、X_2 点与 Y_1 点,位置如图 2-8-18 所示。目标点 X_1、X_2、Y_1 示教后,单击“确定”。

图 2-8-18 真实轨迹工作站用于定义工件坐标的三点

第 18 步:在真实机器人示教器的“手动操纵”界面设置坐标系为“基坐标系”,选用的工具坐标为“NewGun”,工件坐标为“Work1”,如图 2-8-19 所示。

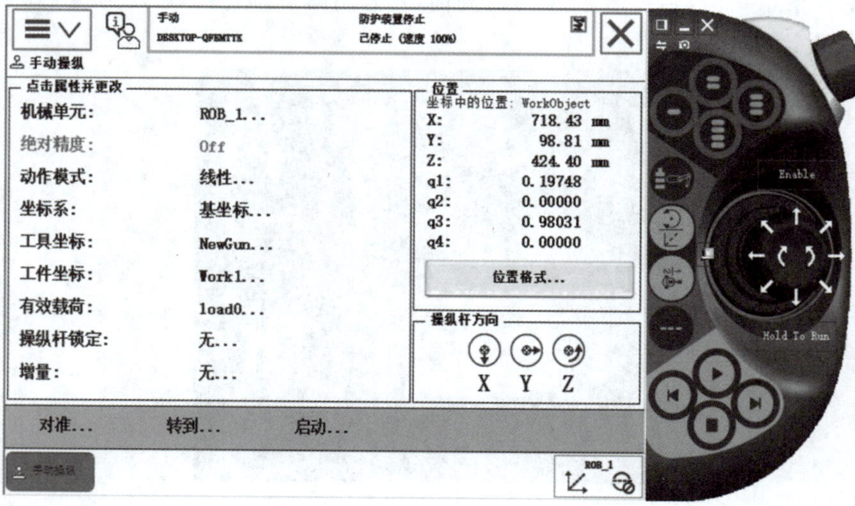

图 2-8-19 设置手动操纵

第 19 步:在真实机器人示教器上进入程序编辑器,可适当修改程序。需要把 MoveL home 修改为 MoveAbsJ home,方法是先删除 MoveL home 程序语句,再在 robtarget 类型程序数据里删除 home,新建 MoveAbsJ 程序语句,新建 home,home 初始值设为(0°,0°,0°,0°,90°,0°),如图 2-8-20 所示。

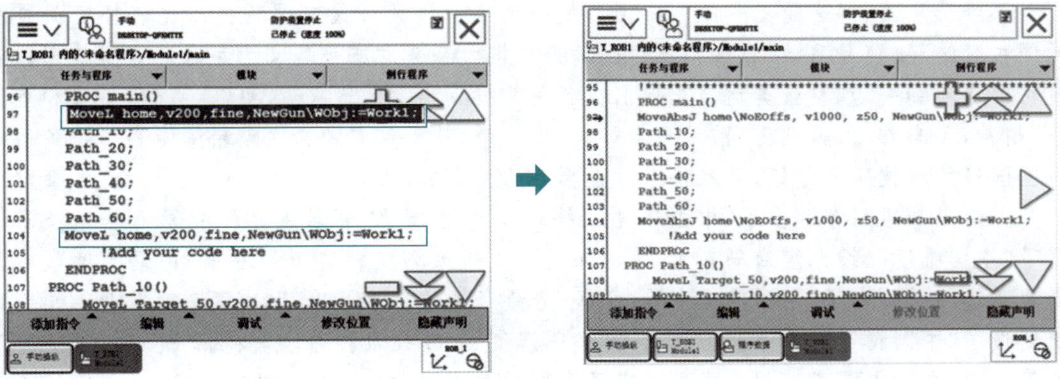

图 2-8-20 修改程序语句

第 20 步:在真实机器人示教器上依次单击"调试"→"PP 移至 Main",先单步运行,若单步运行没有问题,则切换至连续运行及自动运行。

拓展阅读

北京冬奥闪耀科技创新之光

奥运史上首次机器人水下传递火炬,国家速滑馆"冰丝带"制冰技术世界领先,"冰立方"成世界首座智能化水冰转换场馆,主媒体中心智慧餐厅机器人烹饪送餐"一条龙"……北京冬奥会充满创新活力,在场馆建设、后勤保障等方面闪耀着科技之光。

北京冬奥会,既是世界体育运动的顶级盛事,也是重要先进科技的全球展示平台,更是展示中国科技力量的重要载体,科技赋能冬奥会见证着中国科技的巨大进步。

"科技冬奥"是北京冬奥的主要特色,为世界探寻更好的未来城市生活解决方案。截至 2022 年 2 月 11 日,冬奥场景下先后测试和使用了 200 多项技术,涉及信息工程与软件工程、公共安全、高清视频、5G 和新能源等领域,适用智慧、绿色、安全等 60 多个细分应用场景。在这些技术中,已确定赛时应用 70 余项,其中 20 余项在技术先进性和应用展示度方面极具代表性,亮点纷呈。

在科技支撑绿色低碳方面,有"水立方"14 天智能转换为"冰立方"、手持火炬实现零碳排放、国家速滑馆"冰丝带"碳排放趋近于零和用钢量仅为传统屋面 1/4、智能交通实现"氢能出行"等;在科技支撑赛会保障方面,有雪务保障技术让北京冬奥会实现"用雪自由"、智能装备研发"冬奥 APP"满足访客需求、北斗卫星厘米级导航、"百米级"和"分钟级"精准气象预报、北京冬奥复兴号智能高铁已亮相京张高铁等;在科技提升观赛体验方面,有智能转播配备"高精镜头"完善多维观赛、5G+超高清技术、360 度全景转播技术、3D 运动员追踪技术……其他举例,不一而足。

无论从场内到场外,还是从比赛到观赛,北京冬奥会是一场由科技创新成果"加持"的盛会，让冬奥参与者感受到科技为冰雪运动带来的新魅力。科技赋能北京冬奥，为北京冬奥会持续提供有力支撑和无尽动力，这是对奥林匹克精神的生动诠释，真正践行好“冬奥之约”这个“中国之诺”，充分展现了中国科技力量，为奥林匹克运动“树立了新标杆”，更为奥林匹克的发展提供了中国方案、中国智慧和中国力量。

不经历风雨，怎么能见彩虹。中国科技进步是一代又一代中国科技工作者怀着深厚的爱国主义情怀，前赴后继、自强不息、薪火相传、接力奋斗的成果。几十年来广大科技工作者也仿佛在参加一场“科技奥运会”，他们在各条科技战线上也追求着“更高、更快、更强和更团结”精神，不忘初心、默默无闻、无私奉献、不辱使命，从无到有地自主创新地走出了一条适合中国国情的科技研发道路，并取得了举世瞩目的巨大成就。

上海磁悬浮列车跑出了“中国速度”、神舟飞天创造了“中国高度”、中国天眼 FAST 拓宽了“中国维度”、蛟龙潜海刷新了“中国深度”、人造太阳实验装置炽热出“中国热度”、中国高超音速导弹打出了“中国准确度”、“墨子”号量子通信卫星划出了“中国弧度”、北斗导航系统创造了“中国精度”、中国疫苗赠出了“中国温度”、5G 技术打通了人、机、物互联的“限度”，等等，这一个个中国科技创新成果展现了中国科技发展的“力度”和“加速度”。科技创新赋能冬奥会完美契合了“一起向未来”的冬奥会的主题，透射出中国科技不断进步、高度自信和广大工作者自强不息。

科学技术是第一生产力，科技兴国、创新强国是我国长期以来坚持的科学的战略方针。面对全球新一轮科技革命和产业变革之历史机遇，我们站在当今世界处于百年未有之大变局之时，必须依靠科技强国，由“中国制造”转型到“中国智造”，为把我国建设成为富强、民主、文明、和谐的社会主义现代化国家添砖加瓦。

——资料来源：中国新闻网(2022 年 2 月)

小结

本模块主要介绍了在 RobotStudio 软件里合理布局轨迹工作站，创建工件坐标 Work1，选用工具坐标 NewGan。运用创建空路径方法创建菱形轨迹 Path_10 和风车形轨迹 Path_20；运用自动生成路径的方法创建树叶形轨迹 Path_30。调整目标点的姿态，进行轴配置，并为每段轨迹增添进入上方点与离开上方点，以及添加工作安全点 home。单独先调试每个子程序轨迹，通过后再把各个子程序添加到 main 主程序，完成整个多轨迹的连续运行。由于椭圆形轨迹、五角星形轨迹、凹字形轨迹与前述介绍的菱形轨迹、树叶形轨迹创建方法相同，请读者自行创建，并也添加到 main 里。将仿真调试成功的离线程序在线下载到实际的机器人轨迹工作站，通过重新定义真实机器人轨迹工作站的工具坐标与工件坐标的方式来完成轨迹工作站的实际运行。

习 题

一、填空题

1. 在 RobotStudio 软件中捕捉方式主要有__________、__________、__________、捕捉末端、捕捉边缘、捕捉重心、捕捉本地原点和捕捉网格八种。

2. 在左侧布局窗口中选择机器人模型，右击，选择__________可查看机器人的工作区域，以方便建设工作站。

二、判断题

1. 在 RobotStudio 中通常选择“一键连接”，可实现通过服务端口连接真实工业机器人控制器。（ ）

2. 在仿真运行前，需要把工作站的路径、目标点、工具数据、工作坐标等都同步到 RAPID 内。（ ）

3. MoveJ p20，v1000，z10，tool0；这行程序中的 z10 是指转弯半径为 10 mm。（ ）

4. 绝对位置运动指令 MoveAbsJ 是机器人的运动使用 6 个轴和外部轴的角度值来定义目标位置数据。\NoEOffs 的含义是外部轴不带偏移数据。（ ）

三、选择题

1. 手动操纵机器人，至少用________种不同的工具姿态，使机器人工具上的参考点尽可能与固定点刚好接触，以便能定义 TCP。（ ）

A. 1　　B. 2　　C. 3　　D. 4

2. ________用于描述安装在机器人 6 轴上的工具的 TCP、质量、重心等参数数据。

A. LOADDATA　　B. Tool　　C. Tool Data　　D. TCP

3. 三点法创建工件坐标系时，通常选取________上的第一个点、第二个点和________上的第一个点进行创建。（ ）

A. X 轴　Y 轴　　B. X 轴　Z 轴　　C. Y 轴　Z 轴　　D. Y 轴　X 轴

模块3

涂胶工作站离线编程与仿真

工业机器人在汽车玻璃、车灯、发动机盖、变速箱安装，建材门窗安装，太阳能光伏电池封装等需要涂胶的生产工艺中有着广泛的应用。机器人涂胶工作站主要包括机器人、供胶系统、涂胶工作台、工作站控制系统及其他周边配套设备。一般涂胶工艺轨迹都较为复杂，对布胶均匀性、密闭性、外观性均有较高的要求。工业机器人可以灵活地生成复杂的空间轨迹，完成复杂的布胶动作，并且运动快速平稳，重复精度高，可充分保证生产节拍的要求。本模块讲述涂胶仿真工作站完成涂胶工作站布局、程序数据建立、目标点示教、Smart组件设置、编写程序和碰撞检测等。此模块对接1+X工业机器人应用编程中的I/O配置、录制仿真视频等要求。

知识目标

1. 了解ABB标准I/O板。
2. 掌握建立板卡与I/O信号。
3. 掌握建立程序数据。
4. 掌握Smart组件设置及Show、Hide、Timer、Source、PositionSensor和LogicGate等子对象组件的应用
5. 掌握用虚拟示教器编写程序。

能力目标

1. 能对 Smart 子对象组件的属性进行设置。
2. 能实现机器人程序与 Smart 组件的联合调试，进而实现工作站动画演示功能。
3. 能进行碰撞检测。
4. 会查看 TCP 跟踪轨迹。

素质目标

遵守操作规程与安全行为准则，培养规范意识和安全意识，敬畏生命，安全生产。在安全的前提下，团结合作，不断突破，培养敬业、专注、创新等优良品质。

知识准备

一、ABB 标准 I/O 板

ABB 工业机器人提供了丰富的 I/O 通信接口，如 ABB 标准通信、与 PLC 的现场总线通信，与 PC 的数据通信，如图 3-0-1 所示，可以轻松地实现与周边设备的通信。

ABB 标准 I/O 板有 DSQC651、DSQC652、DSQC653、DSQC355A 与 DSQC377A 等，见表 3-0-1。DSQC651 有 8 个数字输入信号，地址为 0～7；8 个数字输出信号，地址为 32～39；2 个模拟输出信号，地址为 0～15 和 16～31。DSQC652 有 16 个数字输入信号，地址为 0～15；16 个数字输出信号，地址为 0～15。DSQC653 有 8 个数字输入信号，地址为 0～7；8 个数字输出信号，地址为 0～7；DSQC355A 有 4 个模拟输入信号，地址为 0～15、16～31、32～47 和 48～63；4 个模拟输出信号，地址为 0～15、16～31、32～47 和 48～63。DSQC377A 主要用于工业机器人输送链跟踪功能所需的编码器与同步开关信号的处理。

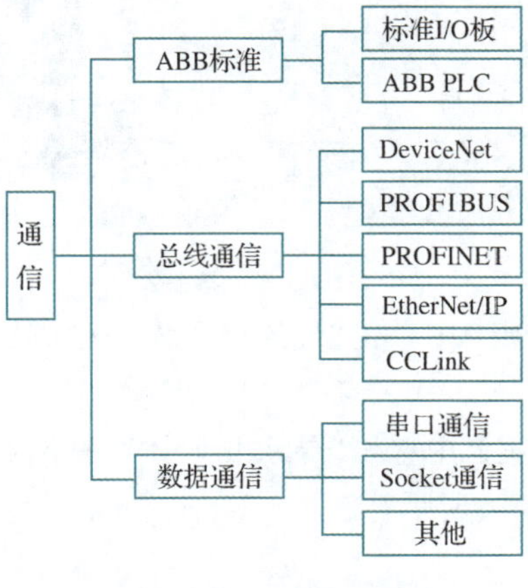

图 3-0-1 ABB 机器人通信方式

表 3-0-1　　ABB 标准 I/O 板

型号	说　明
DSQC651	分布式 I/O 模块 di8\do8\ao2
DSQC652	分布式 I/O 模块 di16\do16
DSQC653	分布式 I/O 模块 di8\do8，带继电器
DSQC355A	分布式 I/O 模块 ai4\ao4
DSQC377A	输送链跟踪单元

3.1 创建涂胶工作站

微课

创建涂胶工作站

第 1 步：打开 RobotStudio 软件，如图 3-1-1 所示，在“基本”功能选项卡中单击“ABB 模型库”，从中选择 IRB120 型 ABB 机器人并导入。之后单击“机器人系统”，采用“从布局”的方法创建机器人系统，设置中文语言 Chinese 与工业网络 709_1 DeviceNet Master/Slave，保存为“涂胶工作站”。

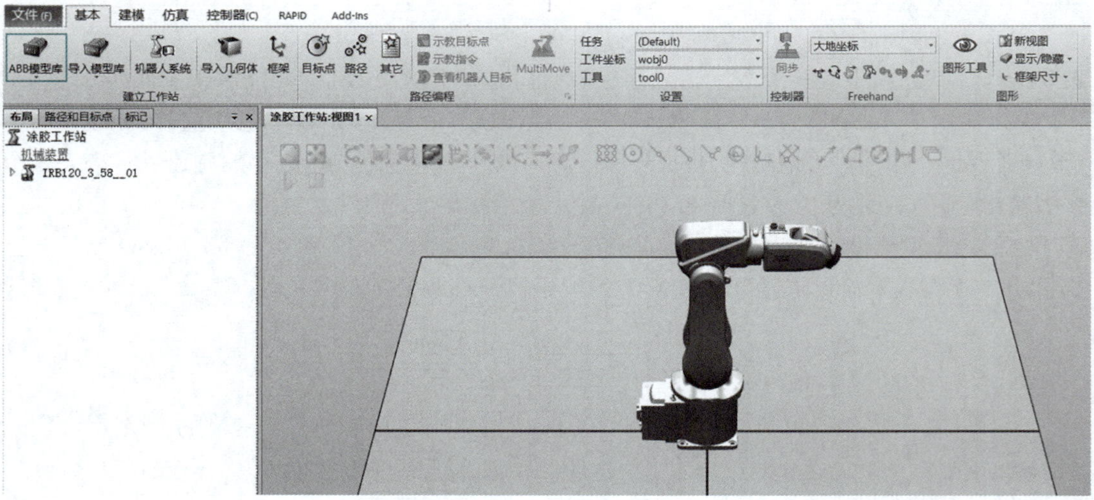

图 3-1-1　导入机器人

第 2 步：在“基本”功能选项卡中单击“导入模型库”→“浏览库文件”，导入涂胶工作站所需的全部模型。

第 3 步：在“基本”功能选项卡中单击“导入几何体”→“浏览几何体”，导入涂胶工作站所需的小球几何体文件，如图 3-1-2 所示。

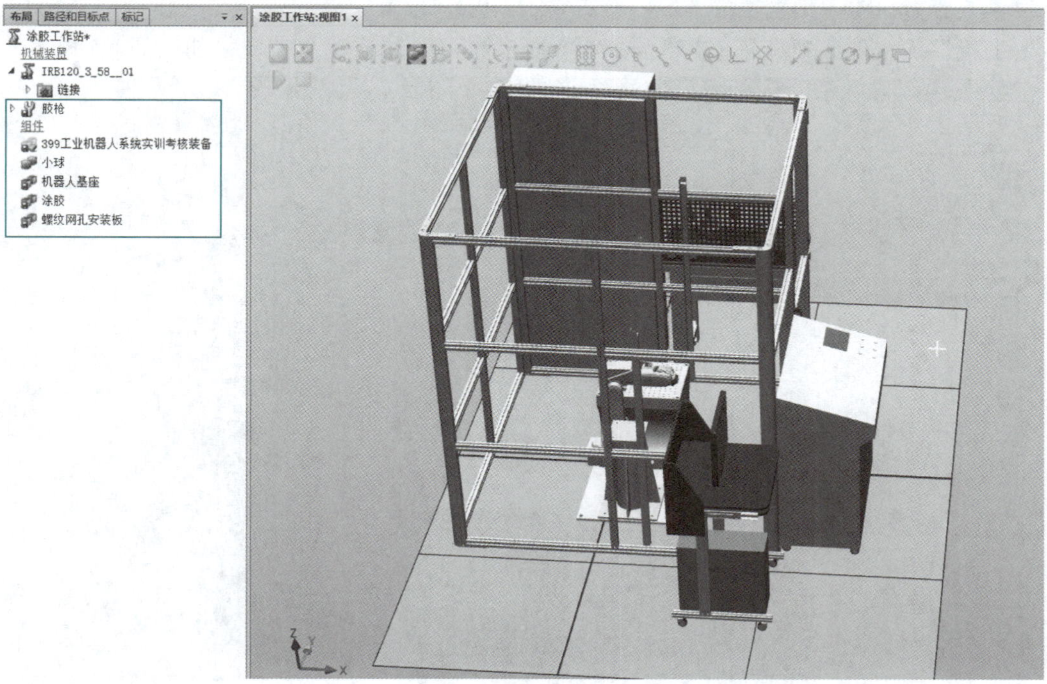

图 3-1-2　导入涂胶工作站的模型与几何体

第 4 步：选中“399 工业机器人系统实训考核装备”，右击，取消“可见”的勾选。选中 IRB120 型机器人，在“基本”功能选项卡下的“Freehand”选项组中单击“移动”，把机器人移出三维模型，如图 3-1-3 所示。

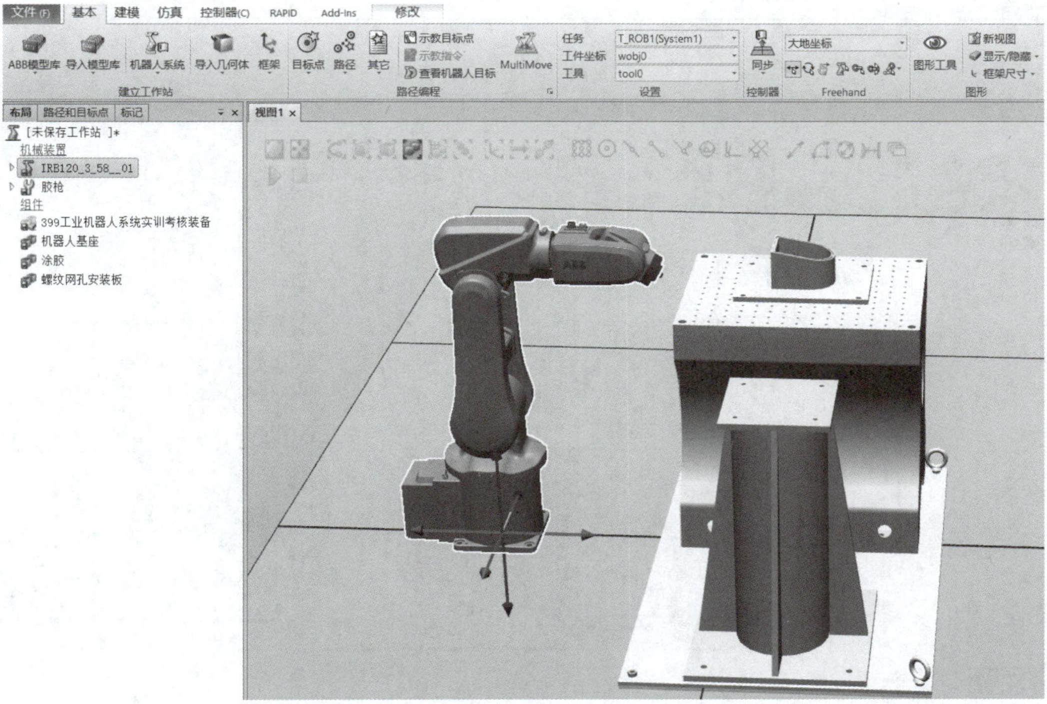

图 3-1-3　移动机器人

第 5 步:选中 IRB120 型机器人,右击,依次单击“位置”→“放置”→“一个点”,参照以前做法把机器人放置到机器人基座上,参考本地坐标绕 Z 轴旋转 90°,效果如图 3-1-4 所示。

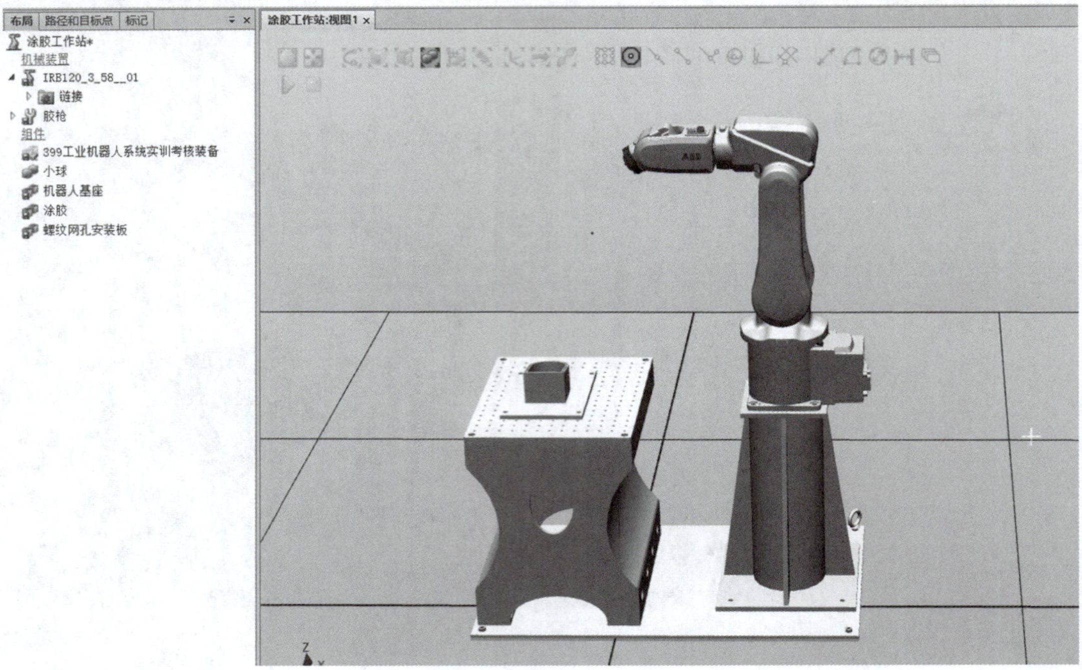

图 3-1-4 参考本地坐标绕 Z 轴旋转 90°

第 6 步:用鼠标左键拖住胶枪工具到“IRB120_3_58__01”上松开,弹出“更新位置”对话框,单击“是”。将胶枪工具安装到机器人法兰盘上,效果如图 3-1-5 所示。

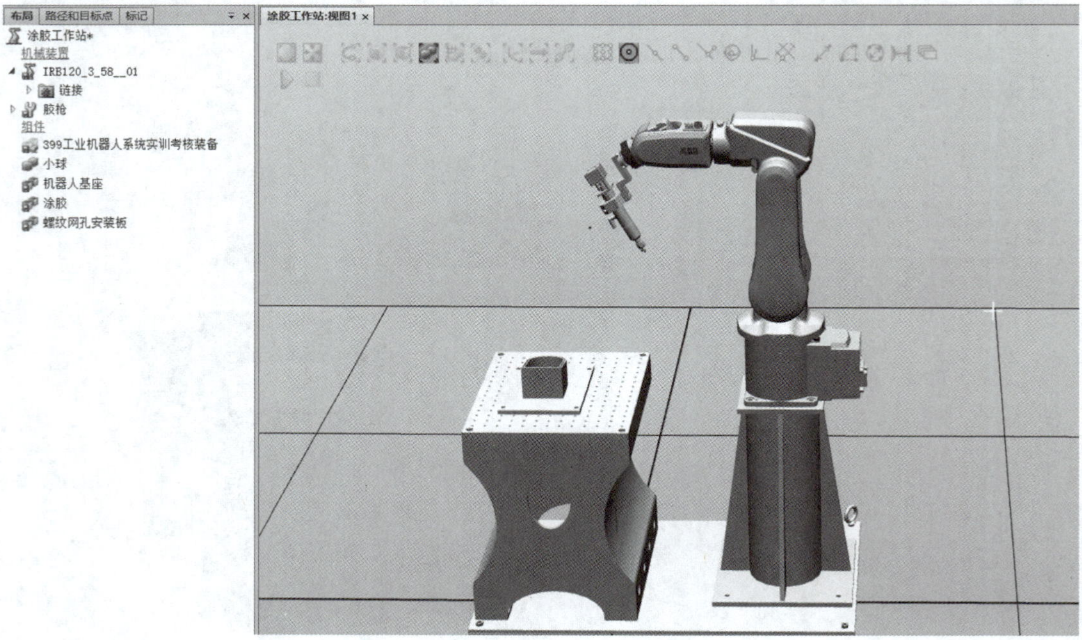

图 3-1-5 安装胶枪工具

第 7 步:双击布局窗口中的“小球”，找到小球的空间位置，之后选中“小球”，右击，依次单击“修改”→“设定本地原点”，如图 3-1-6 所示。

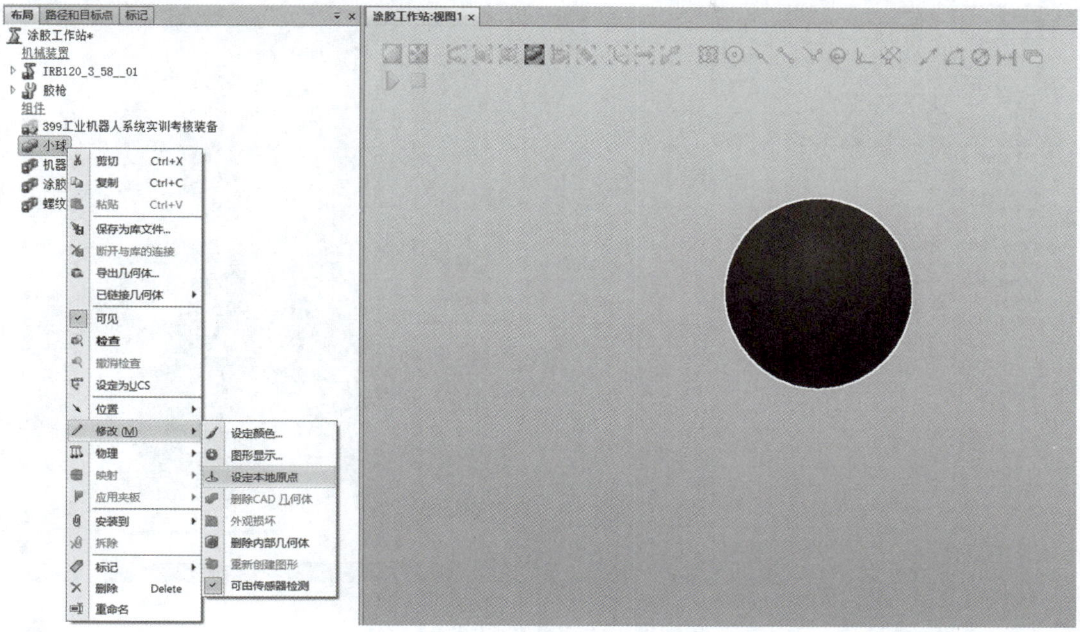

图 3-1-6 设定本地原点

第 8 步:选中视图窗口区上方的“捕捉中心”，在蓝色小球上单击一下，就把小球中心的空间坐标捕捉到了“设置本地原点”对话框的“位置 X、Y、Z”坐标框内，如图 3-1-7 所示。单击“应用”→“关闭”。至此就把本地原点设置到小球上，便于后边的移动与复制操作。

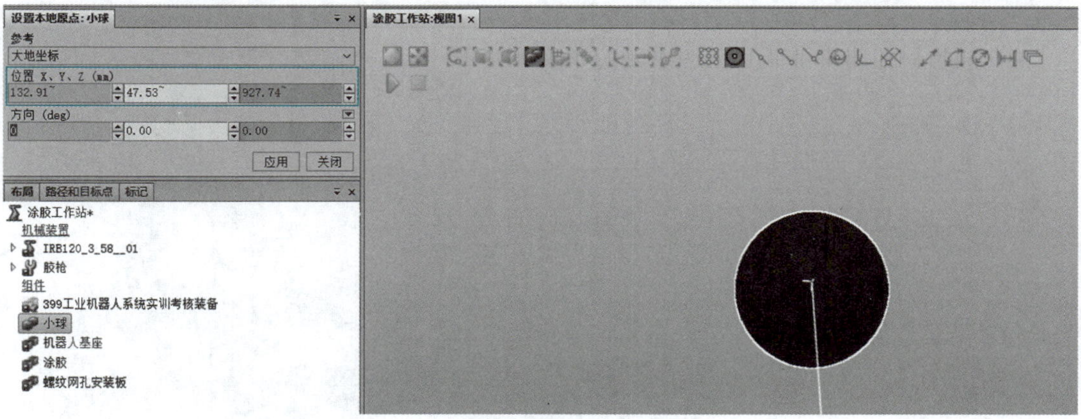

图 3-1-7 把本地原点设置到小球上

第 9 步:为了把小球安装到胶枪底部，需要把机器人调整到便于安装的姿态。在“手动关节运动”对话框中把各个轴都设为 0°，图 3-1-8 所示。

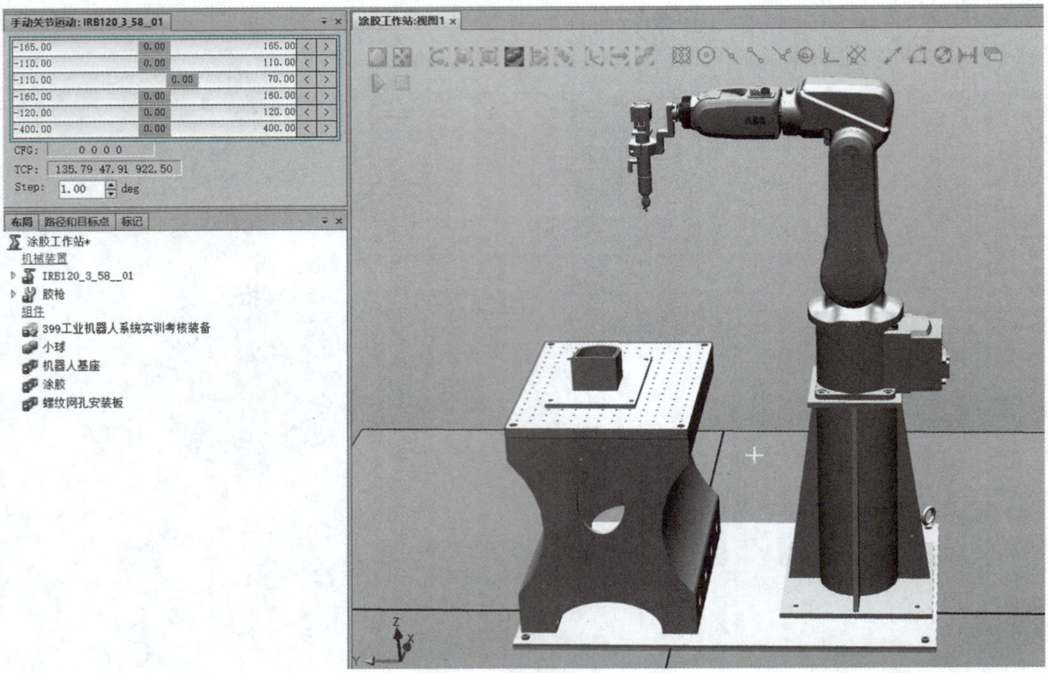

图 3-1-8 手动关节线性设置各轴零点

第 10 步：在布局窗口中选中小球，之后在“基本”功能选项卡下的“Freehand”选项组中单击“移动”，把小球安装到胶枪底部的出胶口处，如图 3-1-9 所示。

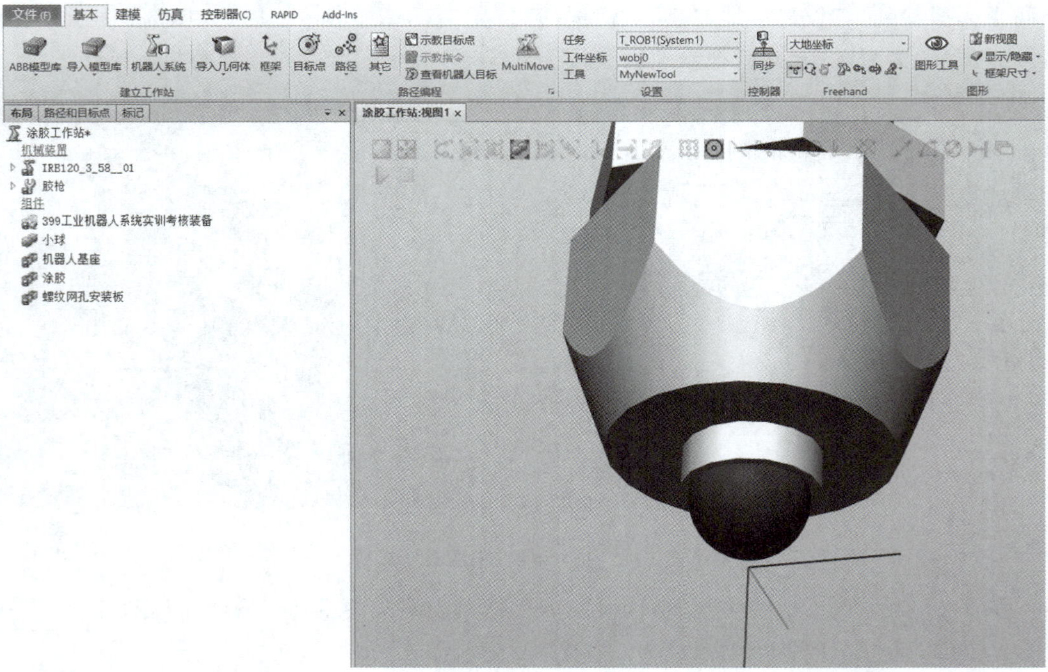

图 3-1-9 把小球安装到胶枪底部的出胶口处

第 11 步: 在布局窗口中选中小球,右击,依次单击"安装到"→"胶枪",如图 3-1-10 所示。弹出"更新位置"对话框,单击"否",保持现在的位置状态。这样拖动机器人的胶枪工具,小球就随胶枪一起运动了。

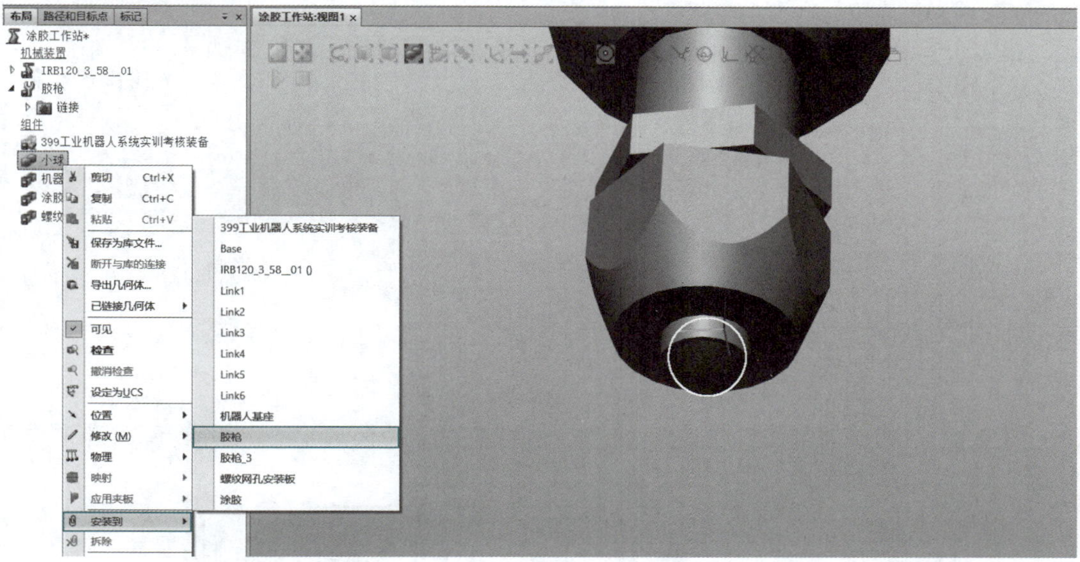

图 3-1-10 安装到胶枪

第 12 步: 选中机器人,右击,单击"回到机械原点",如图 3-1-10 所示,之后保存工作站。

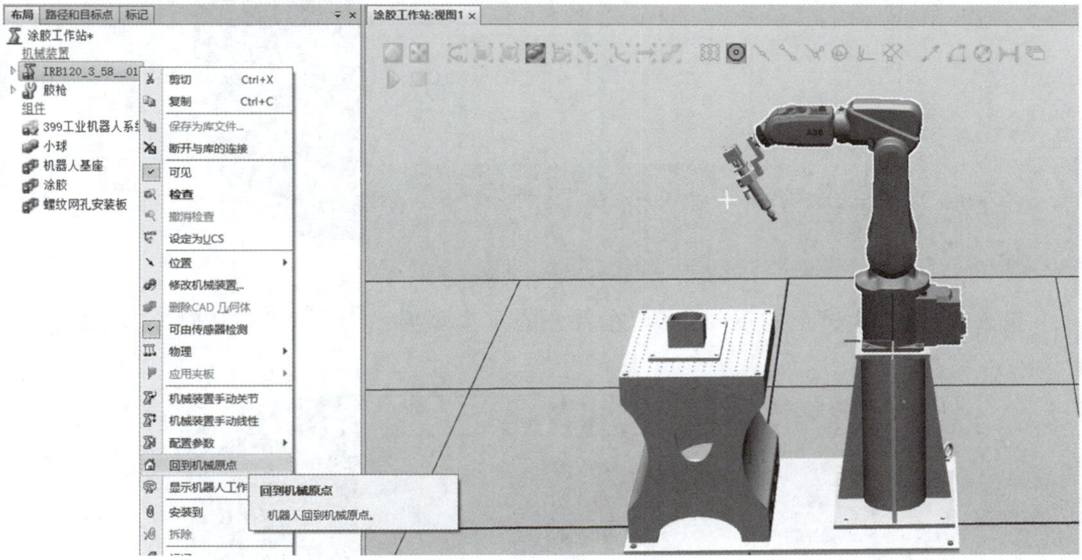

图 3-1-11 机器人回到机械原点

3.2 建立板卡与信号

第 1 步：在“控制器”功能选项卡中单击“示教器”→“虚拟示教器”，如图 3-2-1 所示。

微课

建立板卡与信号

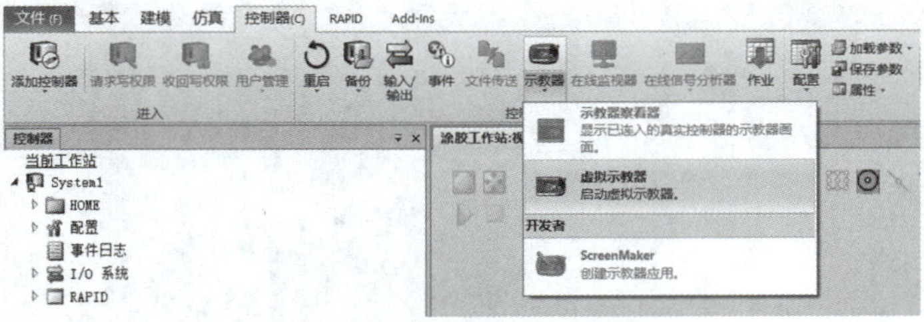

图 3-2-1 启动虚拟示教器

第 2 步：示教器的默认模式是自动模式，需切换为手动模式。单击钥匙开关，选择手动慢速模式，并关掉程序指针不可用界面，如图 3-2-2 所示。

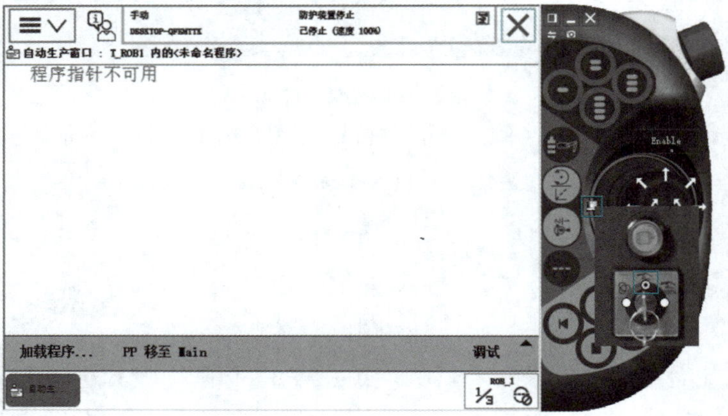

图 3-2-2 切换为手动模式

第 3 步：单击主菜单的下拉按钮，在打开的主菜单界面中单击“控制面板”，如图 3-2-3 所示。

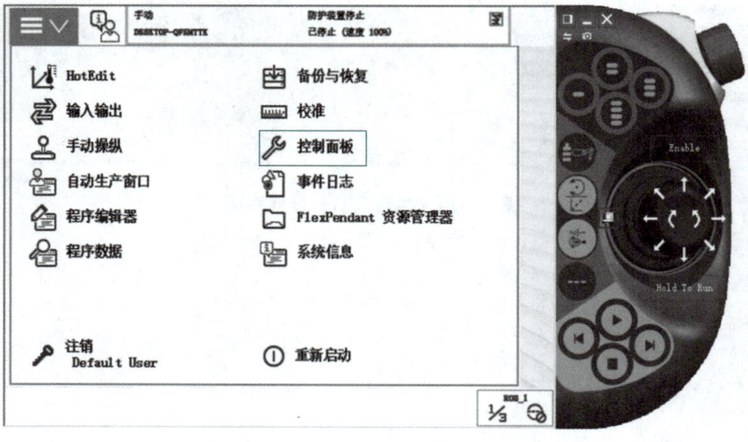

图 3-2-3 单击“控制面板”

第 4 步:在“控制面板”界面中单击“配置”,如图 3-2-4 所示。

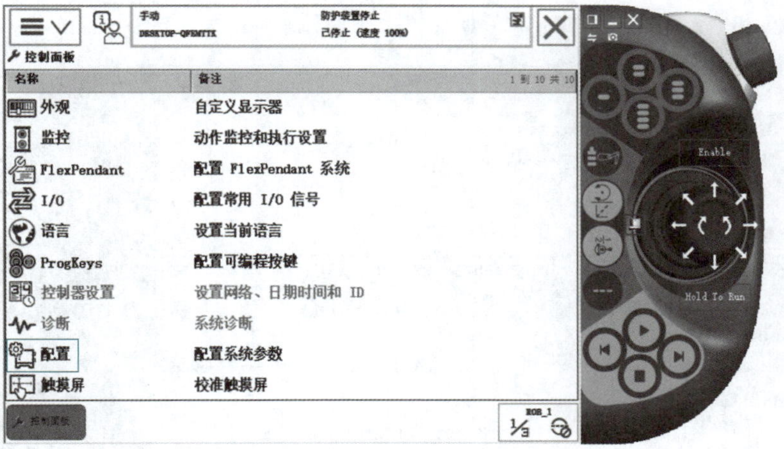

图 3-2-4 单击“配置”

第 5 步:单击“DeviceNet Device”,如图 3-2-5 所示,在弹出的新界面中单击“添加”。

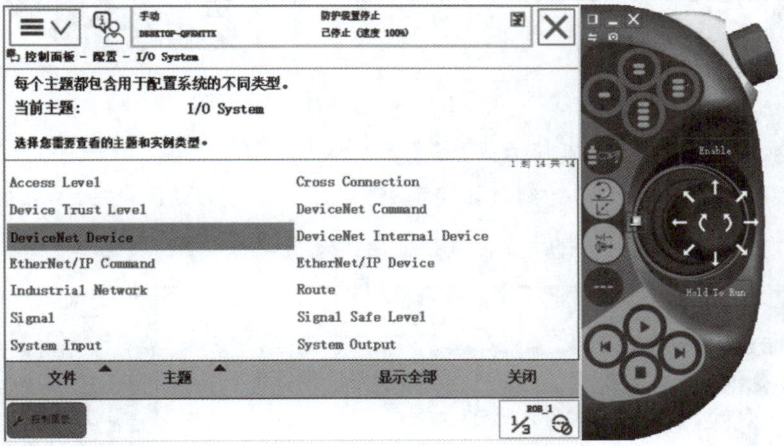

图 3-2-5 单击“DeviceNet Device”

第 6 步:单击“使用来自模板的值”右侧的下拉按钮,选择 DSQC652 板,如图 3-2-6 所示。

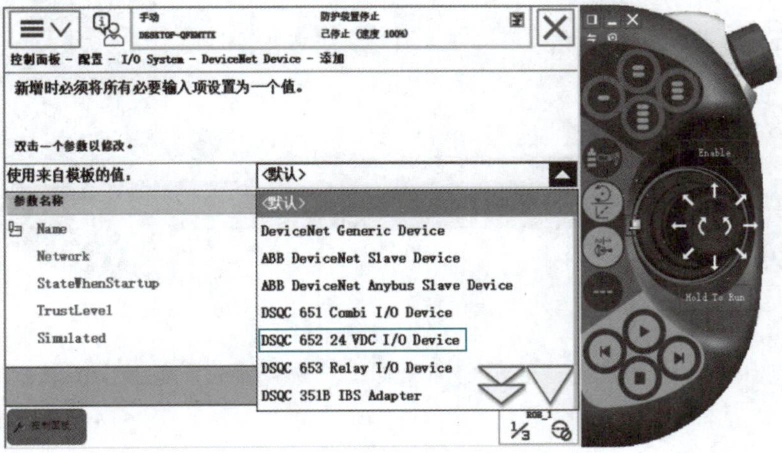

图 3-2-6 添加 DSQC652 板

第 7 步:找到“Address”,将其值改为“10”,因前 0～9 地址已被系统占用。Address 的地址范围是 0～63。之后单击“确定”,如图 3-2-7 所示。

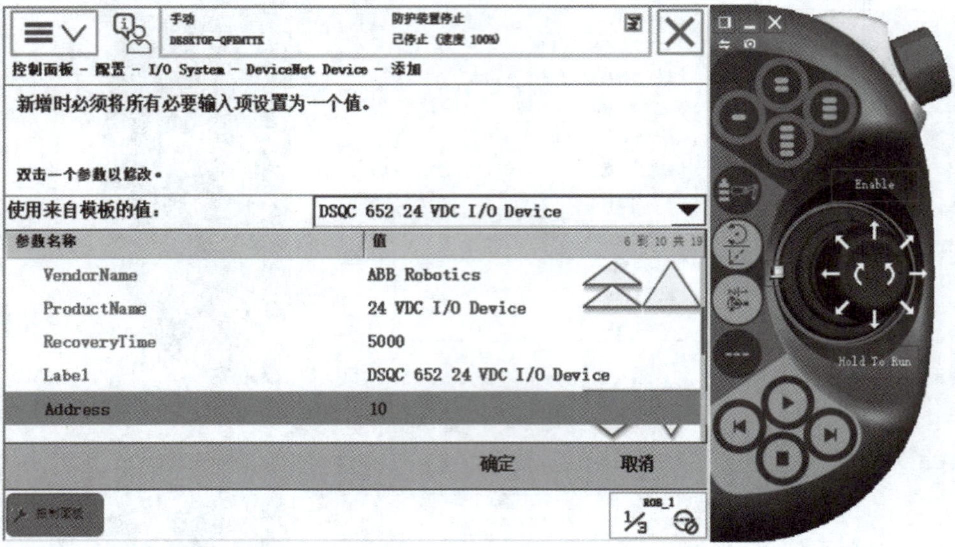

图 3-2-7 设置板卡地址

第 8 步:添加板卡后需要重新启动示教器才能生效。如图 3-2-8 所示,在弹出的“重新启动”对话框中若单击“是”,则立刻重新启动;也可以单击“否”,不重启,等后面信号建立完成一起重启。这里单击“否”,稍后重启。在弹出的新界面中单击“后退”。

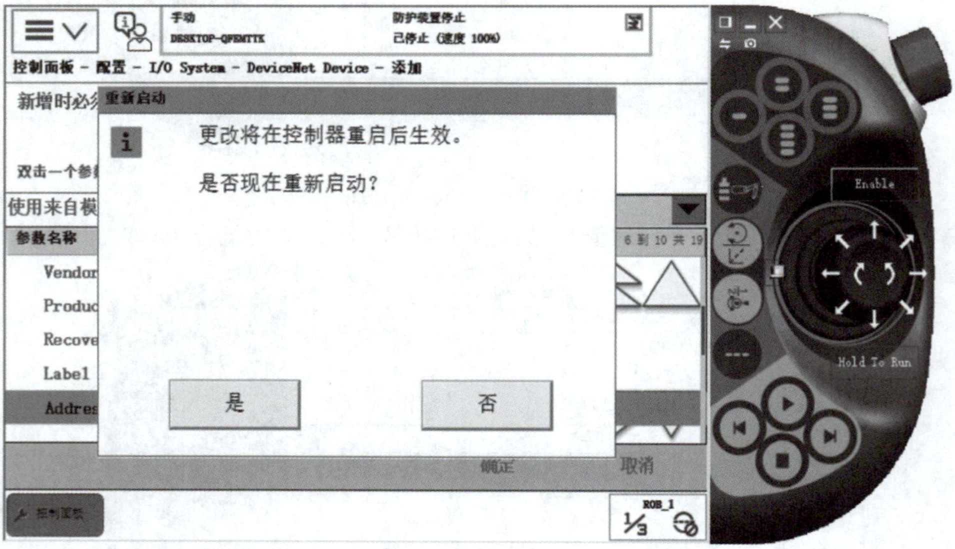

图 3-2-8 重新启动

第 9 步:选中“Signal”,单击“显示全部”,如图 3-2-9 所示。在弹出的新界面中单击“添加”。

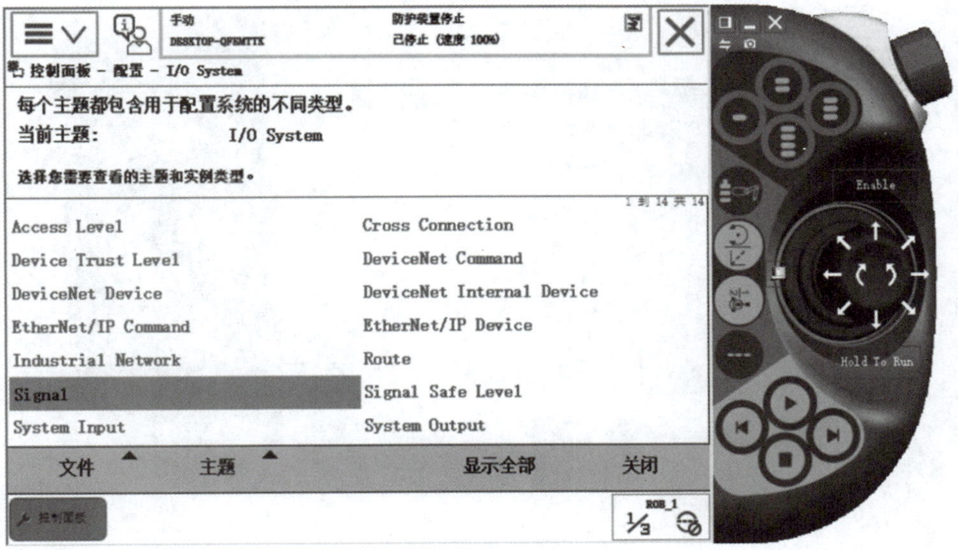

图 3-2-9 选中“Signal”

第 10 步: 分别设置名称、信号类型、附属设备及信号地址为“tu”、“Digital Output”、“d652”及“0”,然后单击“确定”,如图 3-2-10 所示。输出信号“tu”用来给 Smart 组件传递输入信号,本模块中 Smart 组件用来实现涂胶的效果。

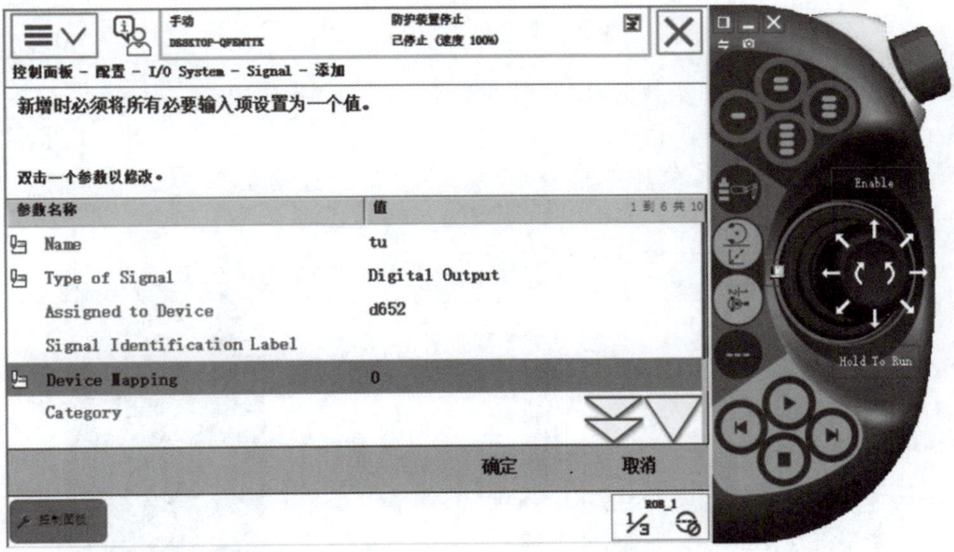

图 3-2-10 建立数字输出信号“tu”

第 11 步: 完成上述操作后,在“重新启动”对话框中单击“是”,重新启动示教器,如图 3-2-11 所示,使板卡和信号同时生效。

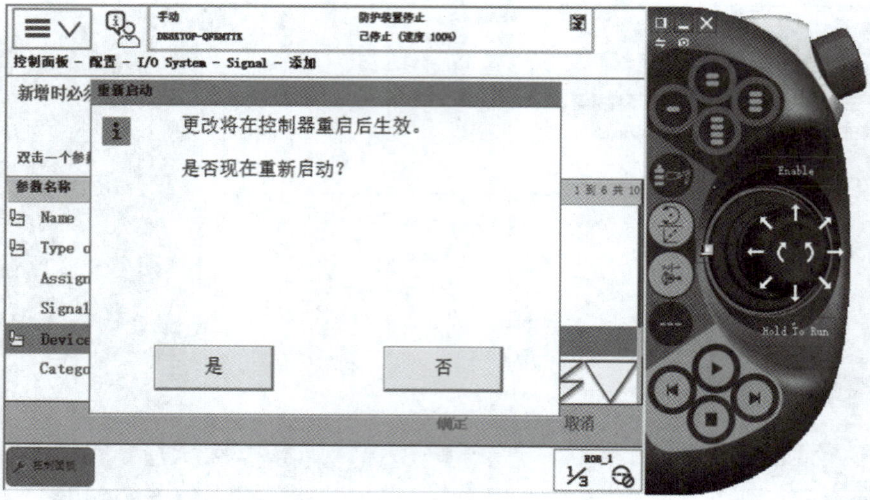

图 3-2-11　重新启动示教器

3.3 建立程序数据

微课

建立程序数据

第 1 步：再次启动虚拟示教器，切换到手动模式，单击“程序数据”，如图 3-3-1 所示。

第 2 步：单击“视图”，在其上拉菜单中单击“全部数据类型”，如图 3-3-2 所示。

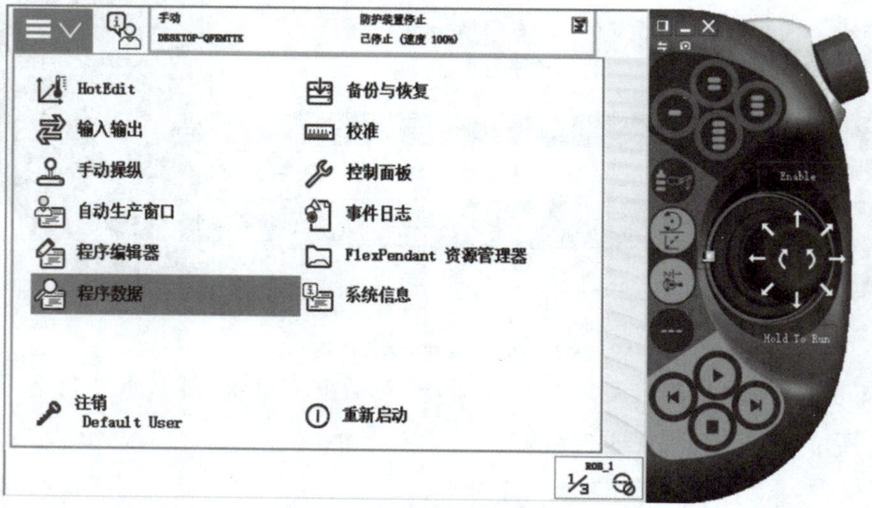

图 3-3-1　单击“程序数据”

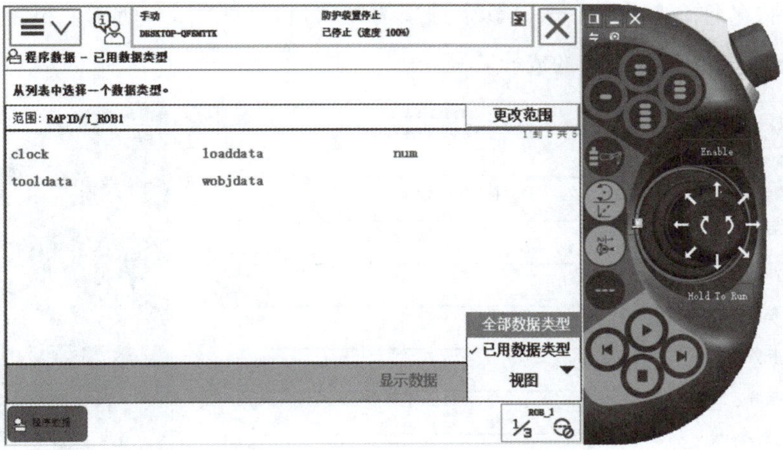

图 3-3-2 单击“全部数据类型”

第 3 步:找到程序数据类型“jointtarget”,单击“显示数据”,如图 3-3-3 所示。

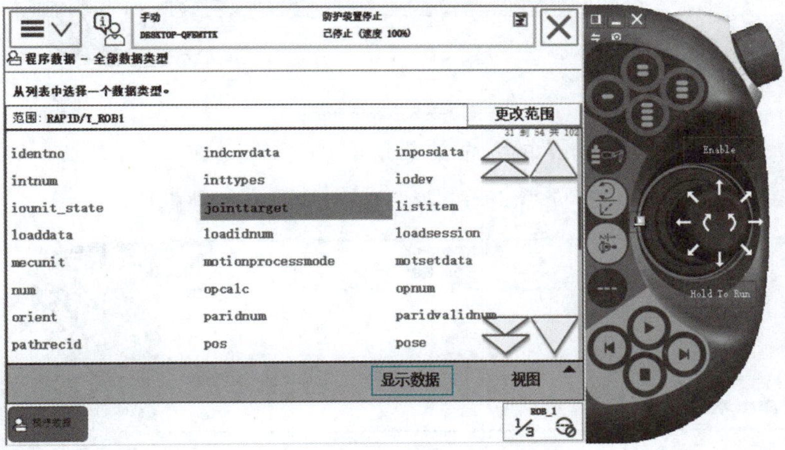

图 3-3-3 进入 jointtarget 类型数据界面

第 4 步:单击“新建”,如图 3-3-4 所示。

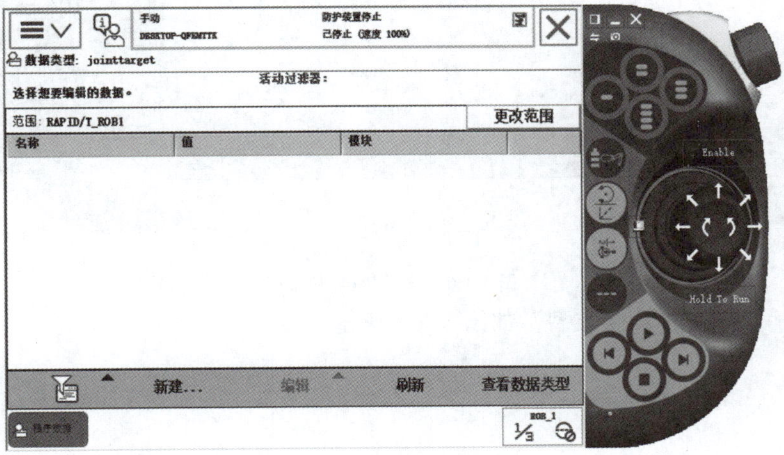

图 3-3-4 单击“新建”

第 5 步: 将名称命名为“home”,其余选项为默认值,如图 3-3-5 所示。再单击“初始值”,位置常量 home 为机器人工作的安全点。

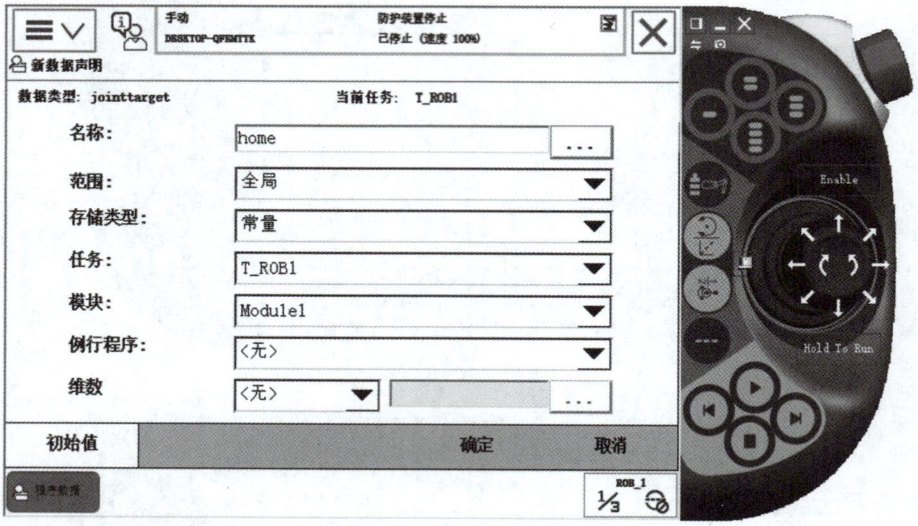

图 3-3-5 新建 home

第 6 步: 设置位置常量 home 的六个关节角度值为 0°、0°、0°、0°、30°、0°,单击“确定”,如图 3-3-6 所示,至此就建立了一个“jointtarget”类型的“home”数据。

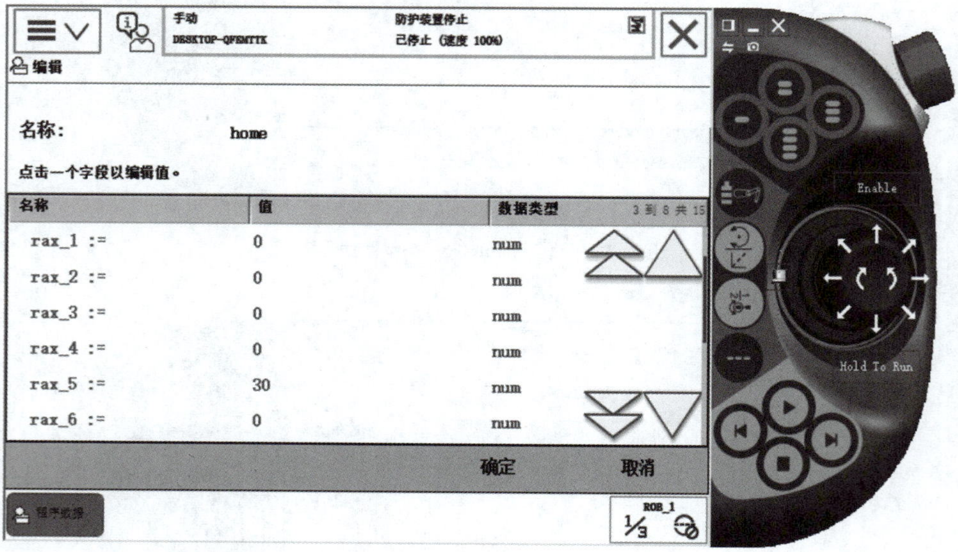

图 3-3-6 设置 home 初始值

第 7 步: 单击“查看数据类型”,如图 3-3-7 所示。

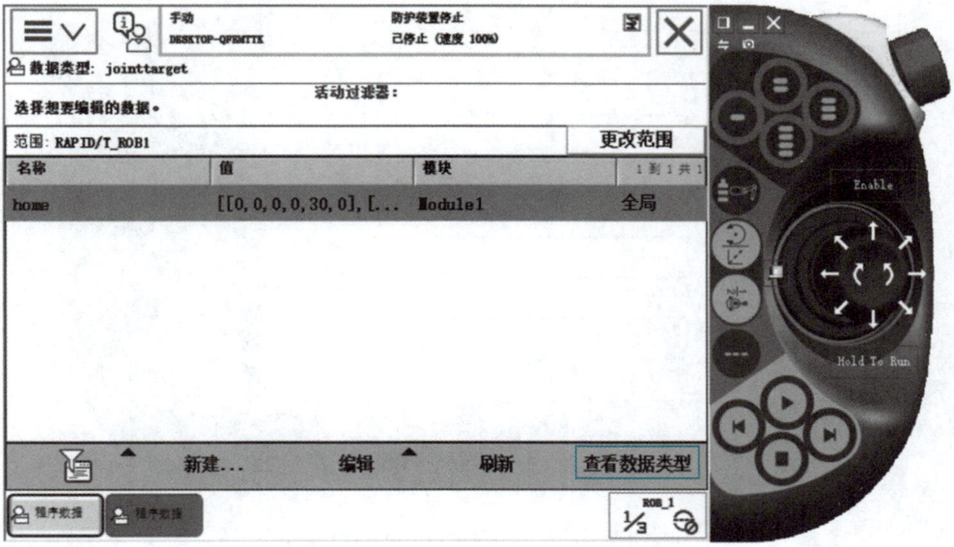

图 3-3-7 单击“查看数据类型”

第 8 步：找到“robtarget”程序数据类型，单击“显示数据”，如图 3-3-8 所示。进入新界面，单击“新建”。

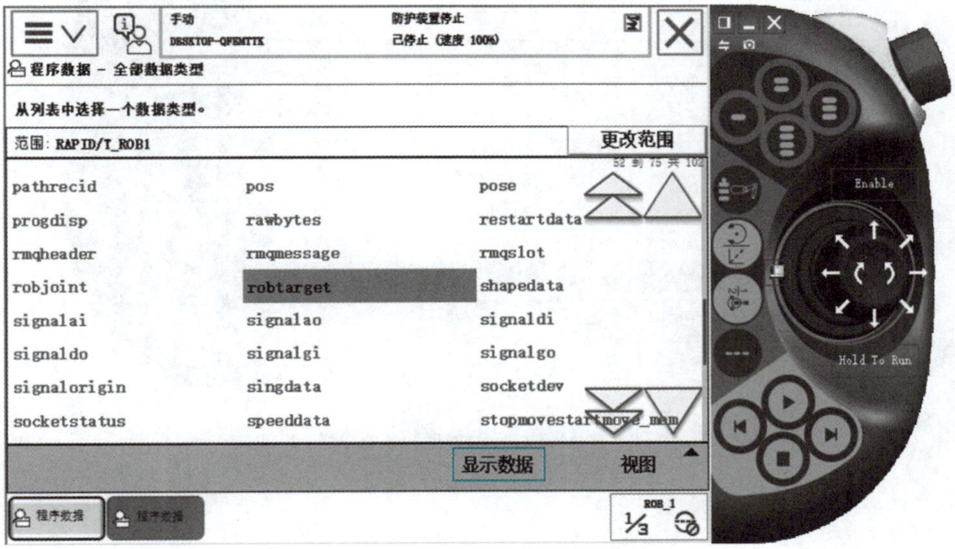

图 3-3-8 单击“显示数据”

第 9 步：将名称命名为“P1”，其余选项采用默认值，单击“确定”，这样就建立了一个“robtarget”类型的数据常量，如图 3-3-9 所示。

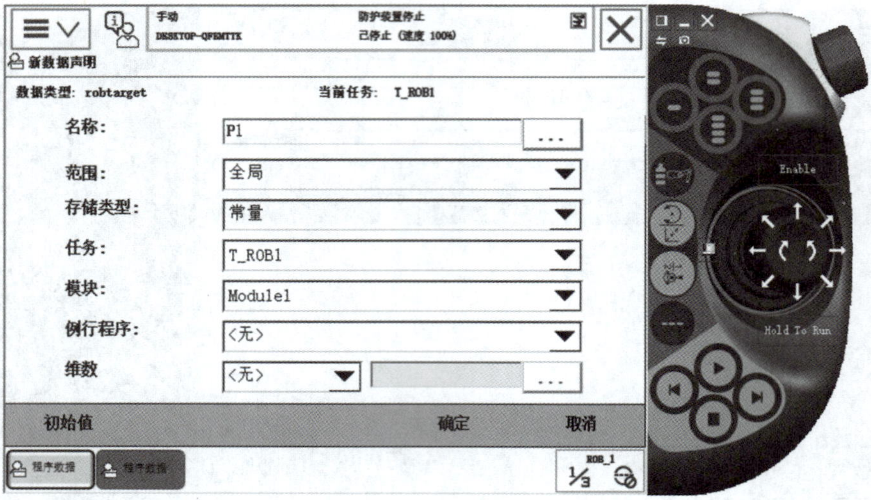

图 3-3-9 建立“robtarget”类型的数据常量 P1

第 10 步:采用相同方法建立“robtarget”类型的数据常量 P2～P9,如图 3-3-10 所示。

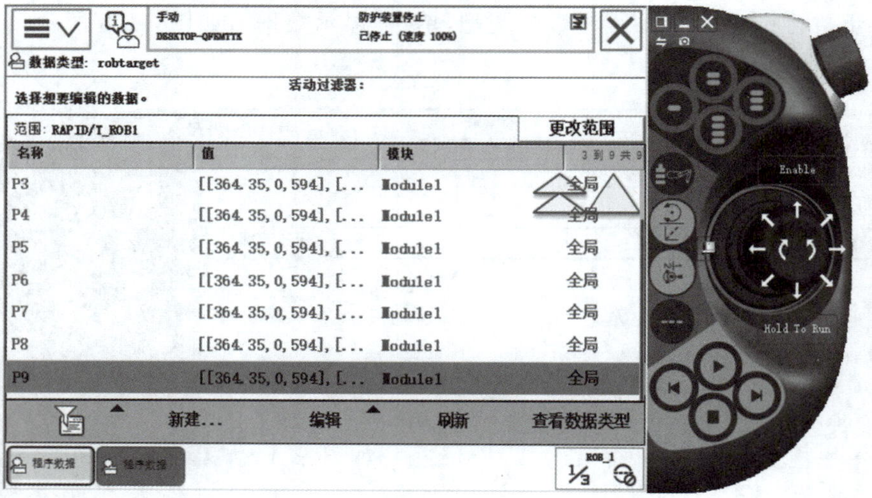

图 3-3-10 建立“robtarget”类型的数据常量 P2～P9

3.4 编写程序

微课

编写程序

涂胶工作站的注胶凹槽可分解成三段圆弧和三条线段,如图 3-4-1 所示。机器人需要示教的关键点为 P1～P9。

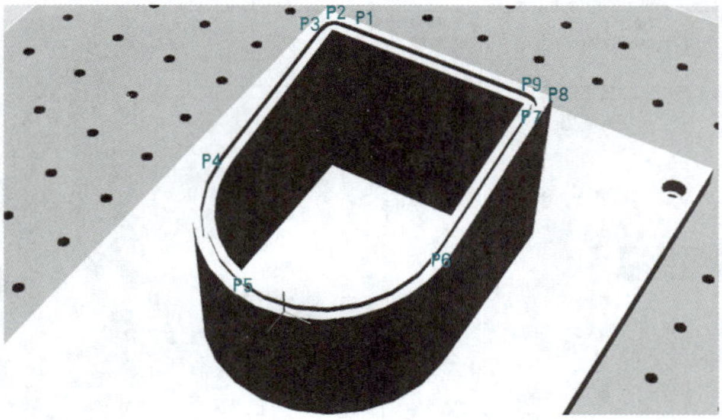

图 3-4-1　涂胶工作站的注胶凹槽

第 1 步: 在“基本”功能选项卡中单击“同步”→“同步到 RAPID”,如图 3-4-2 所示。在弹出的“同步到 RAPID”对话框中勾选全部选项,都同步到 RAPID 里。此操作的目的是把工作站里的工具坐标 MyNewTool 同步到示教器里。

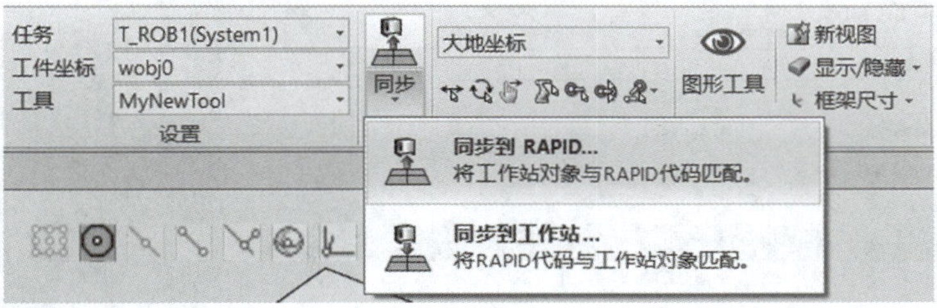

图 3-4-2　同步到 RAPID

第 2 步: 启动虚拟示教器,在 ABB 示教器主菜单下单击“手动操纵”,如图 3-4-3 所示。

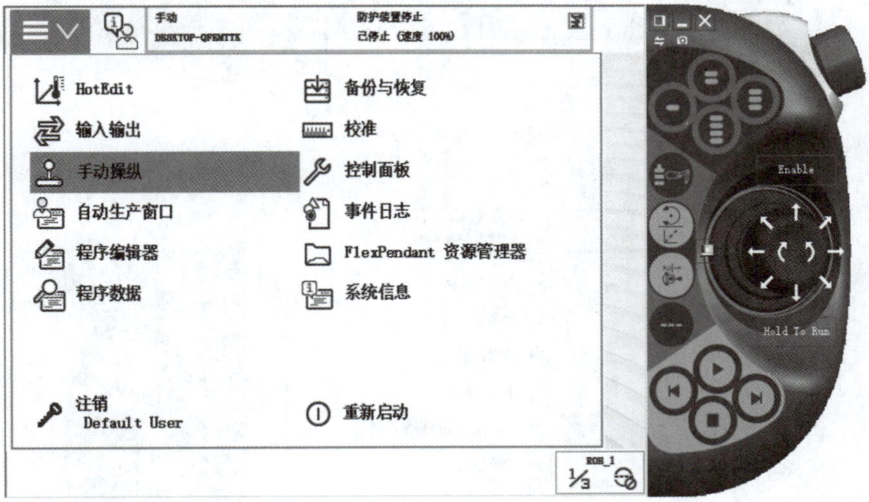

图 3-4-3　单击“手动操纵”

第 3 步: 单击“工具坐标”,如图 3-4-4 所示。

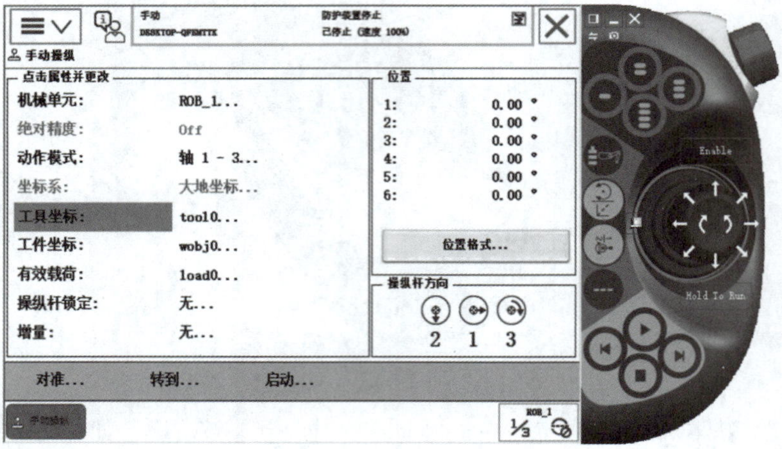

图 3-4-4 单击“工具坐标”

第 4 步:选择工具坐标“MyNewTool”,之后单击“确定”,如图 3-4-5 所示。

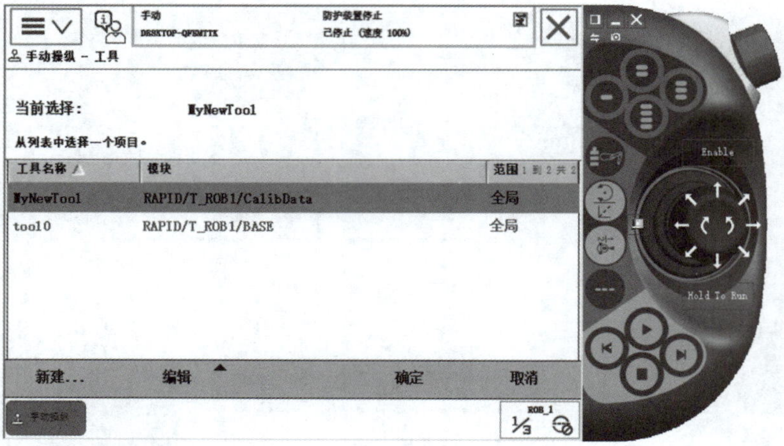

图 3-4-5 选择“MyNewTool”

第 5 步:在 ABB 示教器主菜单下单击“程序编辑器”,如图 3-4-6 所示。

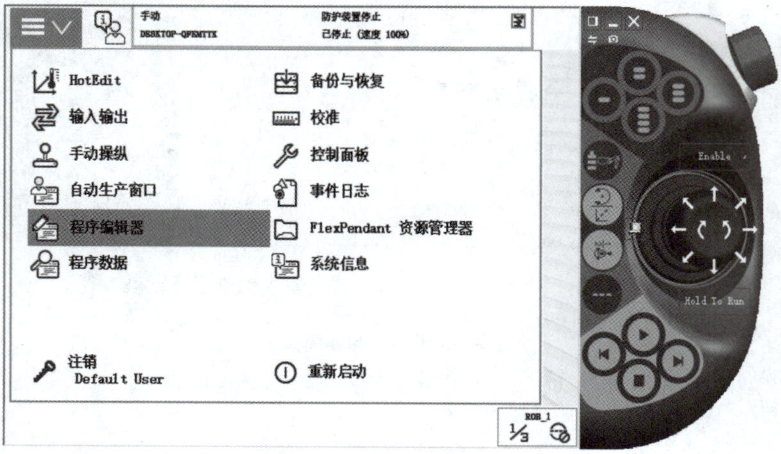

图 3-4-6 单击“程序编辑器”

第 6 步：在 main 主程序里单击“添加指令”，如图 3-4-7 所示。

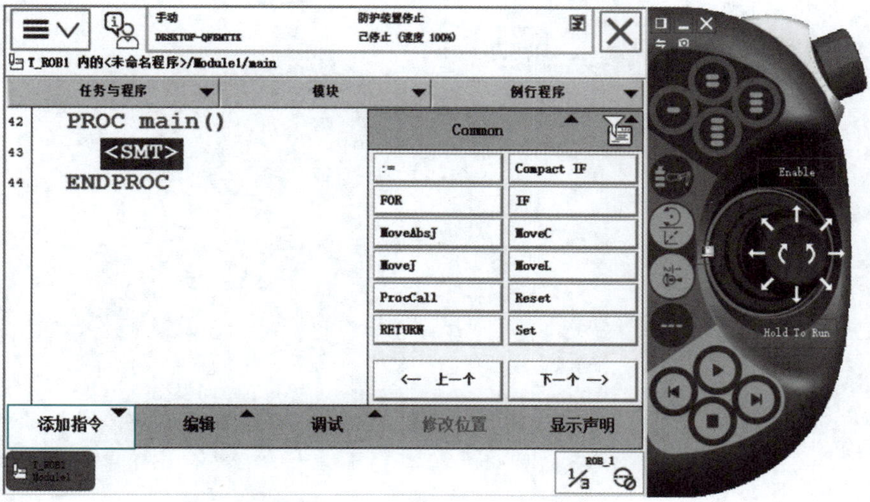

图 3-4-7 单击“添加指令”

第 7 步：在 main 主程序里编写涂胶工作站程序，如图 3-4-8 所示。

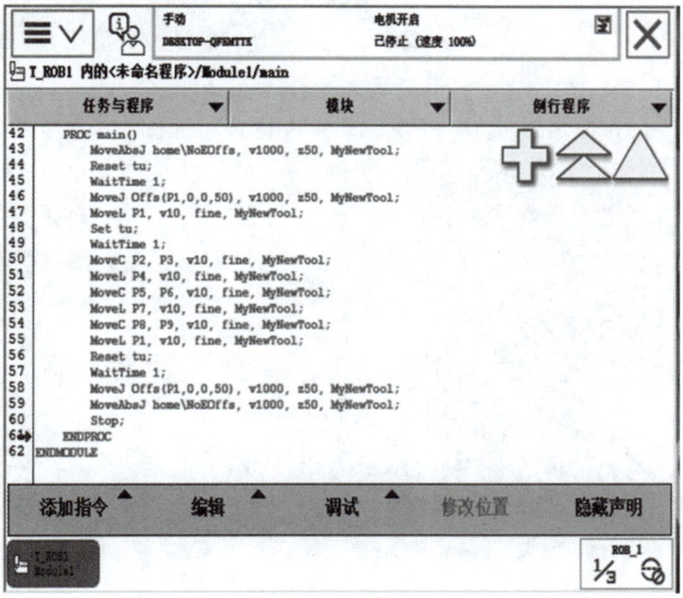

图 3-4-8 涂胶工作站程序

3.5 示教目标点

微课

示教目标点

第 1 步：运用“基本”功能选项卡下“Freehand”选项组中的“手动关节”和“手动线性”，配合视图窗口区上方的“捕捉边缘”，把机器人胶枪拖动到 P1 点，如图 3-5-1 所示。

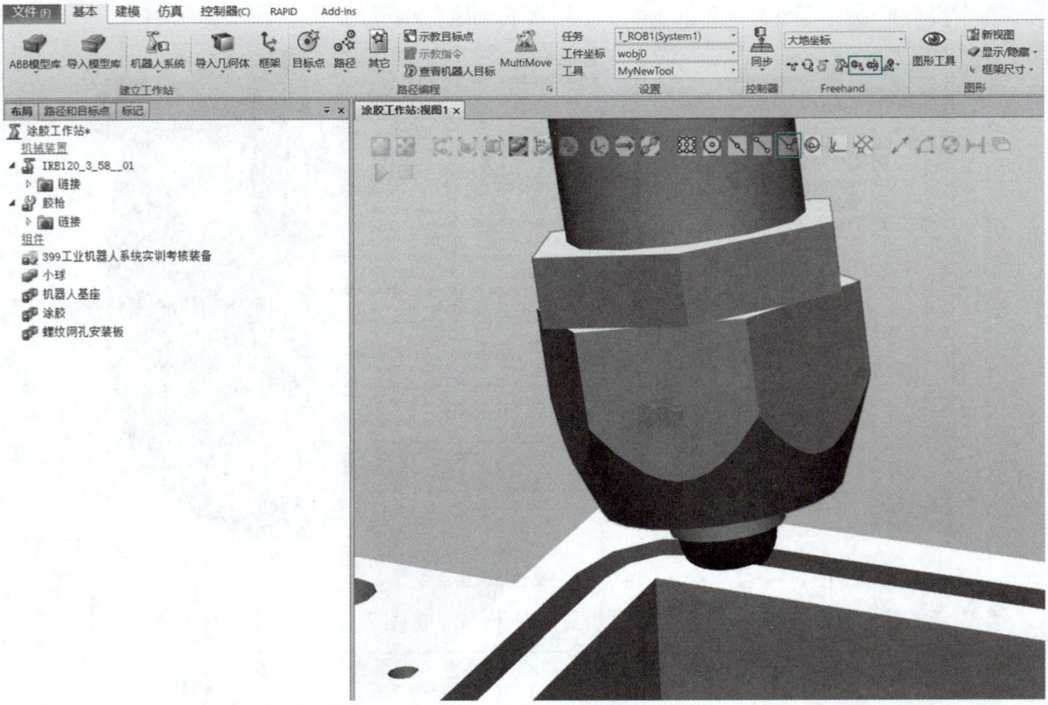

图 3-5-1 把胶枪拖动到 P1 点

第 2 步: 选中 main 程序里的 P1 点,单击“修改位置”,如图 3-5-2 所示。

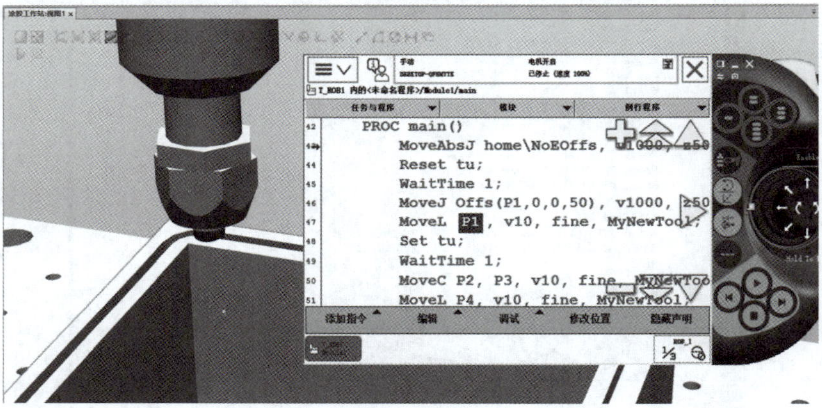

图 3-5-2 示教 P1 点

第 3 步: 如图 3-5-3 所示,单击“修改”。这样就把机器人当前的位置与姿态记录到 P1 点。同理拖动机器人胶枪到达 P2～P9 点,分别单击“修改位置”→“修改”,示教机器人目标点 P2～P9 点。

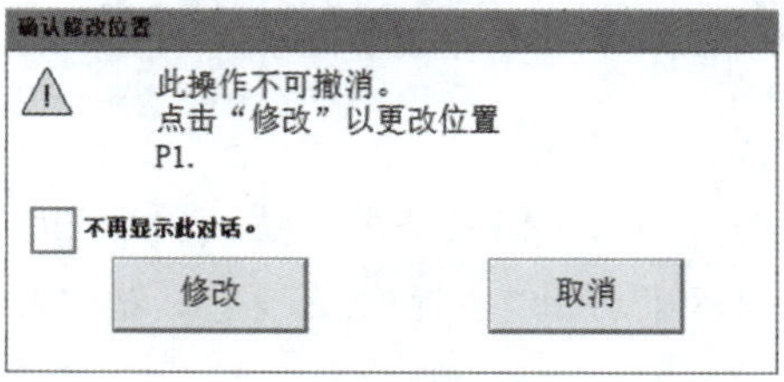

图 3-5-3 单击“修改”

第 4 步：将示教器切换到"调试"面板，如图 3-5-4 所示，单击"PP 移至 Main"，这时程序运行指针出现在 main 程序的第一条指令处，程序将从此处开始运行。

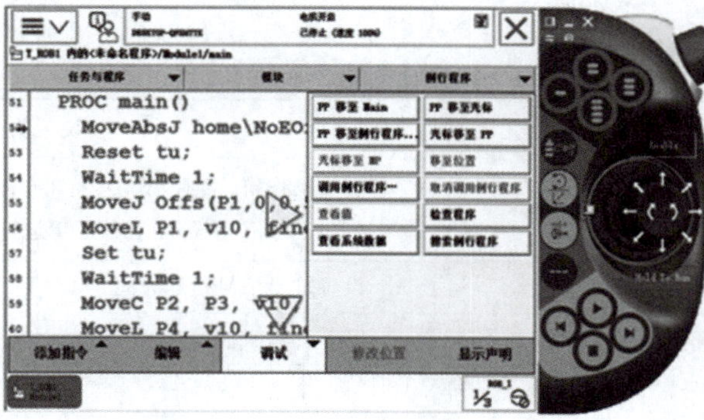

图 3-5-4 单击"PP 移至 Main"

第 5 步：如图 3-5-5 所示，单击示教器连续运行按钮，观察机器人运行轨迹是否正确。若路径不正确，则重新示教点位，修改位置来记录点的位姿，直到正确为止。

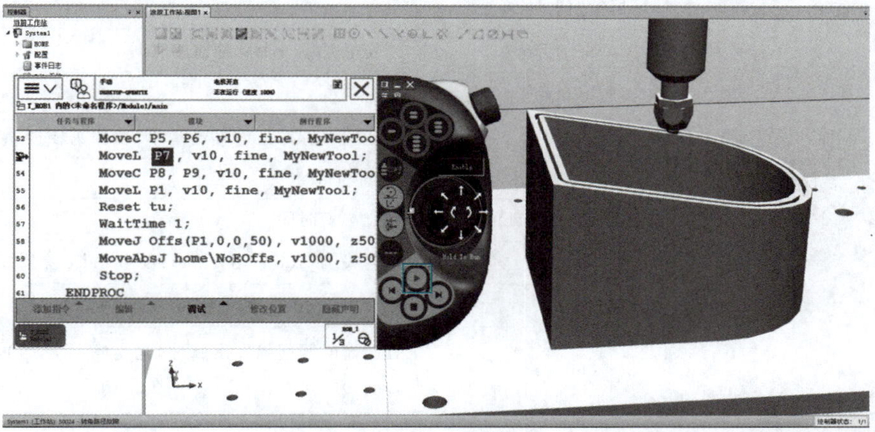

图 3-5-5 连续运行

3.6 Smart组件设置

微课

Smart组件设置

在 RobotStudio 软件中创建离线仿真工作站，动态效果对整个工作站的仿真起到一个关键的作用。Smart 的组件就是在 RobotStudio 软件中实现动态效果的高效工具，适用于比较复杂、需要进行逻辑控制的动作。

在"建模"功能选项卡中单击"Smart 组件"，建立一个新 Smart 组件的同时，也会进入该 Smart 组件的编辑器中。Smart 组件编辑器由"组成""设计""属性与连接""信号和连接"四个选项卡组成。在 Smart 组件编辑器中可以创建、编辑和组合 Smart 子对象组件，完成要求的动作仿真。Smart 子对象组件类型包括"信号和属性"、"参数建模"、"传感器"、"动作"、"本体"、"控制器"、"物理"和"其他"八类。

本工作站创建具有动态效果的涂胶过程，用到的 Smart 子对象组件有 LogicGate、Timer、Source、Show、Hide 和 PositionSensor。这几个 Smart 子对象组件的属性和信号说明见表 3-6-1 至 3-6-6。

表 3-6-1 LogicGate 属性和信号说明

功 能	属性/信号		说 明
进行数字信号的逻辑运算	属性	Operator	逻辑操作符，共有 AND(与)、OR(或)、XOR(异或)、NOT(非)、NOP(空操作)五种逻辑运算可以选择
		Delay	设置输出信号延迟时间
	信号	InputA	第一个输入信号
		InputB	第二个输入信号
		Output	输出逻辑运算的结果

表 3-6-2 Timer 属性和信号说明

功 能	属性/信号		说 明
仿真时，在指定的时间间隔输出一个脉冲信号	属性	StartTime	指定触发第一个脉冲前的时间
		Interval	脉冲宽度
		Repeat	指定信号脉冲是重复还是单次，值为 1 时重复，值为 0 时单次
		CurrentTime	输出当前时间
	信号	Active	信号设为 true 启用 Timer；设为 False 停用 Timer
		Reset	设定为 High(1)时去复位当前计时
		Output	在指定时间间隔发出脉冲，先变成 High(1)，然后变成 Low(0)

表 3-6-3 Source 属性和信号说明

功 能	属性/信号		说 明
创建一个图形组件的拷贝	属性	Source	要复制的对象
		Copy	完成的复制件
		Parent	要复制的父对象，若未指定，则复制件与源对象是相同的父对象
		Position	复制件相对于父对象的位置
		Orienttation	复制件相对于父对象的方向
		Transient	勾选，仿真时创建临时复制件，在仿真停止时临时复制件自动被删除；不勾选，则为实际意义上的复制，多次仿真建立很多个复制件，消耗内存
		PhysicsBehavior	规定副本的物理行为
	信号	Execute	设定为 high (1)去创建一个复制
		Executed	当此操作完成时变成 high (1)

表 3-6-4 **Show 属性和信号说明**

功 能	属性/信号		说 明
显示对象	属性	Object	要显示的对象
	信号	Execute	设定为 high (1)时显示对象
		Executed	当此操作完成时变成 high (1)

表 3-6-5 **Hide 属性和信号说明**

功 能	属性/信号		说 明
隐藏对象	属性	Object	要隐藏的对象
	信号	Execute	设定为 high (1) 时隐藏对象
		Executed	当此操作完成时变成 high (1)

表 3-6-6 **PositionSensor 属性和信号说明**

功 能	属性/信号		说 明
在仿真过程中对对象的位置进行监控	属性	Object	要监控的对象
		Reference	参考坐标系(Object 或 Global)
		ReferenceObject	如果将 Reference 设置为 Object,指定参考对象
		Position	相对于参考坐标系对象的位置
		Orientation	相对于参考坐标系对象的方位
	信号	SensorOut	当位置或方位发生改变时出现脉冲

第 1 步:在“建模”功能选项卡中单击“Smart 组件”,将新建的 SmartComonent_1 重命名为“涂胶 Smart”,如图 3-6-1 所示。

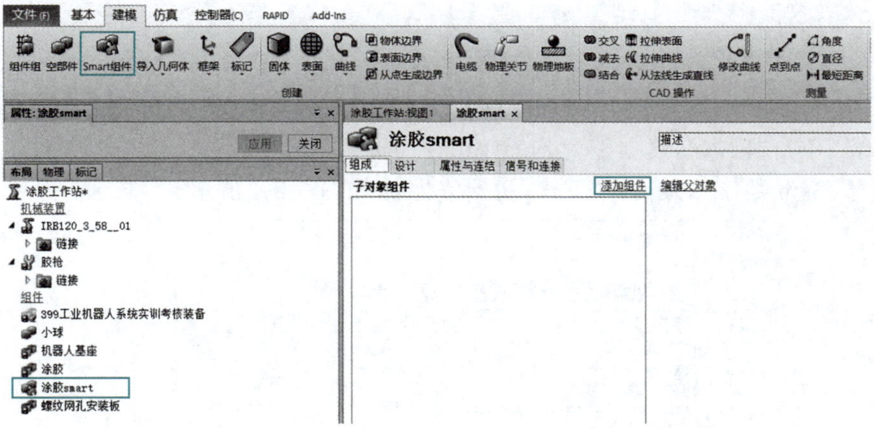

图 3-6-1 添加涂胶 Smart 组件

第 2 步:单击“添加组件”,为涂胶 Smart 组件添加子对象组件:信号和属性里的 Timer 和 LogicGate、动作里的 Source、Show 和 Hide、传感器里的 PositionSensor,如图 3-6-2 所示。

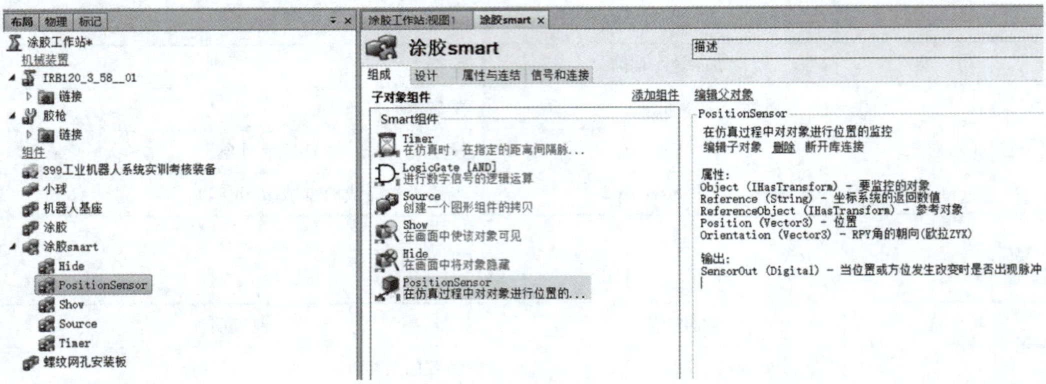

图 3-6-2 添加子对象组件

第 3 步: 单击"设计",切换到"设计"选项卡,在该选项卡中既可以进行属性连接,也可以建立信号和进行信号连接,如图 3-6-3 所示。

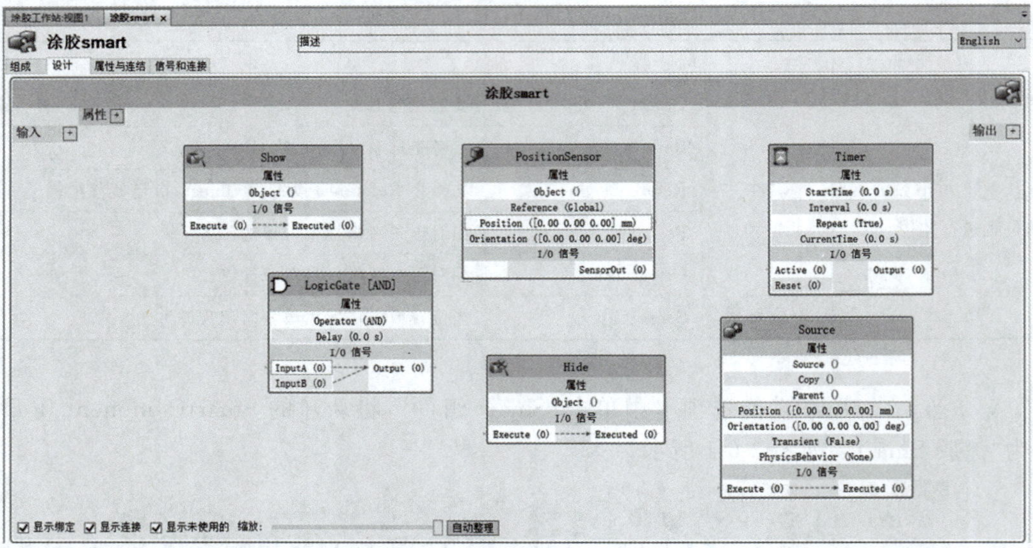

图 3-6-3 单击"设计"

第 4 步: 单击"输入",建立整个 Smart 组件的输入信号。

第 5 步: 建立数字输入信号 di_tu,初始值为 0,如图 3-6-4 所示。

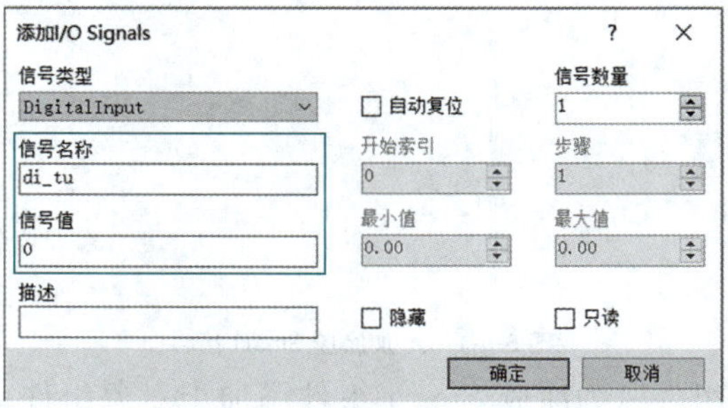

图 3-6-4 添加涂胶 Smart 的数字输入信号

第 6 步: 进行 I/O 信号连接与属性连接,如图 3-6-5 所示。接下来为各个组件设置属性。

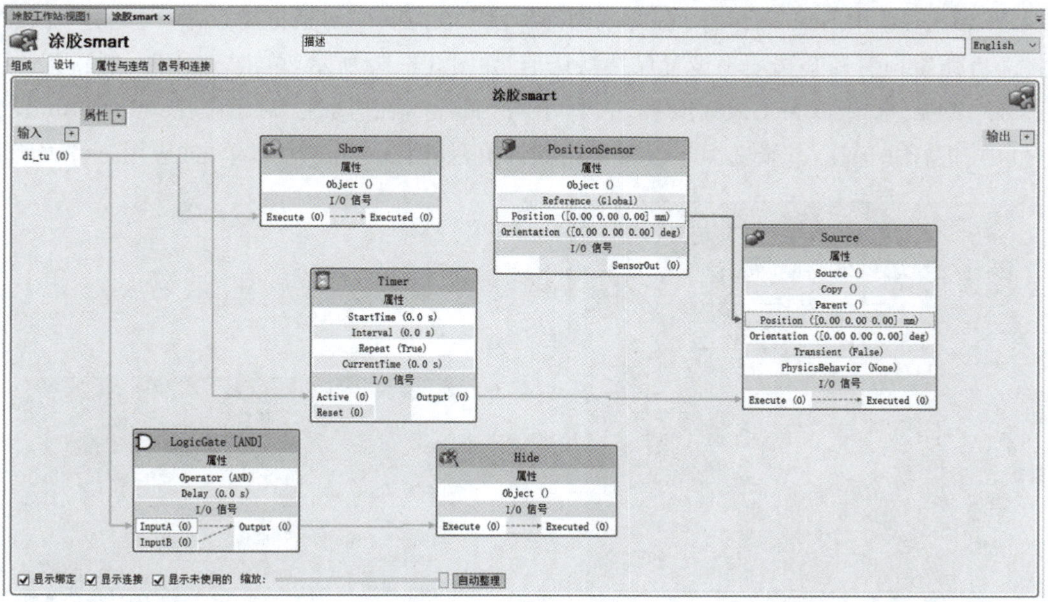

图 3-6-5　进行 I/O 信号连接与属性连接

第 7 步:选中 Show 组件,右击,单击“属性”,在“属性”对话框中,Object 选择“小球”,如图 3-6-6 所示,单击“应用”→“关闭”。

第 8 步:选中 Hide 组件,右击,单击“属性”,在“属性”对话框中,Object 选择“小球”,如图 3-6-7 所示,单击“应用”→“关闭”。

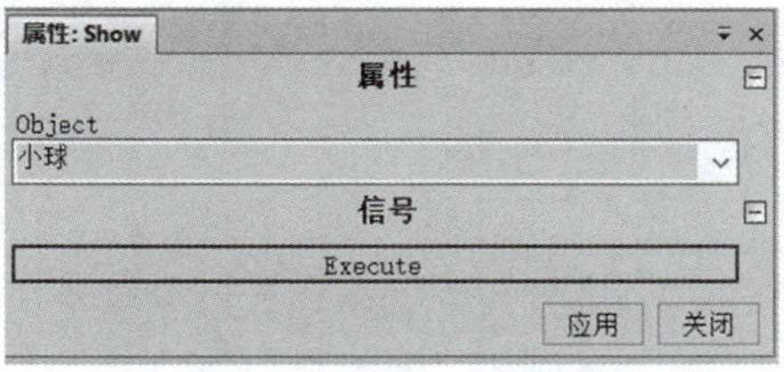

图 3-6-6　Show 组件属性设置

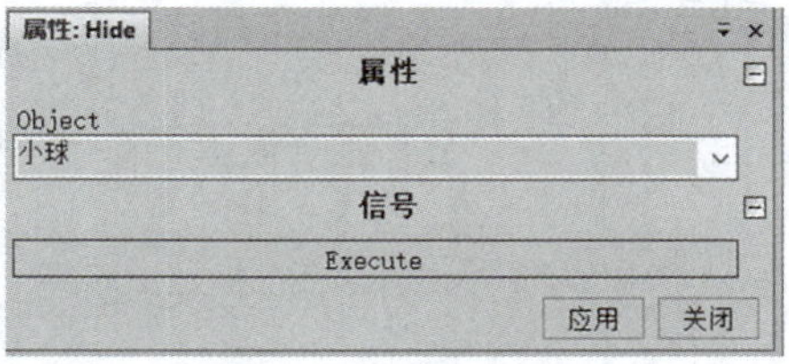

图 3-6-7　Hide 组件属性设置

第 9 步:选中 PositionSensor 组件,右击,单击“属性”,在“属性”对话框中,Object 选择“小球”,其余选项不设置保持默认值,如图 3-6-8 所示,单击“应用”→“关闭”。

第 10 步:选中 Timer 组件,右击,单击“属性”,在“属性”对话框中,Interval 设为“0.1”,勾选“Repeat”,其余选项不设置保持默认值,如图 3-6-9 所示,单击“应用”→“关闭”。

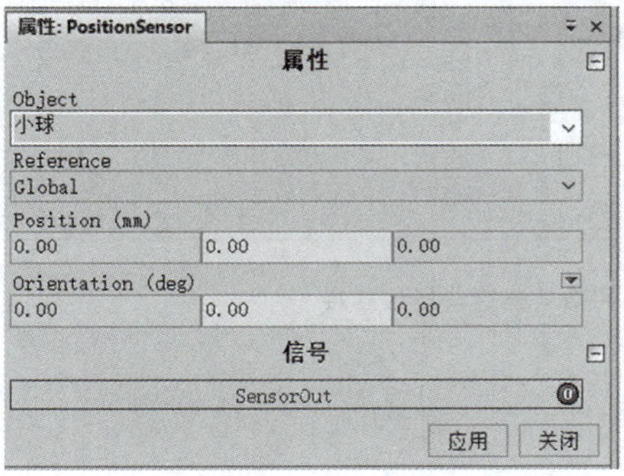

图 3-6-8　PositionSensor 组件属性设置

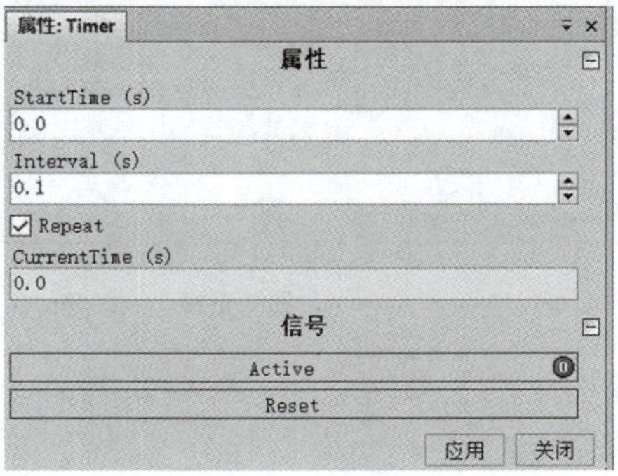

图 3-6-9　Timer 组件属性设置

第 11 步：选中 Source 组件，右击，单击“属性”，在“属性”对话框中，Source 选择“小球”，勾选“Transient”，其余选项不设置保持默认值，如图 3-6-10 所示，单击“应用”→“关闭”。

第 12 步：选中 LogicGate 组件，右击，单击“属性”，在“属性”对话框中，Operator 设为“NOT”，进行非运算，其余选项不设置保持默认值，如图 3-6-11 所示，单击“应用”→“关闭”。

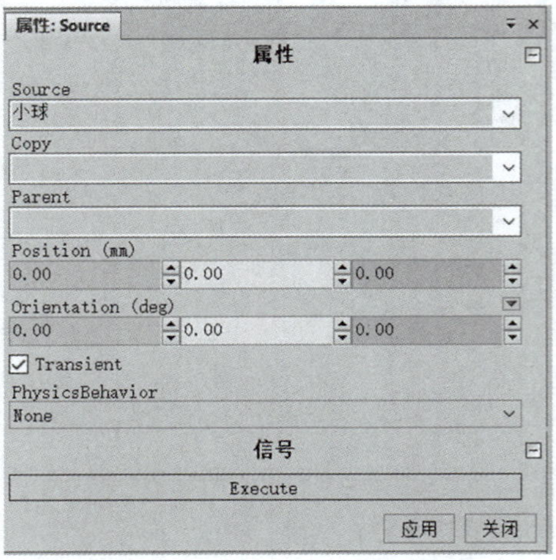

图 3-6-10　Source 组件属性设置

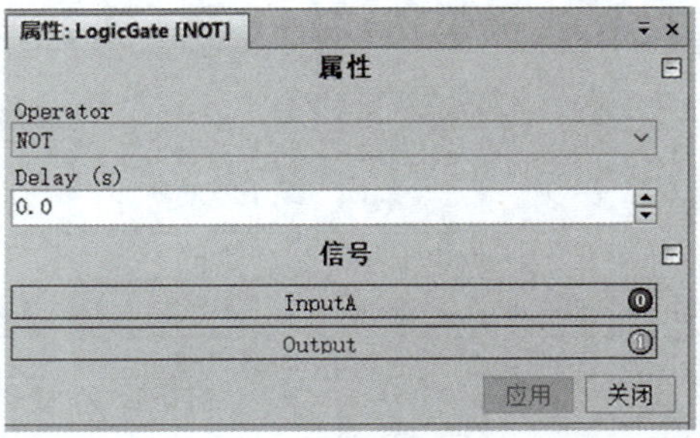

图 3-6-11　LogicGate 组件属性设置

各 Smart 子对象组件属性设置完毕的信号连接与属性连接如图 3-6-12 所示。

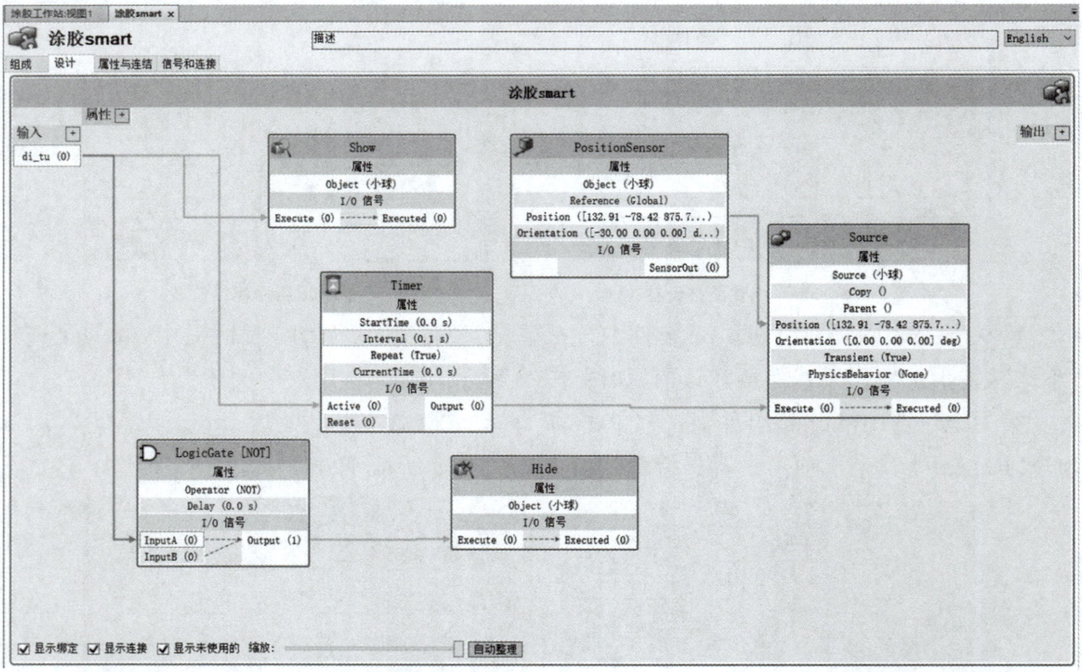

图 3-6-12　涂胶 Smart 内部的信号连接与属性连接

3.7 工作站逻辑设计

工作站逻辑设计就是将Smart组件中的输入/输出信号与机器人端的输入/输出信号进行信号的关联，即Smart组件中的输出信号作为机器人端的输入信号，机器人端的输出信号作为Smart组件中的输入信号。此处可以将Smart组件当成是一个与机器人进行I/O通信的PLC来看待。

微课

工作站逻辑设计

第1步：在"仿真"功能选项卡中单击"工作站逻辑"，在Smart编辑器中单击"设计"，如图3-7-1所示。

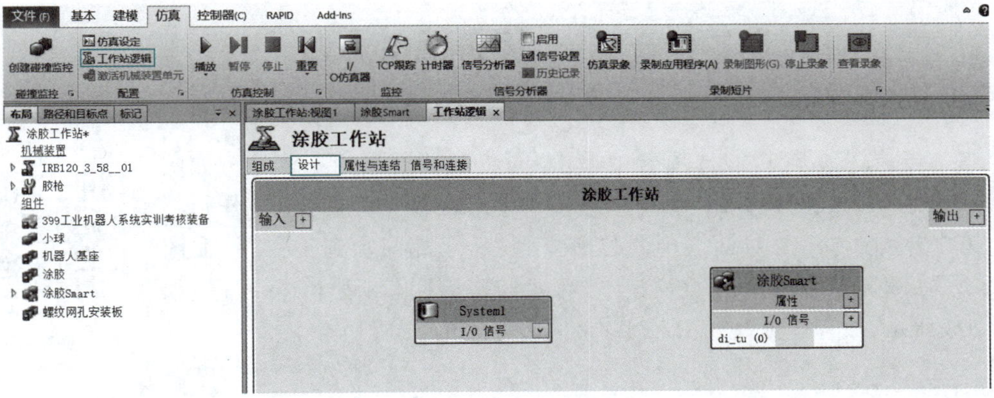

图 3-7-1 进入工作站逻辑设计

第2步：单击机器人系统的下拉按钮，如图3-7-2所示，调出输出信号"tu"，将"tu"信号传递给涂胶Smart的输入信号"di_tu"，如图3-7-3所示，机器人用输出信号"tu"来控制涂胶Smart的运行。

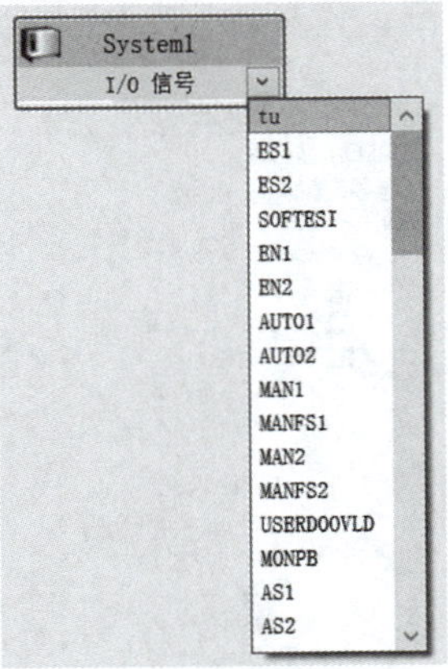

图 3-7-2 调出输出信号"tu"

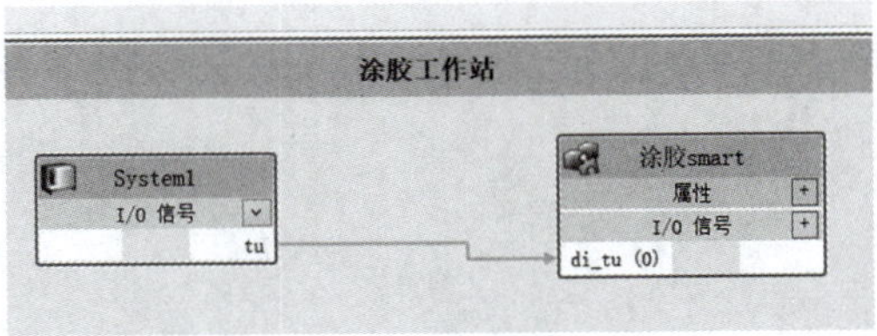

图 3-7-3 工作站逻辑设计

注意

当机器人输出信号tu为1时，涂胶Smart的输入信号di_tu为1，Show组件被激活，显示小球，Timer组件被激活，每0.1 s输出一个脉冲信号，此脉冲信号触发 Source 组件的执行，Source 复制小球，复制件存放位置是 PositionSensor 组件检测到小球的位置处，而 PositionSensor 组件监测的小球是随机器人胶枪工具沿路径不断运动的，那么存放位置也是沿路径运动的，复制出来的小球以点成线模仿涂胶轨迹。当机器人输出信号 tu 为 0 时，Show 不执行，Timer 不执行，Source 不执行。而 LogicGate 取反输出为 1，Hide 组件被激活，隐藏小球。

3.8 仿真调试运行

微课

仿真调试运行

第 1 步：在“基本”功能选项卡中单击“同步”→“同步到工作站”，如图 3-8-1 所示。也可以在“RAPID”功能选项卡中单击“同步”→“同步到工作站”。

第 2 步：在弹出的对话框中勾选所有选项，全部同步到工作站，如图 3-8-2 所示。此时路径与目标点窗口下“路径与步骤”里出现 main 程序，如图 3-8-3 所示，该程序就是从 RAPID 里同步过来的。

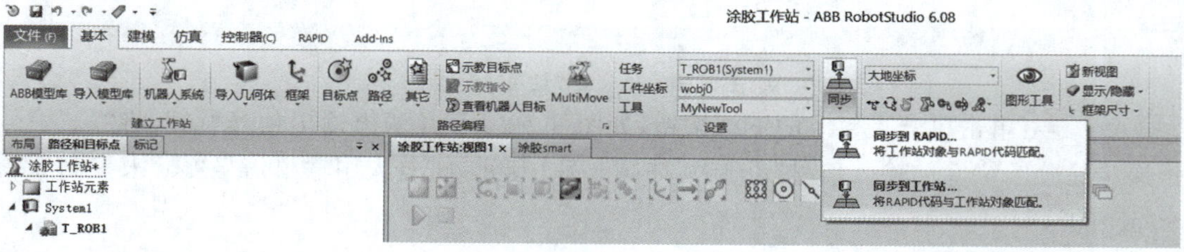

图 3-8-1　同步到工作站

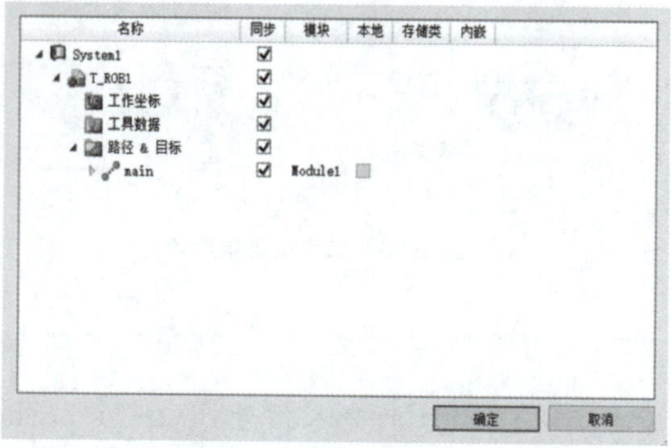

图 3-8-2　全部选项同步到工作站

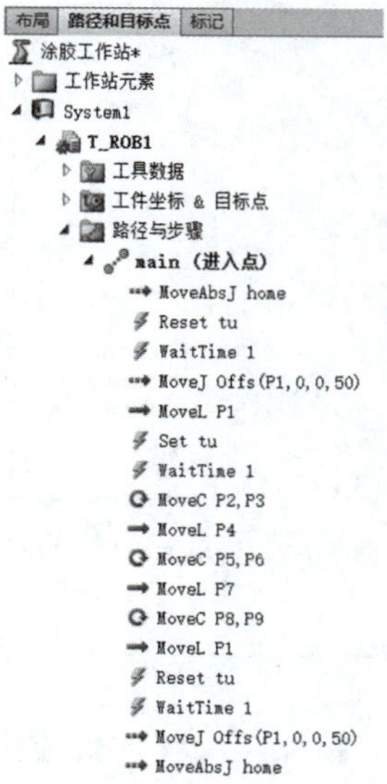

图 3-8-3　同步到工作站的 main

第 3 步: 如图 3-8-4 所示,在“仿真”功能选项卡中单击“播放”以进行仿真,当仿真结束后单击“重置”。

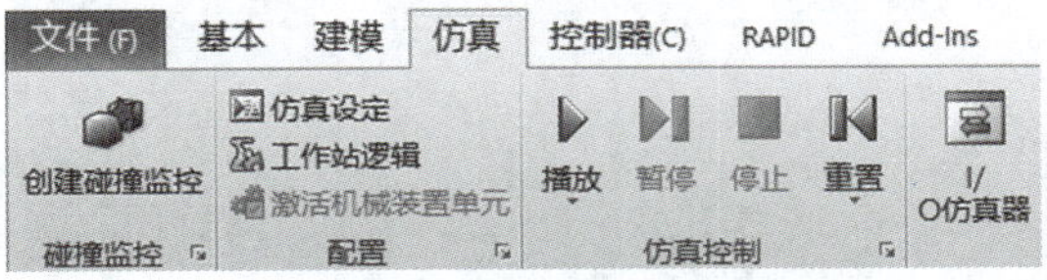

图 3-8-4 仿真播放

第 4 步: 仿真调试成功后,“399 工业机器人系统实训考核装备”恢复勾选“可见”,保存工作站,生成共享打包文件。涂胶工作站仿真运行效果如图 3-8-5 所示。

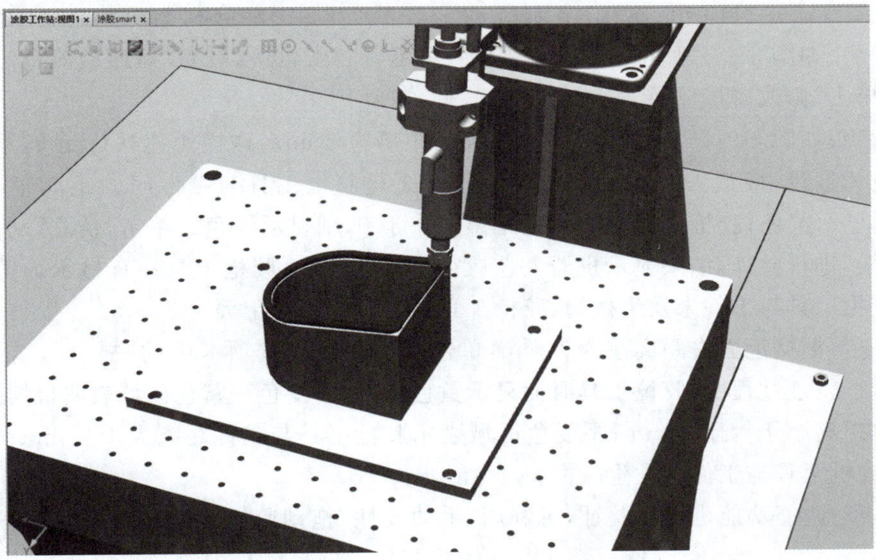

图 3-8-5 涂胶工作站仿真运行效果

3.9 碰撞监控

在 RobotStudio 仿真软件中,规划好工业机器人的运动轨迹后,通常需要验证当前工业机器人轨迹是否与工件、周边设备发生干涉或碰撞。可以使用 RobotStudio 仿真软件中的碰撞监控功能来进行检测。实际应用中的有些场合,如焊接、激光切割、涂胶等,机器人工具尖端与工件表面并未实际接触,而是使两者处于在合理的距离范围内,从而满足工艺要求。

微课

碰撞监控

第 1 步: 如图 3-9-1 所示,在“仿真”功能选项卡中单击“创建碰撞监控”,在布局窗口中就会出现“碰撞检测设定”,如图 3-9-2 所示,展开“碰撞检测设定”,可以看到其有两组对象,把“胶枪”拖进 ObjectsA,把“涂胶”拖进“ObjectsB”。检测机器人工具胶枪与工件是否发生碰撞,以及它们的接近距离范围是否合理。

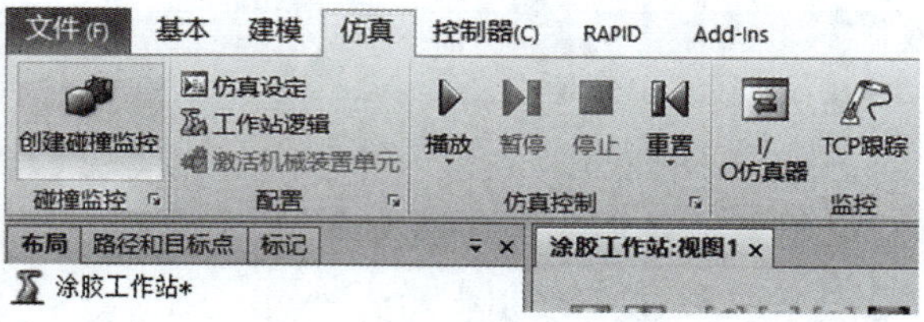

图 3-9-1　单击“创建碰撞监控”

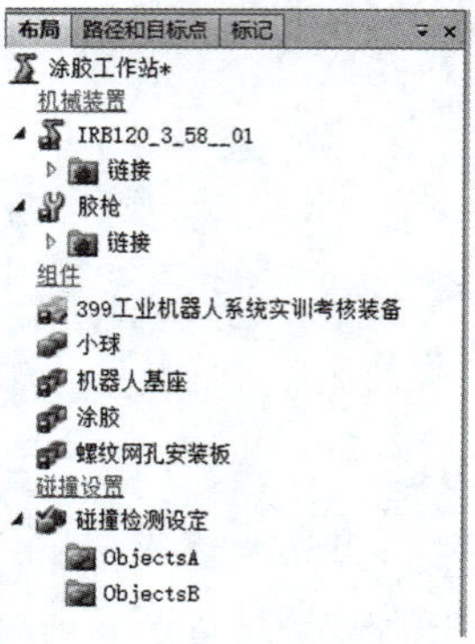

图 3-9-2　展开“碰撞检测设定”

第 2 步:如图 3-9-3 所示,选中“碰撞检测设定”,右击,可以看到“碰撞检测设定”默认是启动的,单击“修改碰撞监控”。

第 3 步:如图 3-9-4 所示,设置接近丢失的距离为 3 mm,碰撞距离默认是 0,不用设定,碰撞颜色为红色,接近丢失颜色为黄色。其含义是胶枪工具与工件间的距离若小于等于 3 mm,则显示黄色;胶枪工具与工件间距离若小于 0,则显示红色。单击“仿真”功能选项卡中的“播放”进行验证,结果显示机器人在运行轨迹过程中,胶枪工具一直显示为黄色,表明机器人胶枪工具与工件未发生碰撞,胶枪工具与工件距离小于等于 3 mm。

第 4 步:把接近丢失距离改为 1 mm,单击“仿真”功能选项卡中的“播放”,结果显示机器人在运行轨迹过程中,胶枪工具时而显示黄色,时而不变色。黄色区域表明机器人胶枪工具与工件距离小于等于 1 mm;不变色区域表示胶枪工具与工件距离大于 1 mm;未显示红色,表明胶枪工具与工件未发生碰撞。

第 5 步:碰撞功能也可以验证,可利用“手动线性”拖动胶枪工具碰触到工件,这时胶枪显示红色。

胶枪工具与工件发生了碰撞,说明胶枪工具与工件距离小于 0。

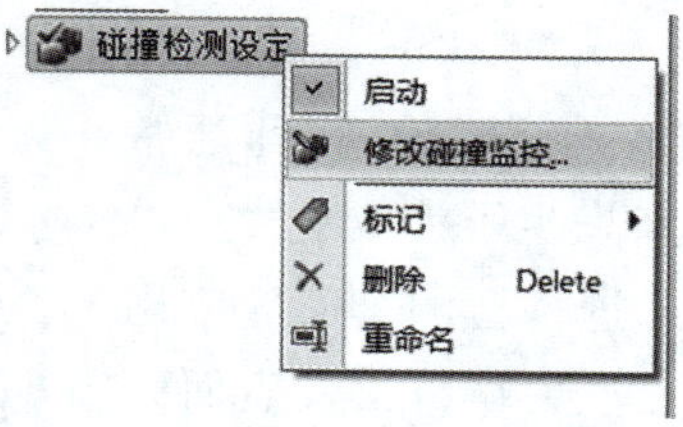

图 3-9-3　单击“修改碰撞监控”

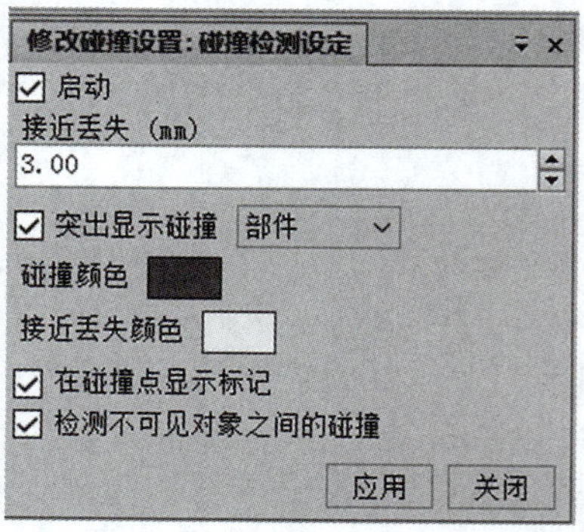

图 3-9-4　碰撞检测设定

实际使用中一般保证不发生红色的碰撞,根据工艺要求,通过设定接近丢失距离来设定机器人工具与工件间的距离,也可以根据颜色显示来重新示教不满足要求的目标点。

3.10 TCP跟踪

微课

TCP跟踪

在 RobotStudio 软件中，工作站仿真运行后，可通过 TCP 跟踪功能将工业机器人运行轨迹记录下来，对轨迹进行分析，以判断机器人轨迹是否满足要求。

第 1 步：如图 3-10-1 所示，碰撞检测设定取消“启动”。单击“仿真”功能选项卡中的“TCP 跟踪”，如图 3-10-2 所示。

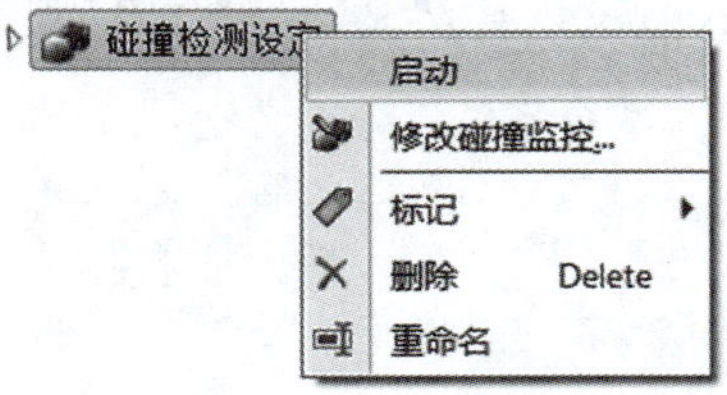

图 3-10-1 关闭碰撞检测

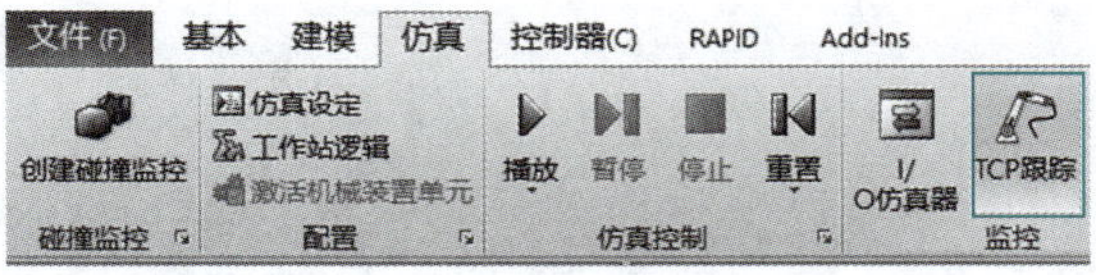

图 3-10-2 启动 TCP 跟踪功能

第 2 步：勾选“启用 TCP 跟踪”，基础色设为绿色，如图 3-10-3 所示。

第 3 步：单击“仿真”功能选项卡中的“播放”，机器人仿真的同时，生成绿色的 TCP 跟踪线，如图 3-10-4 所示（图中上色图线）。为了显示更直观，隐藏“涂胶”模型。若要清除该跟踪线，则在如图 3-10-3 所示的对话框中单击“清除 TCP 轨迹”即可。

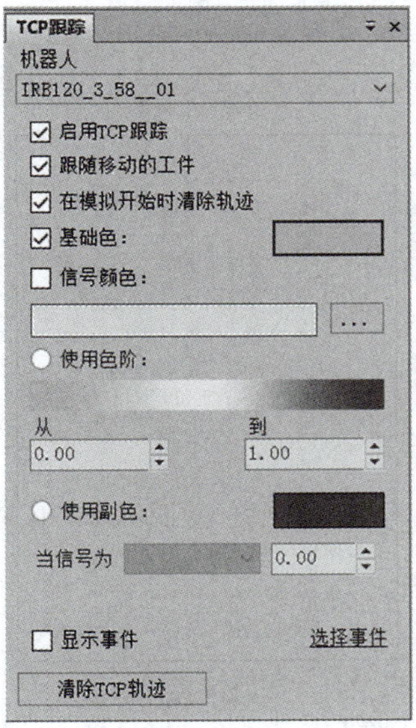

图 3-10-3 TCP 跟踪设定

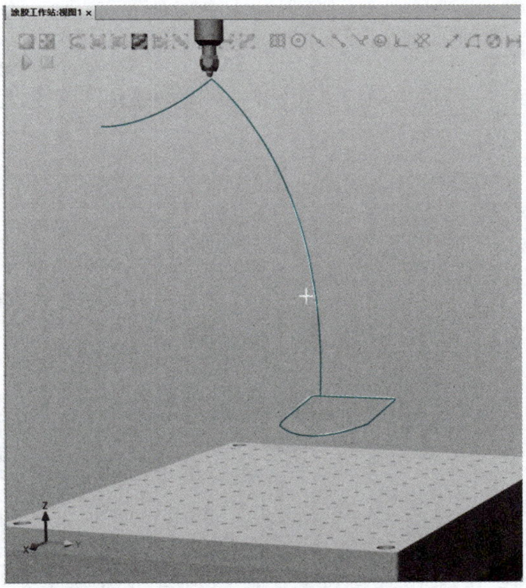

图 3-10-4 TCP 跟踪效果

3.11 仿真视频录制

为了便于向客户展示创建的工作站，RobotStudio 软件提供了仿真视频录制与制成的.exe可执行文件，以便在没有安装 RobotStudio 软件的计算机中查看工作的运行情况。

仿真视频录制可以通过“仿真”功能选项卡中的“仿真录像”、“录制应用程序”和“录制图形”实现，如图 3-11-1 所示。三种方法录制出的视频效果相当，都需要先在“文件”下拉菜单中单击“选项”，在弹出的“选项”对话框中单击“屏幕录像机”，在展开的界面中设置录像参数和保存路径，如图 3-11-2 所示。

图 3-11-1　仿真视频录制

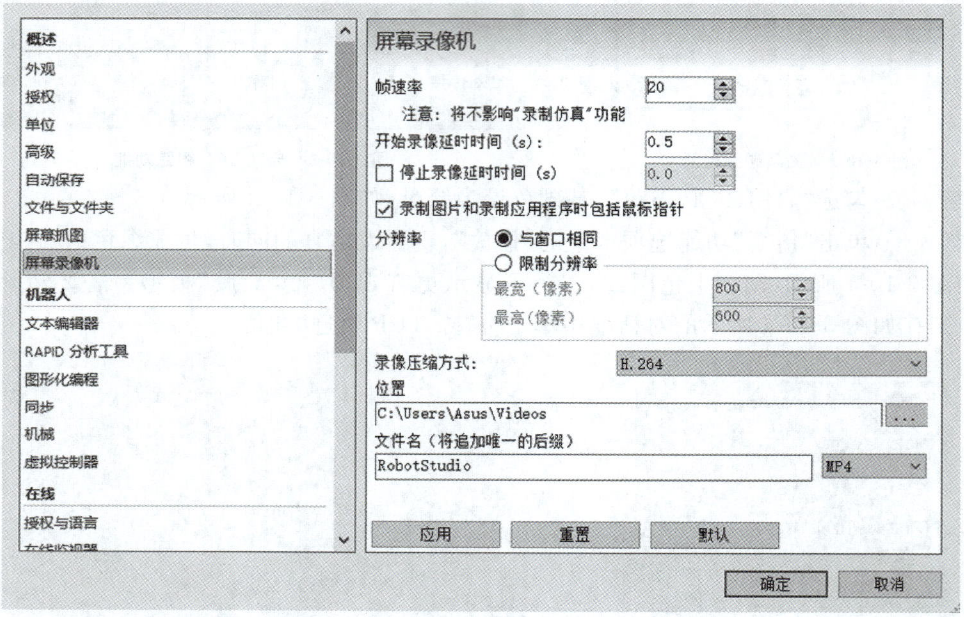

图 3-11-2　屏幕录像机设置

(1)在“仿真”功能选项卡中单击“仿真录像”→“播放”，开始录制仿真视频，仿真结束后，仿真录像会自动停止。

(2)在“仿真”功能选项卡中单击“播放”→“录制图形”，开始录制仿真视频，工作站仿真运行结束后，需要手动单击“停止录像”，才能结束仿真视频的录制。

(3)在“仿真”功能选项卡中单击“播放”→“录制应用程序”，开始录制仿真视频，工作站仿真运行结束后，需要手动单击“停止录像”，才能结束仿真视频的录制。

三种方式都可通过单击“仿真”功能选项卡中的“查看录像”来查看刚刚录制的视频，也可以到保存路径去查看录制的视频。

在“仿真”功能选项卡中单击“播放”的下拉按钮，如图 3-11-3 所示，选择“录制视图”。在工作站仿真运行完之后，弹出.exe 文件的“另存为”对话框，指定保存路径即可。

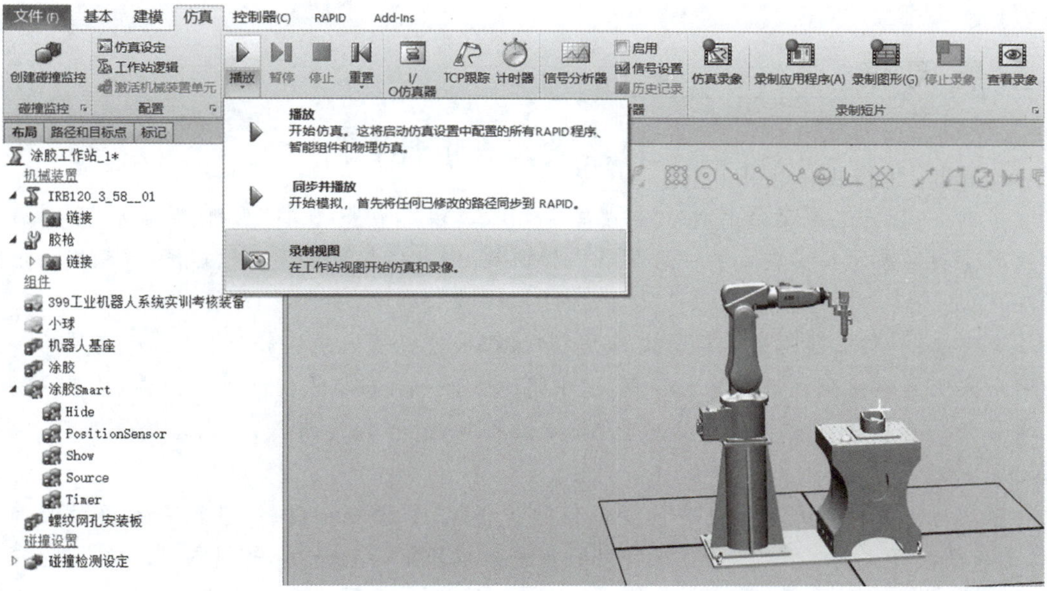

图 3-11-3　录制图形

如图 3-11-4 所示，双击生成的. exe 文件，再单击“Play”，工作站即可进行仿真运行，此时可通过“鼠标左键+Ctrl”组合键来移动或转动工作站，以便从不同方位展示工作站运行情况，也可通过鼠标滚轮放大或缩小视图。仿真视图提供了脱机展示机器人工作站的便捷方式。

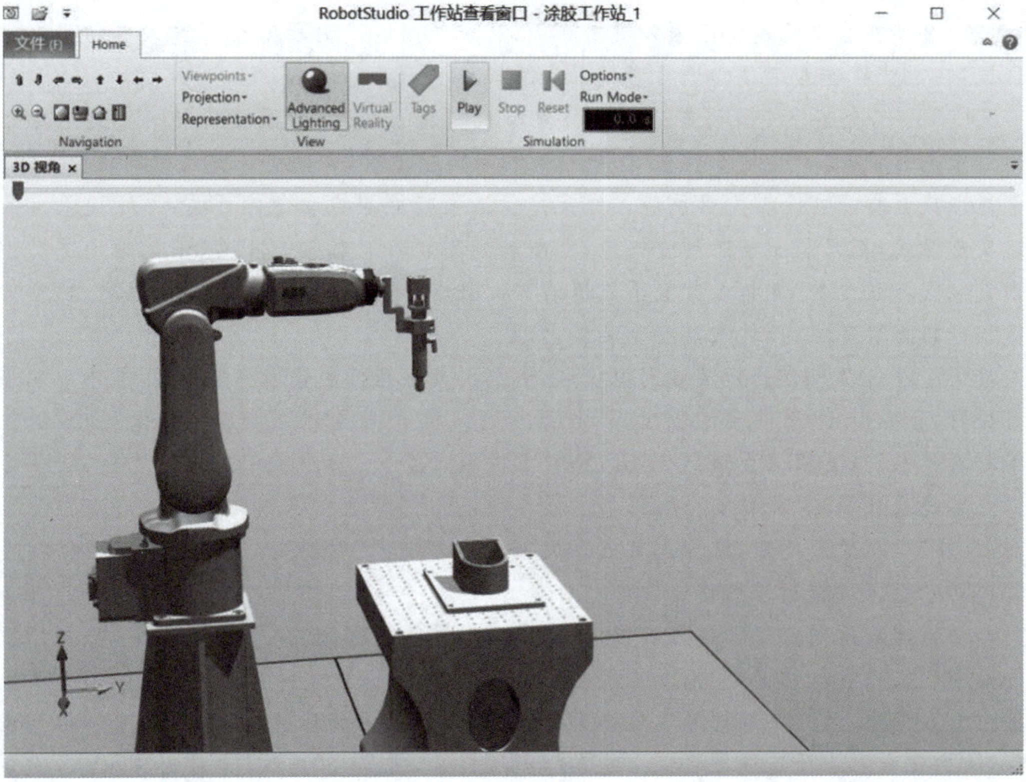

图 3-11-4　可执行文件播放效果

拓展阅读

机器人伤人事件

案例一：在一次高交会上，由于某展商工作人员操作不当，误将“前进键”当成“后退键”，导致用于辅助展示投影技术的一台机器人撞向展台玻璃，导致玻璃倒地摔破，并划伤一名现场观众。

案例二：一员工违规进入机器人单元取物，结果被机器人压在输送机上，产线另外一边的两个人听到惨叫声之后打算去营救，途中路过另外一台机器人的活动范围内，结果这两人又被另外一台机器人按在了输送机上，短短几秒钟，机器人连伤三人，满屋的惨叫声，触目惊心。

事故现场的机器人单元没有设置任何防护措施，别说安全围栏，就连一条警示带都没有，是一个敞开式的工作空间，员工可以随意进入机器人活动范围，这就带来了极大的安全隐患，机器人运行速度高达 4 m/s，一眨眼的工夫机器人就过来了，而且机器人力矩大，造成的伤害大。

工业机器人是庞大危险的设备，机器人规格书中有明确要求，机器人要用安全围栏围起来。而且要设置安全锁，当安全锁被打开时，机器人会立马停止运行。安全围栏及安全锁的成本都很低，而企业却不重视，由此，埋下了隐患，发生事故只是时间问题。

案例三：某日凌晨 5 时 29 分，某冶炼厂熔铸工序 307 班锌锭码垛作业线机械臂主操手（小组长）金某在自动码锭机组未停机情况下，从未关闭的隔离栏安全门进入自动码锭机作业区域，在机械臂作业半径内进行场地卫生清扫。

5 时 30 分，金某行走至码锭机取锭位置与机械臂区间时，因顶锭装置接收到水冷链条传输过来的锌锭，信号传输至机械臂，机械臂自动旋转取锭，瞬间将金某推倒在顶锭装置上，锌锭抓取夹具挤压在金某左部胸腔。锌锭打包工张某立即启动急停开关，并呼叫附近人员一起实施救援，副厂长王某听到呼叫声，立即赶到现场参与救援。王某、张某等人手动控制将顶锭装置降落复位，并将金某身下压覆的锌锭取出，增大活动空间，但仍无法救出，后使用撬棍抬升机械臂等方式，均未能将金某救出。

熔铸工序 307 班班长杨某赶到现场后，组织人员拆卸机械臂地脚螺栓，用电动单梁吊吊起机械臂，于 5 时 48 分将金某救出，6 时 05 分 120 救护人员赶到现场实施抢救，后送往某县第二人民医院（某镇卫生院），金某经抢救无效死亡。

金某违反公司《机械臂安全环保技术操作规范》中“严禁在机械臂作业时进入作业区域空间”以及“机械臂断电后，操作人员方可进入作业半径内”的规定，违章进入自动码锭机机械臂作业半径区域进行清扫作业。

车间机器人瞬间将工人推入工位；车间机器人机器手臂失误将员工推进炉内；男子被卷入设备中，顷刻之间，骨肉分离；女工因长发卷入设备内；双手被辊卷入，无法脱身；徒手操作设备被卷入；女工两只手臂被卷入机器滚轴之间，因剧痛当场昏迷；等等。全国每年因违规操作，缺少安全意识而造成触目惊心的案例不胜枚举，机器人“吃人”事故时常发生，安全规程岂能置若罔闻。

国家已经颁布了一些工业机器人安全法规和相应的操作规程，如《机械臂安全环保技术操作规范》《机械臂技术规范》等，明确说明只有经过专门培训的人员才能操作使用工业机器人。机器人使用时应注意以下几项：

①操作人员要遵循6S管理。遵照每种机器人产品的使用说明书及使用注意事项。

②操作人员要穿工作服、安全鞋，戴好安全帽，扣紧工作服的衣扣、领口、袖口，衣服和裤子要整洁，下肢不能裸露，鞋子要防滑、绝缘。

③给机器人安装工具时，务必先切断控制柜及锁装工具上的电源，并锁住其电源开关，同时要挂警示牌。

④机器人工具、示教器按照规定放到指定位置，不能随意摆放。

⑤使用机器人前，必须对机器人外观、线缆、周围干涉等进行检查。

⑥在机器人周围设置安全栅栏，在安全栅栏的入口处设置安全光栅、出示警示牌，安全栅栏的门必须要加装可靠的安全连锁装置。

⑦操作人员要经过正规培训，遇到紧急情况停止机器人时，按示教器、控制柜或控制设备上的急停按钮，能清晰地掌握因机械臂发生人员困住的解救措施，具备应急处置能力。

小结

本模块介绍了涂胶工作站的创建，添加工业板卡，I/O信号配置，建立程序数据，示教器编写程序，示教目标点。Smart组件是实现动态效果的高效工具，通过对其子对象组件Show、Hide、Timer、Source、PositionSensor和LogicGate的属性设置与信号连接以及工作站逻辑设计完成了涂胶工作站的动态仿真，并进行了碰撞检测与TCP跟踪等，还介绍了录制仿真视频的三种方法。

习 题

一、判断题

1. 使用碰撞检测功能时，一个工作站可以设置多个碰撞集，但每一个碰撞集只能包含ObjectsA和ObjectsB两组对象。 （　　）

2. 在仿真视频录制方式中，录制视图方式可生成EXE格式文件，即使在没有安装RobotStudio软件的计算机上依然可以查看机器人工作站的运行情况。 （　　）

3. DSQC651有16个数字输入信号、16个数字输出信号与2个模拟输出信号。（　　）

二、选择题

1. Smart 组件中信号和属性子对象组件中的 LogicGater 的操作数有________。(多选题) ( )

A. AND　　B. OR　　C. XOR　　D. NOT、NOP

2. 如果是用虚拟示教器编写的路径指令和示教的目标点,那么仿真前先要同步到________。 ( )

A. 工作站　　B. RAPID　　C. 直接仿真　　D. 不需同步

3. 机器人进行圆弧运动时,使用的程序命令为________。 ( )

A. MoveL　　B. MoveJ　　C. MoveLC　　D. MoveAbsJ

模块 4

搬运工作站离线编程与仿真

工业机器人的典型应用之一就是搬运，本模块中搬运仿真工作站要利用 RobotStudio 软件自带的建模功能建立物品仓储台与物品存放台，学会机器人测量工具与三维建模功能的使用、机器人工具的创建以及 Smart 组件的应用，在 RAPID 功能选项卡下进行 I/O 配置及编写程序。此模块对接 1+X 工业机器人应用编程中的测量工具的使用、机器人工具的创建等要求。

知识目标 >>>

1. 掌握测量工具的使用。
2. 掌握三维模型的创建。
3. 掌握机器人工具的创建。
4. 掌握用“RAPID”功能选项卡进行 I/O 配置及编写程序。
5. 掌握 Smart 组件设置及 Attacher、Detacher 和 Linesensor 等子对象组件的应用。

能力目标 >>>

1. 能使用测量工具。
2. 能建立简单的三维模型。
3. 能应用“RAPID”功能选项卡进行 I/O 配置及编写程序。
4. 能为搬运工作站编写程序并实现动画仿真。

素质目标

培养学生刻苦钻研、敢于担当，追求精益求精的工匠精神。

知识准备

一、建模功能的使用

RobotStudio 软件能对机器人及机器人周边模型进行仿真验证，若对周边模型要求不高，可以使用简单的等同实际大小的基本模型进行替代，从而节省仿真验证的时间，提高工作效率。

如果需要精细的 3D 模型，可以通过第三方的建模软件进行建模，并使用 SAT 格式导入 RobotStudio 软件来完成建模布局的工作。

RobotStudio 软件的建模功能主要包括创建各类型固体、创建表面及曲线、创建 Smart 组件、CAD 操作、测量、创建工具、创建机械装置、创建输送带等。本模块主要介绍创建固体，创建工具，交叉、减去、结合等 CAD 操作和测量功能。

1. 使用 RobotStudio 软件建模功能进行 3D 模型的创建

微课

创建简单3D模型

在“建模”功能选项卡中单击“固体”，展开“固体”下拉菜单，如图 4-0-1 所示，RobotStudio 软件可以建立矩形体、立方体、圆锥体、圆柱体、锥体、球体六种基本的 3D 模型。

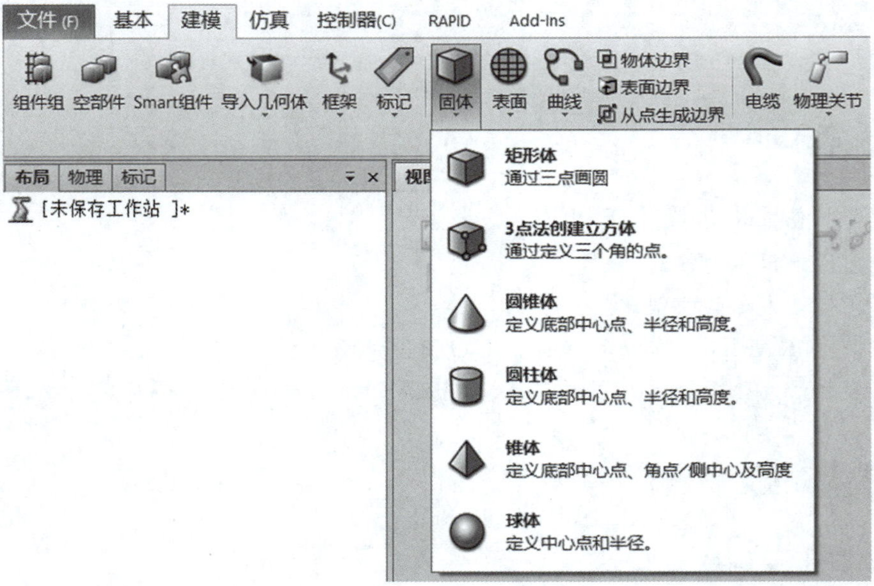

图 4-0-1 单击“固体”

在“固体”的下拉菜单中单击“矩形体”，如图 4-0-2 所示，建立一个长为 50 mm、宽为

40 mm、高为 20 mm 的矩形体。矩形体底面一个角点的坐标是(－25，－20，0)，绕 X、Y、Z 轴旋转 0°。单击“创建”→“关闭”，并把生成的“部件”通过右键菜单重命名为矩形体。

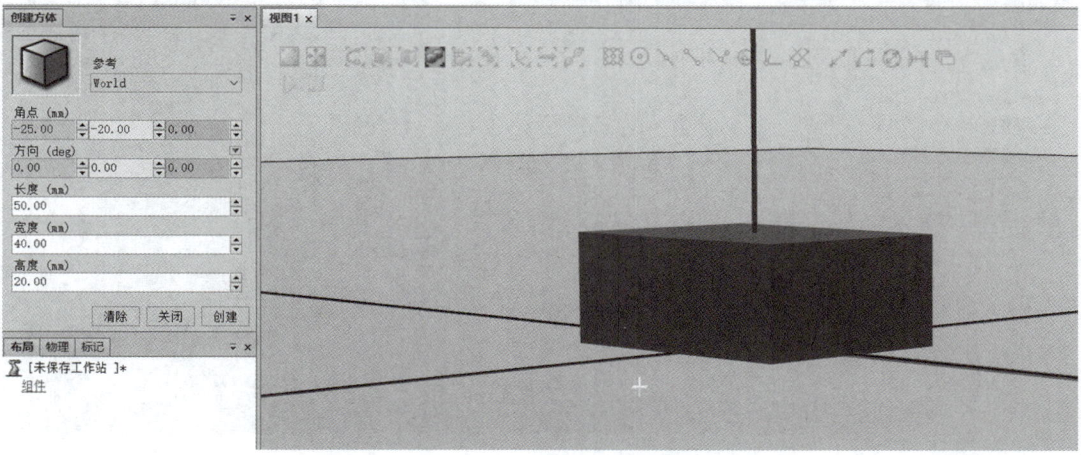

图 4-0-2 建立矩形体

在“固体”的下拉菜单中单击“圆柱体”，如图 4-0-3 所示，建立一个直径为 30 mm、高为 50 mm 的圆柱体。圆柱体底面中心点的坐标是(－60，0，0)，绕 X、Y、Z 轴旋转 0°。单击“创建”→“关闭”，并把生成的“部件_2”通过右键菜单重命名为“圆柱”。

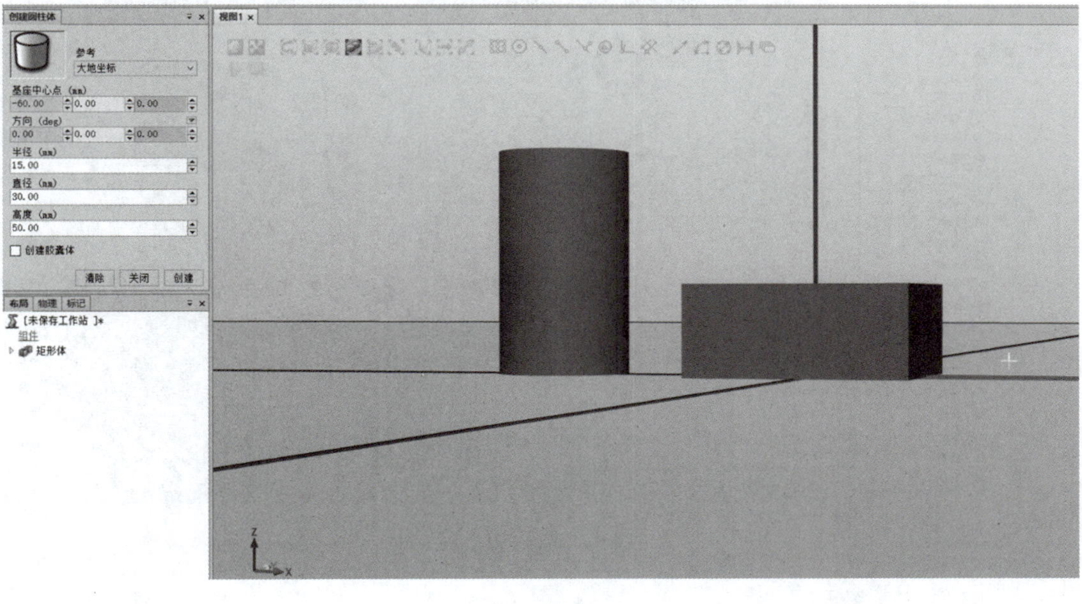

图 4-0-3 建立圆柱体

在“固体”的下拉菜单中单击“锥体”，如图 4-0-4 所示，建立一个中心到角点为 20 mm、高为 40 mm 的四棱锥。棱锥底面中心点的坐标是(0，70，0)，绕 X、Y、Z 轴旋转 0°。单击“创建”→“关闭”，并把生成的“部件_3”通过右键菜单重命名为四棱锥。

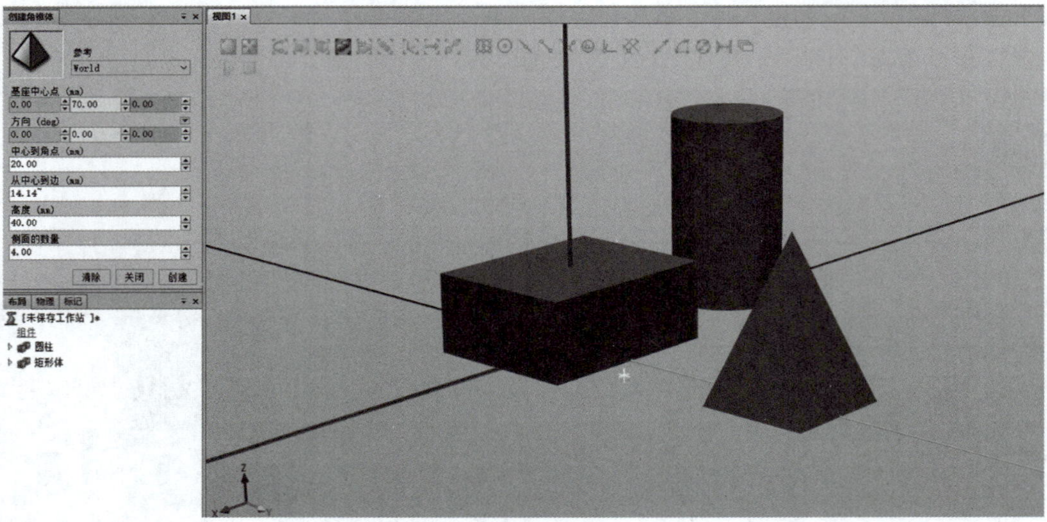

图 4-0-4　建立四棱锥

3D 模型创建完毕，可以通过右键菜单对其位置进行设定，也可以通过右键菜单修改其颜色，如图 4-0-5 所示。

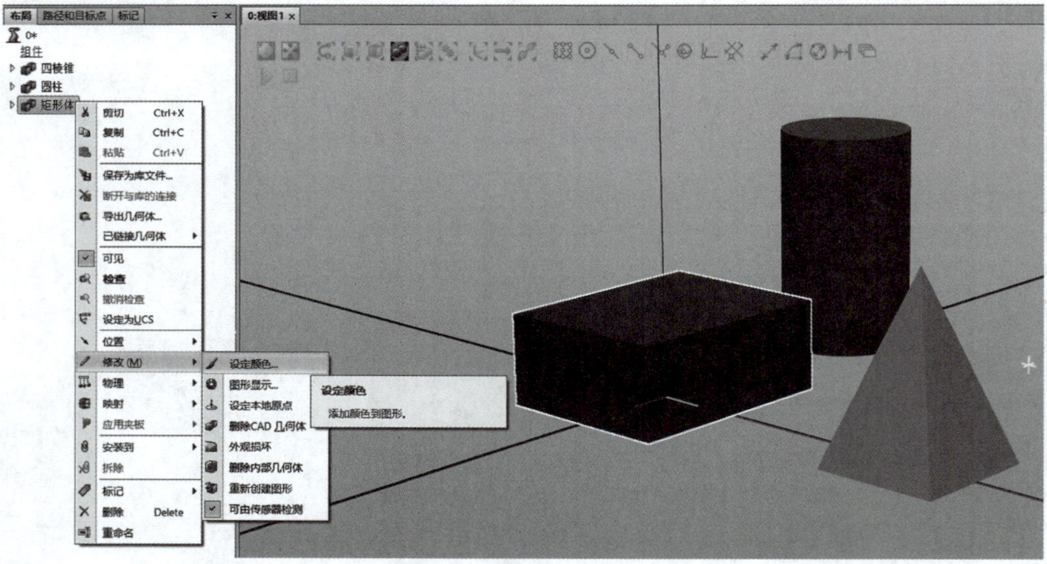

图 4-0-5　修改固体颜色

2. 组合 3D 模型

在 RobotStudio 软件中，可以利用 CAD 操作里的交叉、减去、结合构造出新的模型。如图 4-0-6 所示，捕捉工具选择“捕捉中心”，之后选中“四棱锥”，右击，单击“位置”→“放置”→“一个点”，将四棱锥放到矩形体上表面。

微课

创建组合3D模型

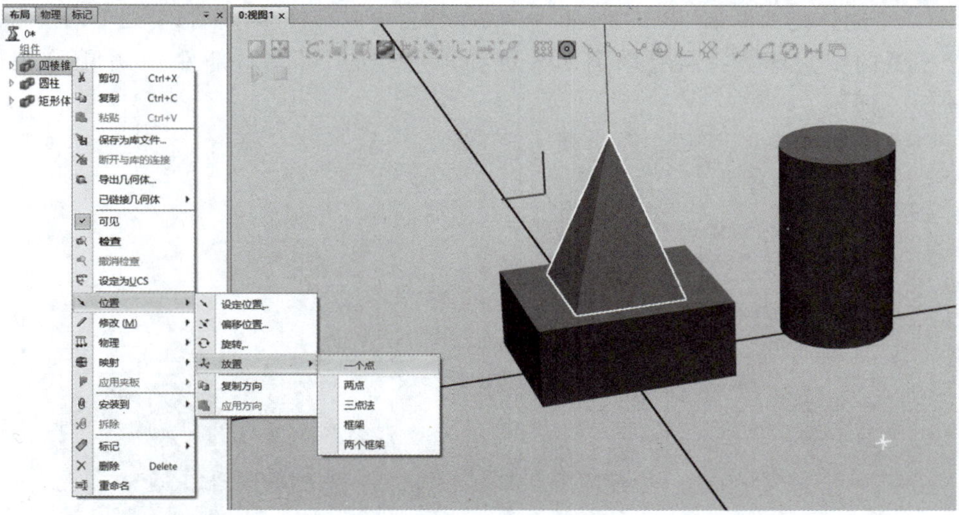

图 4-0-6　将四棱锥放到矩形体上表面

选中“四棱锥”，右击，单击“位置”→“偏移位置”，如图 4-0-7 所示，在弹出的对话框中设置 Z 轴偏移－10 mm。

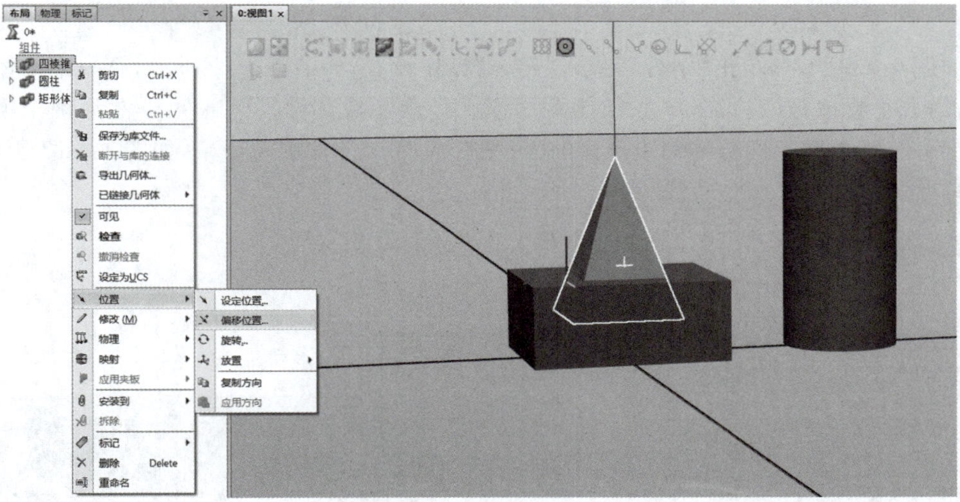

图 4-0-7　将四棱锥沿 Z 轴向下偏移

如图 4-0-8 所示，“建模”功能选项卡下的“CAD 操作”选项组中有“交叉”“减去”“结合”等操作：“交叉”操作是生成两个模型的交集部分；“减去”操作是生成第一个模型减去两个模型交集的部分；“结合”操作是生成两个模型的并集部分。

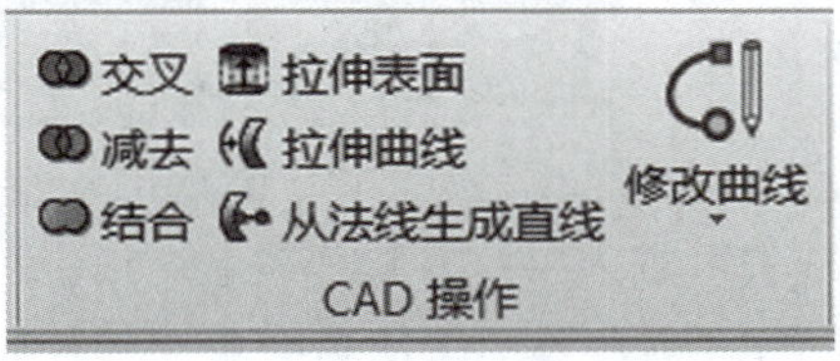

图 4-0-8　CAD 操作选项

如图 4-0-8 所示，单击“交叉”，进入“交叉”操作设置，如图 4-0-9 所示，第一个物体是矩形体，第二个物体是四棱锥，单击“创建”→“关闭”，会生成部件_4，部件_4 是个四棱台，它是原两个模型的交集部分。需要取消四棱锥和矩形体的“可见”，部件_4 才能展现出来，如图 4-0-10 所示。

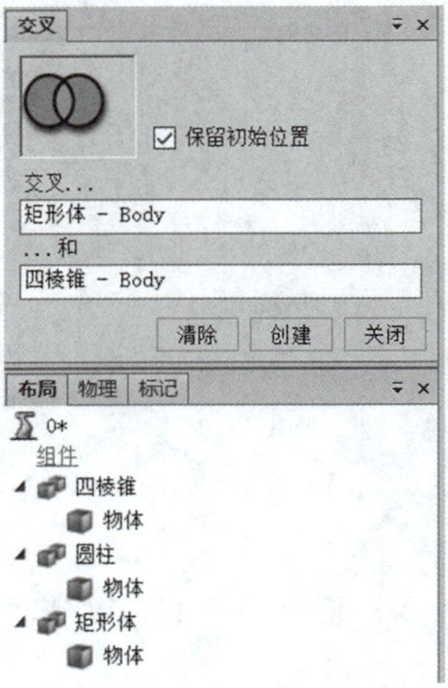

图 4-0-9 “交叉”操作设置

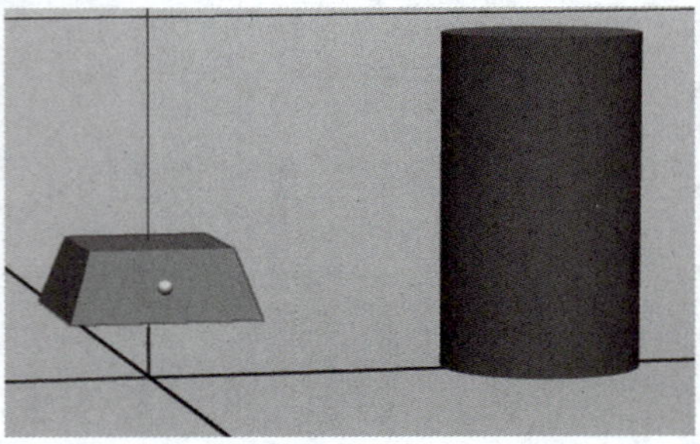

图 4-0-10 “交叉”操作效果

如图 4-0-8 所示，单击“结合”，进入“结合”操作设置，如图 4-0-11 所示，第一个物体是矩形体，第二个物体是四棱锥，单击“创建”→“关闭”，会生成部件_5。部件_5 是原两个模型的并集部分。需要取消四棱锥和矩形体的“可见”，部件_5 才能展现出来，如图 4-0-12 所示。

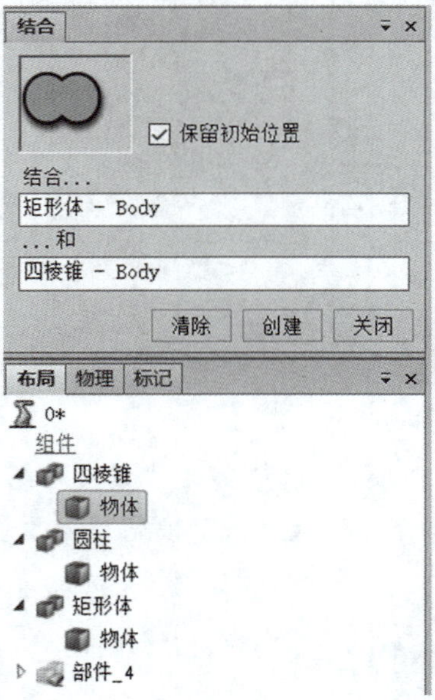

图 4-0-11 “结合”操作设置

图 4-0-12 “结合”操作效果

如图 4-0-8 所示，单击“减去”，进入“减去”操作设置，如图 4-0-13 所示，第一个物体是矩形体，第二个物体是四棱锥，单击“创建”→“关闭”，会生成部件_6。部件_6 是第一个模型减去两模型相交的部分。需要取消四棱锥和矩形体的“可见”，部件_6 才能展现出来，如图 4-0-14 所示。

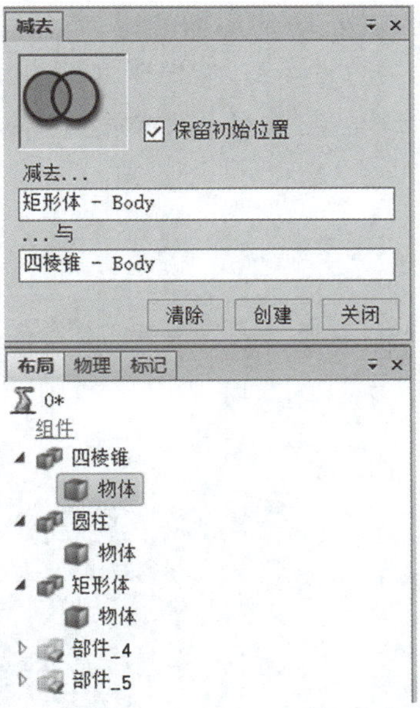

图 4-0-13 “减去”操作设置

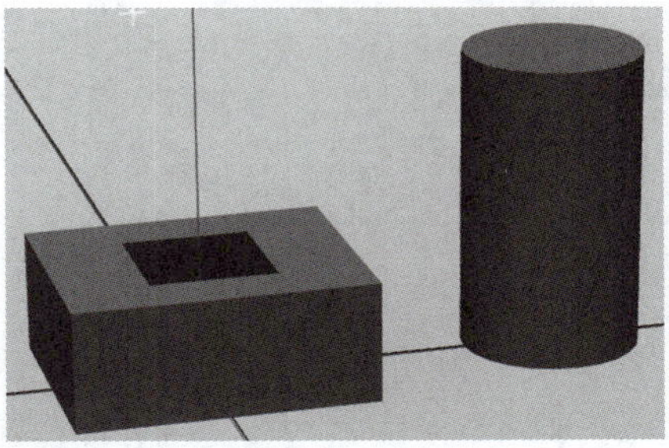

图 4-0-14 “减去”操作效果

二、测量工具的使用

在“建模”功能选项卡中有点到点测量、角度测量、直径测量和最短距离测量。视图窗口区上方的最后五个工具就是测量工具，最后一个测量工具是“保持测量”。使用测量功能时需配合相应的捕捉工具。

(1)长度测量：选中视图窗口区上方的“选中部件”和“捕捉末端”，单击“建模”功能选项卡中的“点到点”，或者选中视图窗口区上方的“点到点”。捕捉要测量的第 1 个点和第 2 个点并单击，测量结果将显示出来，如图 4-0-15 所示。

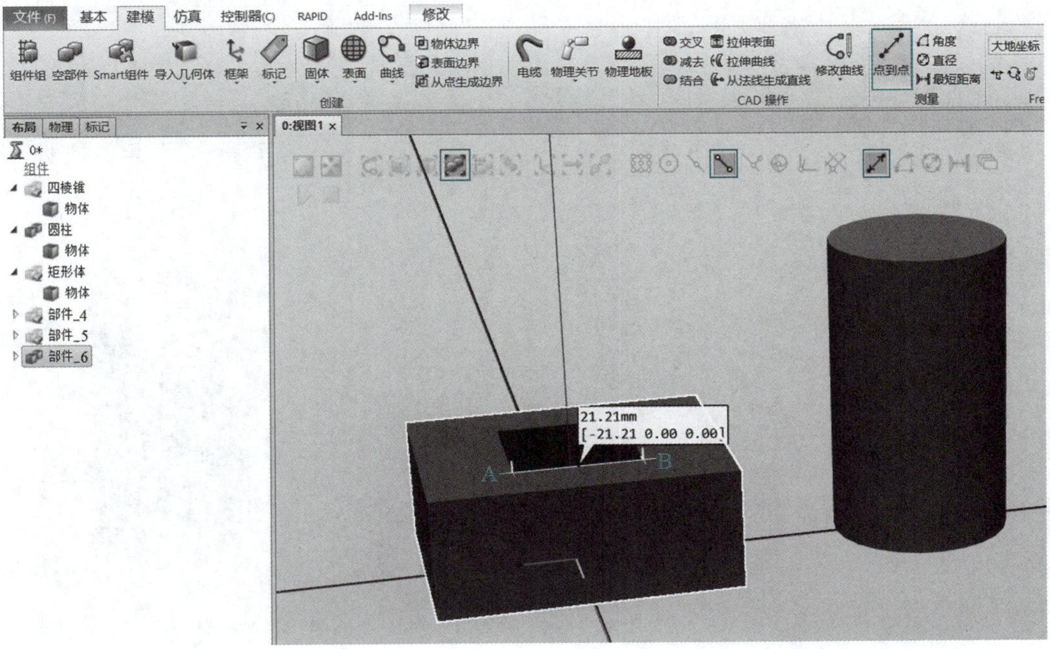

图 4-0-15 长度测量

(2)直径测量:部件_6 可见,选中视图窗口区上方的“选中部件”和“捕捉边缘”,单击“建模”功能选项卡中的“直径”,或者选中视图窗口区上方的“直径”。捕捉要测量的圆周上的任意三个点并单击,测量结果将显示出来。若要保持测量结果,测量前先单击视图窗口工具栏上的最后一个工具“保持测量”。

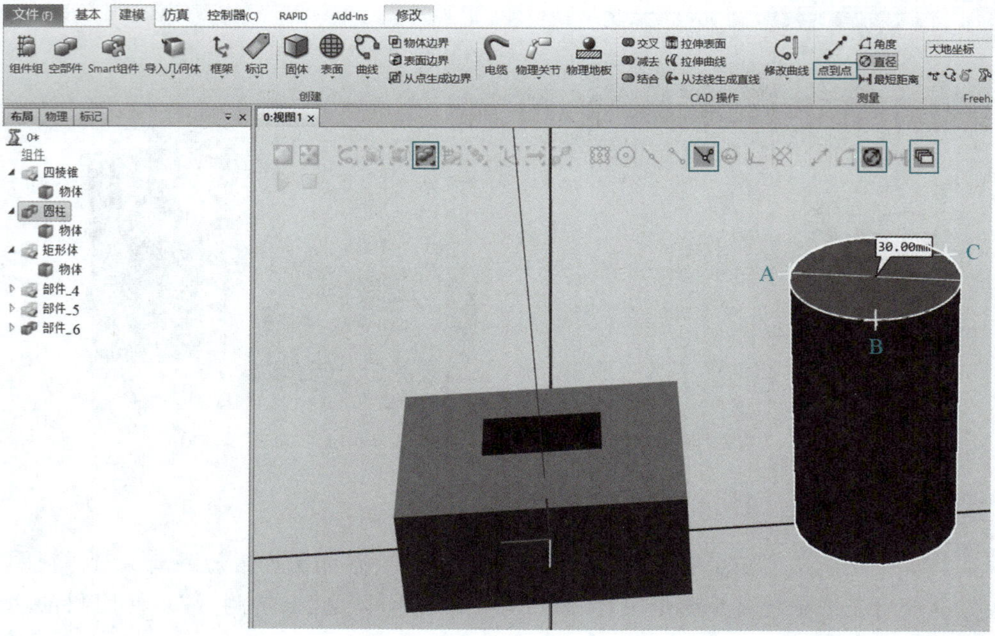

图 4-0-16 直径测量

(3)角度测量:如图 4-0-17 所示,选中视图窗口区上方的“选中部件”和“捕捉末端”,单击“建模”功能选项卡中的“角度”,或者选中视图窗口区上方的“角度”。先捕捉要测量角度的顶点,再单击两条边上的点,测量结果将显示出来。此图中保持了上一次直径的测量结果。

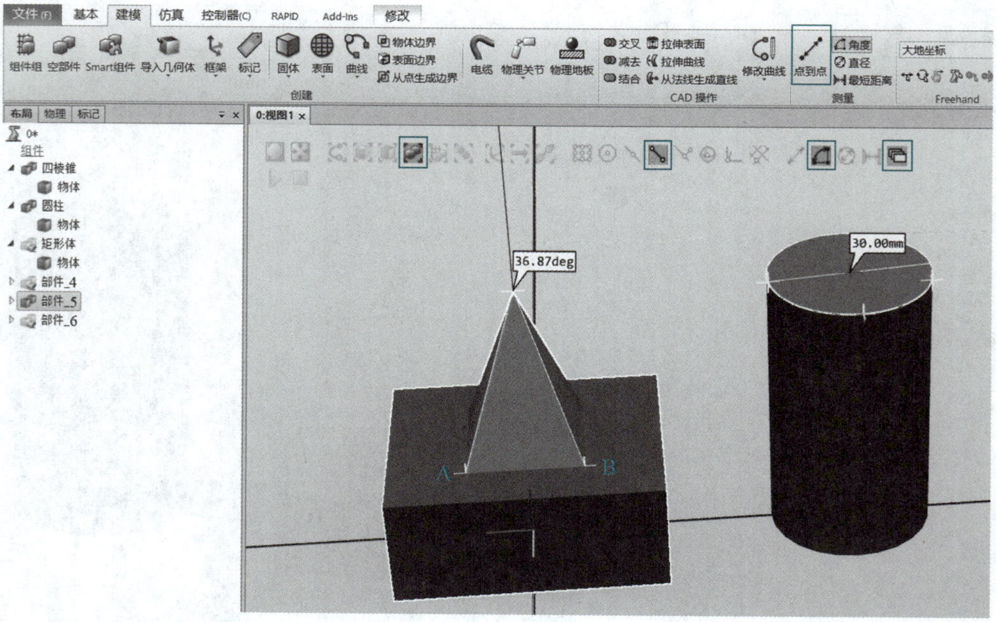

图 4-0-17 角度测量

（4）最短距离测量：测量部件_5 和圆柱的最短距离。如图 4-0-18 所示，部件_5 可见，选中视图窗口区上方的“选中部件”和“捕捉边缘”，单击“建模”功能选项卡中的“最短距离”，或者选中视图窗口区上方的“最短距离”。捕捉到部件_5 和圆柱两个物体上的任意点，测量出两物体间的最短距离。

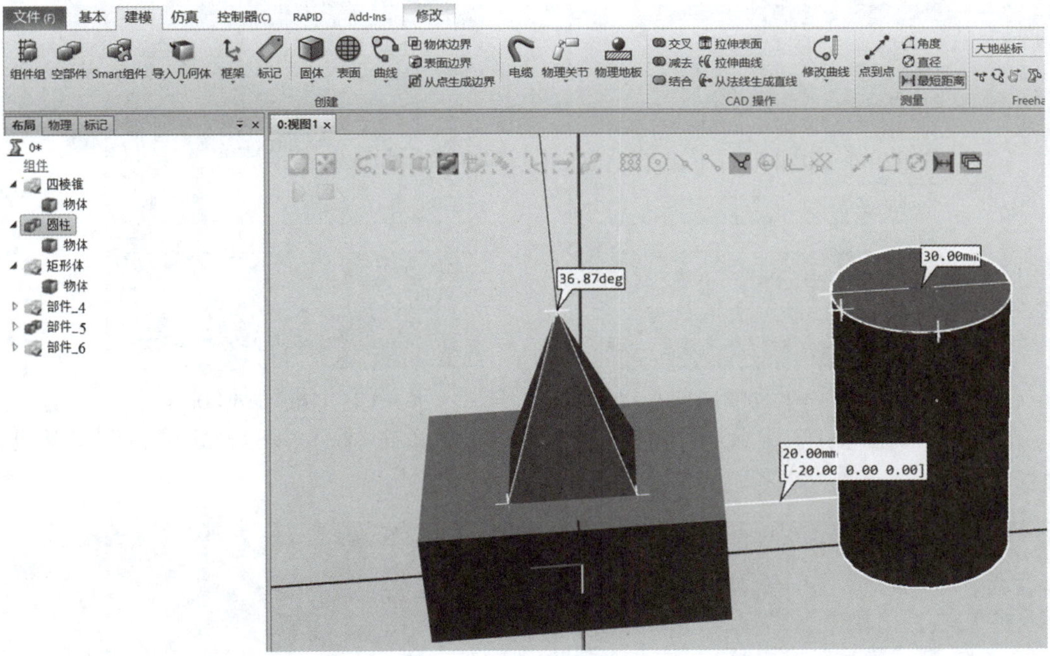

图 4-0-18　最短距离测量

4.1 创建物料台

微课

创建物料台

利用 RobotStudio 软件建立一个长 500 mm、宽 500 mm、高 500 mm 的物料台，物料台上有 12 个均匀摆放的小长方体物料，小物料长 80 mm、宽 40 mm、高 10 mm。物料前后距离为 100 mm，左右距离为 160 mm。

第 1 步： 打开 RobotStudio 软件，建立一个新的空工作站，在“建模”功能选项卡中依次单击“固体”→“矩形体”，如图 4-1-1 所示，在弹出的“创建方体”对话框中建立一个长、宽、高各为 500 mm 的矩形体，角点坐标为（−250，−250，0）。单击“创建”→“关闭”，并把新生成的“部件_1”通过右键菜单重名为“物料台”。

第 2 步： 再建立一个小矩形体，放置到大矩形体上表面的正中心。小矩形体长 80 mm、宽 40 mm、高 10 mm，角点坐标为（−40，−20，500），如图 4-1-2 所示，单击“创建”→“关闭”，并把新生成的“部件_2” 通过右键菜单重名为“物料块”。

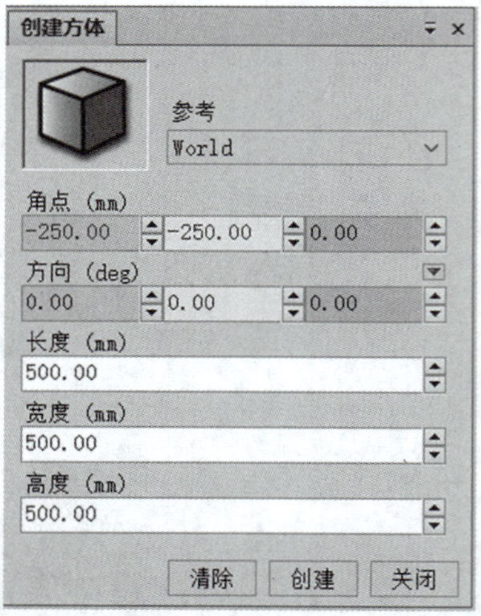

图 4-1-1　创建矩形体

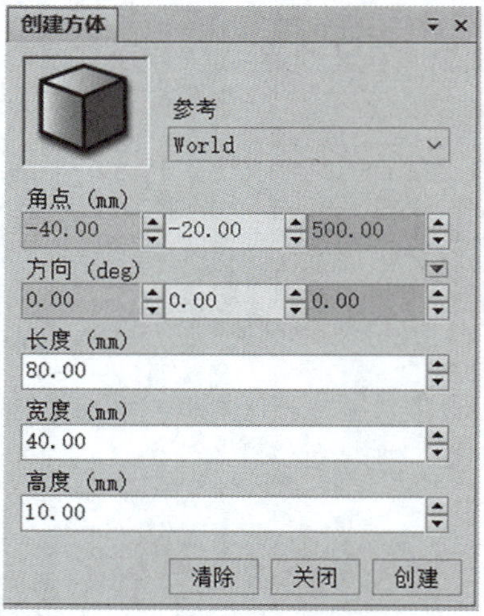

图 4-1-2　创建物料小矩形体

第 3 步：如图 4-1-3 所示，选中物料块，右击，依次单击“修改”→“设定颜色”，将其设定为红色。

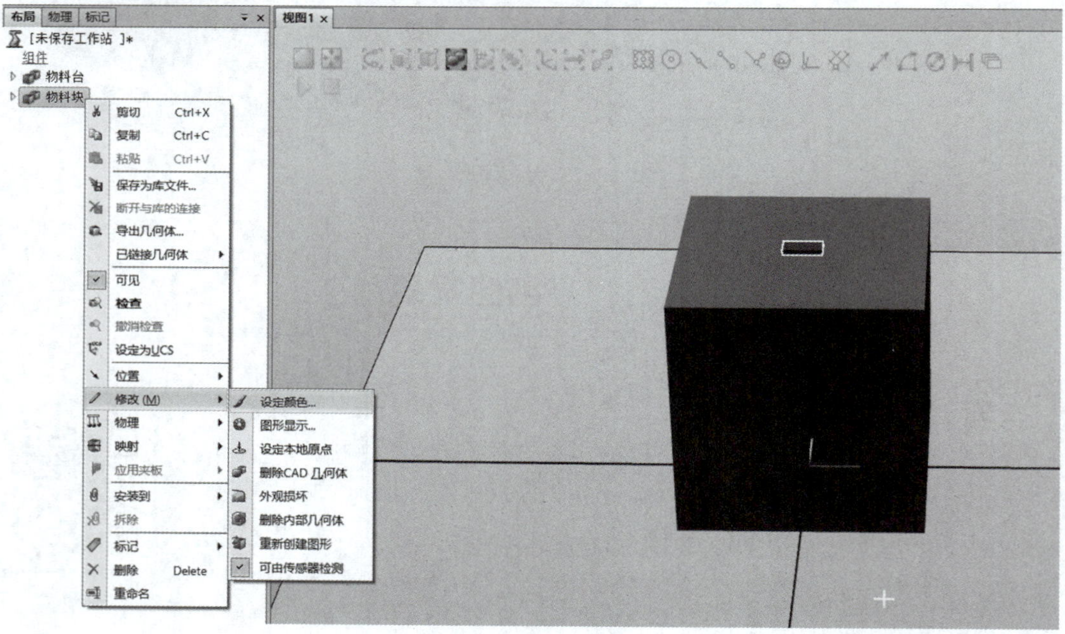

图 4-1-3　修改物料块颜色

第 4 步：选中“物料块”，右击，如图 4-1-4 所示，依次单击“位置”→“偏移位置”，弹出“偏移位置”对话框，如图 4-1-5 所示，设定沿 Y 轴正方向偏移 50 mm，之后单击“应用”→“关闭”。

第 5 步：选中“物料块”，右击，单击“复制”，选中“未保存工作站”，右击，单击“粘贴”，如图 4-1-6 所示。

第 6 步：选中复制新生成的“物料块_2”，右击，单击“位置”→“偏移位置”，如图 4-1-17

所示。

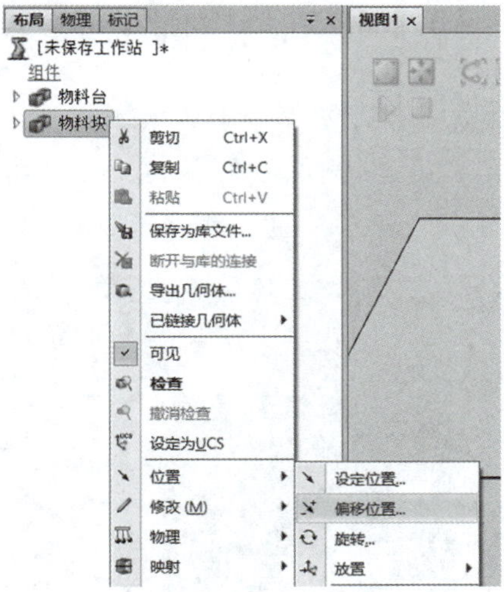

图 4-1-4　单击“位置”→“偏移位置”

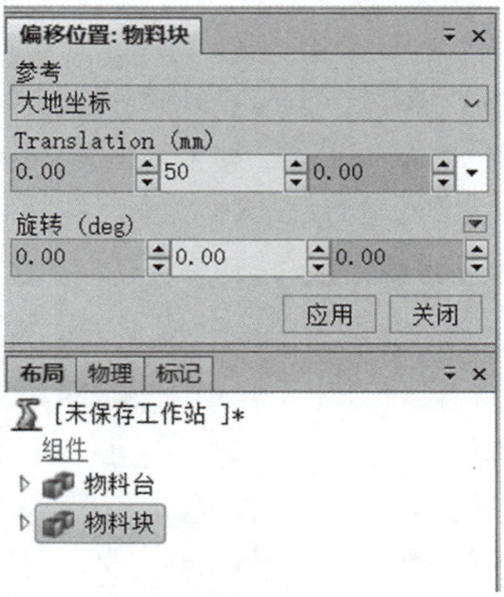

图 4-1-5　沿 *Y* 轴正方向偏移 50 mm

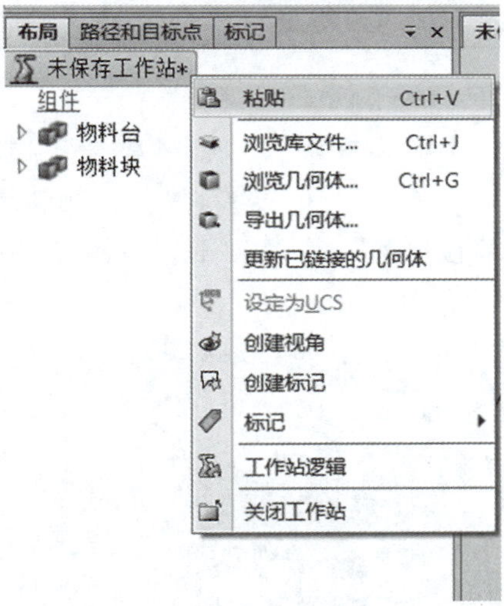

图 4-1-6　生成“物料块_2 ”

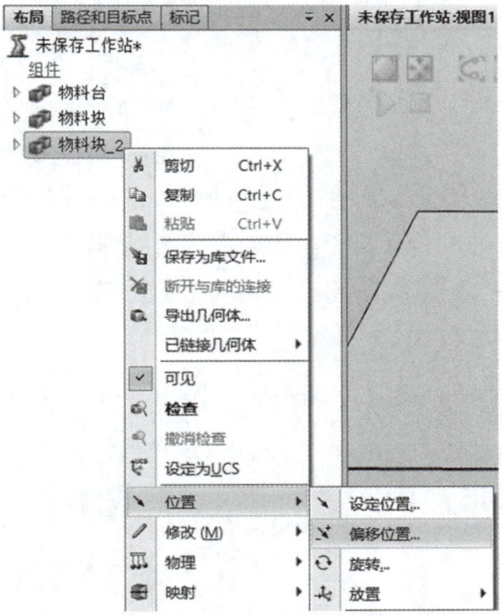

图 4-1-7　物料块_2 偏移位置

第 7 步:设置“物料块_2”沿 *Y* 轴正方向偏移 100 mm,如图 4-1-8 所示。

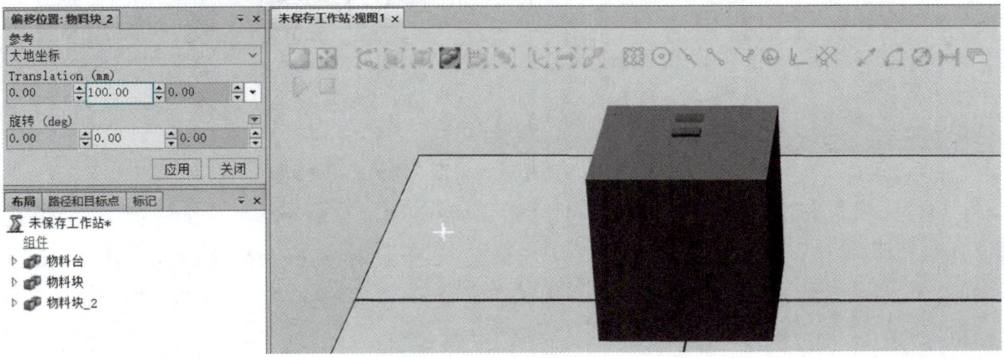

图 4-1-8　设置“物料块_2”沿 *Y* 轴正方向偏移 100 mm

第 8 步：再选择原来的“物料块”，通过右键菜单中的“复制”“粘贴”，生成“物料块_3”。选中“物料块_3”，单击“位置”→“偏移位置”，将其沿 Y 轴正方向偏移 －100 mm，如图 4-1-9 所示。

第 9 步：选择新生成的“物料块_3”，通过右键菜单中的“复制”“粘贴”，生成“物料块_4”。选中“物料块_4”，单击“位置”→“偏移位置”，沿 Y 轴正方向偏移 －100 mm，如图 4-1-9 所示。

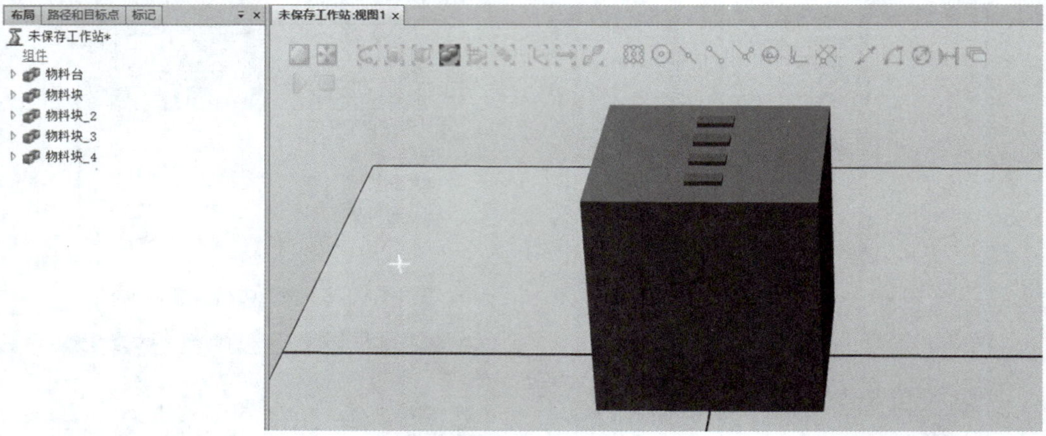

图 4-1-9 创建“物料块_3”和“物料块_4”

第 10 步：借助键盘上的“Shift”，同时选中“物料块”“物料块_2”“物料块_3”“物料块_4”，通过右键菜单中的“复制”“粘贴”，生成“物料块_5”“物料块_6”“物料块_7”“物料块_8”，再选中新生成的这些物料块，右击，单击“位置”→“偏移位置”，沿 X 轴正方向偏移160 mm，如图 4-1-10 所示。

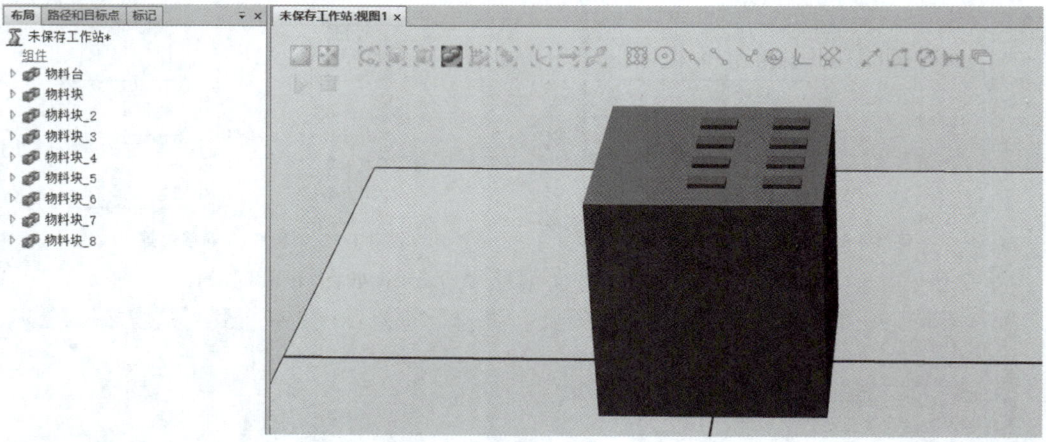

图 4-1-10 整体复制并沿 X 轴正方向偏移 160 mm

第 11 步：借助键盘上的“Shift”，同时选中“物料块”“物料块_2”“物料块_3”“物料块_4”，通过右键菜单中的“复制”“粘贴”，生成“物料块_9”“物料块_10“物料块_11”“物料块_12”，再选中新生成的这些物料块，右击，单击“位置”→“偏移位置”，沿 X 轴正方向偏移－160 mm，如图 4-1-11 所示。

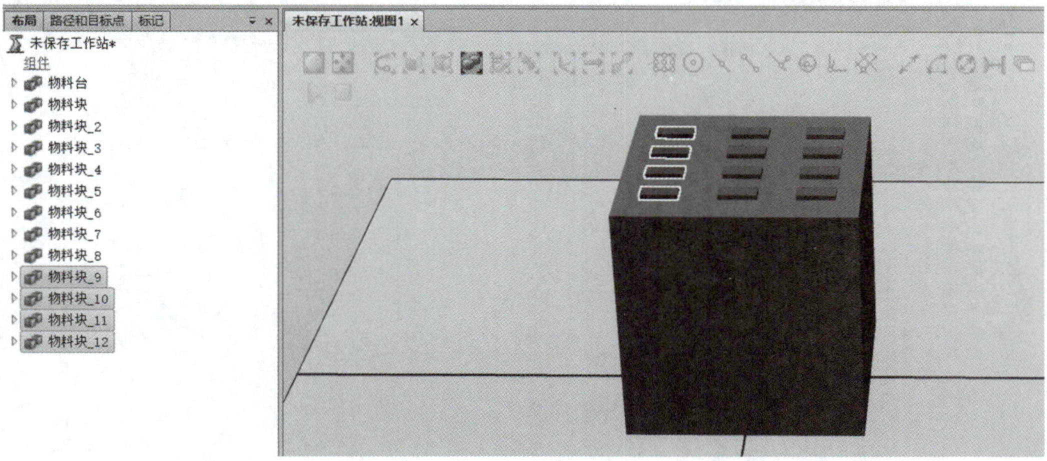

图 4-1-11 整体复制并沿 X 轴正方向偏移－160 mm

第 12 步:在"建模"功能选项卡中单击"Smart 组件",生成一个"SmartComponent_1",如图 4-1-12 所示。

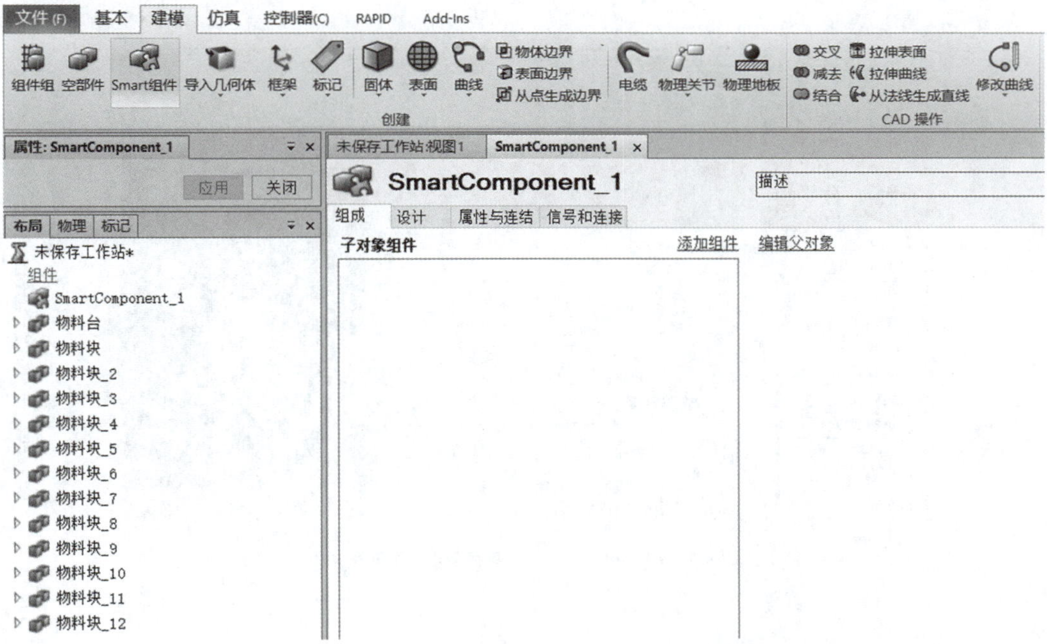

图 4-1-12 新创建一个 Smart 组件

第 13 步:同时选中物料台及所有的物料块,全部拖进"SmartComponent_1"内,如图 4-1-13 所示,并把"SmartComponent_1"重命名为"物料台"。

第 14 步:如图 4-1-14 所示,选中"物料台",右击,单击"保存为库文件",将其存储到相应文件夹,以便后续调用。

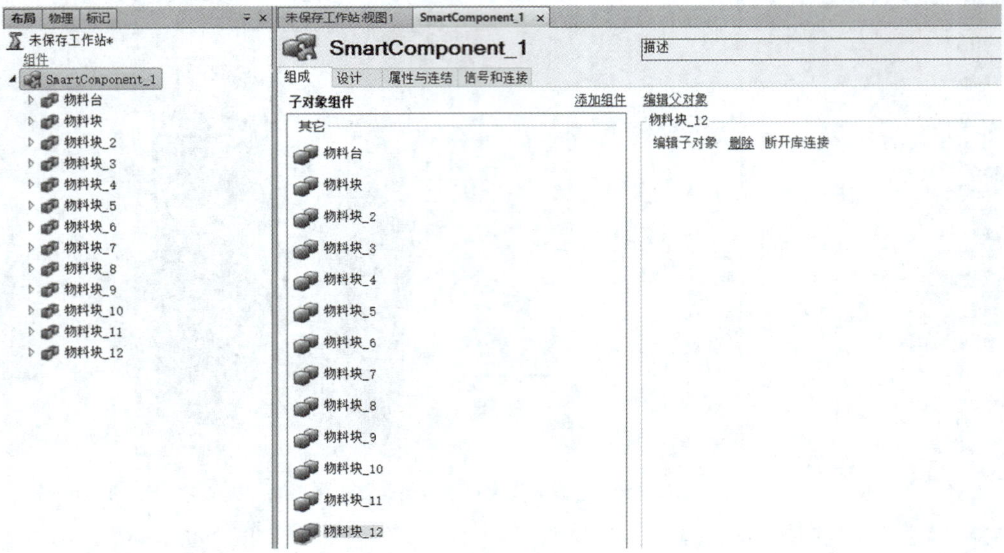

图 4-1-13 Smart 组件"物料台"里的子对象

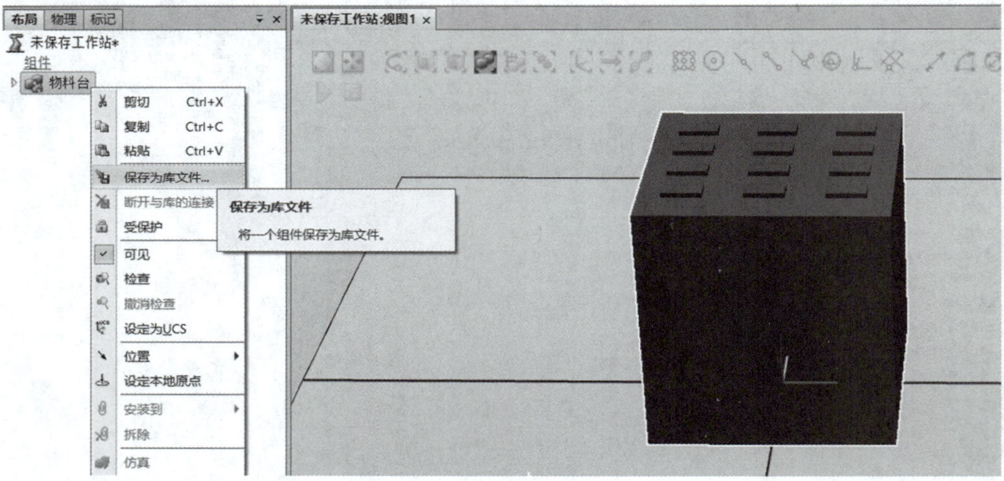

图 4-1-14 Smart 组件"物料台"被保存为库文件

4.2 创建仓储台

利用 RobotStudio 软件建立一个长 500 mm、宽 500 mm、高 500 mm 的仓储台，仓储台上有 12 个均匀放置的矩形体物料槽，物料槽长 80 mm、宽 40 mm、深 5 mm。物料槽前后距离为 100 mm，左右距离为 140 mm。

微课

创建仓储台

第 1 步：打开 RobotStudio 软件，建立一个空工作站，在“基本”功能选项卡中依次单击“导入模型库”→“浏览库文件”，导入“物料台.rslib”文件。选中“物料台”，右击，单击“断开与库的连接”，如图 4-2-1 所示。

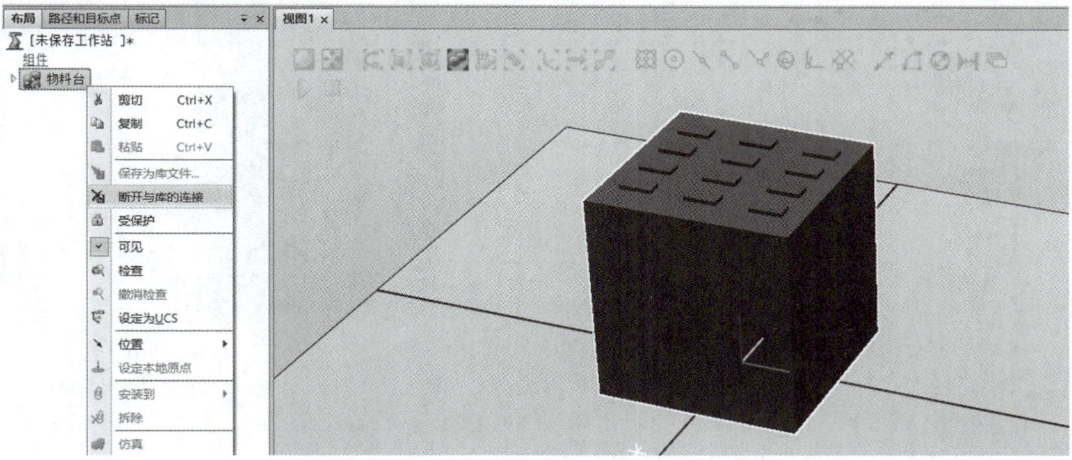

图 4-2-1 导入“物料台”并“断开与库的连接”

第 2 步：同时选中所有的物料块，右击，依次单击“位置”→“偏移位置”，如图 4-2-2 所示。

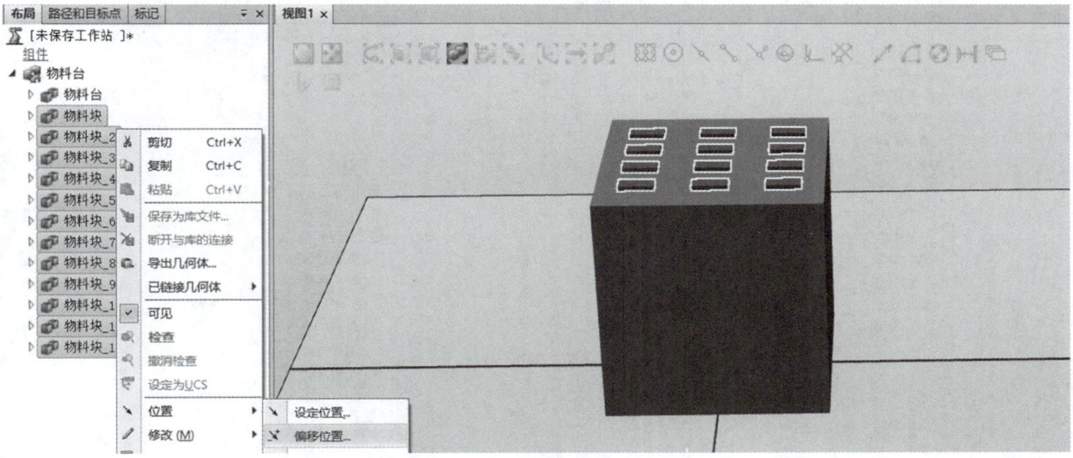

图 4-2-2 单击“位置”→“偏移位置”

第 3 步：设置沿 Z 轴正方向偏移 −5 mm，单击“应用”→“关闭”，如图 4-2-3 所示。

第 4 步：同时选中“物料块_5”至“物料块_8”这 4 块物料，如图 4-2-4 所示，右击，单击“位置”→“偏移位置”；如图 4-2-5 所示，设置沿 X 轴正方向偏移 −20 mm；单击“应用”→“关闭”。

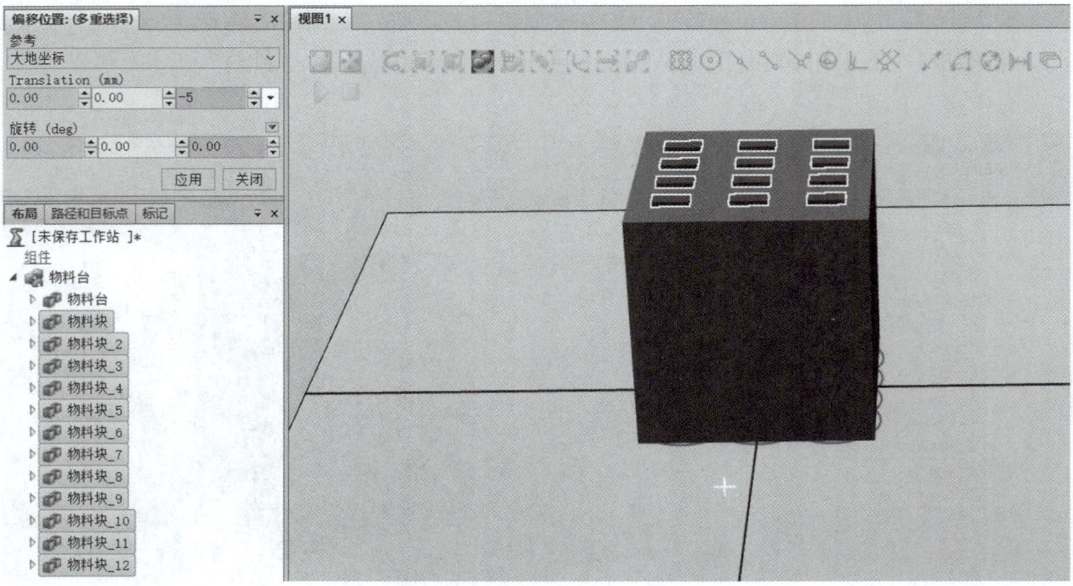

图 4-2-3　沿 *Z* 轴正方向偏移－5 mm

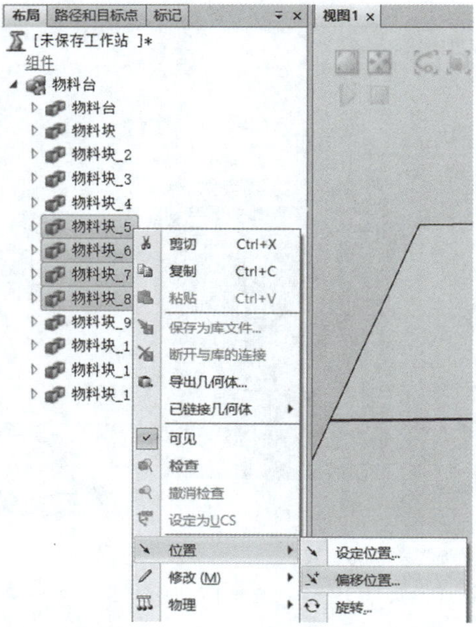

图 4-2-4　单击“位置”→“偏移位置”

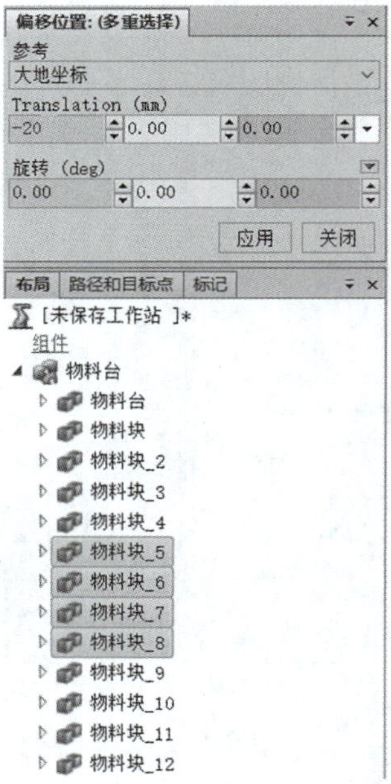

图 4-2-5　沿 *X* 轴正方向偏移－20 mm

第 5 步：同时选中“物料块_9”至“物料块_12”这 4 块物料，右击，单击“位置”→“偏移位置”，设置沿 *X* 轴正方向偏移 20 mm，之后单击“应用”→“关闭”。这样即可使物料左右距离为 140 mm，前后距离为 100 mm。

第 6 步：取消物料台的“可见”属性，如图 4-2-6 所示，并在“建模”功能选项卡下的“CAD 操作”选项组中单击“减去”，如图 4-2-7 所示。

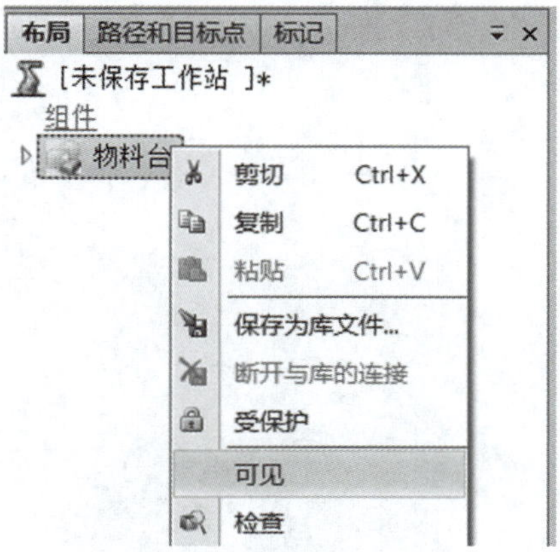

图 4-2-6　取消物料台的“可见”属性

图 4-2-7　单击“减去”

第 7 步:如图 4-2-8 所示,用“物料台”的物体减去“物料块”的物体,单击“创建”→“关闭”,会生成一个新的几何体“部件_1”,如图 4-2-9 所示。“部件_1”是有一个物料槽的物料台。

第 8 步:继续执行“减去”操作,用新生成的“部件_1”的物体减去“物料块_2”的物体,单击“创建”→“关闭”,又会生成一个新的几何体“部件_2”。“部件_2”是有两个物料槽的物料台。之后删除“部件_1”,如图 4-2-10 所示。

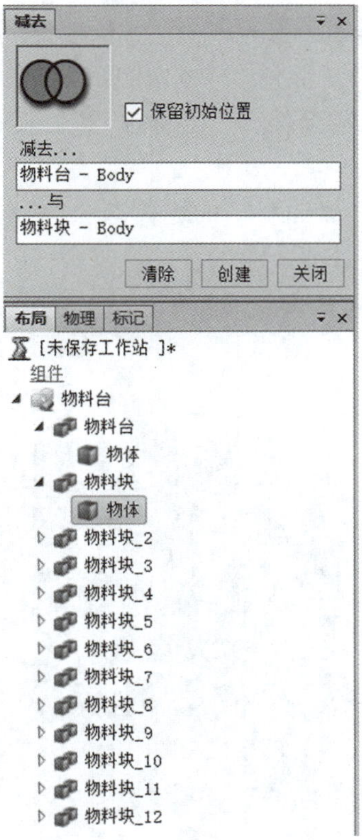

图 4-2-8　“物料台”的物体减去“物料块”的物体

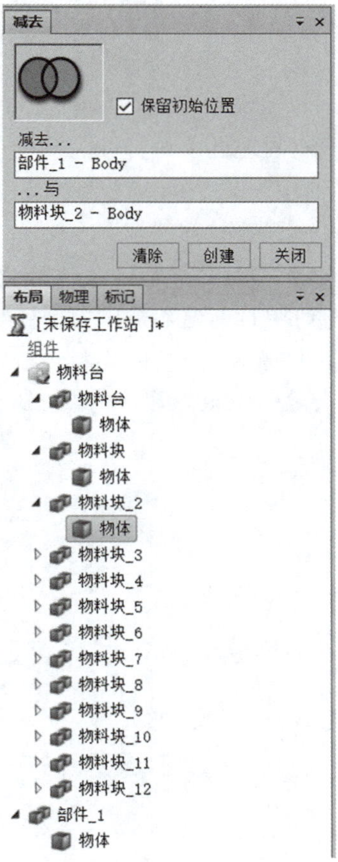

图 4-2-9　生成“部件_1”

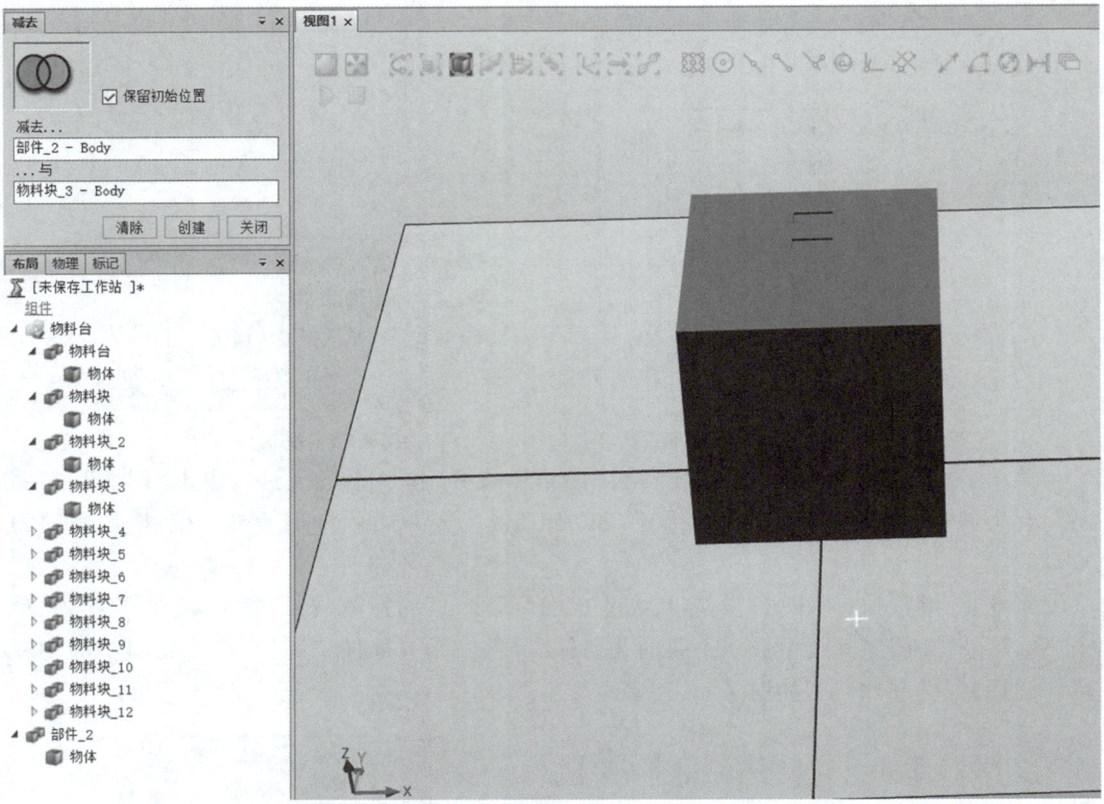

图 4-2-10　生成“部件_2”并删除“部件_1”

第 9 步:同理继续执行“减去”操作,用新生成的“部件_2”的物体减去“物料块_3”的物体,单击“创建”→“关闭”,又会生成一个新的几何体“部件_3”。“部件_3”是有三个物料槽的物料台。之后删除“部件_2”。

第 10 步:“减去”操作一直执行到用新生成的“部件_11”的物体减去“物料块_12”的物体,生成“部件_12”,之后删除“部件_11”,如图 4-2-11 所示。

第 11 步:删除库文件“物料台”。

图 4-2-11　生成“部件_12”并删除“部件_11”

第 12 步：选中“部件_12”，右击，依次单击“修改”→“设定颜色”，将其设定为绿色，之后把“部件_12”重命名为“仓储台”。

第 13 步：如图 4-2-12 所示，选中“仓储台”，右击，单击“导出几何体”，格式选择“RSG-FX”，存储到指定路径，以便后续调用。

图 4-2-12 单击“导出几何体”

4.3 创建工具

机器人工具种类、型号、尺寸较多，RobotStudio 软件自带的机器人工具有限，不能满足实际机器人的使用，因此需要将 3D 模型创建成工作站所需的机器人工具。为了使自做的机器人工具能安装到机器人法兰盘上，需要将 3D 工具模型的本地坐标系与机器人法兰盘坐标系 Tool0 重合，工具末端的工具坐标系框架作为机器人的工具坐标系。一般做法分为三步：一是设定工具的本地原点；二是创建工具坐标系框架；三是创建工具。

微课

创建工具

1. 设定工具的本地原点

第 1 步：打开 RobotStudio 软件，创建一个空工作站，在“基本”功能选项卡中依次单击“导入几何体”→“浏览几何体”，按相应路径导入“吸盘工具. rsgfx”3D 模型并打开，如图4-3-1 所示。

第 2 步：该模型初始位置在地面以下，先利用“基本”功能选项卡下“Freehand”选项组中的移动工具把该模型移到地面以上，再把工具法兰盘面与地面重合，方法是选中“吸盘工具”，右击，依次单击“位置”→“放置”→“三点法”，如图 4-3-2 所示。

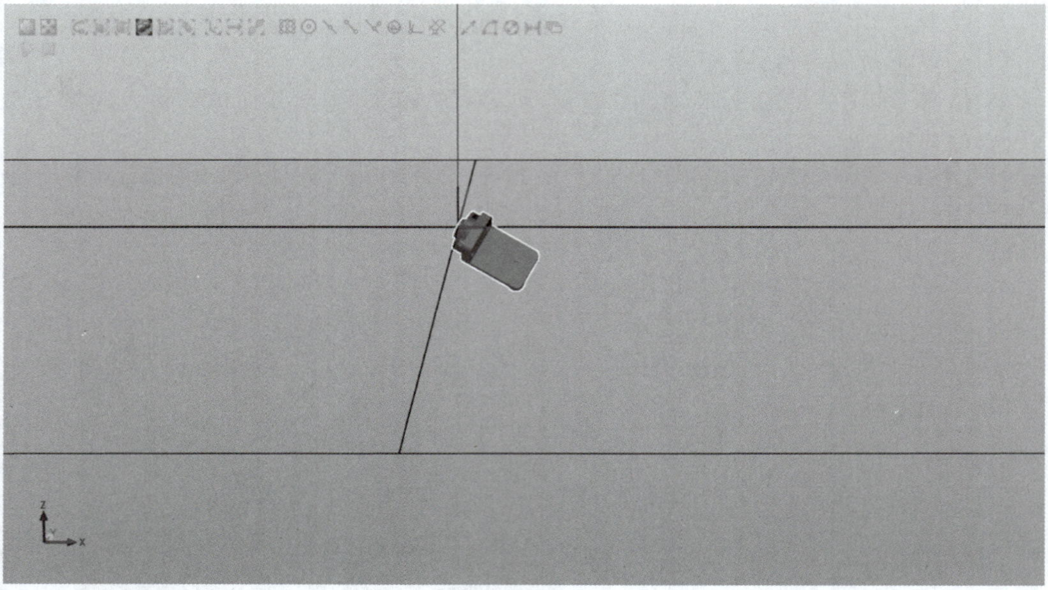

图 4-3-1 导入几何体“吸盘工具.rsgfx”3D 模型

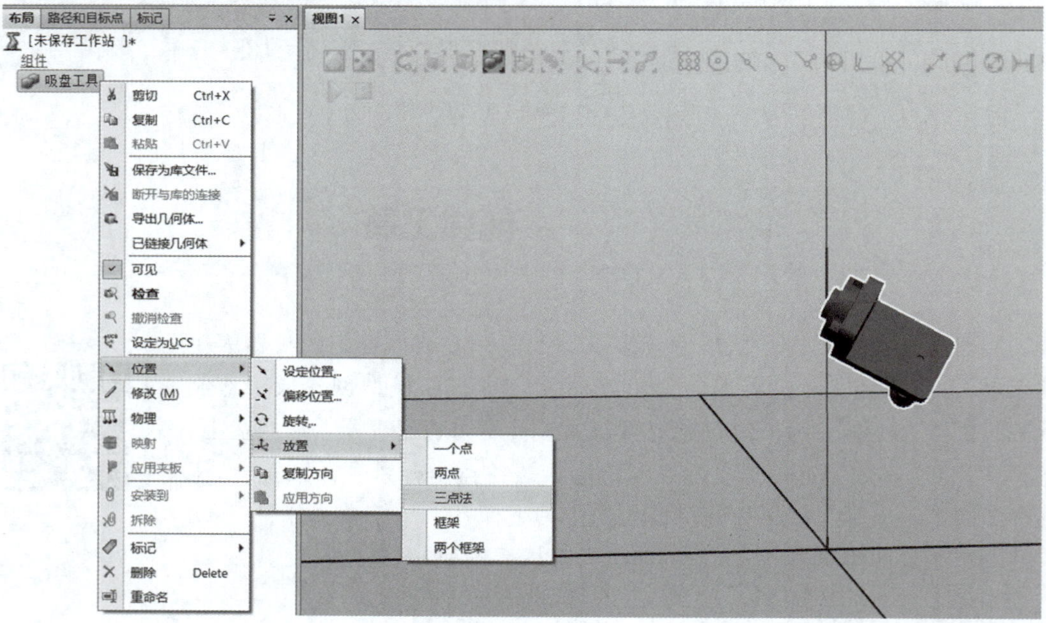

图 4-3-2 用三点法调整模型的位置

第 3 步：A、B、C 分别是工具法兰盘面上的小圆的圆心，选中视图窗口区上方的“选择表面”、“捕捉中心”和“点到点”，测得 AC 距离为 22.23 mm，AB 距离为 22.23 mm，如图 4-3-3 所示。测量完毕，取消“点到点”的选择。

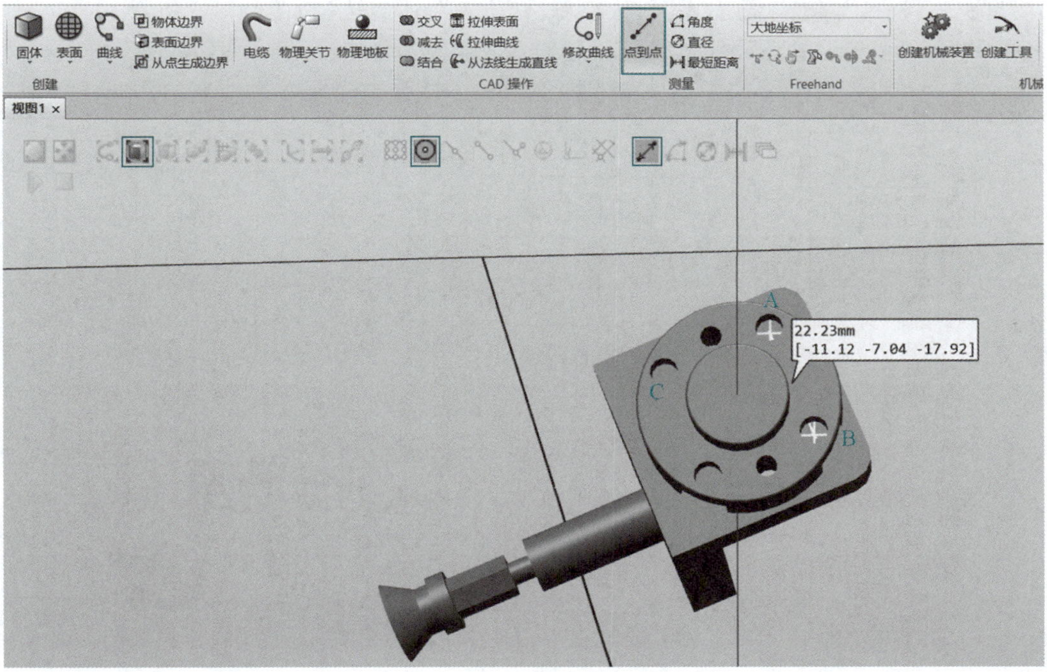

图 4-3-3 测量 AC 与 AB 距离

第 4 步：如图 4-3-4 所示，选中视图窗口区上方的“选择表面”和“捕捉中心”，捕捉工具法兰盘面上的小圆的圆心 A、B、C，分别把 A、B、C 点的坐标值捕捉到“主点-从”“X 轴上的点-从”“Y 轴上的点-从”坐标框内，“主点-到”设为大地原点(0,0,0)，“X 轴上的点-到”设为(22.23,0,0)，“Y 轴上的点-到”设为(0,22.23,0)。单击“应用”→“关闭”。这样工具法兰盘面与大地水平面重合。

图 4-3-4 三点法放置对象设置

第 5 步：选中“吸盘工具”，右击，依次单击“位置”→“旋转”，如图 4-3-5 所示。

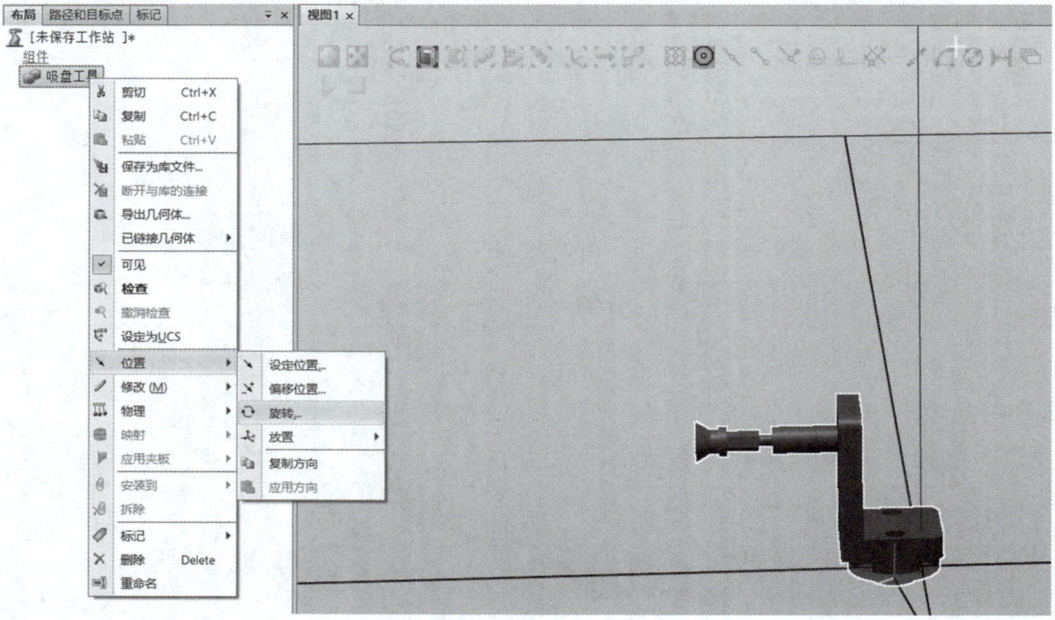

图 4-3-5　旋转吸盘工具

第 6 步：参考大地坐标，绕 Z 轴旋转 $-90°$，之后单击“应用”→“关闭”。这样工具末端位于大地坐标系 X 轴正方向，如图 4-3-6 所示。

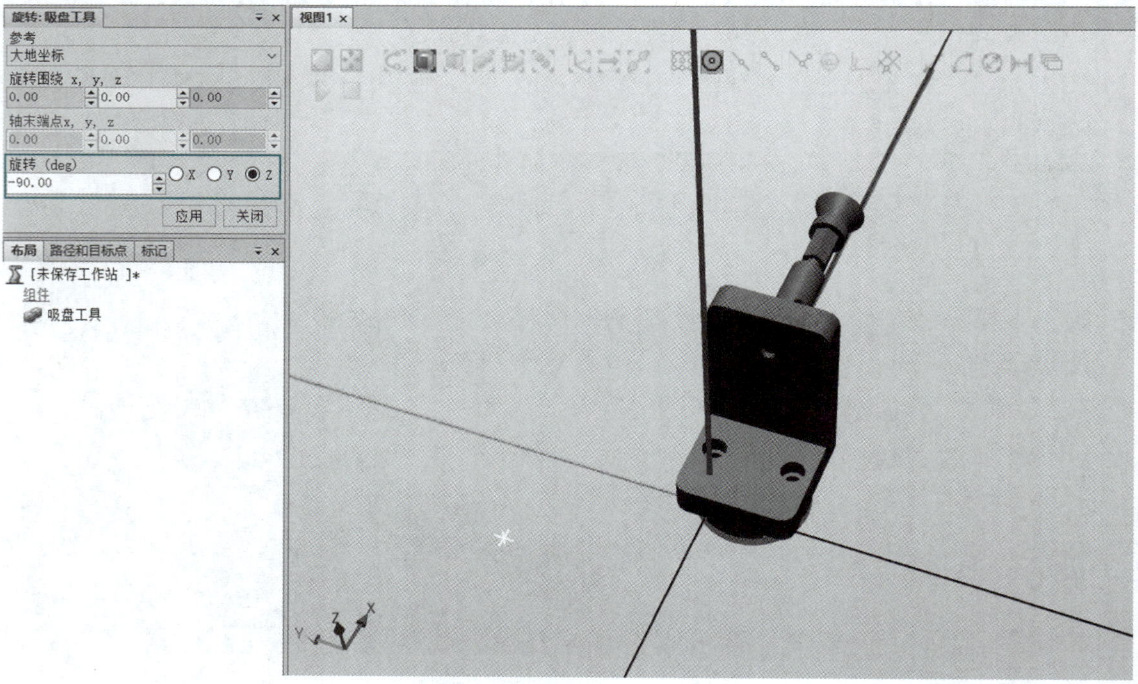

图 4-3-6　吸盘工具绕 Z 轴旋转-90°

第 7 步：选中“吸盘工具”，右击，依次单击“修改”→“设定本地原点”，如图 4-3-7 所示。

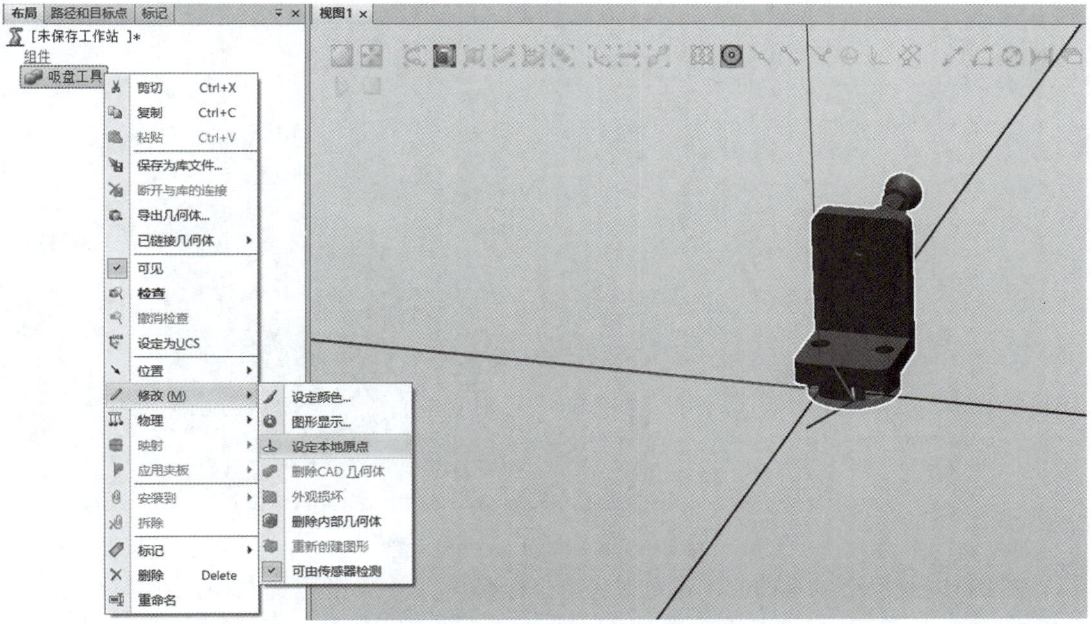

图 4-3-7 单击“修改”→“设定本地原点”

第 8 步：选中视图窗口区上方的“选择表面”和“捕捉中心”，把工具法兰盘面的圆心坐标捕捉到“位置 X、Y、Z”坐标框内，方向(0,0,0)表示保持现有的方向不变，之后单击“应用”→“关闭”，如图 4-3-8 所示。

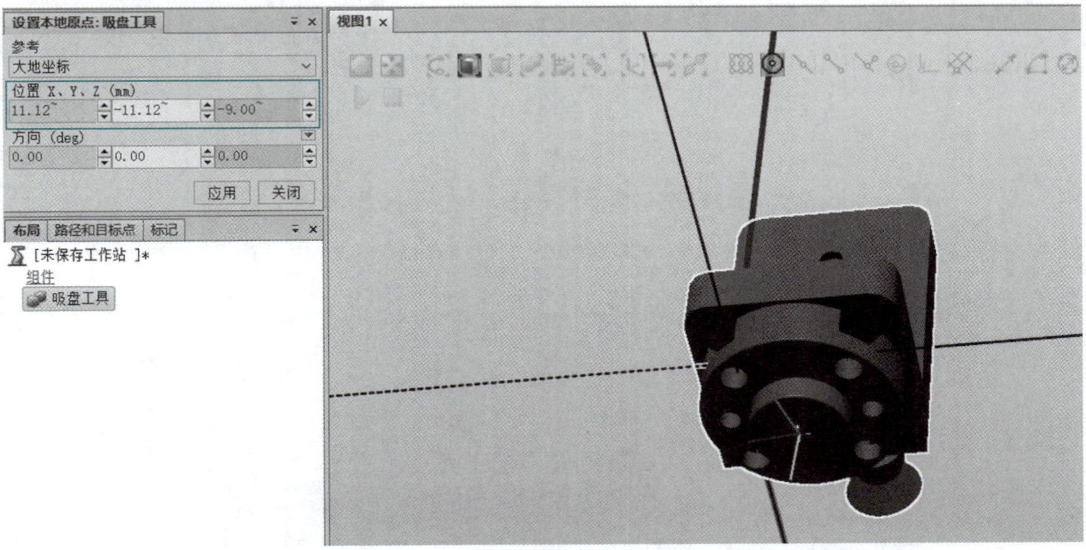

图 4-3-8 将工具法兰盘面圆心设定为吸盘工具的原点

第 9 步：选中“吸盘工具”，右击，依次单击“位置”→“设定位置”，如图 4-3-9 所示。

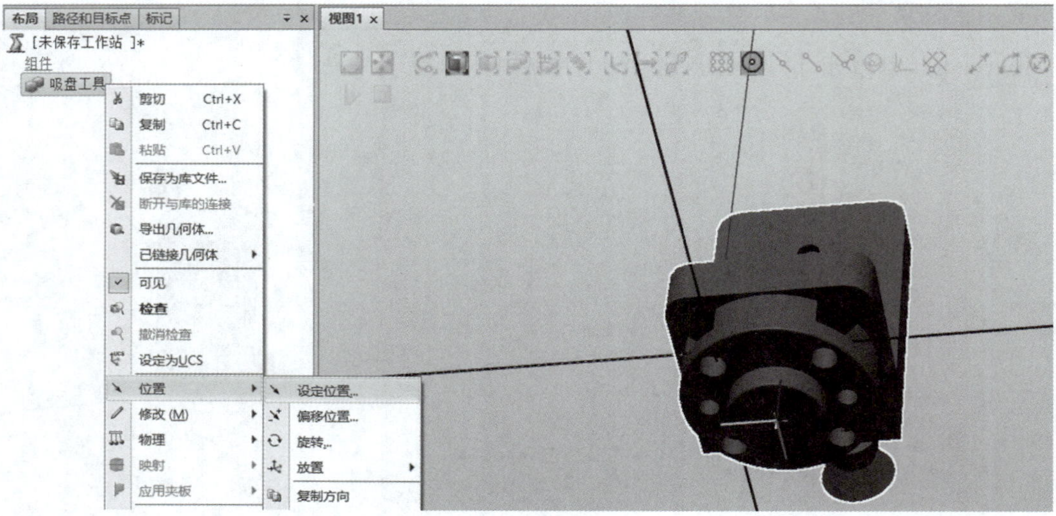

图 4-3-9　单击“位置”→“设定位置”

第 10 步：把吸盘工具的原点设定在大地坐标原点(0,0,0)的位置，如图 4-3-10 所示。

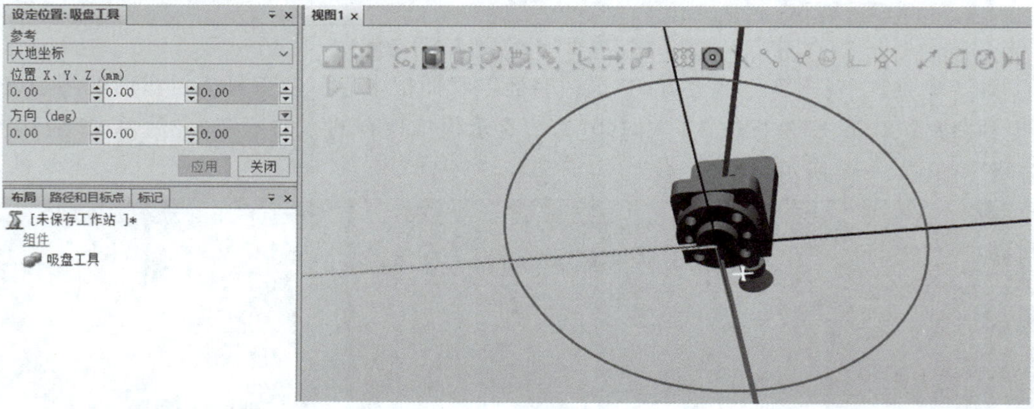

图 4-3-10　把吸盘工具的原点设定在大地坐标原点(0,0,0)的位置

2. 创建工具坐标系框架

第 1 步：在“基本”功能选项卡中单击“框架”→“创建框架”，如图 4-3-11 所示。

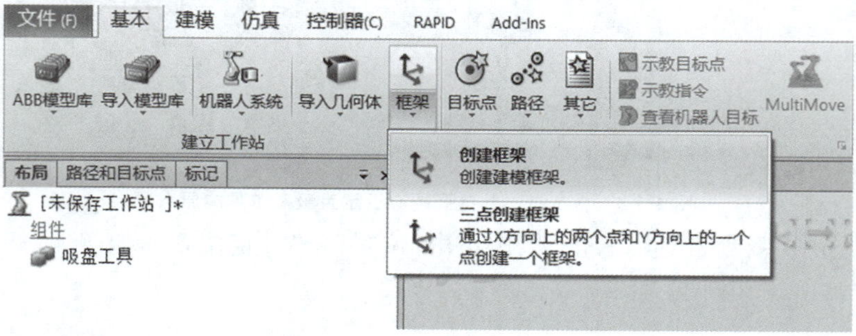

图 4-3-11　创建框架

第 2 步：选中视图窗口区上方的“选择表面”和“捕捉中心”，如图 4-3-12 所示，捕捉工具末端圆面圆心作为框架位置，框架“方向”设为(0,0,0)，单击“创建”→“关闭”。

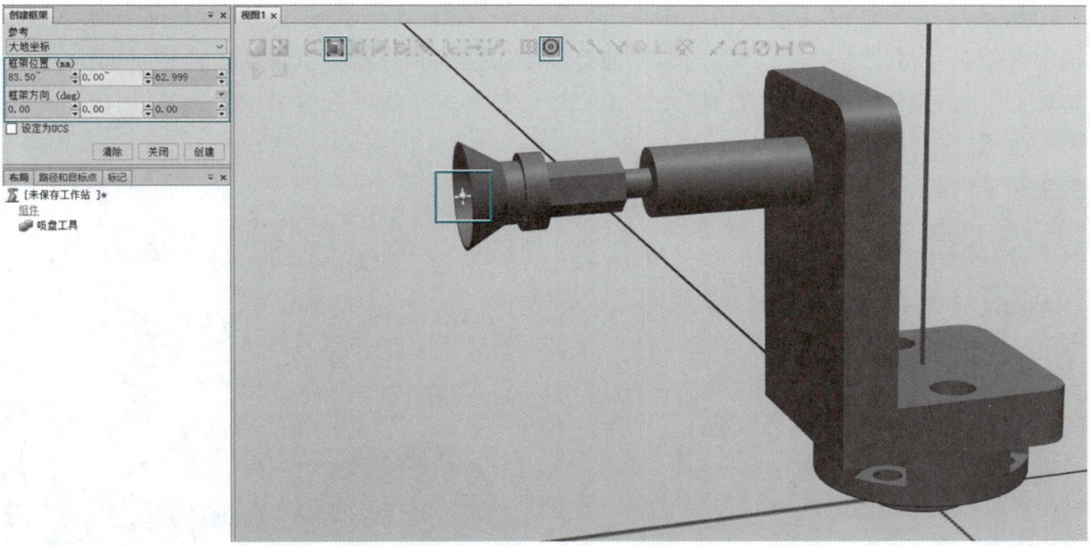

图 4-3-12　捕捉工具末端圆面圆心作为框架位置

一般期望生成的坐标系框架 Z 轴与工具末端表面垂直，但图 4-3-13 中的 Z 轴并不垂直于工具末端表面，需要对框架进行调整。但由于此模型特征消失了，捕捉不到工具末端的内底面，我们可以建一个平面叠放到工具末端的内底平面处。

图 4-3-13　坐标系框架方向

第 3 步：选中视图窗口区上方的“选择表面”、“捕捉边缘”和“直径”，测出吸盘工具末端的内底平面直径为 9.28 mm，如图 4-3-14 所示。

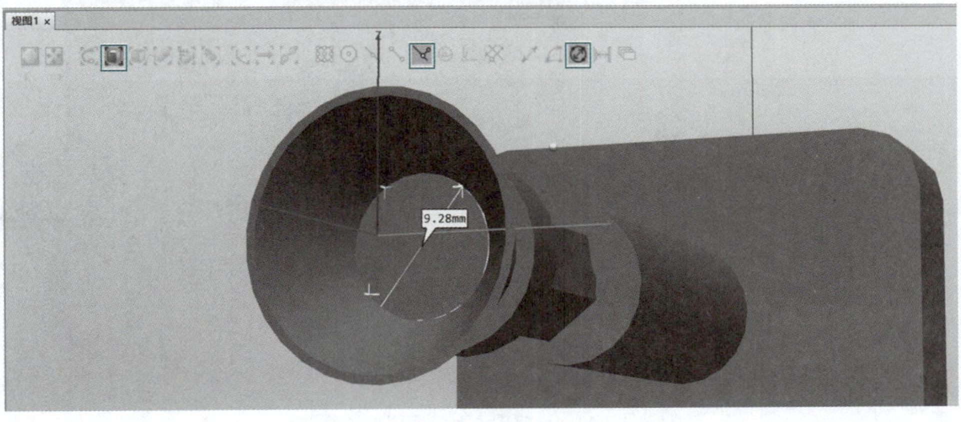

图 4-3-14　测出吸盘工具末端的内底平面直径

第 4 步：在"建模"功能选项卡中单击"表面"→"表面圆"，弹出"创建表面圆形"对话框。选中视图窗口区上方的"选择表面"和"捕捉圆心"，捕捉到吸盘工具末端的内底平面圆心，将其作为"中心点"的坐标值，"直径"设为 9.28 mm，如图 4-3-15 所示，之后单击"创建"→"关闭"，生成"部件_1"。

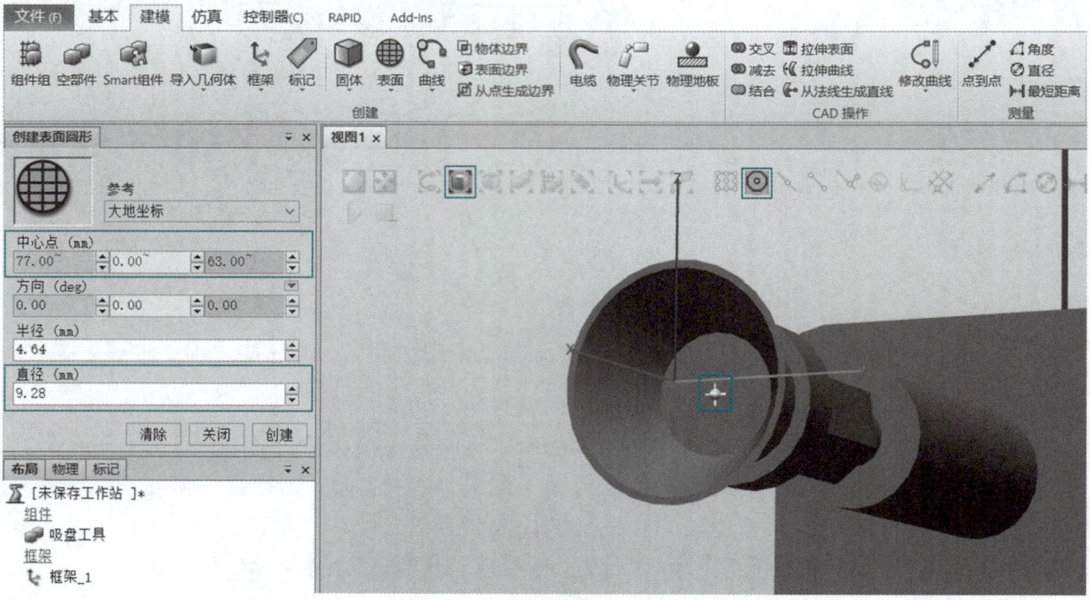

图 4-3-15　创建一表面圆

第 5 步：选中"部件_1"，右击，单击"修改"→"设置本地原点"，弹出"设置本地原点"对话框，捕捉新建表面圆的中心作为"位置 X、Y、Z"的坐标值，如图 4-3-16 所示，之后单击"应用"→"关闭"。

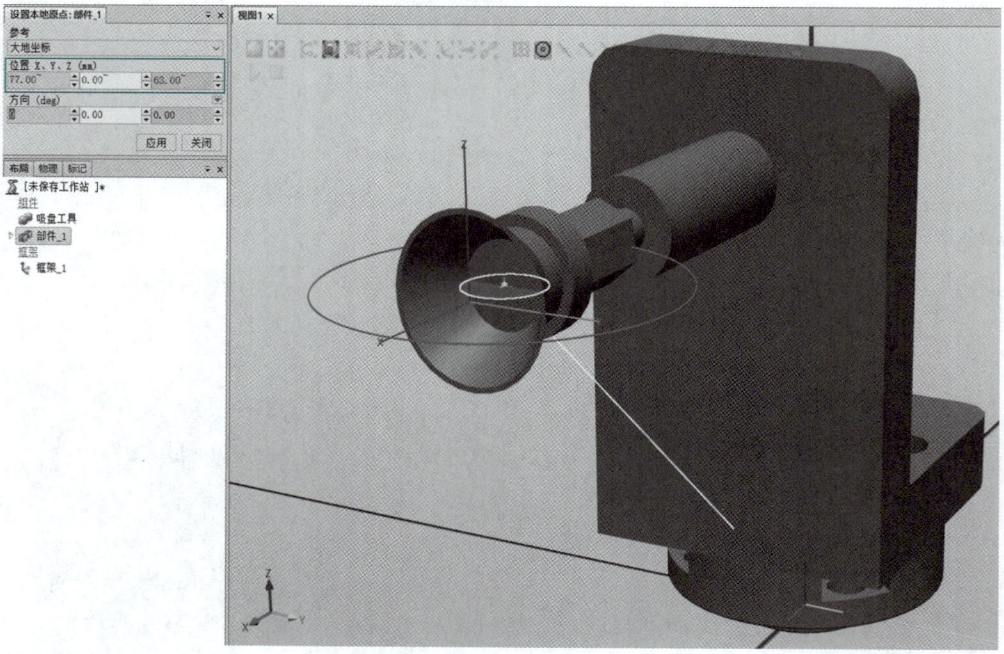

图 4-3-16　设定圆心为表面圆本地原点

第 6 步：选中“部件_1”，右击，单击“位置”→“旋转”，弹出“旋转”对话框，参考选择“本地”，绕“Y”轴旋转 90°，如图 4-3-17 所示，之后单击“应用”→“关闭”。此时新建的表面圆正好放入到工具末端的内底平面处。

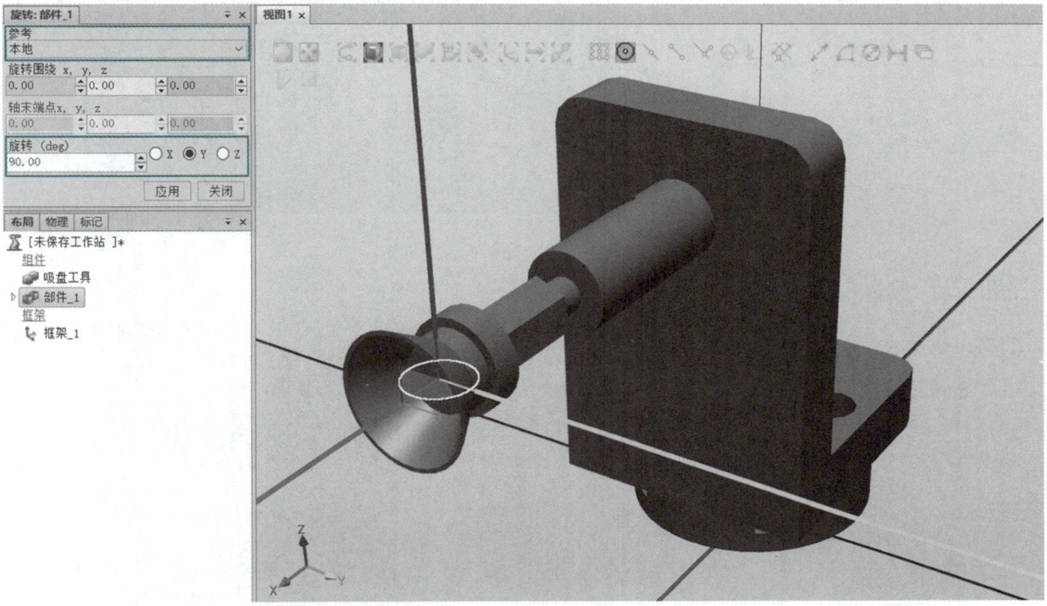

图 4-3-17　旋转使表面圆与工具末端内底平面重合

第 7 步：选中“框架_1”，右击，单击“设定为表面的法线方向”，如图 4-3-18 所示。

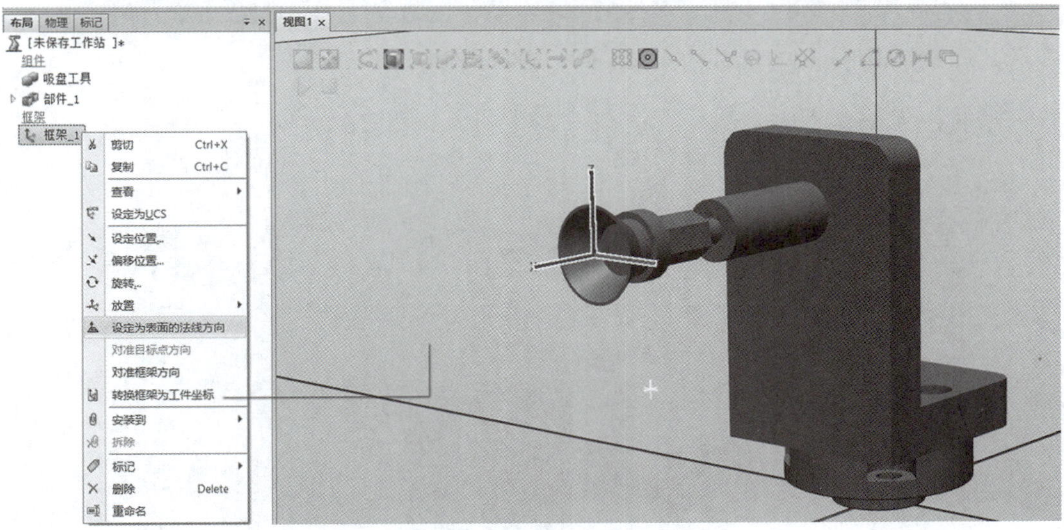

图 4-3-18　将“框架_1”设定为表面的法线方向

第 8 步：弹出“设定表面法线方向”对话框，“表面或部分”选择刚刚建立的表面圆“部件_1”，如图 4-3-19 所示，之后单击“应用”→“关闭”。这样框架_1 的 Z 轴方向是表面圆所在平面的法线方向，框架_1 就是新建机器人工具的工具坐标系，X 轴与 Y 轴的方向可以根据实际要求进行绕 Z 轴的旋转。

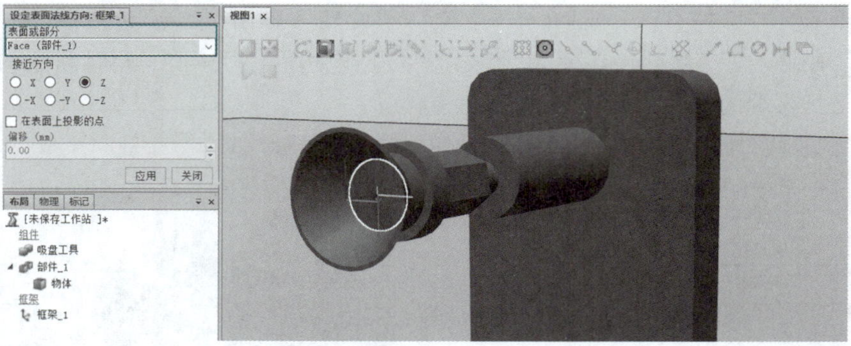

图 4-3-19 表面或部分

第 9 步：删除“部件_1”，如图 4-3-20 所示。

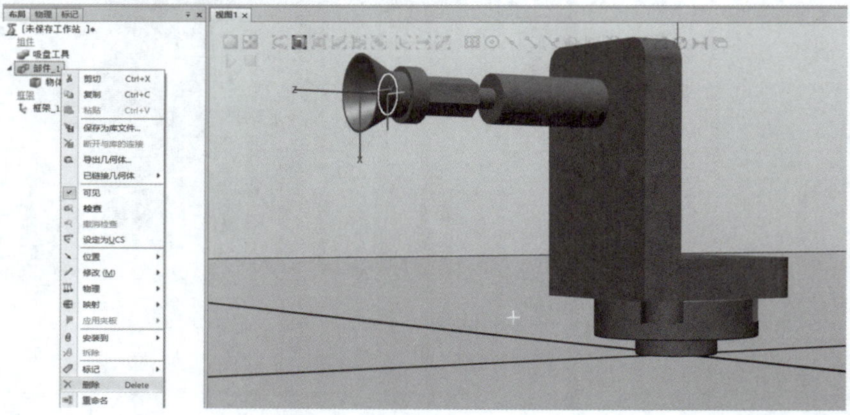

图 4-3-20 删除“部件_1”

3. 创建工具

第 1 步：在“建模”功能选项卡中单击“创建工具”，如图 4-3-21 所示。

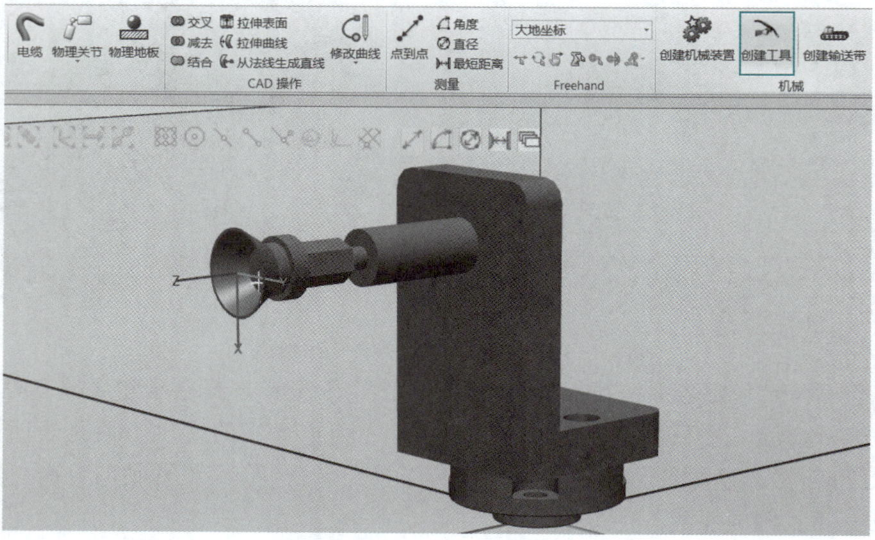

图 4-3-21 单击“创建工具”

第 2 步：在弹出的对话框中将“Tool 名称”设置为“xipanTool”，“选择组件”为“使用已有的部件”，如图 4-3-22 所示。由于是仿真，“重量”是正数就可以，这里取 1 kg，“重心”采用默认值，之后单击“下一个”。

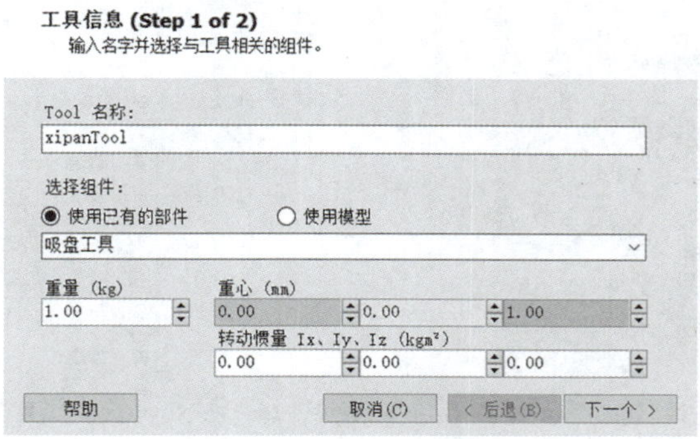

图 4-3-22 工具信息

第 3 步：“数值来自目标点/框架”选择“框架_1”，并单击“->”添加到右边的“TCP”列表中，如图 4-3-23 所示，之后单击“完成”。

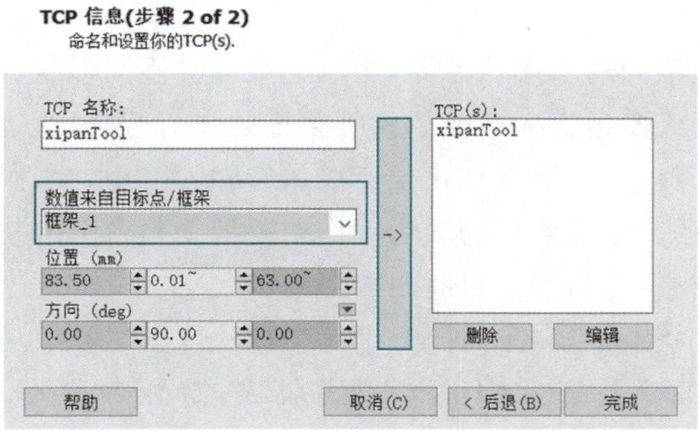

图 4-3-23 TCP 信息

此时，原来是几何体的“吸盘工具”已变成扳手图标的“xipanTool”机器人工具了，如图 4-3-24 所示。

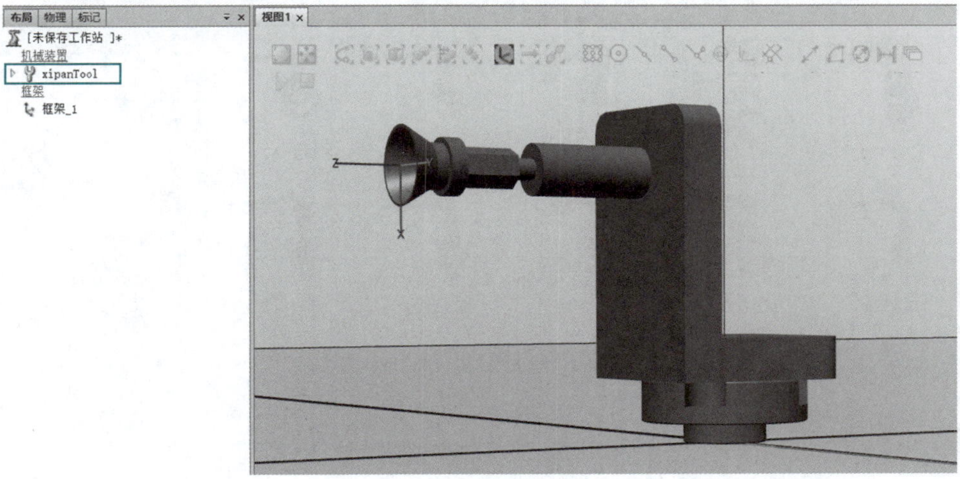

图 4-3-24 几何体的“吸盘工具”变成扳手图标的“xipanTool”

第 4 步：可以导入 IRB1200 型机器人，把“xipanTool”工具安装到机器人法兰盘上，如图 4-3-25 所示，查看正确与否。若正确，则把“xipanTool”工具“保存为库文件”存储到相应位置，如图 4-3-26 所示，以便下一次调用。

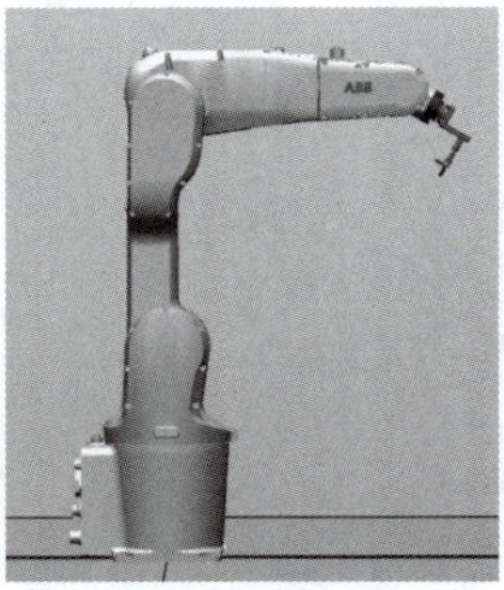

图 4-3-25 安装“xipanTool”工具

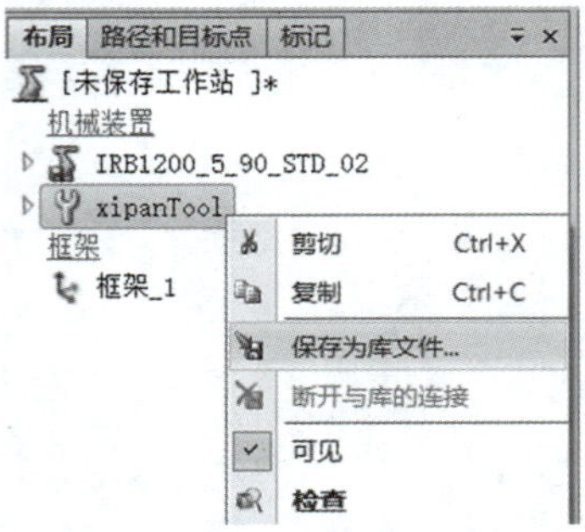

图 4-3-26 把“xipanTool”工具保存为库文件

4.4 创建搬运工作站

搬运机器人可安装不同的末端执行器，用以完成各种不同形状和状态的工件搬运工作。机器人搬运大大减轻了人类繁重的体力劳动，搬运作业被广泛应用于机床上下料、冲压机自动化生产线、自动装配流水线、码垛搬运、集装箱等的自动搬运。本节创建的搬运工作站要把物料台上的物料搬运到仓储台的料槽内，物料与料槽是等间距放置的。

微课

创建搬运工作站

第 1 步：打开 RobotStudio 软件，创建一个空工作站，在“基本”功能选项卡中单击“ABB 模型库”，选择“IRB 1200”型机器人，如图 4-4-1 所示。

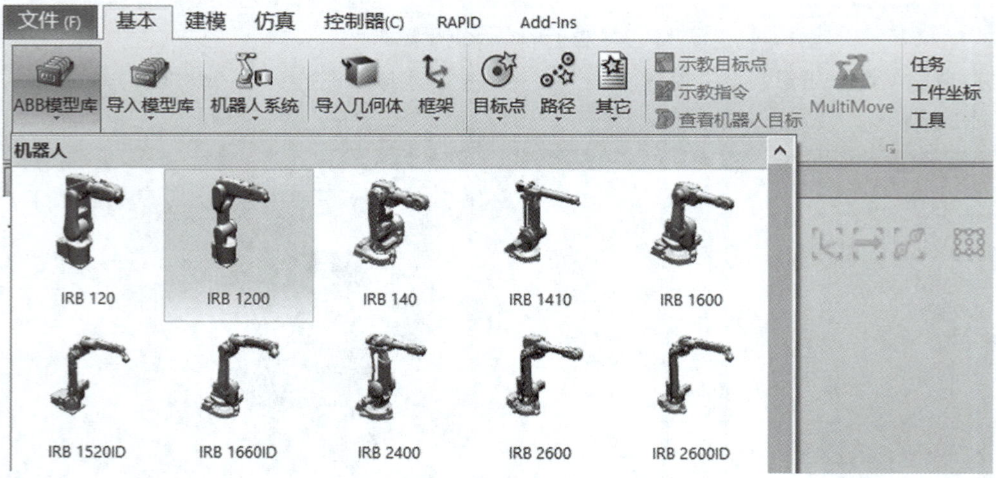

图 4-4-1 导入“IRB 1200”型机器人

第 2 步：如图 4-4-2 所示，导入库文件“xipanTool. rslib”并将其安装到 IRB1200 型机器人的法兰盘上，之后“从布局”给机器人添加系统，设定语言为“Chinese”，勾选“709-1 DeviceNet Master/Slave”。

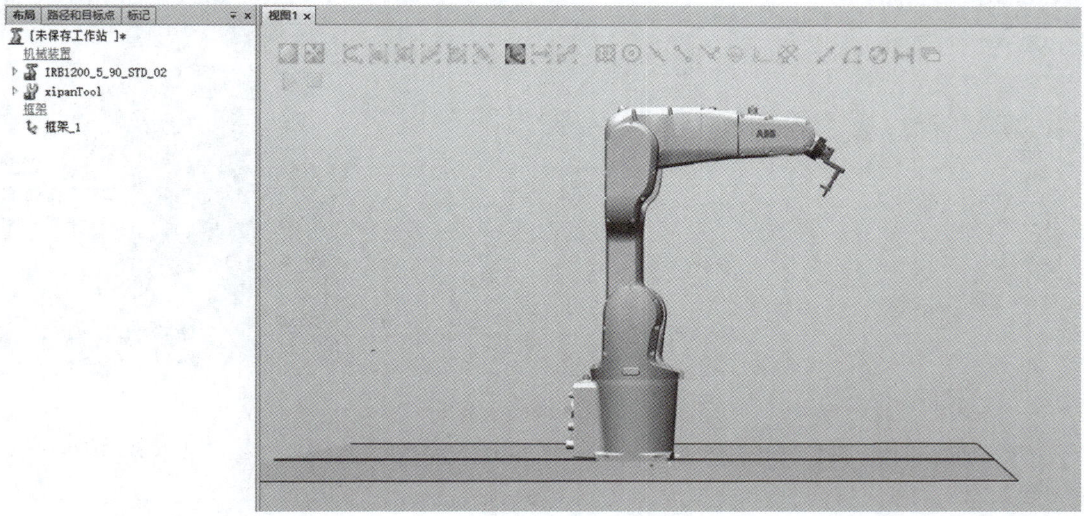

图 4-4-2 安装机器人工具并添加机器人系统

第 3 步：导入库文件“物料台. rslib”，之后选中“物料台”，右击，单击“位置”→“旋转”，如图 4-4-3 所示。

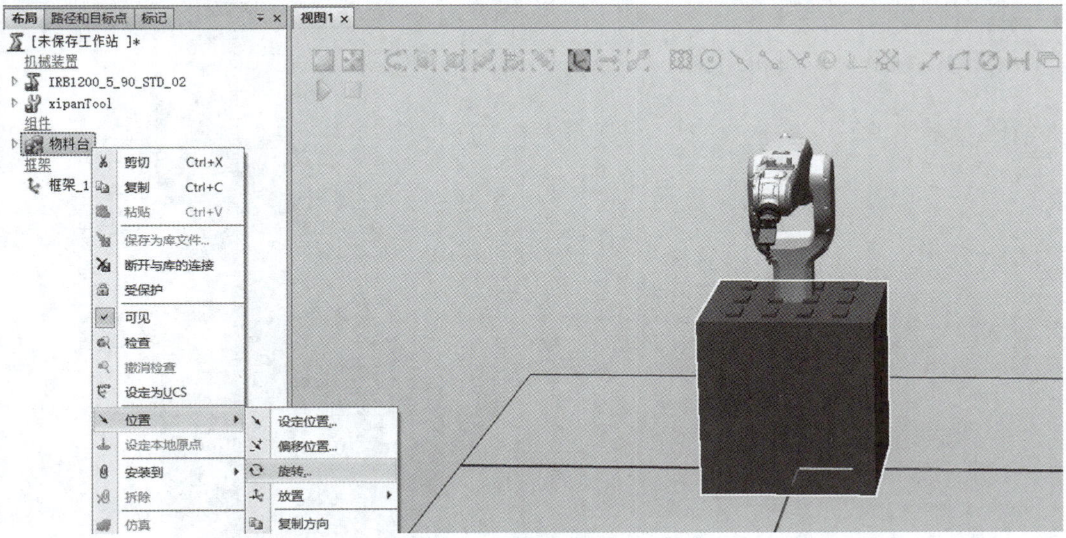

图 4-4-3 导入“物料台. rslib”并单击“位置”→“旋转”

第 4 步：参考选择“本地”，绕 Z 轴旋转 90°，之后单击“应用”→“关闭”，如图 4-4-4 所示。

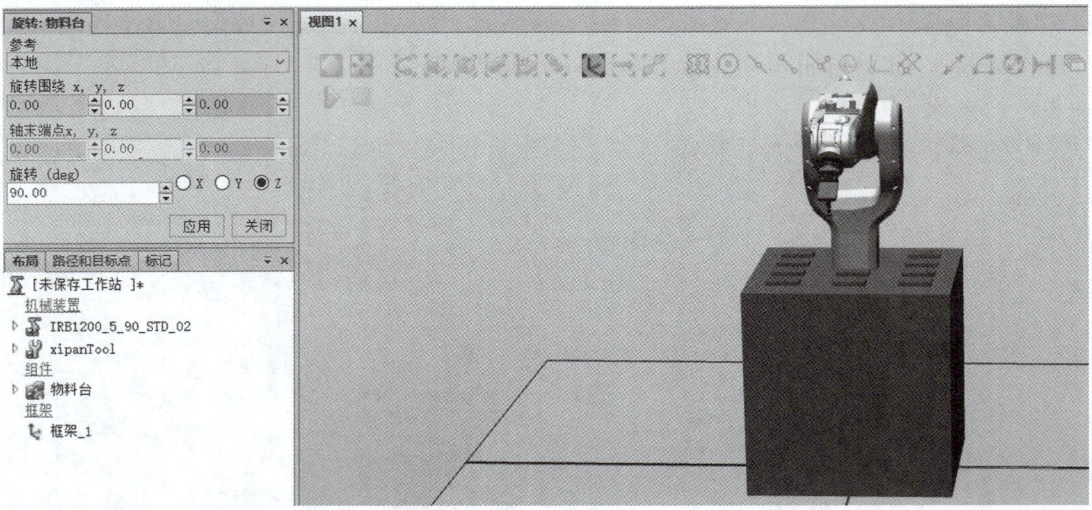

图 4-4-4　绕 Z 轴旋转 90°

第 5 步：利用"基本"功能选项卡下"Freehand"选项组中的移动工具，沿 X 轴正方向拖动"物料台"，使"物料台"在机器人的加工区域内，如图 4-4-5 所示。

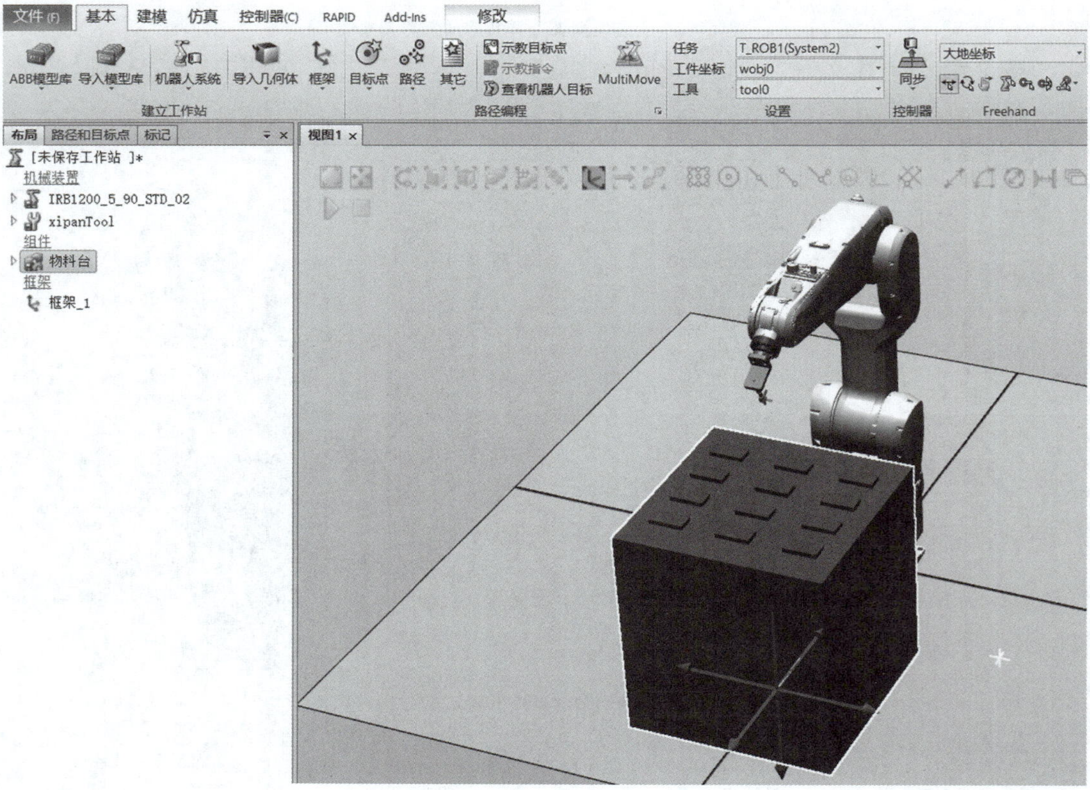

图 4-4-5　移动"物料台"到机器人的加工区域内

第 6 步：导入几何体"仓储台"，如图 4-4-6 所示。

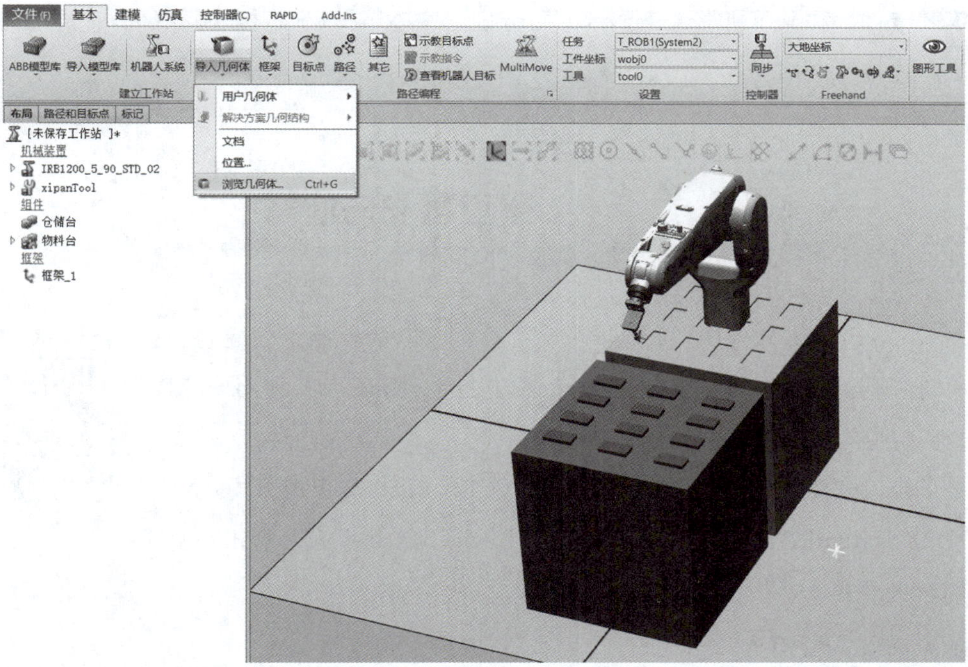

图 4-4-6 导入几何体“仓储台”

第 7 步：利用“基本”功能选项卡下“Freehand”选项组中的移动工具，沿 Y 轴正方向拖动“仓储台”，选中机器人，右击，单击“显示机器人工作区域”，使“仓储台”和“物料台”都在机器人工作区域内，如图 4-4-7 所示。

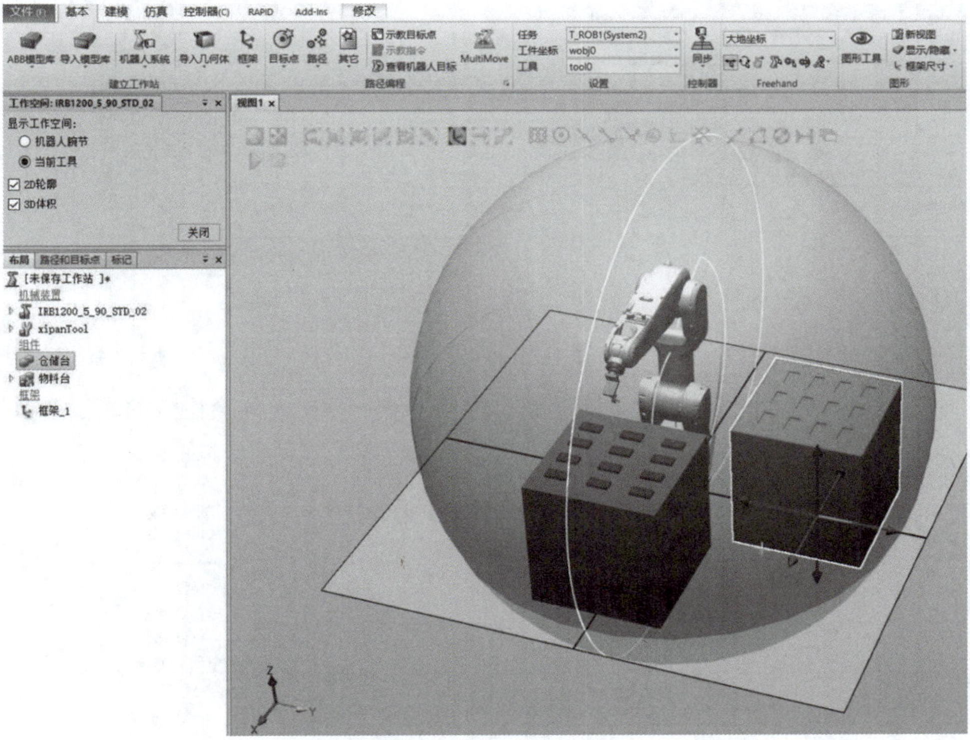

图 4-4-7 搬运工作站布局

第 8 步:取消“显示机器人工作区域”,分别选中“xipanTool”和“物料台”,右击,选择“断开与库的连接”,之后保存工作站,命名为“banyun. rsstn”。

4.5 建立板卡与信号

在 RobotStudio 软件中,板卡与信号除了在虚拟示教器里创建,也可以利用“控制器”功能选项卡中的配置工具进行创建,还可以利用“RAPID”功能选项卡中的工具进行创建。

微课

建立板卡与信号

第 1 步:在“RAPID”功能选项卡中,展开“System2”,再展开“配置”,双击“I/O System”,在弹出的界面中选中“DeviceNet Device”,右击,单击“新建 DeviceNet Device”,如图 4-5-1 所示。

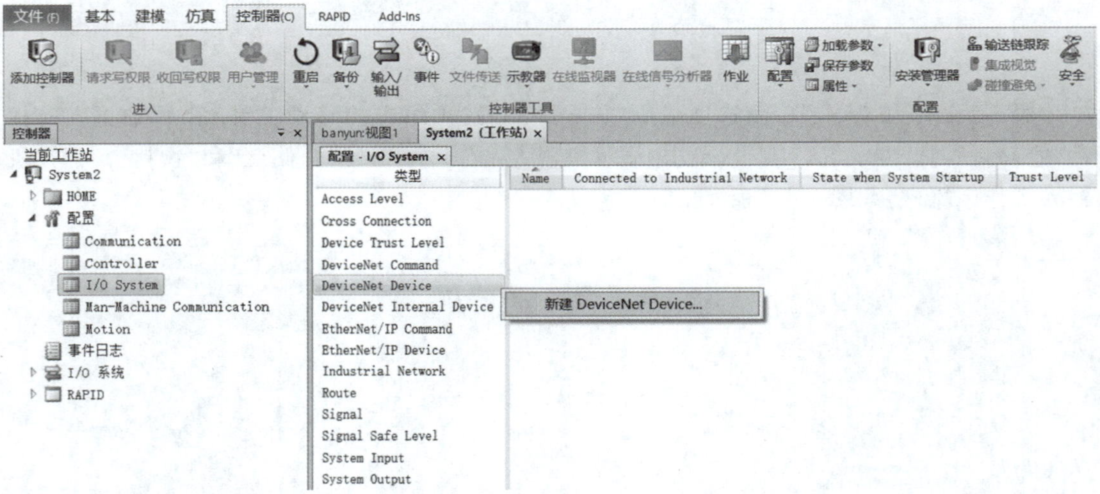

图 4-5-1 新建 DeviceNet Device

第 2 步:“使用来自模板的值”选择“DSQC 651 Combi I/O Device”,地址“Address”改为“10”,如图 4-5-2 所示,之后单击“确定”,弹出控制器重启后更改才会生效的提示对话框,单击“确定”,如图 4-5-3 所示。

第 3 步:选中“Signal”,右击,单击“新建 Signal”,如图 4-5-4 所示。

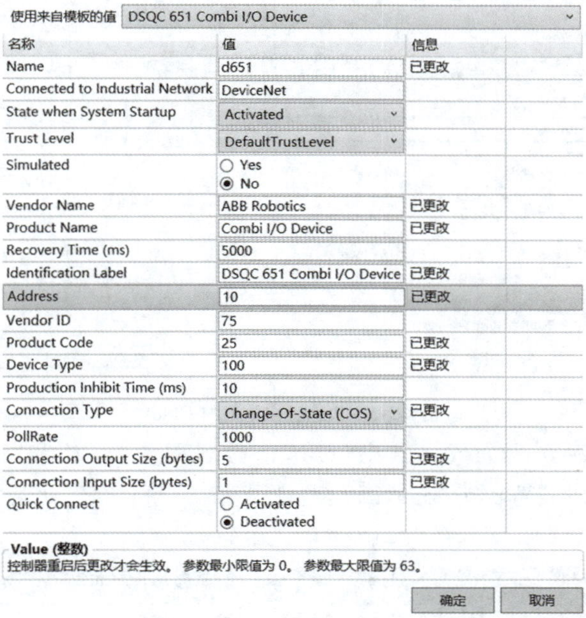

图 4-5-2 地址“Address”改为“10”

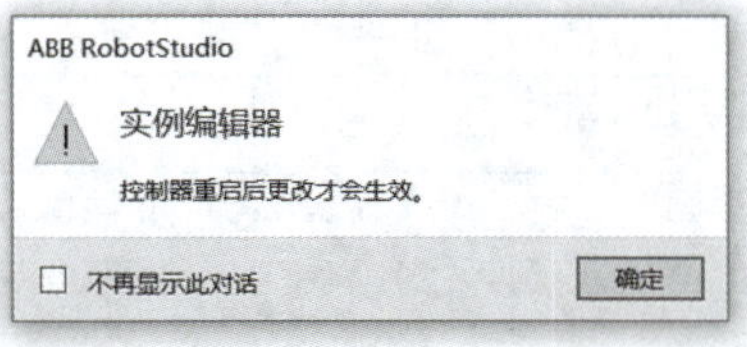

图 4-5-3 提示对话框

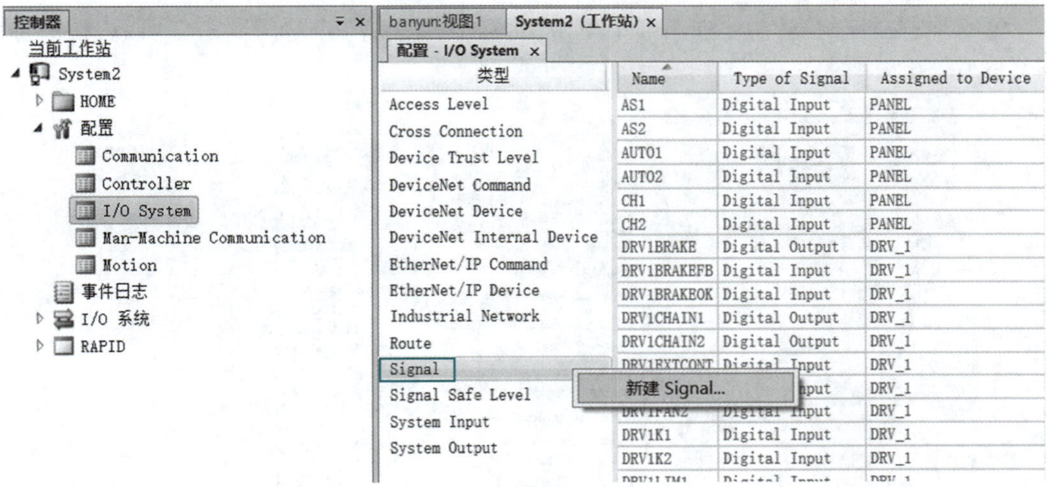

图 4-5-4 单击“新建 Signal”

第 4 步:建立数字输出信号,信号名称为“do1”,信号类型为“Digital Output”,归属装置为“d651”板,地址设为“32”,之后单击“确定”,如图 4-5-5 所示。弹出控制器重启后更改才会生效的提示对话框,单击“确定”。

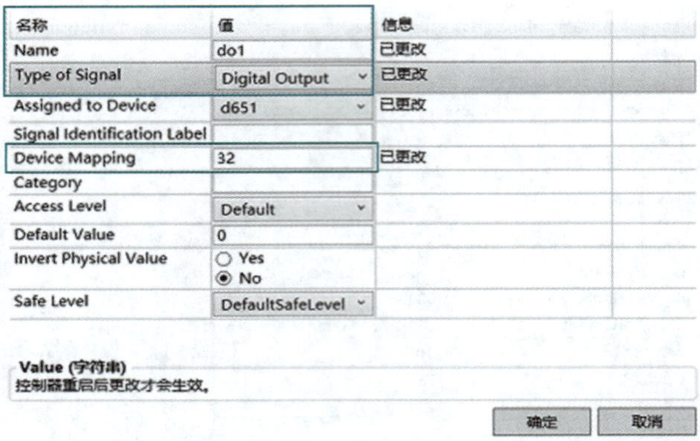

图 4-5-5　建立数字输出信号 do1

第 5 步：同理再建立两个数字输出信号，信号名称为“do2”和“do3”，信号类型都为“Digital Output”，归属装置都为“d651”板，地址设为“33”和“34”，之后单击“确定”。新建立的数字输出信号如图 4-5-6 所示的“do1”、“do2”和“do3”。

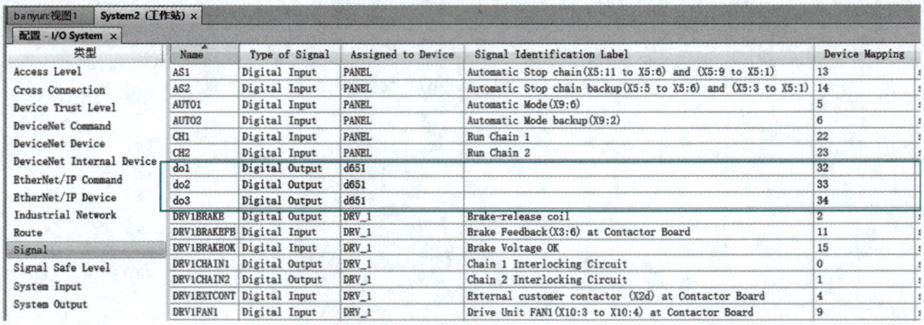

图 4-5-6　新建立的三个数字输出信号

第 6 步：在“控制器”功能选项卡中单击“重启”→“重启动”，如图 4-5-7 所示，使添加的板卡与信号生效。

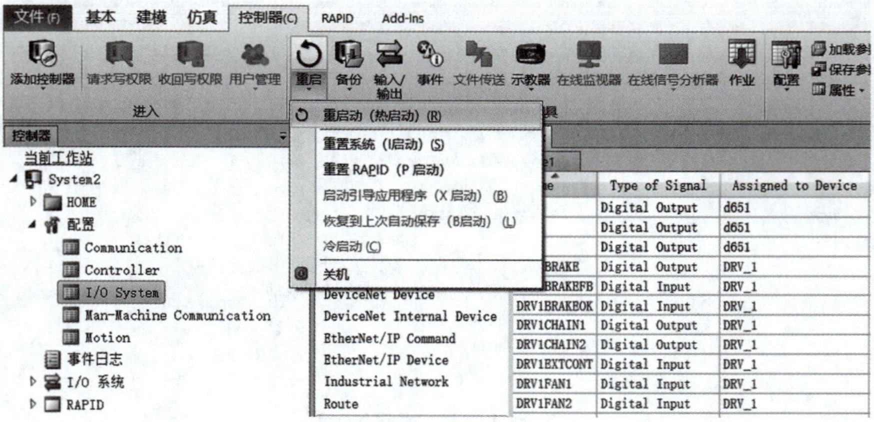

图 4-5-7　重启动

4.6 编写程序

微课

编写程序

在 RobotStudio 软件里，可以在虚拟示教器里编程，也可以利用“RAPID”功能选项卡编程，利用“RAPID”功能选项卡编程需要操作员熟记指令，但其可以展示较多行指令，因而有助于识读程序。

第 1 步：在“RAPID”功能选项卡中展开左侧控制器窗口中的“RAPID”，再展开任务“T_ROB1”及模块“Module1”，双击“main”，进入编程界面，如图 4-6-1 所示，之后删除带！号的绿色注释部分。

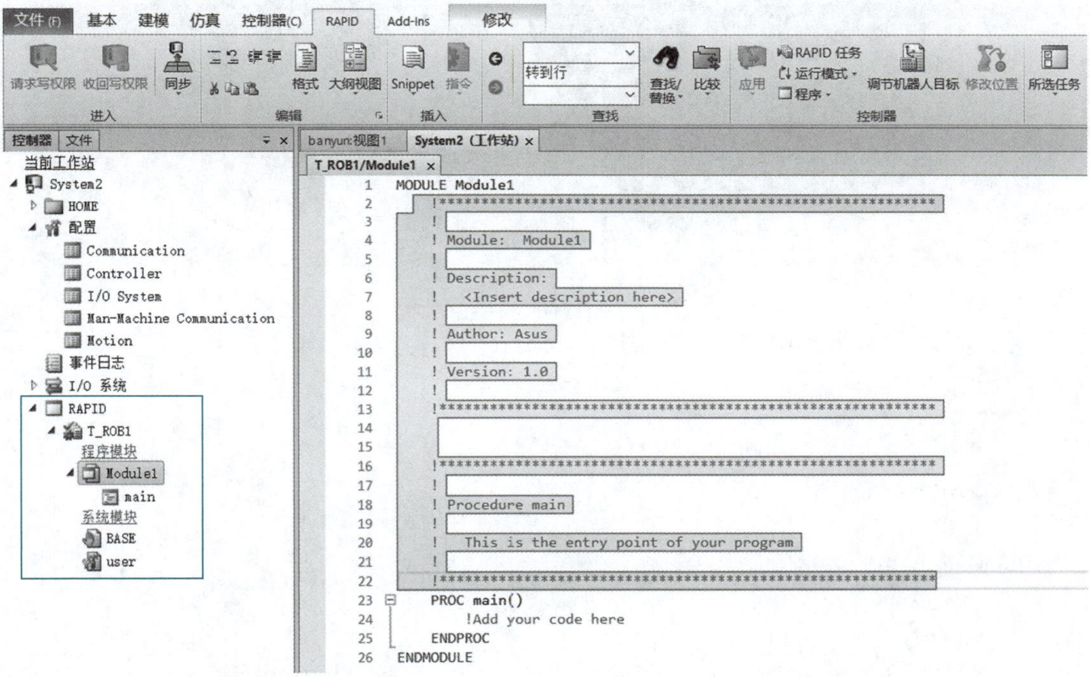

图 4-6-1 进入编程界面

如图 4-6-2 所示，物料前后距离为 100 mm，左右距离为 160 mm，物料槽前后距离为 100 mm，左右距离为 140 mm。设置三个 num 型变量 noffs、noffsx 和 noffsy，初始值分别为 100 mm、160 mm 和 140 mm。这三个变量用于编程过程中目标点位的偏移。若有类似的搬运任务，但间隔数据不一样，则只需改变初始的声明变量值，不用去修改程序语句，程序可移植性好。本节中示教了第一个物料的拾取点 pPick 和放置点 pPlace，还设置了机器人的安全工作点 phome。

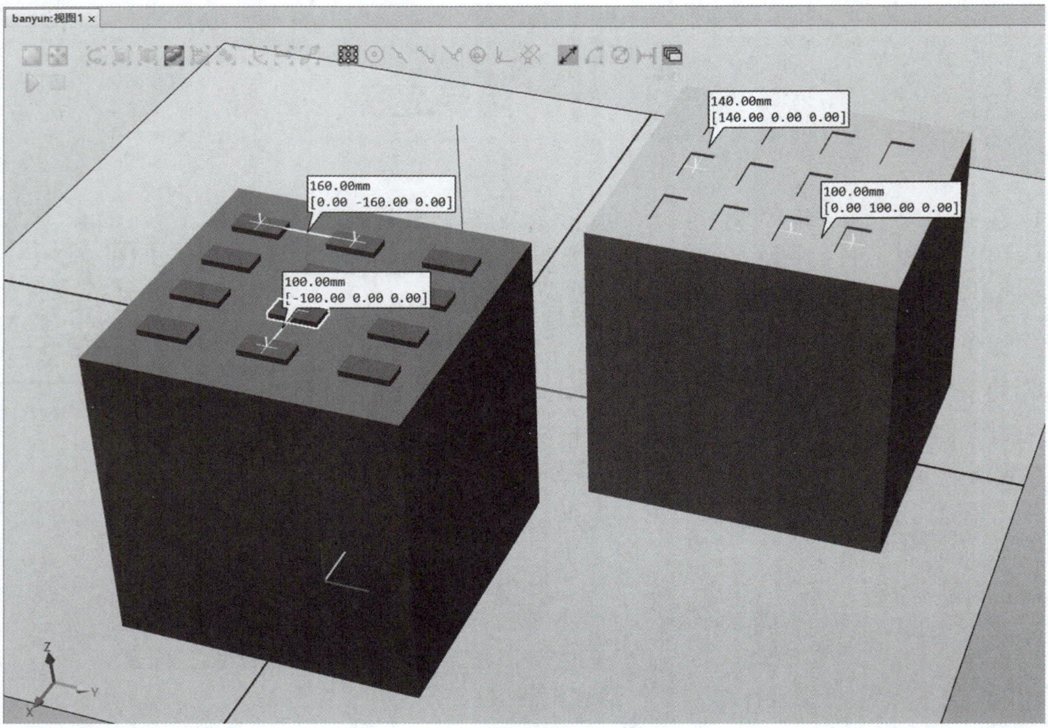

图 4-6-2 等间距物料与物料槽

第 2 步：在编程界面中编写如下程序：

```
MODULE Module1
    VAR num noffs:=100;
    VAR num noffsx:=160;
    VAR num noffsy:=140;
    VAR num r;
PROC main()
    chushihua;
    set do3;
    waittime 0.5;
    WHILE r<12 DO
    zhuaqu;
    fangzhi;
    incr r;
    ENDWHILE
    reset do3;
    waittime 0.5;
    MoveAbsJ phome\NoEOffs, v1000, fine, tool0;
ENDPROC
PROC chushihua()
    MoveAbsJ phome\NoEOffs, v1000, fine, tool0;
    Reset do1;
    Reset do2;
    Reset do3;
```

```
    r:=0;
ENDPROC

PROC zhuaqu()
  IF r<4 THEN
    MoveJ Offs(pPick, noffs * r,0,50), v1000, fine, tool0;
    MoveJ offs(pPick, noffs * r,0,0),v1000, fine, tool0;
    Set do1;
    waittime 0.5;
    MoveJ Offs(pPick, noffs * r,0,50), v1000, fine, tool0;
    Reset do1;
    waittime 0.5;
  ENDIF
  IF r>3 and r<8 THEN
    MoveJ Offs(pPick, noffs * (r-4), -noffsx,50), v1000, fine, tool0;
    MoveJ Offs(pPick, noffs * (r-4), -noffsx,0),v1000, fine, tool0;
    Set do1;
    waittime 0.5;
    MoveJ Offs(pPick, noffs * (r-4), -noffsx,50), v1000, fine, tool0;
    Reset do1;
    waittime 0.5;
  ENDIF
  IF r>7 and r<12 THEN
    MoveJ Offs(pPick, noffs * (r-8), -noffsx*2,50), v1000, fine, tool0;
    MoveJ Offs(pPick, noffs * (r-8), -noffsx*2,0),v1000, fine, tool0;
    Set do1;
    waittime 0.5;
    MoveJ Offs(pPick, noffs * (r-8), -noffsx*2,50), v1000, fine, tool0;
    Reset do1;
    waittime 0.5;
  ENDIF
ENDPROC

PROC fangzhi()
  IF r<4 THEN
    MoveJ Offs(pPlace,0, noffs * r,50), v1000, fine, tool0;
    MoveJ Offs(pPlace,0, noffs * r,0), v1000, fine, tool0;
    Set do2;
    waittime 0.5;
    MoveJ Offs(pPlace,0, noffs * r,50), v1000, fine, tool0;
    Reset do2;
    waittime 0.5;
  ENDIF
  IF r>3 and r<8 THEN
    MoveJ Offs(pPlace,- noffsy, noffs * (r-4),50), v1000, fine, tool0;
```

```
    MoveJ Offs(pPlace,- noffsy, noffs * (r-4),0),v1000, fine, tool0;
    Set do2;
    waittime 0.5;
    MoveJ Offs(pPlace,- noffsy, noffs * (r-4),50), v1000, fine, tool0;
    Reset do2;
    waittime 0.5;
  ENDIF
  IF r>7 and r<12 THEN
    MoveJ Offs(pPlace,- noffsy * 2, noffs * (r-8),50), v1000, fine, tool0;
    MoveJ Offs(pPlace,- noffsy * 2, noffs * (r-8),0),v1000, fine, tool0;
    Set do2;
    waittime 0.5;
    MoveJ Offs(pPlace,- noffsy * 2, noffs * (r-8),50), v1000, fine, tool0;
    Reset do2;
    waittime 0.5;
  ENDIF
ENDPROC
ENDMODULE
```

由于并未声明位置程序数据 pPick、pPlace 和 phome，所以在编程界面中这三个变量下面是打红色波浪线的。在示教器里定义了 pPick、pPlace 和 phome 后，RAPID 编程界面这三个变量下面的红色波浪线将消失。

第 3 步：在“RAPID”功能选项卡中单击“应用”→“全部应用”，如图 4-6-3 所示。这样即把在“RAPID”功能选项卡中编写的程序、定义的变量等全部导入示教器。“应用”的作用是把程序中有更改的部分应用到示教器里。

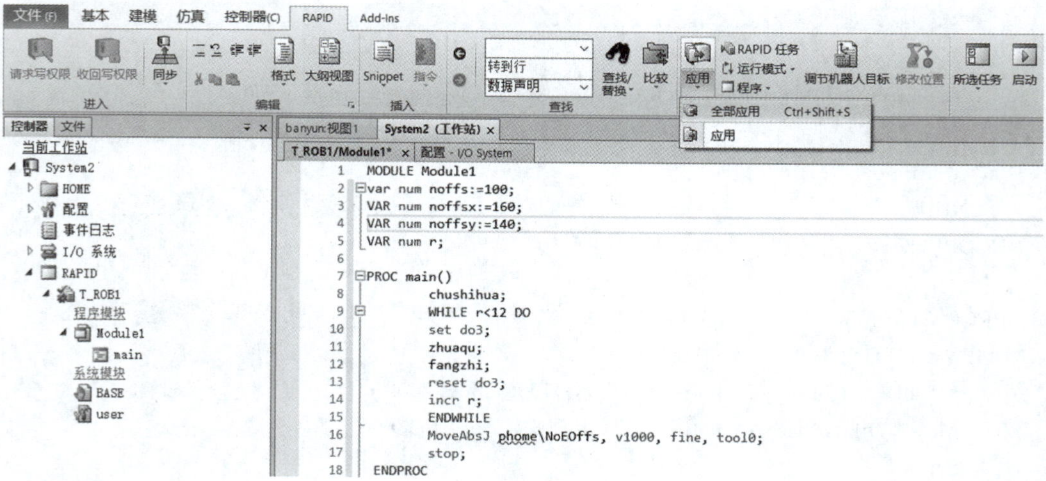

图 4-6-3 全部应用

第 4 步：执行“全部应用”之后，“Module1”中就添加了其他子程序，如图 4-6-4 所示。在“控制器”功能选项卡中单击“示教器”→“虚拟示教器”，如图 4-6-5 所示。

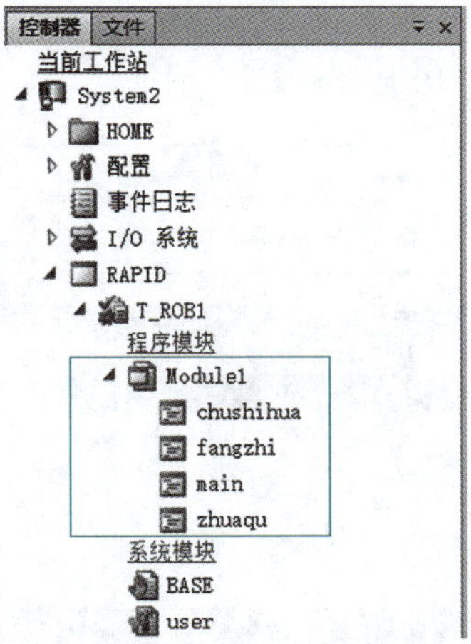

图 4-6-4 “Module1”中添加了子程序

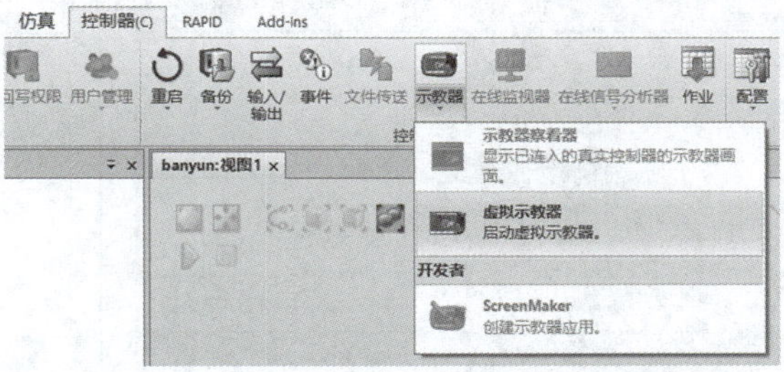

图 4-6-5 启动“虚拟示教器”

第 5 步：由“自动”模式切换到“手动”模式，在示教器主界面里单击“程序数据”，如图4-6-6 所示。

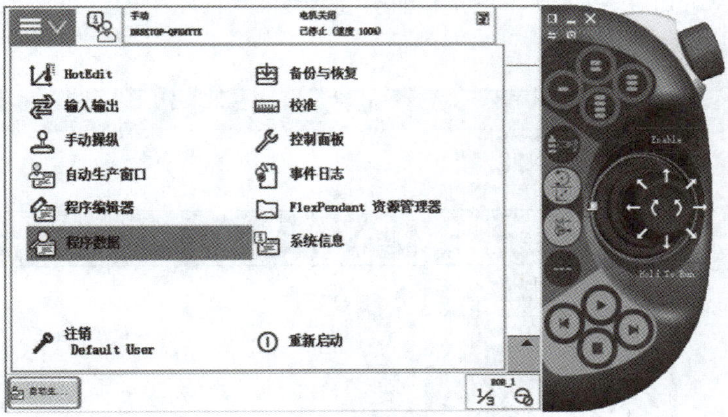

图 4-6-6 进入程序数据

第 6 步：单击“视图”，选择“全部数据类型”，之后选中“jointtarget”型数据，单击“显示数据”，如图 4-6-7 所示；然后单击“新建”，名称设为“phome”，其余选项保持默认值，如图 4-6-8 所示。单击“初始值”，将 6 个轴的角度设为(0°,0°,0°,0°,30°,0°)。

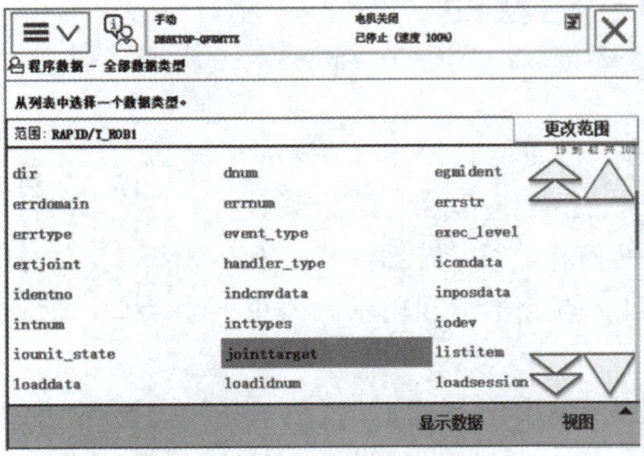

图 4-6-7 选中“jointtarget”型数据

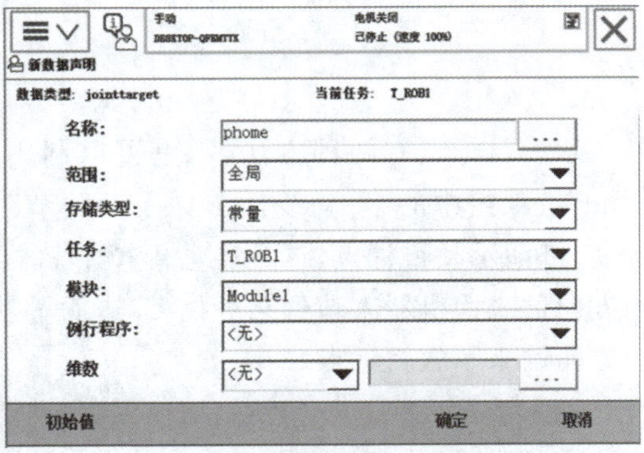

图 4-6-8 新建“phome”数据

第 7 步：选中“robtarget”型数据，单击“显示数据”，如图 4-6-9 所示，然后单击“新建”，建立名称为“pPick”和“pPlace”的两个位置常量，如图 4-6-10 所示。

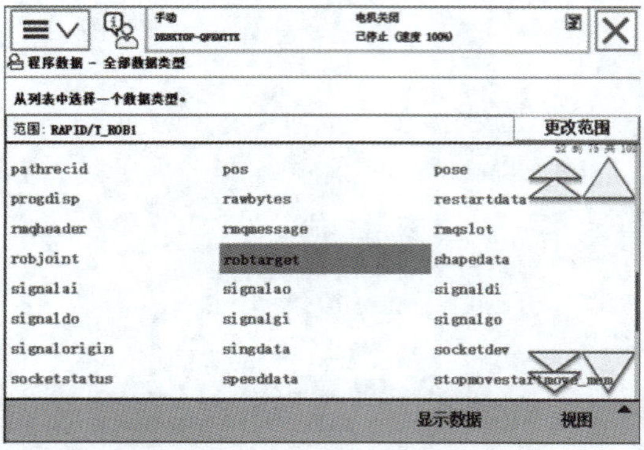

图 4-6-9　选中“robtarget”型数据

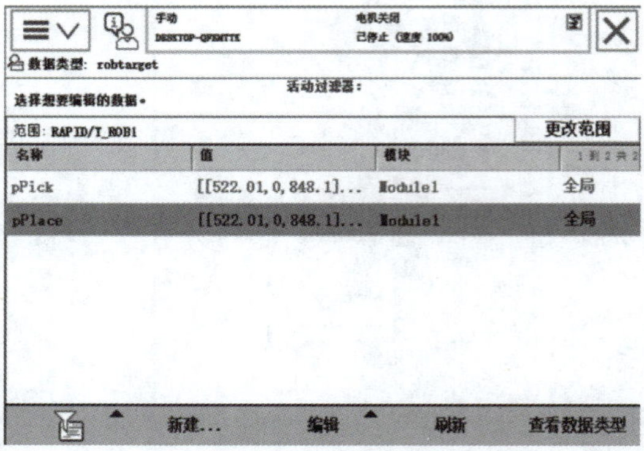

图 4-6-10　建立“pPick”和“pPlace”数据

在示教器里创建了 phome、pPick 和 pPlace 三个程序数据后，“RAPID”功能选项卡下左侧控制器窗口“Module1”中增加了三条位置常量声明，原程序中的红色波浪线也不见了，如图 4-6-11 所示。

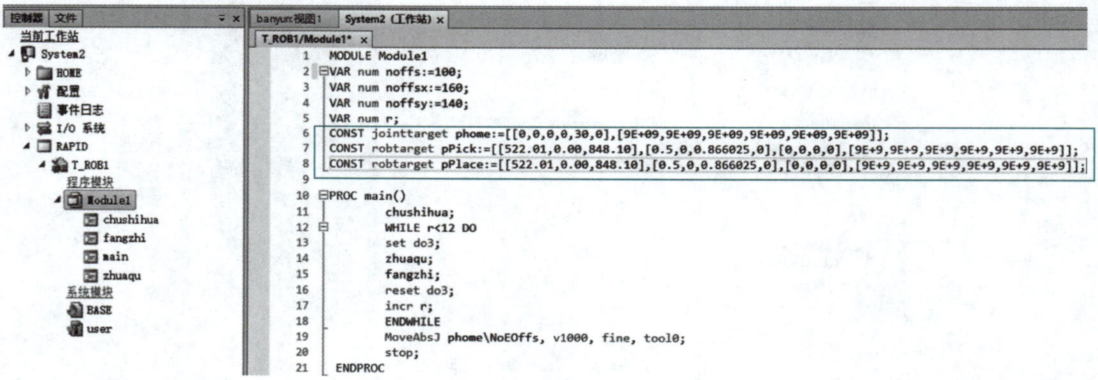

图 4-6-11　红色波浪线消失

4.7 示教目标点

示教目标点有两种方法，一是可以利用“基本”功能选项卡下“Freehand”选项组中的“手动线性”与“手动关节”来快捷操作机器人到达某种位姿，进而示教目标点；二是启动虚拟示教器，像操作真实示教器一样，利用方向键来使机器人达到某种位姿，进而示教目标点。本节利用示教器里的方向键来示教目标点。

微课

示教目标点

第 1 步：启动虚拟示教器，切换到“手动”模式，单击示教器上的“Enable”，切换到“轴 4-6”运行方式，机器人从安全工作点状态先沿 5 轴正方向运行，如图 4-7-1 所示，目的是避免机器人手臂在下降过程中出现奇异点。

图 4-7-1　先沿 5 轴正方向运行

第 2 步：切换到“线性”运行方式，Z 轴向下运行，如图 4-7-2 所示。

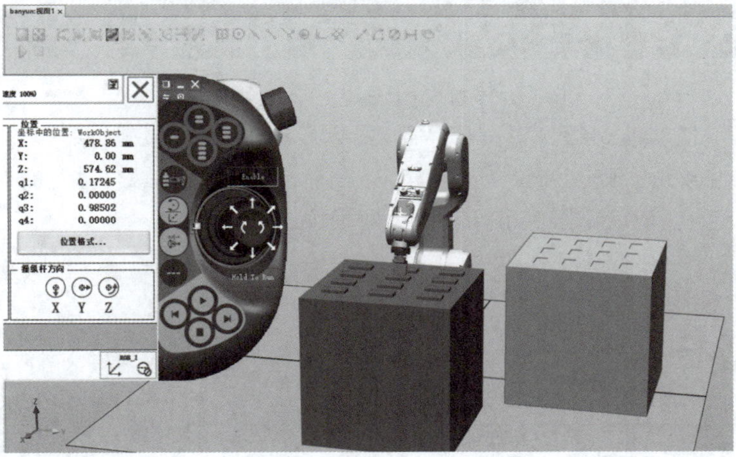

图 4-7-2　*Z* 轴向下线性运行

第 3 步：切换到“轴 4-6”运行方式，调节 5 轴的负方向，使吸盘工具垂直于物料台表面，如图 4-7-3 所示。

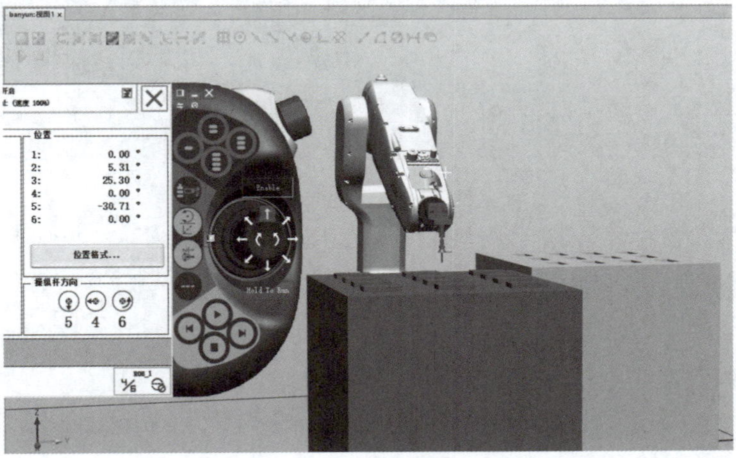

图 4-7-3　调节 5 轴使吸盘工具垂直于物料台表面

第 4 步: 切换到“线性”运行方式，移动 X、Y、Z 轴，使吸盘轻轻接触物料上表面中心，如图 4-7-4 所示。

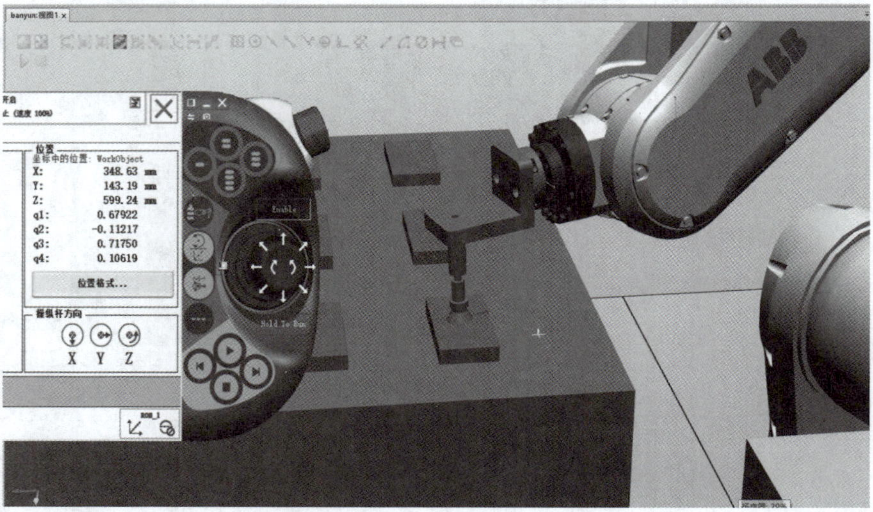

图 4-7-4 将吸盘移动到第一个物料上表面中心

第 5 步: 示教器切换到“程序数据”界面，找到“robtarget”型数据，单击“显示数据”，选中“pPick”，单击“编辑”→“修改位置”，如图 4-7-5 所示。弹出确认修改位置的对话框，单击“修改”，此时机器人的位姿就记录到 pPick 点位数据内了。

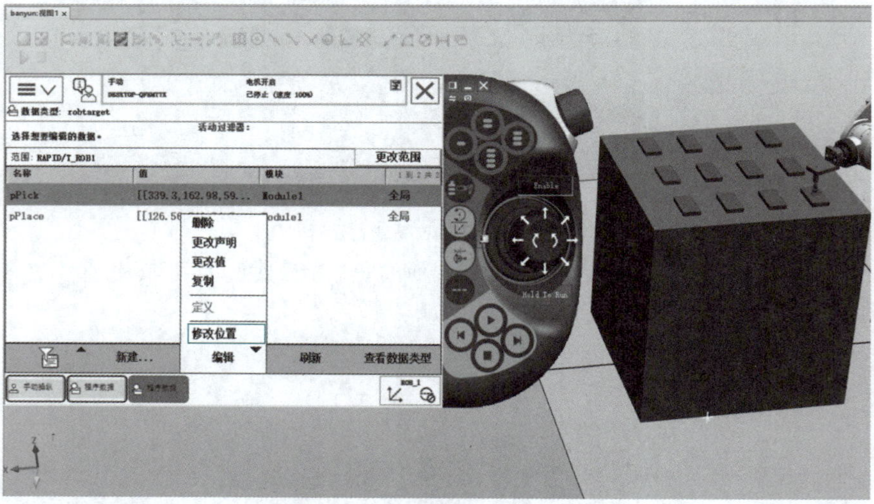

图 4-7-5 示教 pPick 点

第 6 步: 展开“物料台”，选中“物料块_6”，右击，单击“安装到”→“吸盘工具”，如图 4-7-6 所示，弹出询问是否希望更新物料块_6 位置的对话框，单击“否”，保存现有位置。

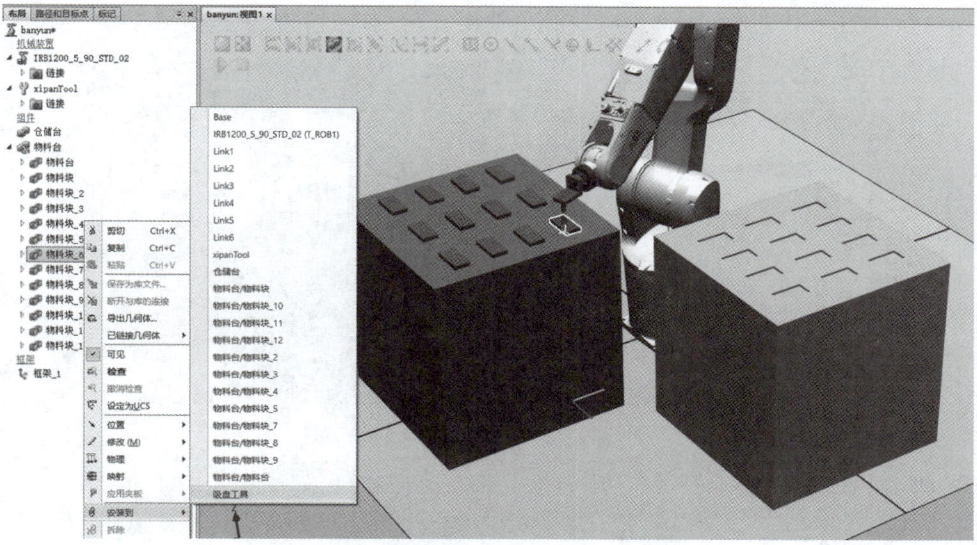

图 4-7-6 “安装到”到“吸盘工具”

第 7 步：示教器切换到程序编辑器界面，如图 4-7-7 所示，单击“调试”，再单击“PP 移至例行程序”，选中“chushihua”程序，单击“确定”。

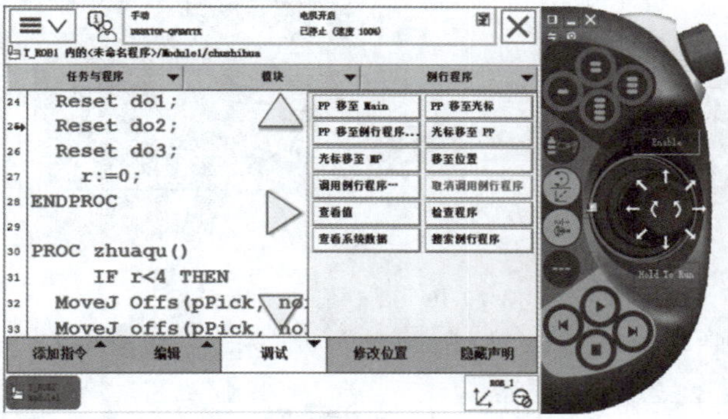

图 4-7-7 PP 移至“chushihua”程序

第 8 步：单击“单步运行”，执行回安全点指令，如图 4-7-8 所示。

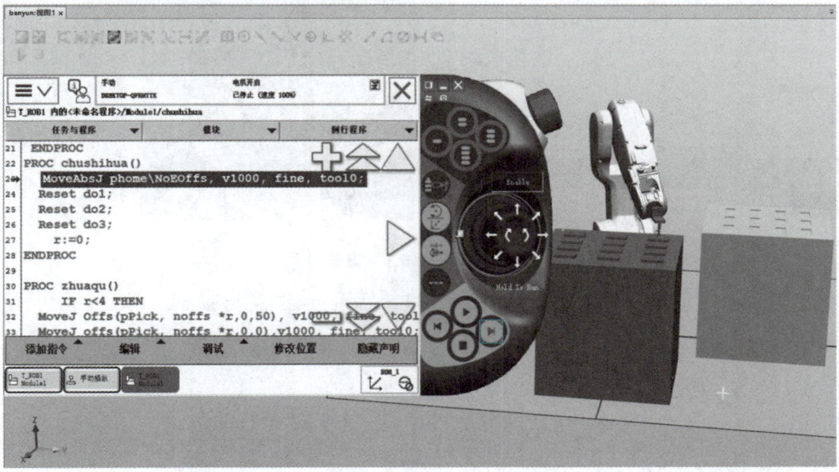

图 4-7-8 执行回安全点指令

第 9 步:切换到“轴 1-3”运行方式,沿 1 轴正方向运行,如图 4-7-9 所示。

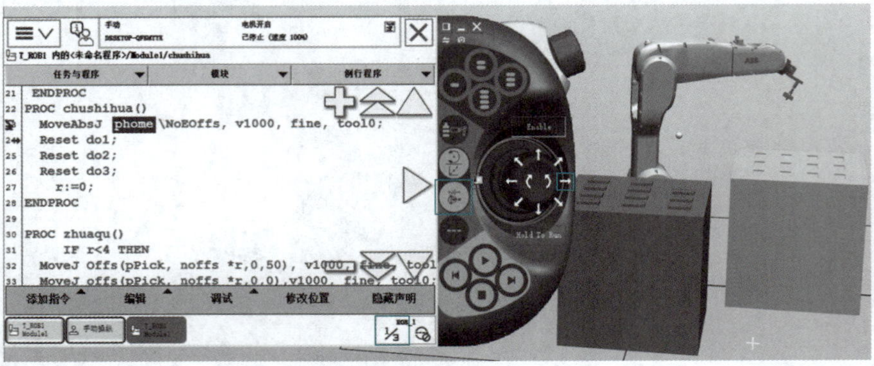

图 4-7-9　沿 1 轴正方向运行

第 10 步:切换到“轴 4-6”运行方式,沿 5 轴正方向运行,如图 4-7-10 所示。

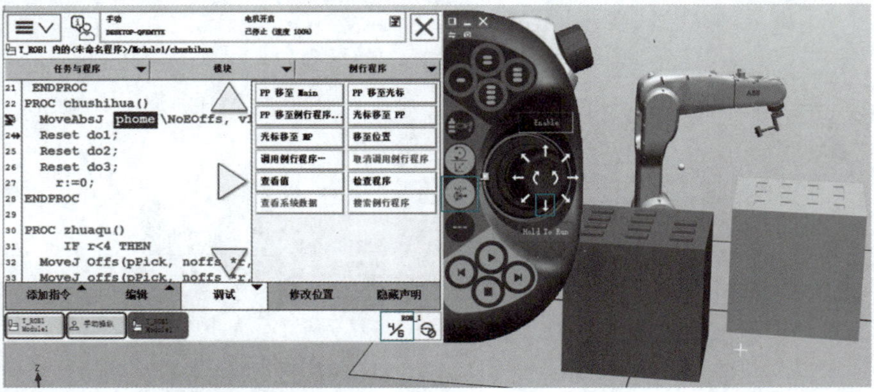

图 4-7-10　沿 5 轴正方向运行

第 11 步:切换到“线性”运行方式,沿 *Z* 轴负方向运行,如图 4-7-11 所示。

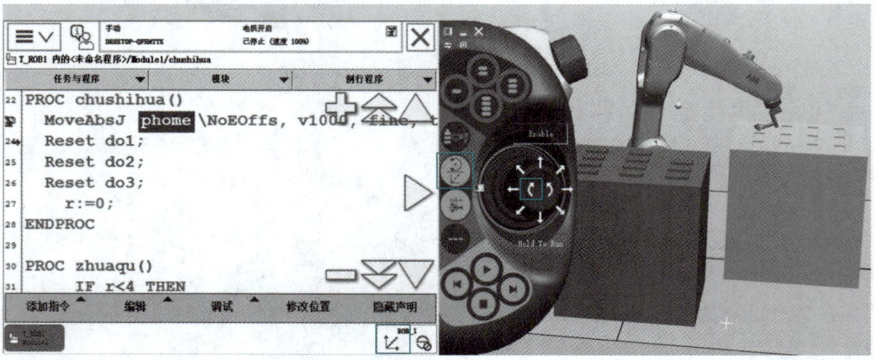

图 4-7-11　沿 *Z* 轴负方向运行

第 12 步:切换到“轴 4-6”运行方式,沿 5 轴负方向运行,使吸盘工具垂直于仓储槽平面,如图 4-7-12 所示。

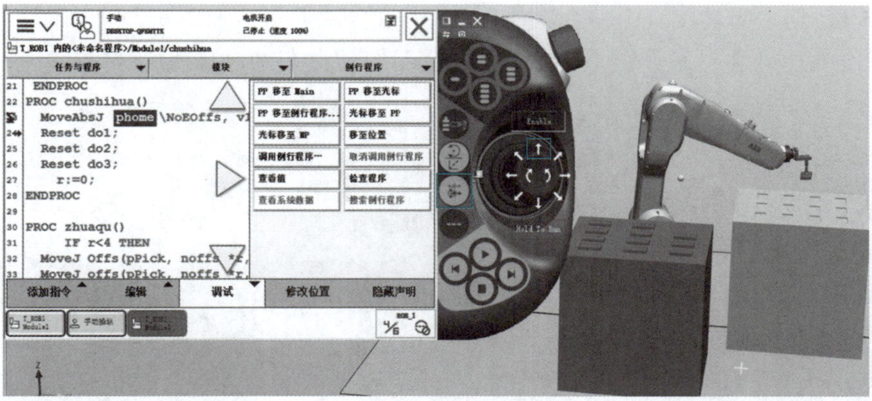

图 4-7-12　沿 5 轴负方向运行

第 13 步:切换到"线性"运行方式,运行 X、Y、Z 轴,将物料放到仓储槽内,若物料的面与仓储台面不平行,则调节 5 轴或 6 轴;若物料的边与仓储槽的边不平行,则调节 1 轴。反复调试,直到把物料放到 5 mm 深的仓储槽内,如图 4-7-13 所示。

图 4-7-13　线性运动把物料放到仓储槽

第 14 步:示教器切换到"程序数据"界面,找到"robtarget"型数据,单击"显示数据",选中"pPlace",单击"编辑"→"修改位置",如图 4-7-14 所示。弹出确认修改位置的对话框,单击"修改",此时机器人的位姿就记录到 pPlace 点位数据内了。

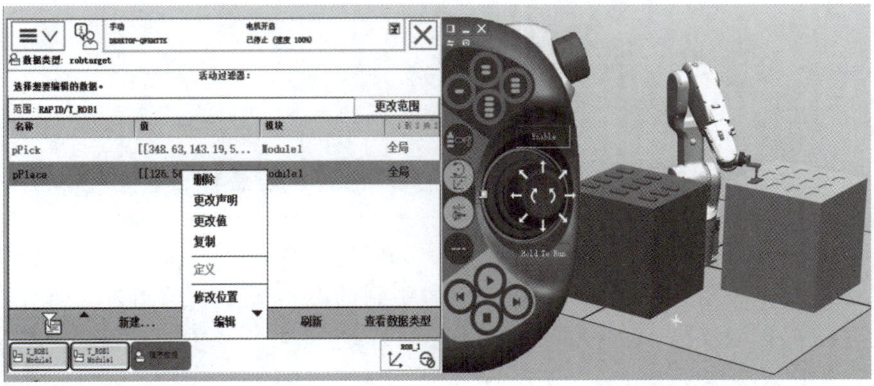

图 4-7-14　示教 pPlace 点

第 15 步：选中吸盘工具上的物料块_6，右击，单击“拆除”，如图 4-7-15 所示。弹出询问是否希望恢复物料块_6 位置的对话框，单击“是”，恢复物料块_6 的原有位置。

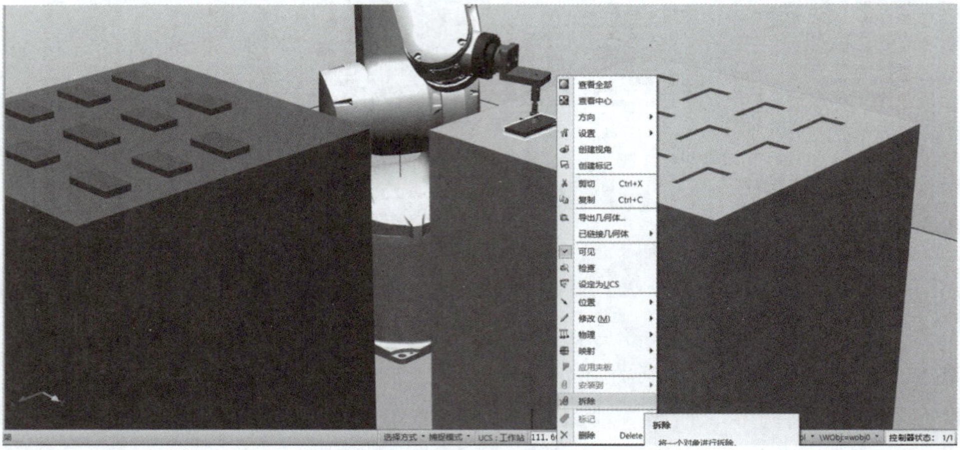

图 4-7-15　拆除物料块_6

第 16 步：示教完拾取物料点和放置物料点后，如图 4-7-16 所示，单击“调试”→“PP 移至 Main”，之后单击“连续运行”，查看机器人运行轨迹是否正确。

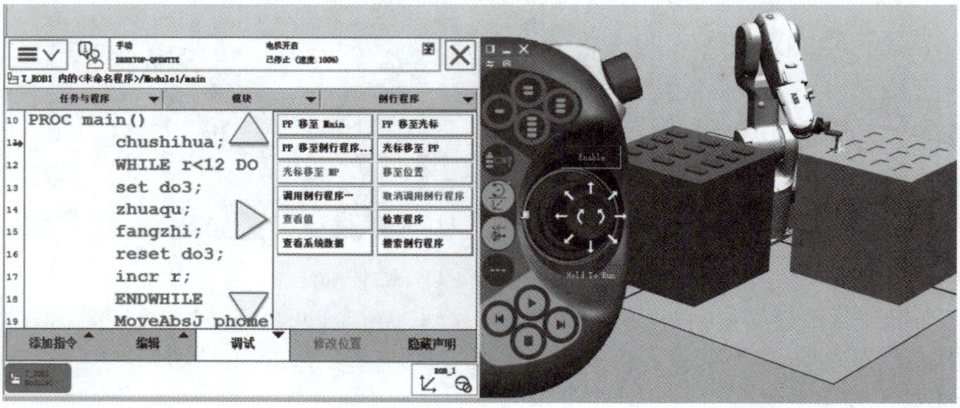

图 4-7-16　查看机器人运行轨迹是否正确

4.8 Smart组件设置

本工作站创建具有动态效果的搬运过程，用到的 Smart 子对象组件（简称子组件）有 LineSensor、Attacher 和 Detacher。这几个 Smart 子对象组件的属性和信号说明见表 4-8-1 至表 4-8-3。

微课

Smart组件设置

表 4-8-1 **LineSensor 属性和信号说明**

功能	属性/信号		说明
检测是否有对象与两点之间的对象相交	属性	Start	线传感器起始点
		End	线传感器结束点
		Radius	线传感器半径
		SensedPart	与 LineSensor 相交的部件，如果有多个部件相交，则感应出距离线传感器起始点最近的部件
		SensedPoint	距离线传感器起始点最近的相交对象上的点
	信号	Active	设定为 high (1)去激活传感器
		SensorOut	当对象与线段相交时变成 high (1)

LineSensor 为线传感器，根据 Start、End 和 Radius 定义一条线段。当 Active 信号为 1 时，传感器将检测与该线段相交的对象。相交的对象显示在 SensedPart 属性中，距离线传感器起始点最近的相交对象上的点显示在 SensedPoint 属性中。出现相交时，SensorOut 输出高电平信号 1。

表 4-8-2 **Attacher 属性和信号说明**

功能	属性/信号		说明
安装一个对象	属性	Parent	安装的父对象
		Flange	要安装在机械装置的哪一个法兰上
		Child	要安装的对象
		Mount	如果为 True，子对象安装到父对象上
		Offset	当使用 Mount 时，指定相对于父对象的位置
		Orientation	当使用 Mount 时，指定相对于父对象的方向
	信号	Execute	设定为 high (1)去安装
		Executed	当此操作完成时变成 high (1)

Attacher 的功能是安装一个对象，当 Execute 信号为 1 时，将 Child 安装到 Parent 上，如果 Parent 为机械装置，还必须指定要安装的 Flange。如果选中 Mount，还会指定 Offset 和 Orientation，将子对象安装到父对象上，安装完成时输出信号 Executed 为 1。

表 4-8-3 **Detacher 属性和信号说明**

功能	属性/信号		说明
拆除一个已安装的对象	属性	Child	要拆除的对象
		KeepPosition	如果是 false，已安装对象回到原始的位置
	信号	Execute	设定为 high (1)去拆除
		Executed	当此操作完成时变成 high (1)

Detacher 的功能是拆除一个已安装的对象，当 Execute 信号为 1 时，将 Child 从所安装的父对象上拆除。如果选中了 KeepPosition，位置将保持不变，否则被安装的对象将返回其

原来的位置，完成拆除时输出信号 Executed 为 1。

第 1 步：如图 4-8-1 所示，在“建模”功能选项卡中单击“Smart 组件”，将新建的 Smart-Comonent_1 重命名为“搬运 Smart”，单击“添加组件”，为搬运 Smart 组件添加子组件。

图 4-8-1 创建搬运 Smart

第 2 步：添加动作里的 Attacher 和 Detacher 子组件和传感器里的 LineSensor 子组件，如图 4-8-2 所示。

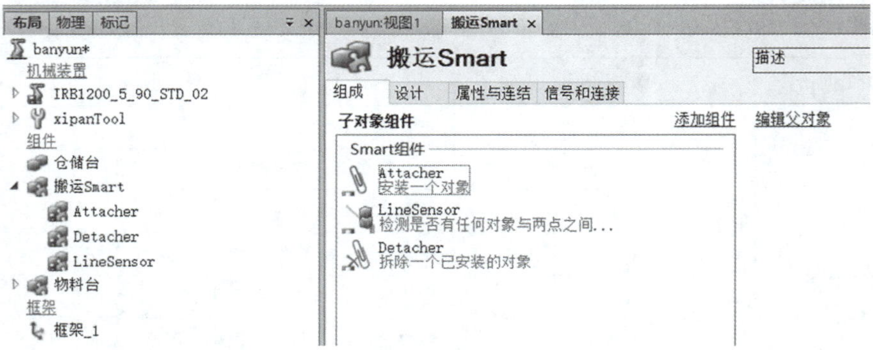

图 4-8-2 为搬运 Smart 组件添加子组件

第 3 步：选中机器人，右击，单击“机械装置手动关节”，设置 5 轴为 0°，如图 4-8-3 所示。

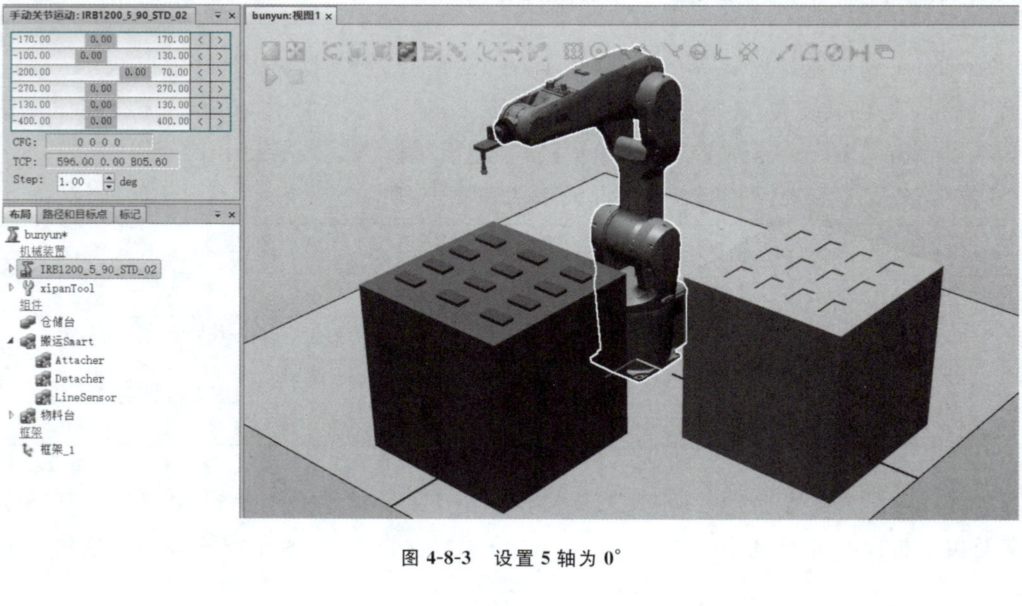

图 4-8-3 设置 5 轴为 0°

第 4 步：选中线传感器“LineSensor”，右击，单击“设置”→“设定位置”，如图 4-8-4 所示。

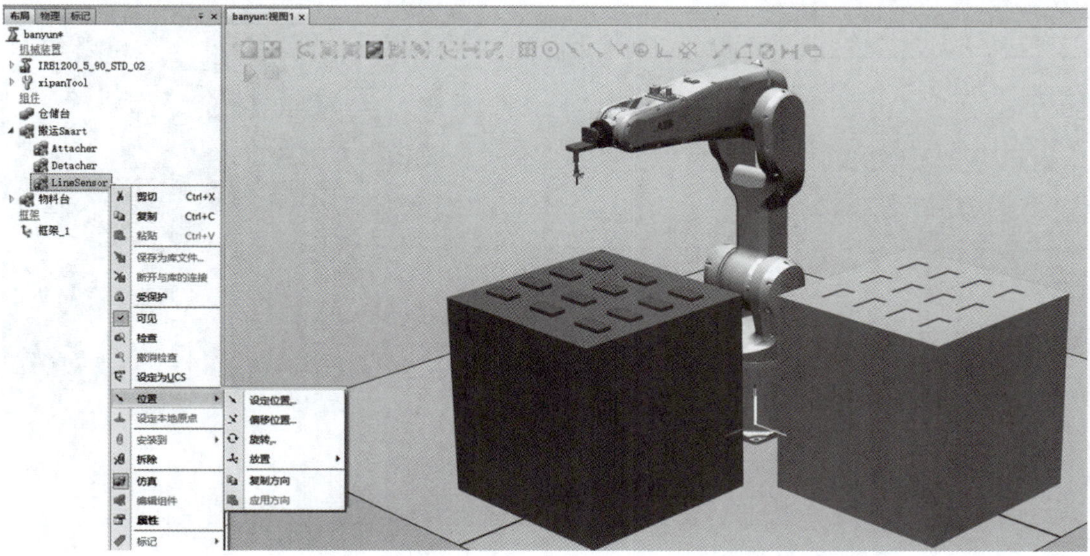

图 4-8-4 设定线传感器安装位置

第 5 步：把线传感器安装到吸盘工具末端圆心，在视图窗口区的上方选中“选择表面”和“捕捉中心”，捕捉吸盘末端圆心坐标到“位置 X、Y、Z”的坐标框内，如图 4-8-5 所示，之后单击“应用”→“关闭”。

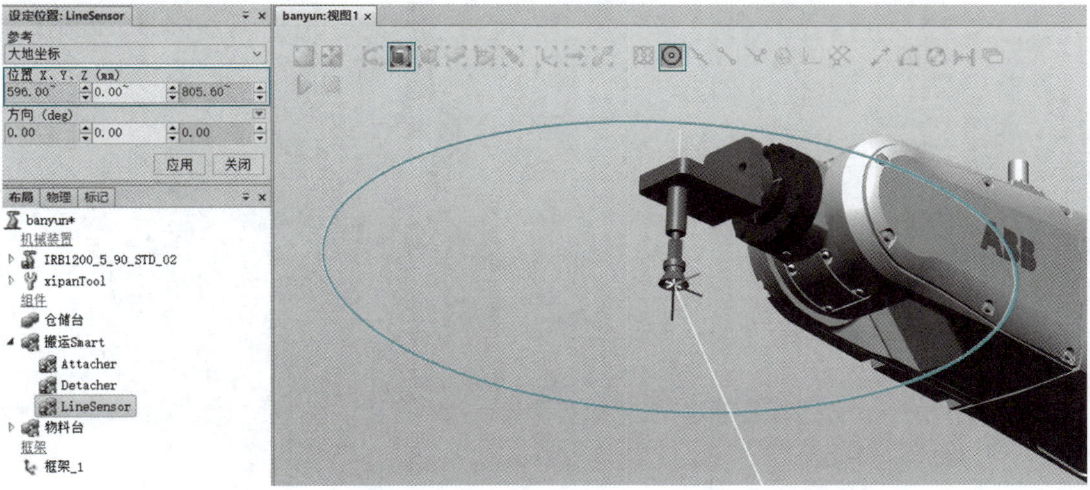

图 4-8-5 线传感器安装到吸盘工具末端圆心

第 6 步：选中线传感器“LineSensor”，右击，单击“属性”，弹出“属性”对话框，设置线传感器半径为 3 mm，如图 4-8-6 所示。在当前姿态下，线传感器的长度是起始点与终止点的 Z 坐标差值。虚拟传感器使用有一项限制，即当物体与传感器接触时，如果接触部分完全覆盖了整个传感器，则传感器不能检测到与之接触的物体。换言之，若要传感器准确检测到物体，则必须保证在接触时传感器的一部分在物体内部，一部分在物体外部。为避免吸盘拾取物料时线传感器完全进入物料内部，人为将起始点 Start 的 Z 坐标加大到 810，终止点 End 的 Z 坐标设为 795，Active 设为 1，以激活传感器。

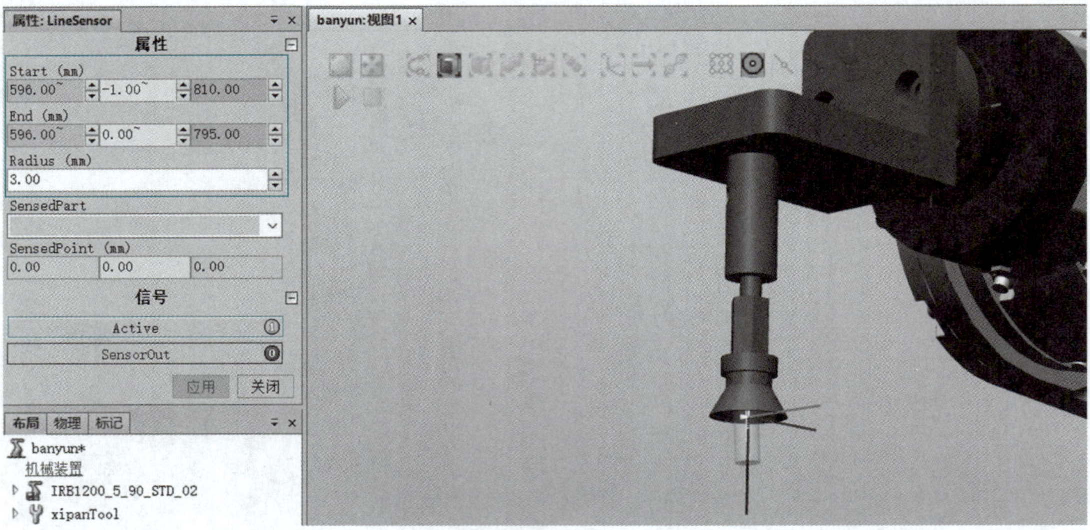

图 4-8-6　设置线传感器属性

第 7 步:为了防止传感器误检测，选中“xipanTool”，右击，取消勾选“可由传感器检测”，如图 4-8-7 所示。

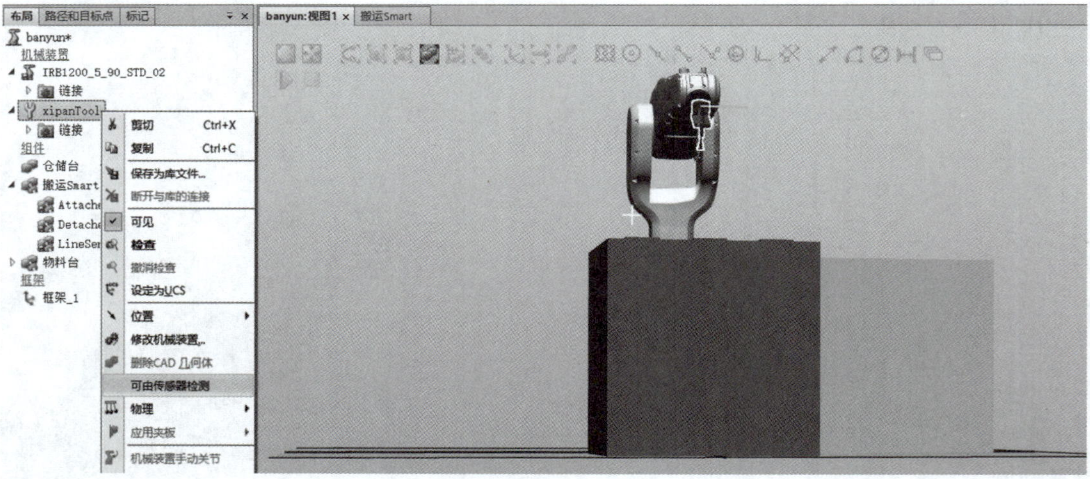

图 4-8-7　“xipanTool”不能由传感器检测

第 8 步:验证线传感器能否检测到物体。把机器人吸盘工具拖放到任一物料块上表面，选中“LineSensor”，右击，单击“属性”，弹出“属性”对话框，单击“Active”使之为 1，启动检测，这时“SensedPart”的属性内应该有检测到的物体，如图 4-8-8 所示；当机器人吸盘工具不接触物体时，再激活传感器检测，“SensedPart”的属性内无检测到的物体。

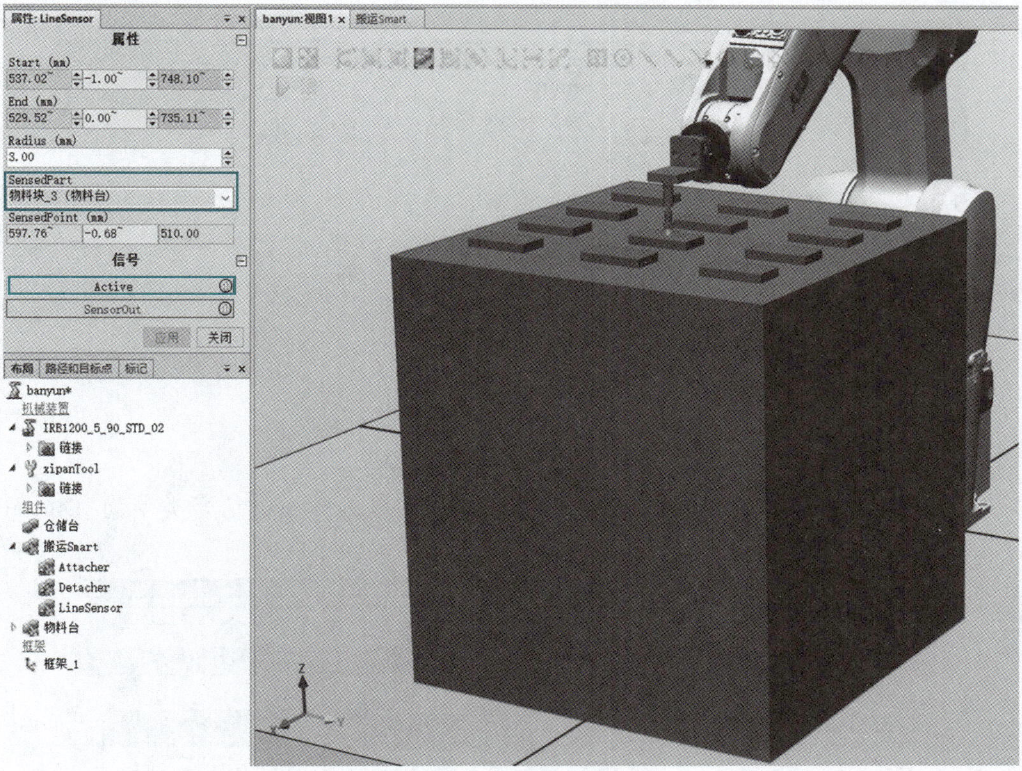

图 4-8-8 验证线传感器能否检测到物体

第 9 步:将设置好的传感器安装到吸盘工具上,选中“LineSensor”并将其拖动到“xipanTool”下,弹出“更新位置”对话框,如图 4-8-9 所示,单击“否”,这样线传感器就安装到 xipanTool 上了,也就可以跟着机器人运动了。之后使机器人回到机械原点。

第 10 步:选中“Attacher”,右击,单击“属性”,如图 4-8-10 所示,父对象 Parent 选择“xipanTool”,子对象 Child 暂不设定,之后单击“应用”→“关闭”。

Detacher 的属性暂不设置。

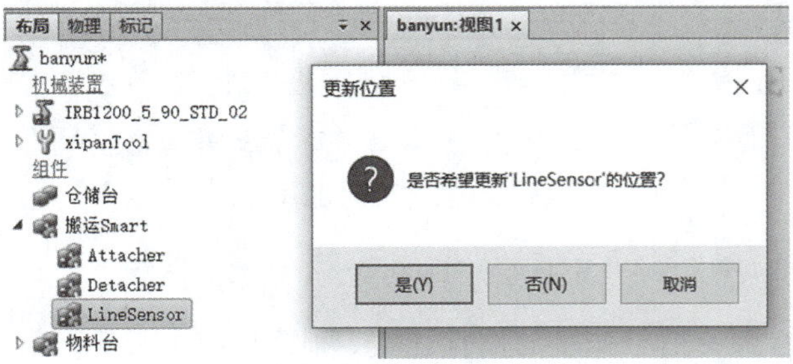

图 4-8-9 将线传感器安装到吸盘工具上

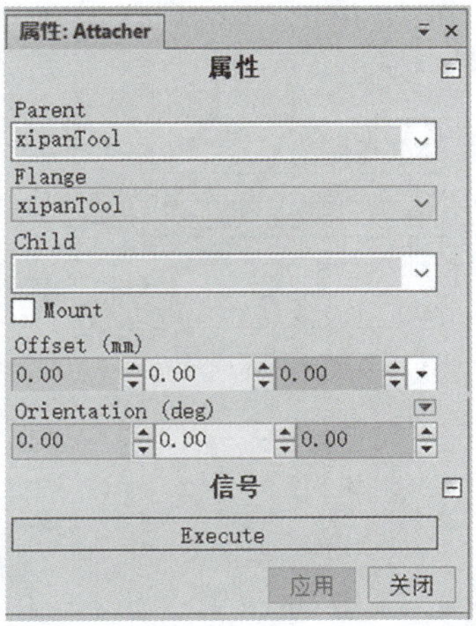

图 4-8-10 “Attacher”属性设置

第 11 步:选中“搬运 Smart”,右击,单击“编辑组件”,进入 Smart 编辑器,再单击“设计”，如图 4-8-11 所示。

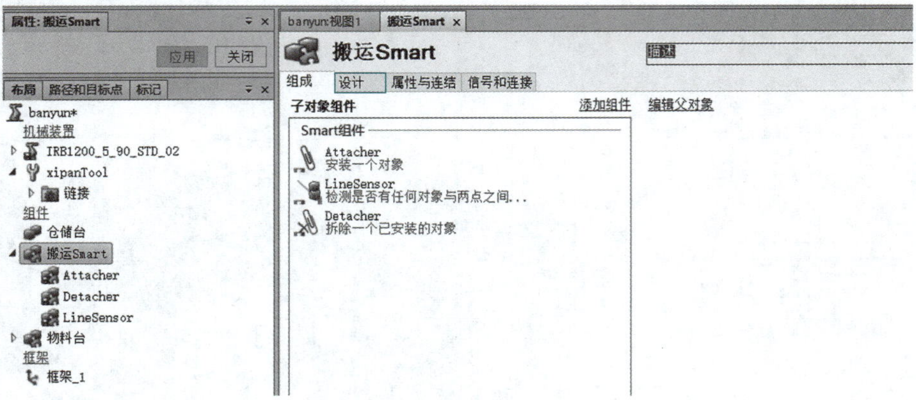

图 4-8-11 设计“搬运 Smart”

第 12 步：进入到“搬运 Smart”的设计界面，单击“输入”，建立信号类型为“DigitalInput”、信号名称为“xi”的数字输入信号，信号值设为“0”，如图 4-8-12 所示。

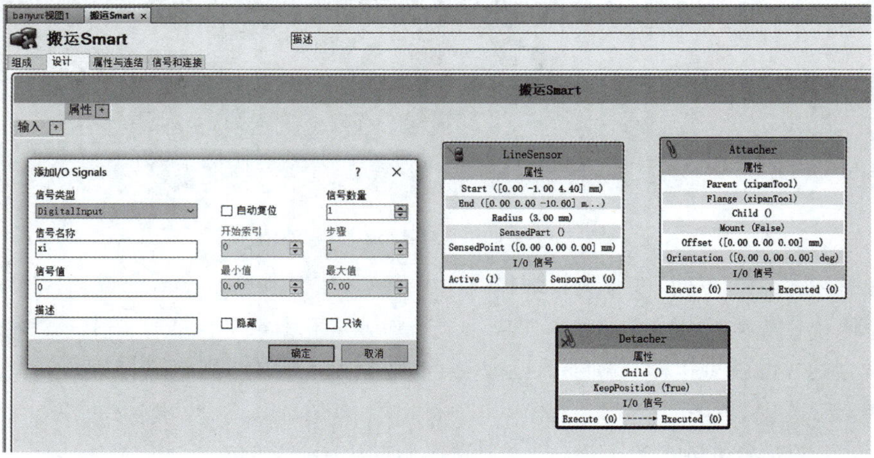

图 4-8-12 添加“搬运 Smart”的数字输入信号“xi”

第 13 步：再建立两个数字输入信号“fang”和“jiance ”，其值均设为“0”，如图 4-8-13 所示。

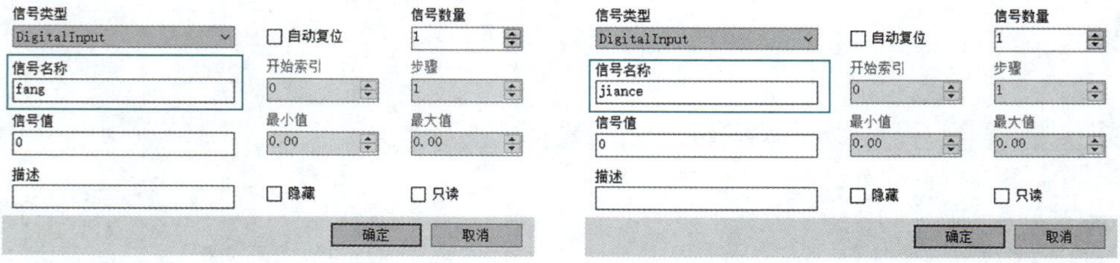

(a) (b)

图 4-8-13 添加数字输入信号“fang”和“jiance ”

第 14 步：进行搬运 Smart 内部的 I/O 信号连接与属性连接，如图 4-8-14 所示。

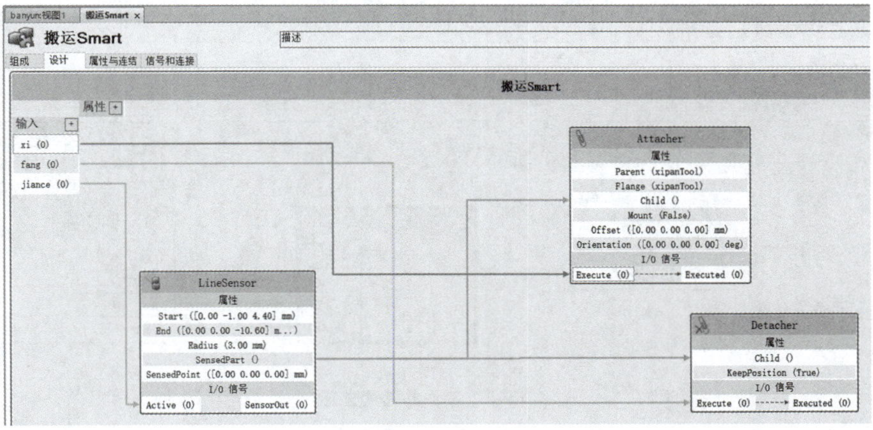

图 4-8-14　搬运 Smart 内部的 I/O 信号连接与属性连接

4.9 工作站逻辑设计

微课

工作站逻辑设计

将机器人系统的输入与输出信号和Smart组件的输入与输出信号进行连接。

第1步：在“仿真”功能选项卡中单击“工作站逻辑”，之后在Smart编辑器中单击“设计”，如图4-9-1所示。

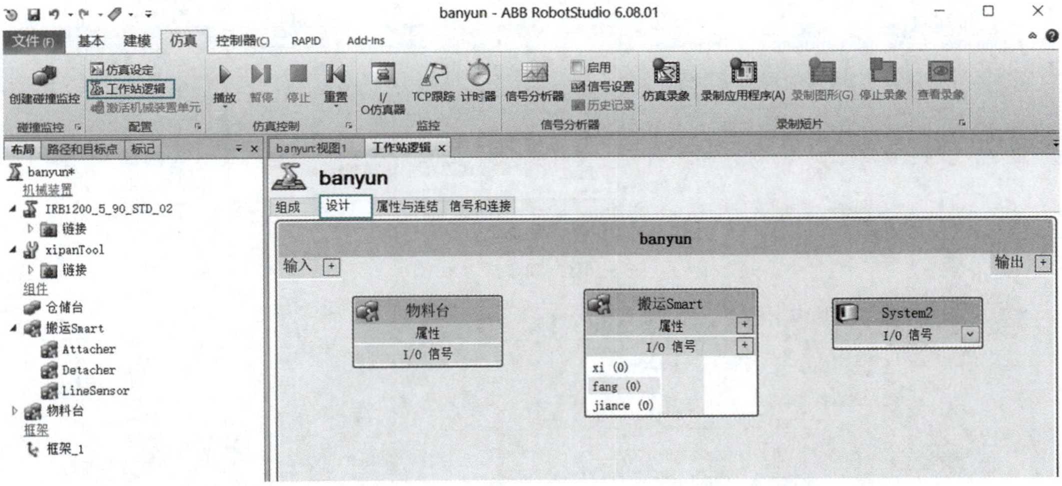

图 4-9-1　设计“工作站逻辑”

第2步：单击机器人系统System2的下拉按钮，调出机器人数字输出信号“do1”、“do2”和“do3”，这三个输出信号分别连接搬运Smart的输入信号“xi”、“fang”和“jiance”，如图4-9-2所示。

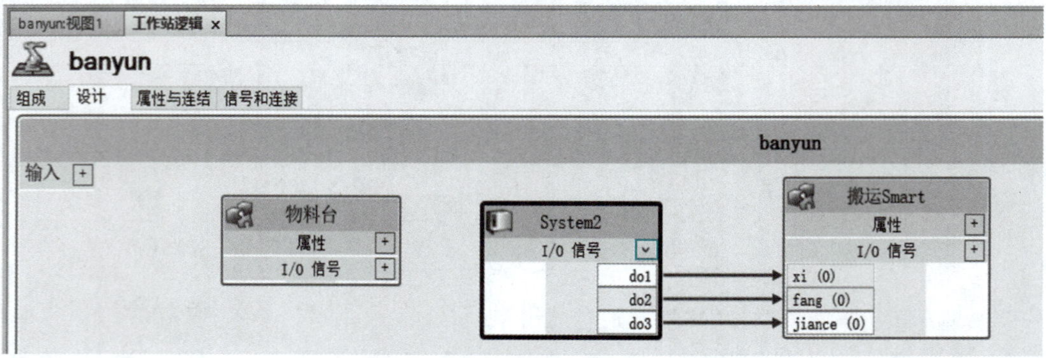

图 4-9-2　工作站信号连接

4.10 仿真调试运行

微课

仿真调试运行

第 1 步：在“基本”功能选项卡中单击“同步”→“同步到 RAPID”，如图 4-10-1 所示。

第 2 步：在“RAPID”功能选项卡中单击“同步”→“同步到工作站”，如图 4-10-2 所示。

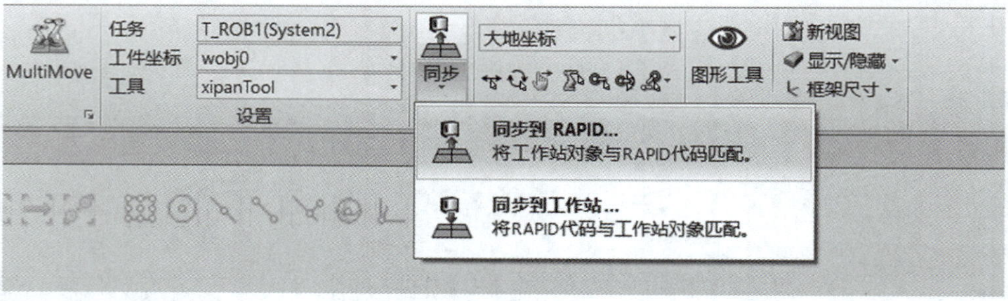

图 4-10-1　同步到 RAPID

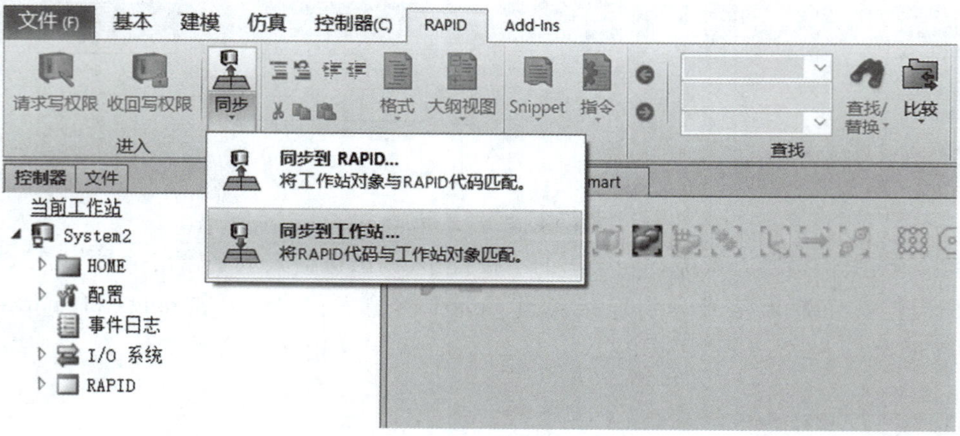

图 4-10-2　同步到工作站

第 3 步：如图 4-10-3 所示，在“仿真”功能选项卡中单击“播放”，查看仿真运行结果。注意“LineSensor”的“Active”是为 1 的。

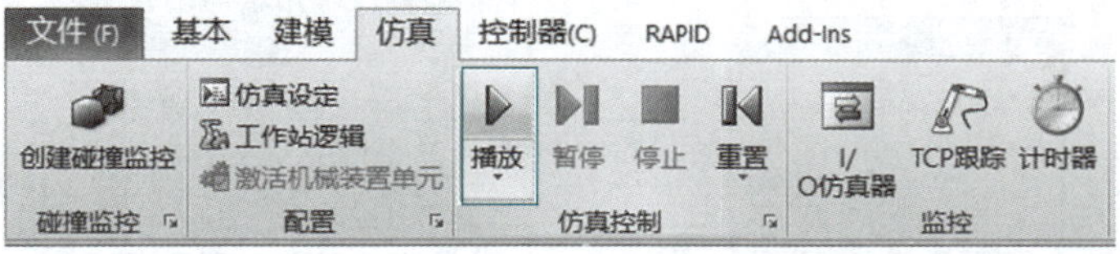

图 4-10-3　仿真播放

第 4 步：在仿真调试过程中，可以同时显示多个视图。为把 banyun 视图竖直显示，在右键菜单中单击“新垂直标签组”，如图 4-10-4 所示。

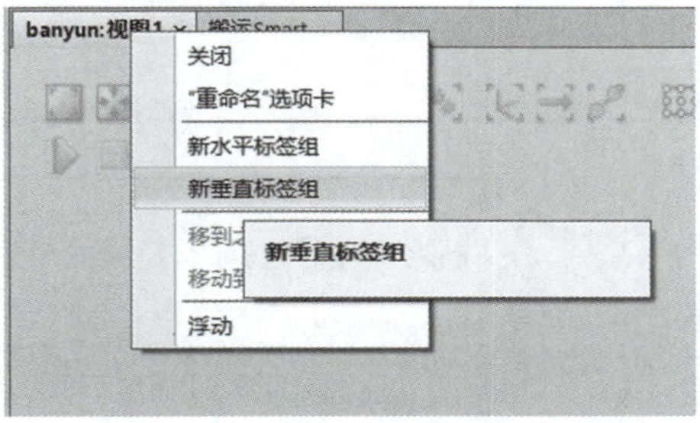

图 4-10-4　视图竖直显示

第 5 步：在仿真调试过程中，观看机器人运行轨迹的同时，查看搬运 Smart 组件内各输入信号的状态变化及各子组件的属性变化情况，如图 4-10-5 所示。

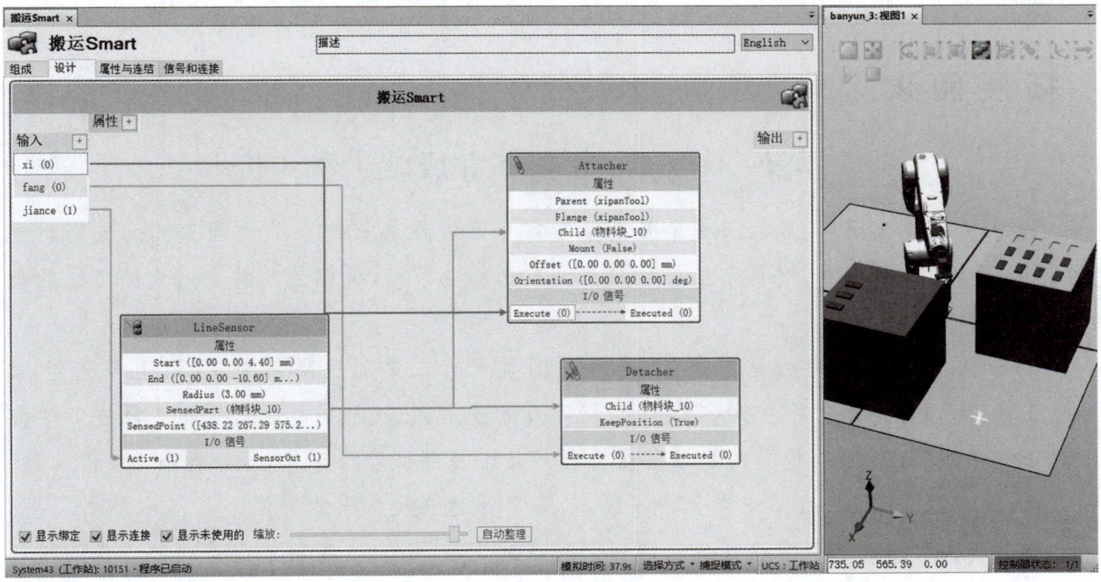

图 4-10-5　监控信号变化

第 6 步：在仿真调试过程中，有时也需要监控机器人系统与 Smart 组件间的信号传递是否正确，如图 4-10-6 所示。总之，机器人工作站能正常仿真运行是程序、信号传递与 Smart 组件共同作用的结果，调试时也要从这几方面入手，认真分析。

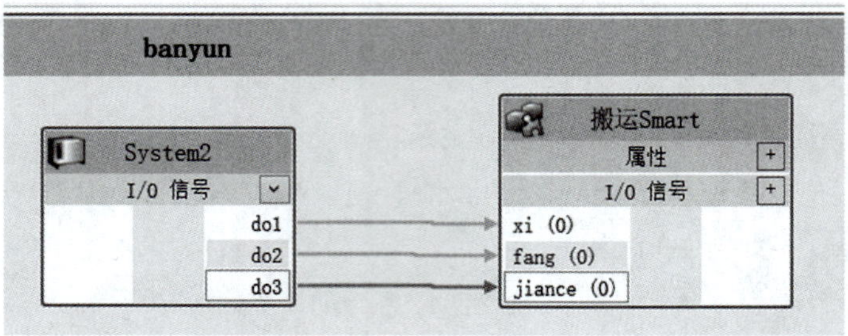

图 4-10-6 监控工作站信号传递变化

第 7 步: 调试正确后保存工作站,并共享打包到相应文件夹,以便下次使用,如图 4-10-7 所示。

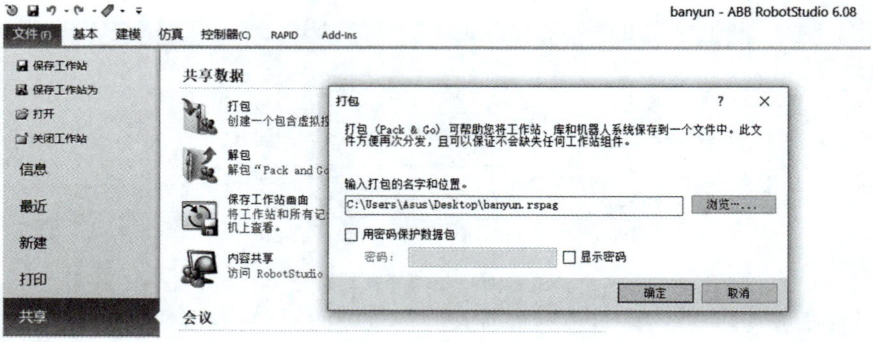

图 4-10-7 保存工作站并共享打包

拓展阅读

不浮躁、不放弃,30 年坚守成就大国工匠

全国劳动模范王阳、鹿新弟都是长期坚守在生产一线成长起来的大国工匠。他们耐得住寂寞、不浮躁、不放弃,对日常工作每一个细节都精益求精,他们的精神是对大国工匠的最美注脚。

1985 年,不满 20 岁的王阳退伍,走进中国航天科工集团三院一一一厂,至今已经 31 年。1984 年,17 岁的鹿新弟高考落榜后,来到道依茨一汽(大连)柴油机有限公司技工学校读书。3 年后,鹿新弟以优异的成绩留在公司产品工程部试验室工作,至今已有 29 年。

30 多年来,王阳一直坚守在生产一线,从未离开过三尺车床的岗位。

同样,从产品工程部实验室到装调部到现在的产品研发部,鹿新弟都是和他心爱的发动机打交道。

因为技术过硬、工作表现突出,两人都接到过其他单位抛出的橄榄枝,但他们都选择留在原单位。

“是单位培养了我,我不会选择主动离开。”这是两位全国劳模面对高薪诱惑共同的选择。

“闷得住”是工友对王阳、鹿新弟相同的评价。他们都不善言辞,遇到技术难题都选择了迎难而上。

从1997年起，一一一厂承担起神舟飞船十大关键部件之一的连接分离机构的研制和生产任务。在机械加工中，经常会碰到一些棘手的活，王阳主动站出来攻关。在加工某型号关键件时，他通宵达旦、连续奋战10余天，最终提前5天完成任务，确保了产品按期交付。

发动机调速器调速套筒垫片的薄厚，影响着整个发动机的性能。在一次实验中，鹿新弟遇到了加垫还是减垫的问题，当时，只要问一下身旁的工友就能搞明白，可为了彻底掌握这个技术，搞清楚“为什么”，鹿新弟硬是自己琢磨了一年。

扎实的基础、刻苦的钻研，两人在创新的道路上攀登了一座又一座高峰。

2011年，沈阳市国防工会以王阳名字命名成立了“王阳劳模创新工作室”，2013年航天科工三院成立了“王阳技能大师工作室”。

王阳围绕科研生产工作中的难点、重点带领团队集智攻关。近两年累计完成技术攻关任务28项，为祖国的载人航天、武器研制和工厂的核心能力提升做出了突出贡献。

鹿新弟依托“鹿新弟技能大师工作室”“鹿新弟劳模创新工作室”“鹿新弟专家培训工作室”这三个平台，不断提高技能人才的技能水平和创新能力。在他的带领下，工作室共完成技术创新800余项。

鹿新弟说：“工匠精神是对设计的独具匠心，对质量的精益求精，对技艺的尽善尽美。要耐得住长期寂寞，不浮躁、不放弃。”

“我觉得在工作中遇到困难不放弃，把日常的工作做到尽善尽美，这就是我理解的工匠精神。”王阳说。

——资料来源：新闻频道—央视网(2016年10月)

小结

本模块主要介绍了在RobotStudio软件内简单三维模型的创建与测量工具的使用，导入、导出库文件与几何体；机器人工具的创建；在RAPID功能选项卡下进行I/O配置及编写程序；带件示教目标点；在搬运Smart组件内通过对子组件Attacher、Detacher和Linesensor的属性设置与信号连接以及工作站逻辑设计，完成搬运工作站的动态仿真。

习　题

一、填空题

1. 创建工作站时，为了避免不相关的部件触发传感器而导致工作站不能正常运行，通常可将其设置为________。

2. RobotStudio 测量工具可以对三维模型的__________、__________、__________和__________等参数进行测量。

3. 实现安装功能的组件是__________。

二、选择题

1. 创建搬运 Smart 组件时，若吸盘释放工件后需保持工件的位置不变，可以勾选动作 Detacher 中的__________参数。（　　）

A. Transition　　B. Active　　C. KeepPosition　　D. SensorOut

2. 下列 Smart 组件中属于"传感器"的是__________。（　　）

A. Hide　　B. Converter　　C. LineSensor　　D. Attacher

模块 5

装配工作站离线编程与仿真

本模块所述工作站利用 IRB120 型机器人与装配夹具来模拟内、外嵌套工件的装配过程。工作站中有两个供料机构，可对物料 1、物料 2 进行原料供给；装配安装台可供物料 1、物料 2 的装配；仓储架可用来存放装配完成的嵌套工件。学习本模块后，要求掌握创建机械装置、较为复杂的 Smart 组件设置与工作站逻辑设计。此模块对接 1+X 工业机器人应用编程中的创建机械装置、编程调试等要求。

知识目标

1. 掌握创建机械装置及生成库文件。
2. 掌握工作站逻辑设计。
3. 掌握 Smart 组件设置及 Queue、PlanSensor、LinearMover 与 PoseMover 等子组件的应用。
4. 掌握线传感器与面传感器的使用。
5. 掌握 TEST 指令的使用。

能力目标

1. 能创建机械装置。
2. 能进行程序编写与 Smart 组件设置的综合设计。

素质目标

培养学生攻坚克难、刻苦钻研的精神以及团队合作、勇于创新、服务人民的意识。

知识准备

一、数据存储类型

ABB 机器人数据存储类型分为 CONST 常量、VAR 变量和 PERS 可变量。

CONST 常量:数据在定义时已赋予了数值,不能在程序中进行修改,除非手动修改。

VAR 变量:变量有初始值和当前值,在程序执行过程中可以赋新值,即当前值。当程序执行或停止时,会保持当前值。但当程序复位即程序指针被移动到主程序 main 时,当前值数据就会丢失,又变回初始值。

PERS 可变量:可变量只有当前值,在程序运行中可以被赋值,并且保持最后一次的赋值结果。当程序复位即程序指针被移动到主程序 main 时,仍保持最后一次的赋值结果。

二、创建变位机机械装置

微课

创建变位机机械装置

在 RobotStudio 软件中可以创建机械装置,机械装置包括创建机器人、工具、外部轴和设备。RobotStudio 软件中的机械装置是由若干机械零件组装在一起的装置,通过设置其机械特性能够实现相应的运动。机械装置能够使工作站在离线仿真时更加完美地展示真实工作站的情景。

模拟工业机器人弧焊典型应用中带变位机的工件焊接,该工件固定在可以转动的变位机上,借助变位机变换位置进而使机器人方便焊接操作。变位机属于旋转型设备,下面学习其机械装置的创建。

第 1 步:如图 5-0-1 所示,在"基本"功能选项卡中单击"导入模型库"→"浏览库文件",导入工作台。

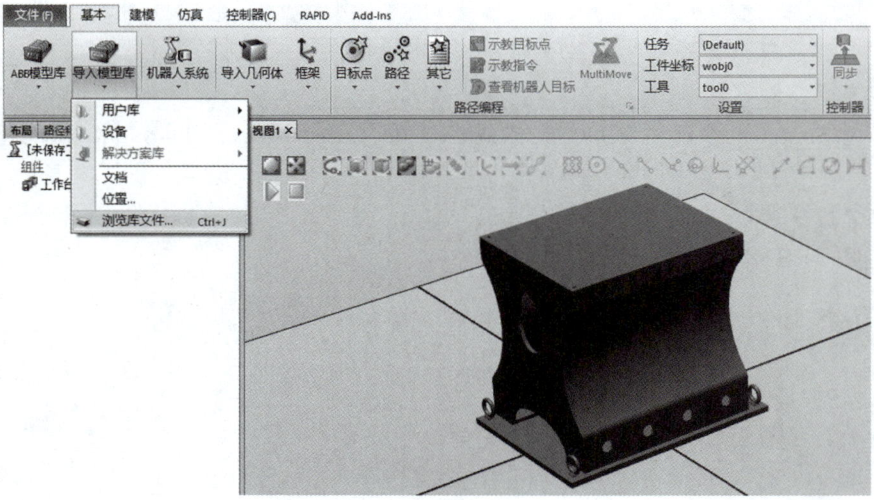

图 5-0-1 导入工作台

第 2 步：再单击“导入几何体”→“浏览几何体”，导入变位机的部件 L1，如图 5-0-2 所示。

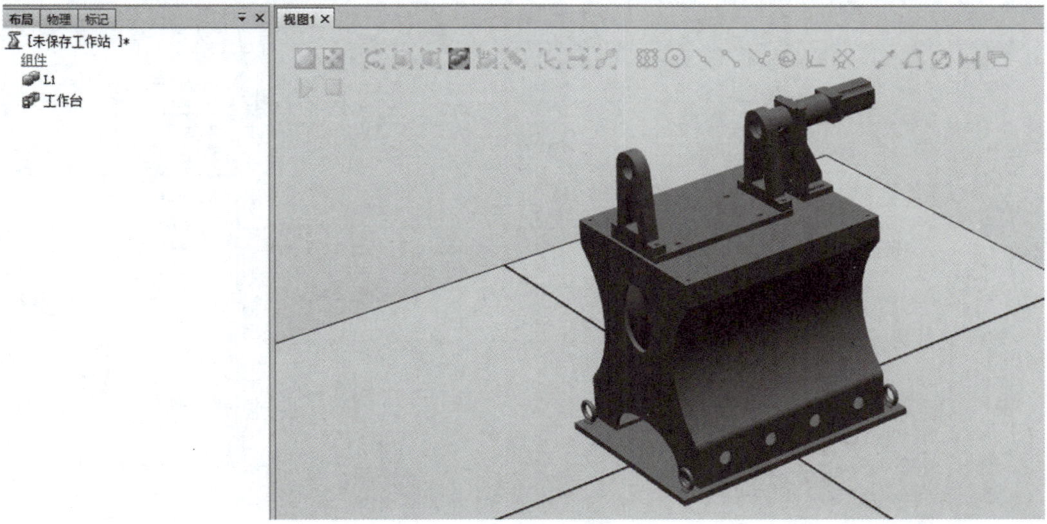

图 5-0-2 导入变位机的部件 L1

第 3 步：再导入变位机的翻转机构部件 L2，如图 5-0-3 所示，需要焊接的圆环固定在翻转机构上。这些部件可以一次全部导入，为使读者清楚每个部件，本操作分别加以导入。

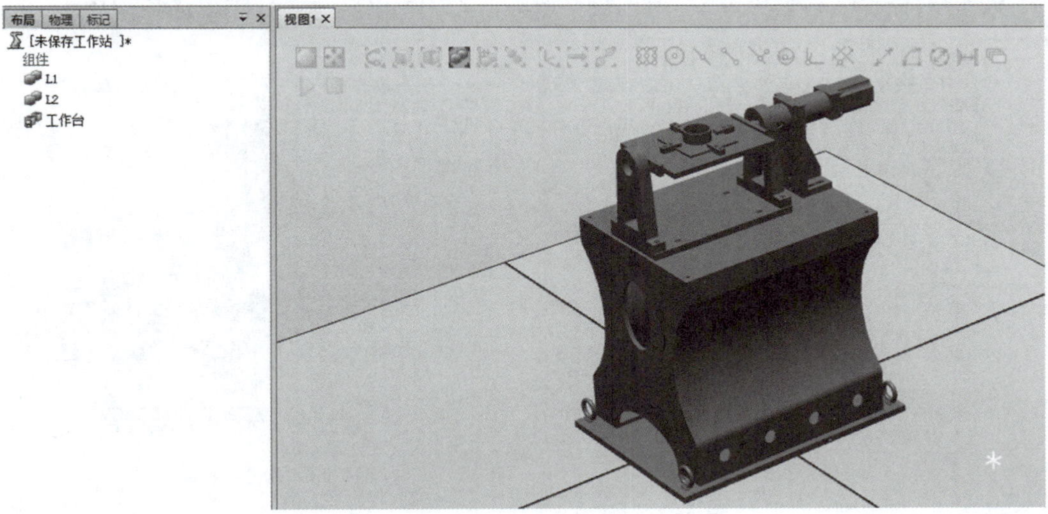

图 5-0-3 导入变位机的翻转机构部件 L2

第 4 步：在“建模”功能选项卡中单击“创建机械装置”，如图 5-0-4 所示，在弹出的“创建机械装置”对话框中，设置“机械装置模型名称”为“My_Mechanism”，“机械装置类型”选为“设备”。接着要设置下面两个显示红圈标记的“链接”和“接点”。双击“链接”，弹出“创建链接”对话框。

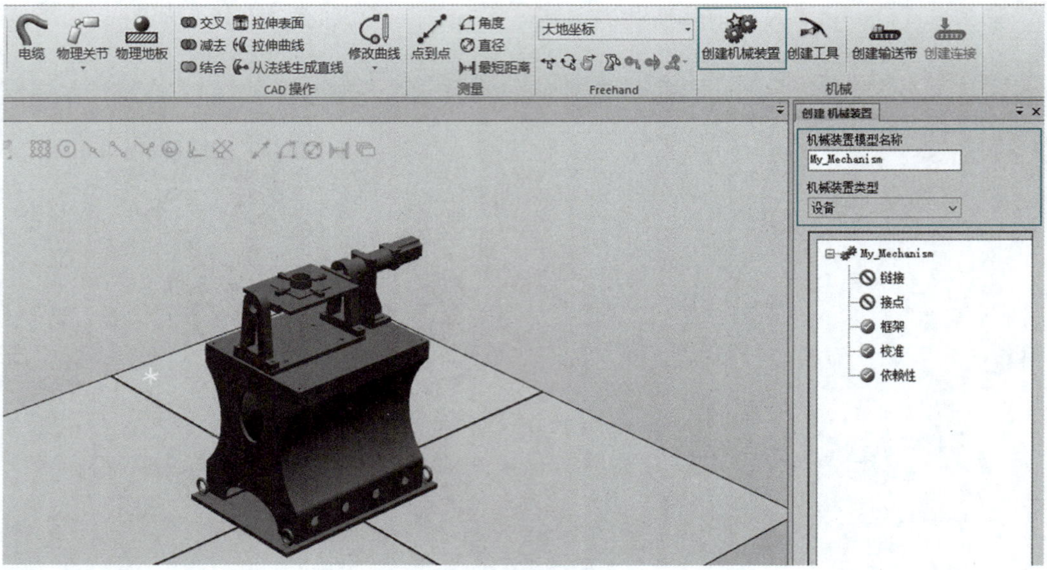

图 5-0-4　创建机械装置

第 5 步：链接名称设为“L1”，所选组件设为“L1”，勾选“设置为 BaseLink”，再单击（添加按钮），最后单击“应用”，如图 5-0-5 所示。

第 6 步：链接名称设为“L2”，所选组件设为“L2”，单击，再单击“应用”，如图 5-0-6 所示。最后单击“取消”，结束链接的设置。

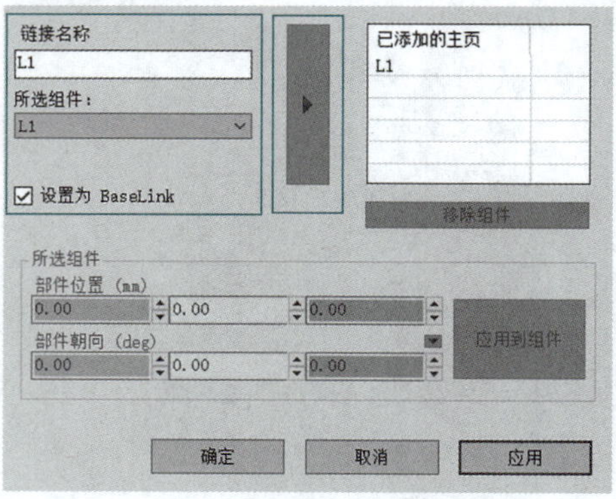

图 5-0-5　建立链接 L1

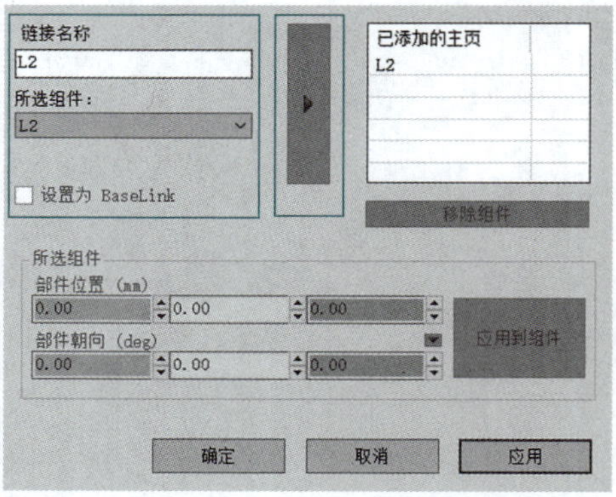

图 5-0-6　建立链接 L2

第 7 步：双击“接点”，如图 5-0-7 所示。

第 8 步：弹击“创建接点”对话框，接点就是设置关节轴绕着哪一个轴转动。如图 5-0-8 所示，关节名称设为“J1”，关节类型设为“旋转的”，父链接是“L1(BaseLink)”，子链接是“L2”。为了更好地设置关节轴，先使变位机的 L1 部件不可见，在视图窗口区的上方选中“选择部件”和“捕捉中心”，捕捉翻转机构的轴中心 A 点，将其空间坐标填入关节轴“第一个位置”的坐标框内。

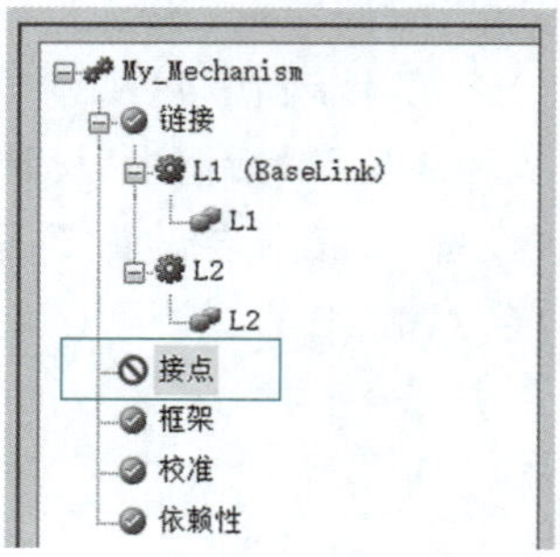

图 5-0-7　双击“接点”

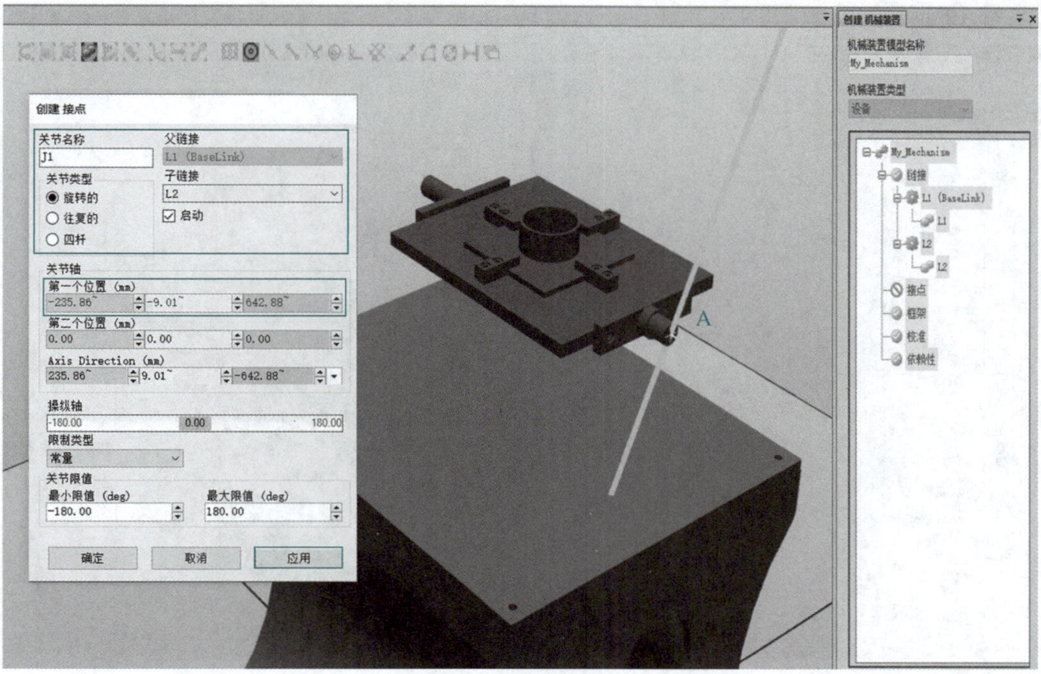

图 5-0-8 接点设置

第 9 步:关节轴的第二个位置要捕捉到翻转机构的轴中心 B 点坐标,形成的绿色线(图中标蓝)就是该机械装置旋转时所围绕的轴。关节限值中的最小限值改为“－90”,“最大限值”改为“90”,如图 5-0-9 所示。拖动操纵轴中的滑块,就可以使翻转机构沿顺时针或逆时针方向旋转了。最后单击“应用”→“取消”。

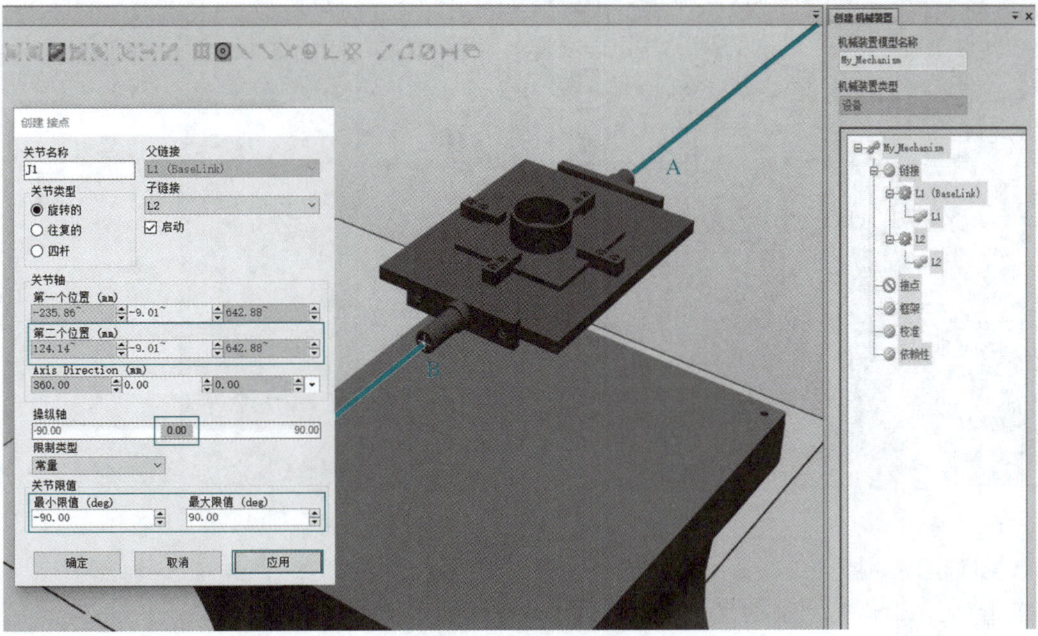

图 5-0-9 关节轴设置

第 10 步:选中变位机 L1 部件,右击,勾选“可见”,如图 5-0-10 所示。

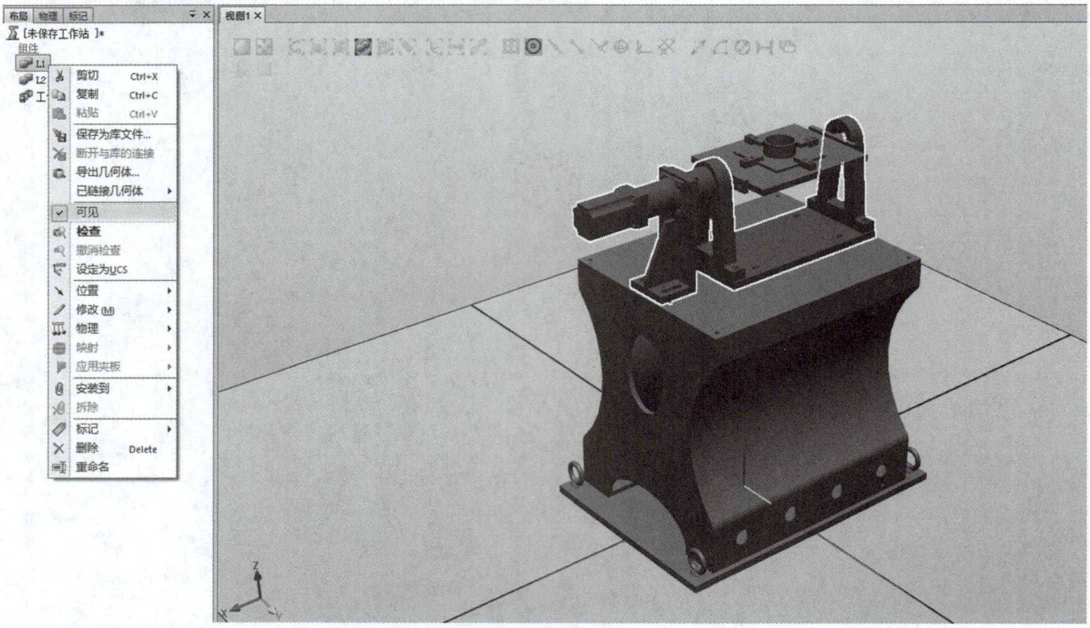

图 5-0-10　L1 部件“可见”

第 11 步:单击“编译机械装置”,如图 5-0-11 所示。

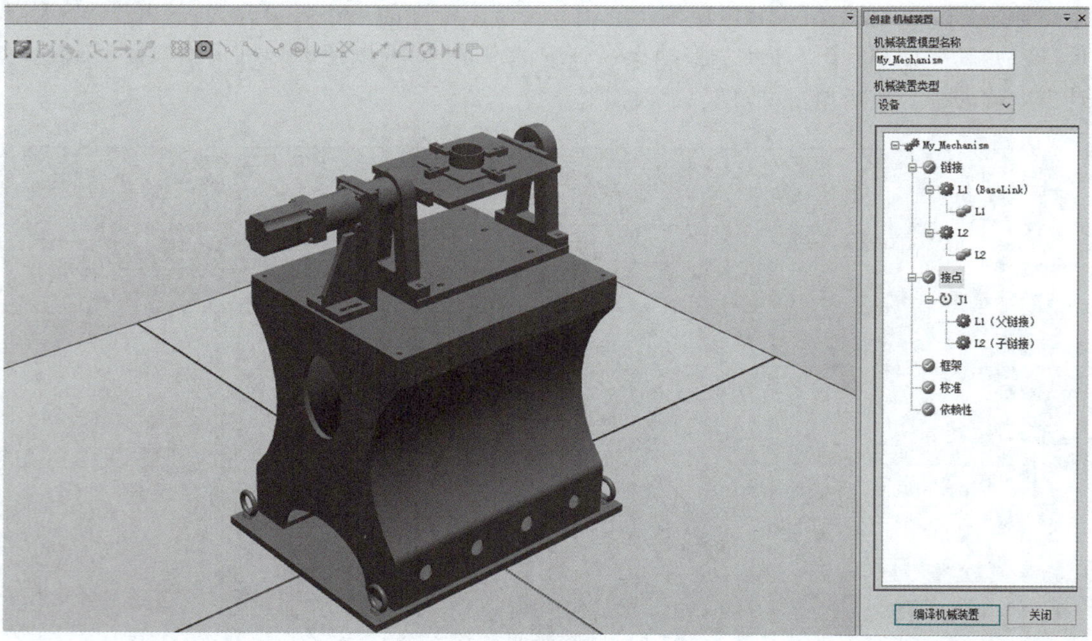

图 5-0-11　单击“编译机械装置”

第 12 步:如图 5-0-12 所示,单击“添加”,弹出“创建姿态”对话框,勾选“原点姿态”,之后单击“应用”,即把当前的姿态作为该机械装置的原点姿态。

第 13 步：如图 5-0-13 所示，“姿态名称”设为“前”，单击滑块输入关节值为“－30”，单击“应用”。“前”的姿态代表翻转机构翻转到-30°的位置。

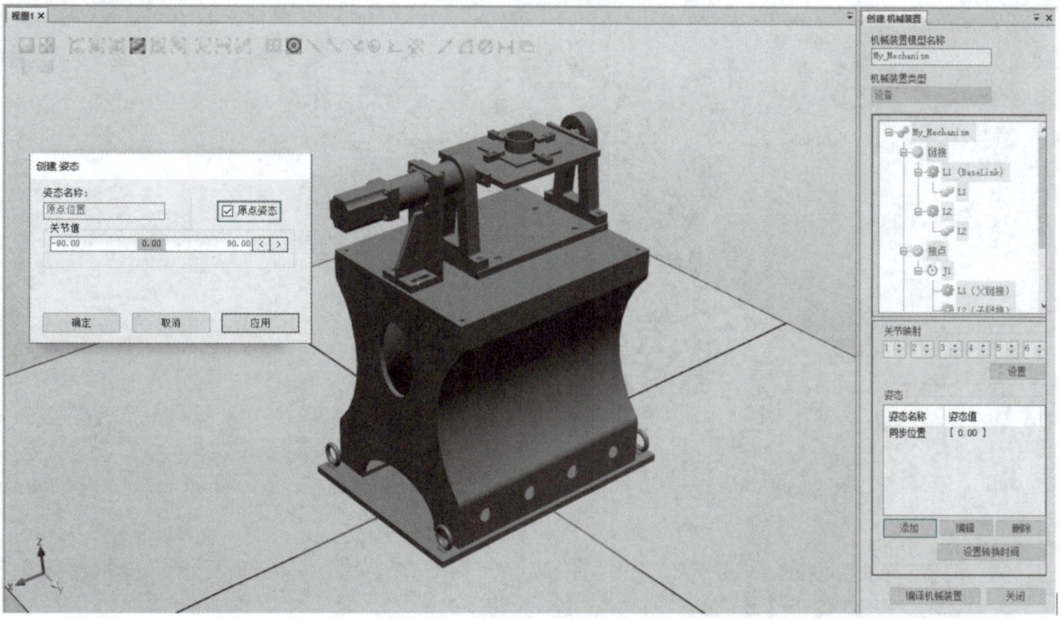

图 5-0-12 创建“原点位置”姿态

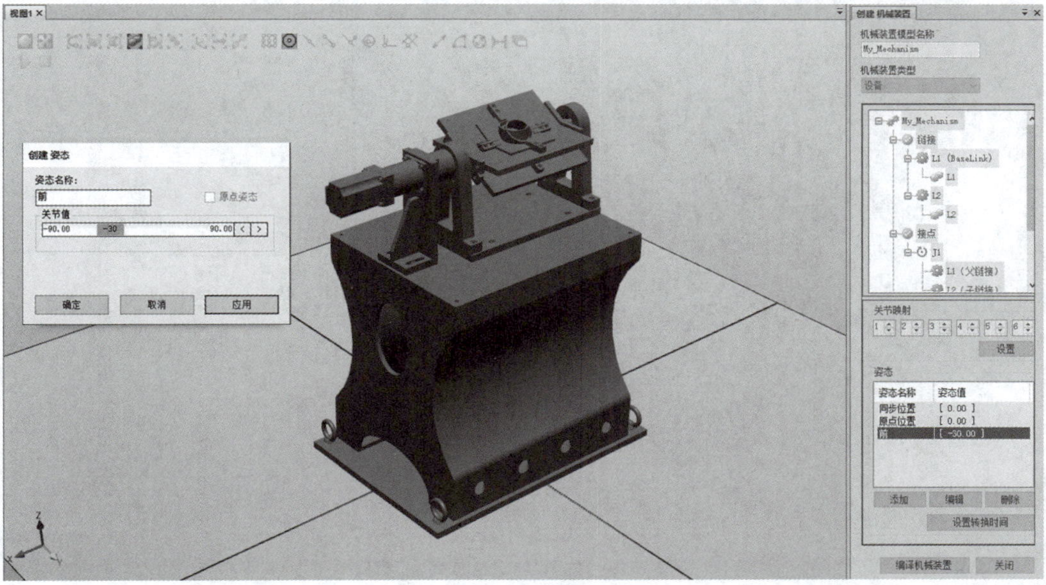

图 5-0-13 创建“前”姿态

第 14 步：如图 5-0-14 所示，“姿态名称”设为“后”，单击滑块输入关节值为“30”，单击“应用”→“取消”。“后”的姿态代表翻转机构翻转到 30°的位置。

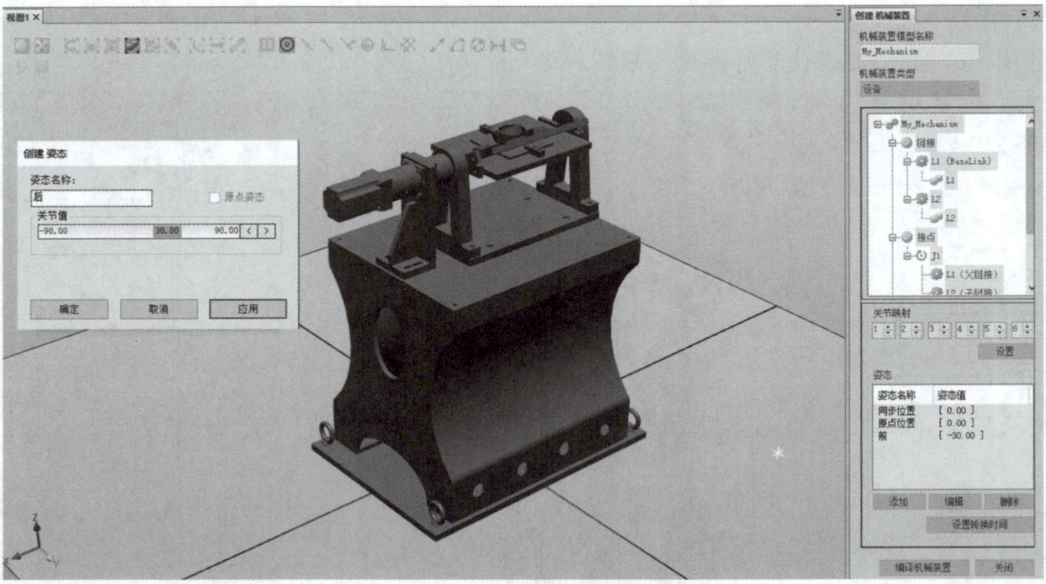

图 5-0-14　创建“后”姿态

第 15 步：至此，设置了“原点位置”“前”“后”三种姿态，如图 5-0-15 所示，单击“关闭”。

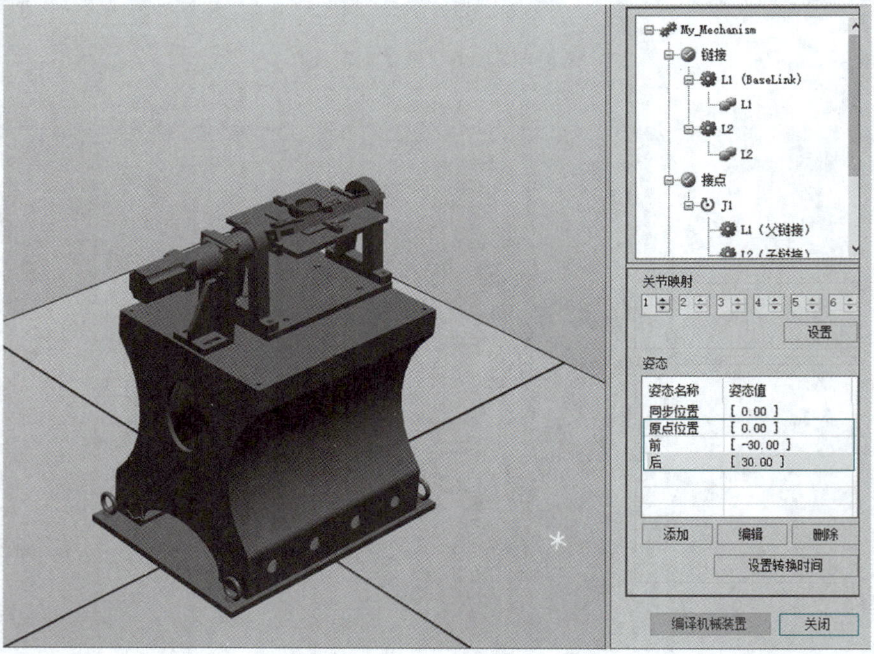

图 5-0-15　关闭“创建机械装置”窗口

第 16 步：机械装置“My_Mechanism”就建立好了，选中它并右击，单击“回到机械原点”，如图 5-0-16 所示。机械装置通常配合 Smart 组件来实现功能。

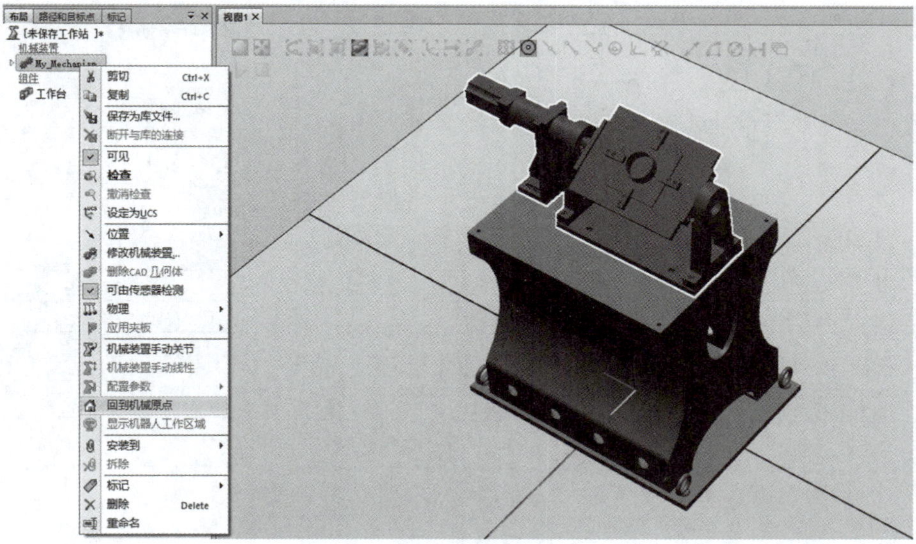

图 5-0-16 机械装置“回到机械原点”位置

第 17 步：在“建模”功能选项卡中新建一个 Smart 组件“SmartComponent_1”，在该 Smart 组件内添加 3 个 PoseMover 子组件和 1 个 LogiGate 子组件，LogiGate 设置为“NOT”操作，如图 5-0-17 所示。

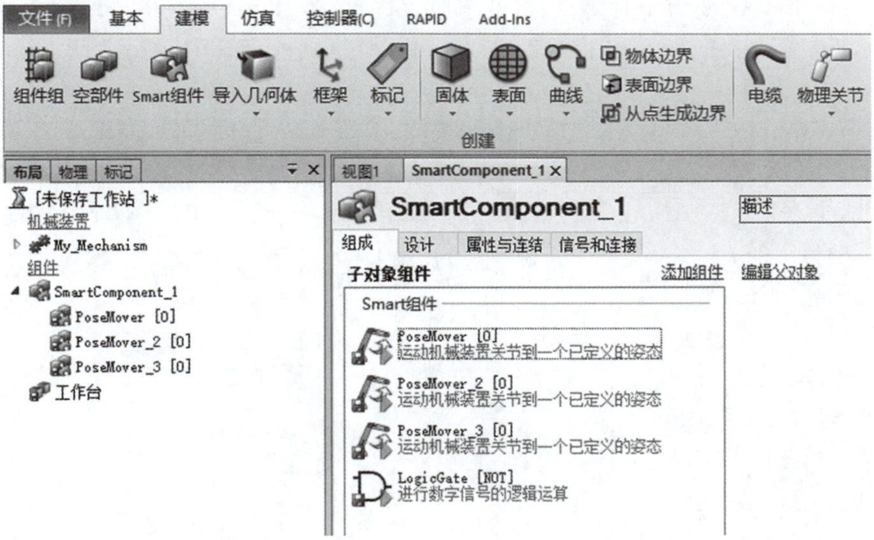

图 5-0-17 在 SmartComponent_1 内添加 4 个子组件

第 18 步：分别为这 3 个 PoseMover 子组件设置属性，“Mechanism”都选择“My_Mechanism”，“Pose”分别设定为“HomePose”“前”“后”。其余项保持默认值，如图 5-0-18 所示。

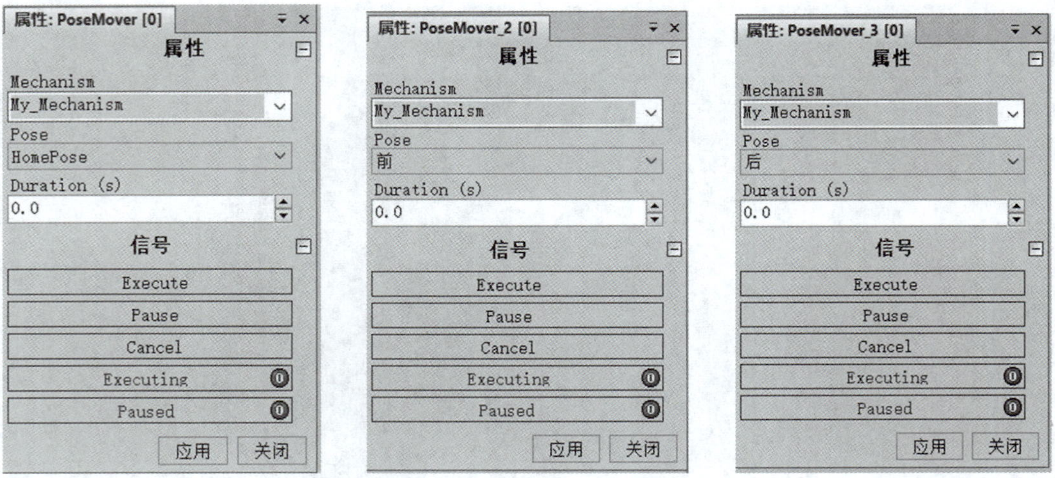

（a）　　（b）　　（c）

图 5-0-18　PoseMover 子组件的属性设置

第 19 步：设置“SmartComponent_1”组件内部的信号传递与属性连接。选中“SmartComponent_1”，右击，单击“编辑组件”，进入 Smart 组件编辑器。切换到“设计”选项卡，首先建立两个数字输入信号“fanzhuan”和“home”，进行信号传递与属性连接，如图 5-0-19 所示。当“home”信号跳变为 1 时，变位机处于原点位置；当“fanzhuan”信号跳变为 1 时，变位机处于－30°位置；当“fanzhuan”信号跳变为 0 时，变位机处于 30°位置；关闭 Smart 组件编辑器。

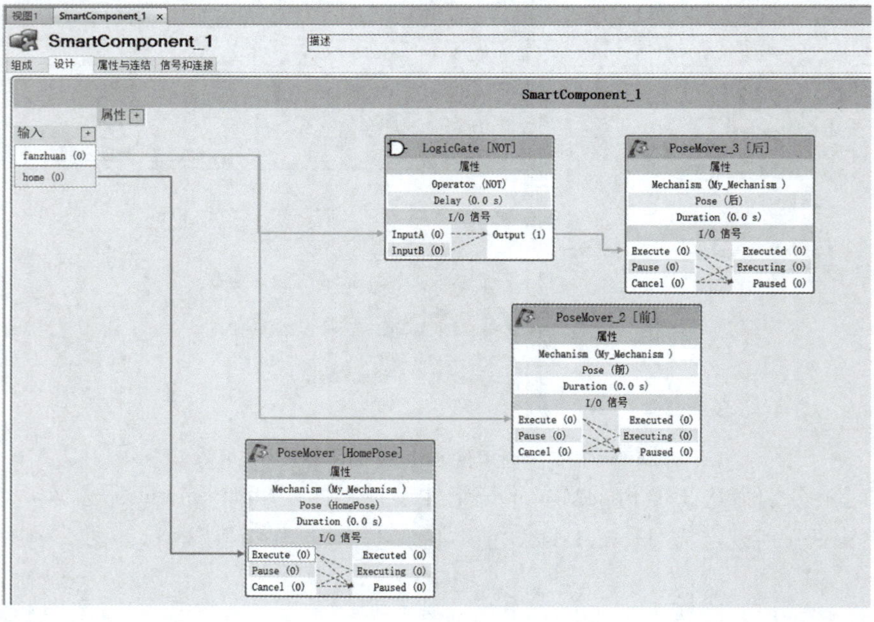

图 5-0-19　“SmartComponent_1”组件内部的信号传递与属性连接

第 20 步：选中“SmartComponent_1”，右击，单击“属性”，进入如图 5-0-20 所示界面。可以通过手动置位、复位“fanzhuan”和“home”信号的方法来验证“My_Mechanism”这个机械装置是否好用。

图 5-0-20 利用“SmartComponent_1”的“属性”来驱动机械装置

也可以通过 I/O 仿真器来验证刚刚建立的机械装置。方法是在“仿真”功能选项卡中单击“I/O 仿真器”，如图 5-0-21 所示，在弹出的对话框中设置“选择系统”为“SmartCompent_1”，手动置位、复位两个输入信号“fanzhuan”和“home”来实现机械装置回原点、前翻与后翻。

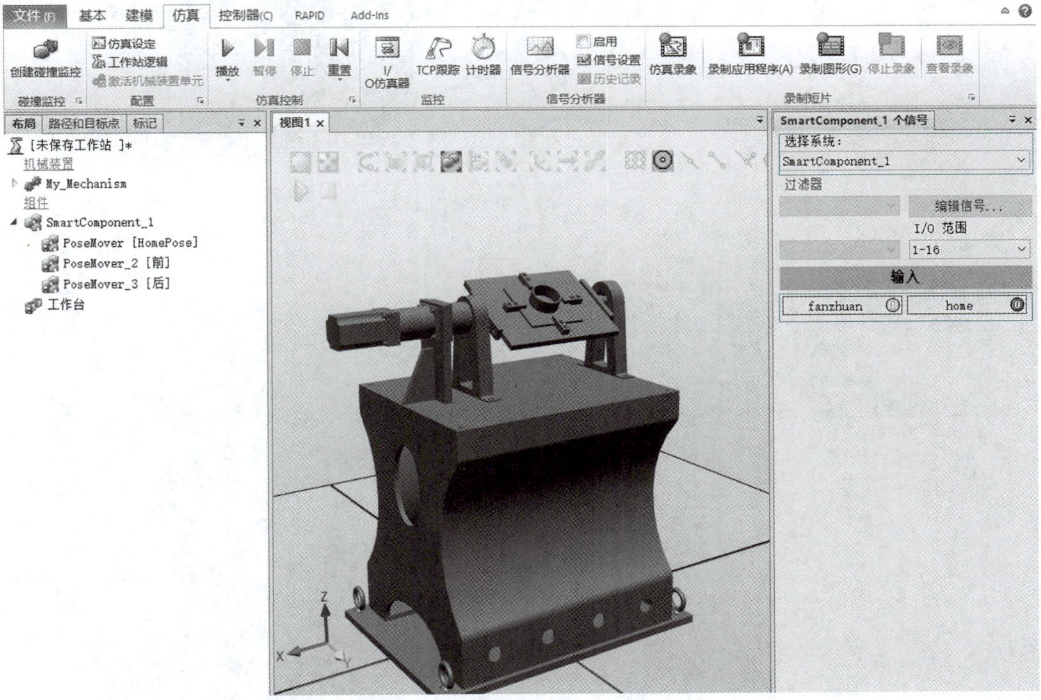

图 5-0-21 I/O 仿真器驱动机械装置

第 21 步：选中“My_Mechanism”，右击，单击“保存为库文件”，指定存储路径以备后续使用。

5.1 创建夹爪机械装置

装配工作站的机器人工具是一个带有吸盘的夹爪工具，要完成装配工作站的仿真运行，应首先创建机器人工具，机器人工具属于工具型机械装置。

微课

创建夹爪机械装置

第 1 步：打开 RobotStudio 软件，导入几何体"L11"，如图 5-1-1 所示。

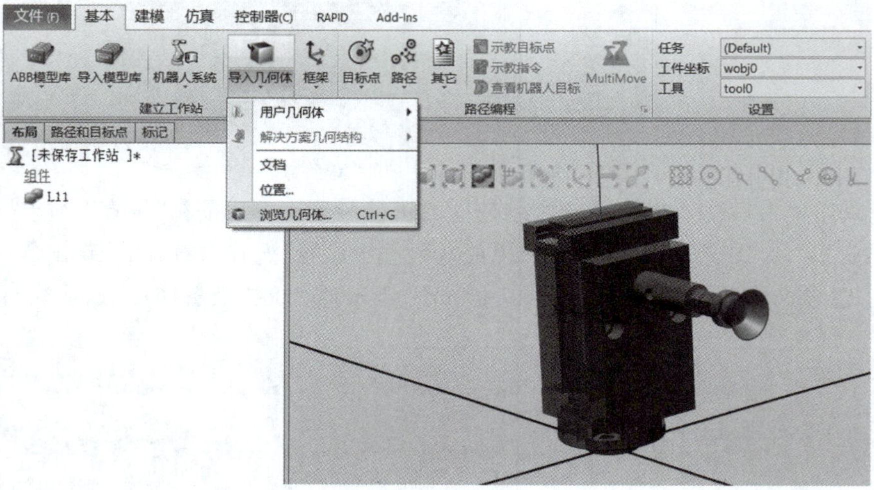

图 5-1-1 导入几何体"L11"

第 2 步：再导入几何体"L22"，如图 5-1-2 所示。

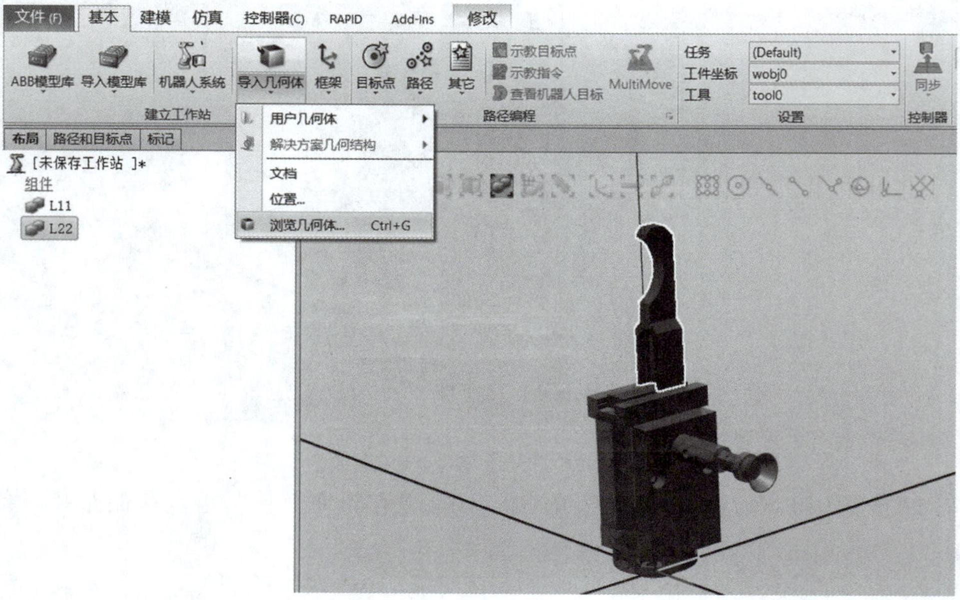

图 5-1-2 导入几何体"L22"

第 3 步：最后导入几何体“L33”，如图 5-1-3 所示。

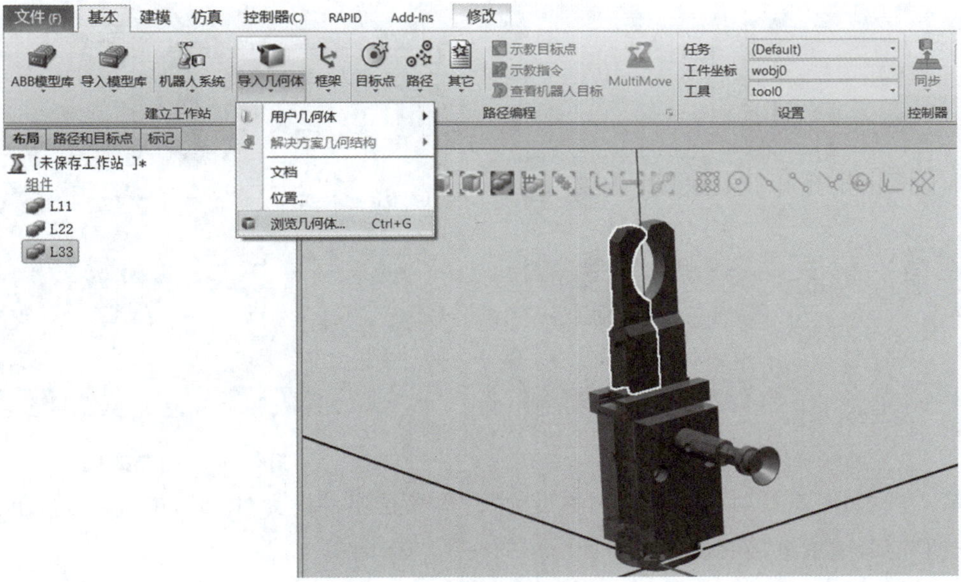

图 5-1-3 导入几何体“L33”

第 4 步：在“建模”功能选项卡中单击“创建机械装置”，弹出“创建机械装置”对话框，设置“机械装置模型名称”为“jiazhuaTool”，“机械装置类型”选为“工具”，如图 5-1-4 所示。接着要设置下面三个显示红圈标记的“链接”、“接点”和“工具数据”。双击“链接”，弹出“创建链接”对话框。

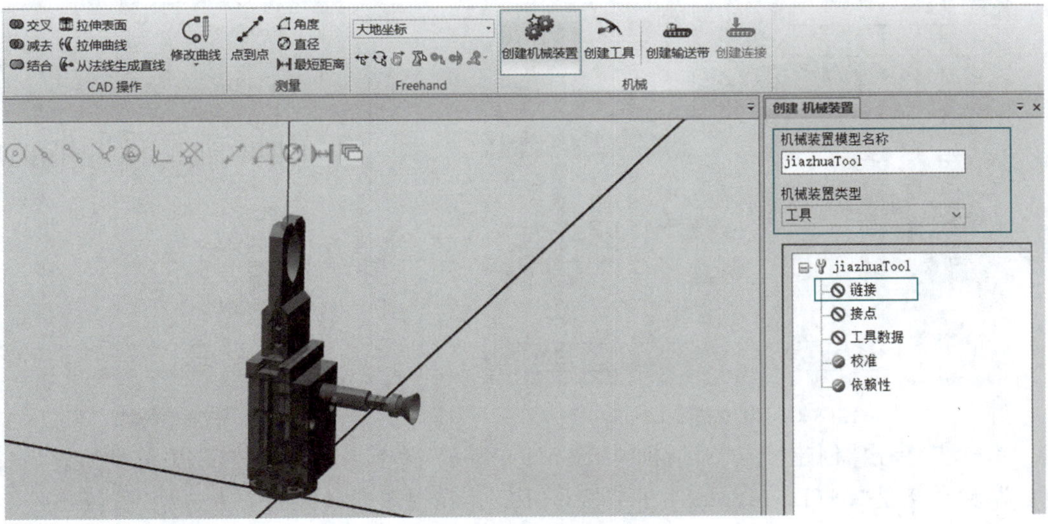

图 5-1-4 创建工具型机械装置

第 5 步：如图 5-1-5 所示，链接名称设为“L1”，所选组件设为“L11”，勾选“设置为 BaseLink”，单击 ▶ ，再单击“应用”。

第 6 步：如图 5-1-6 所示，链接名称设为“L2”，所选组件设为“L22”，单击 ▶ ，再单击“应用”。

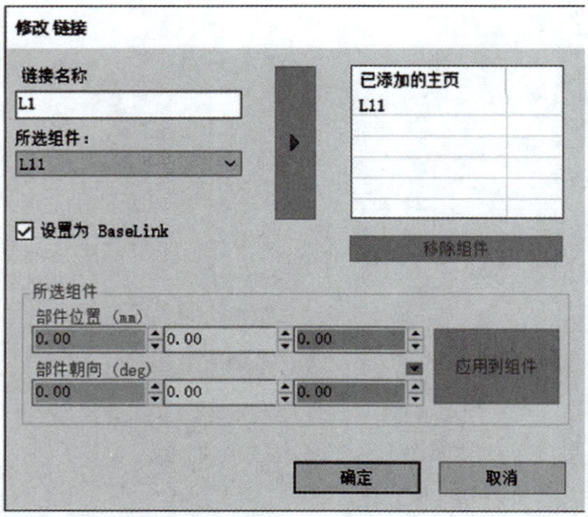

图 5-1-5　建立链接 L1

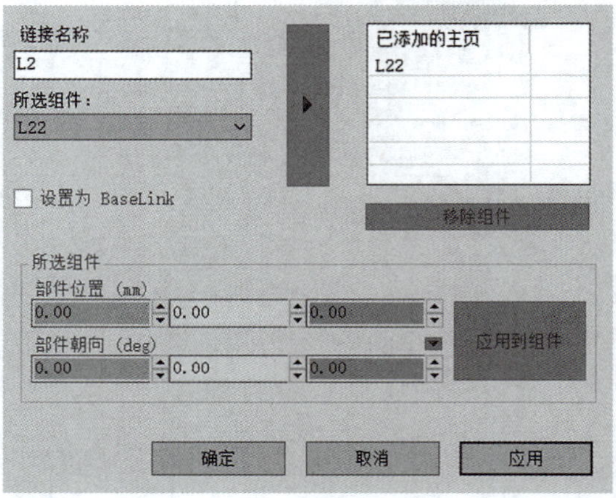

图 5-1-6　建立链接 L2

第 7 步：如图 5-1-7 所示，链接名称设为“L3”，所选组件设为“L33”，单击 ▶，再单击“应用”→“取消”，结束链接的设置。

第 8 步：双击“接点”，如图 5-1-8 所示。

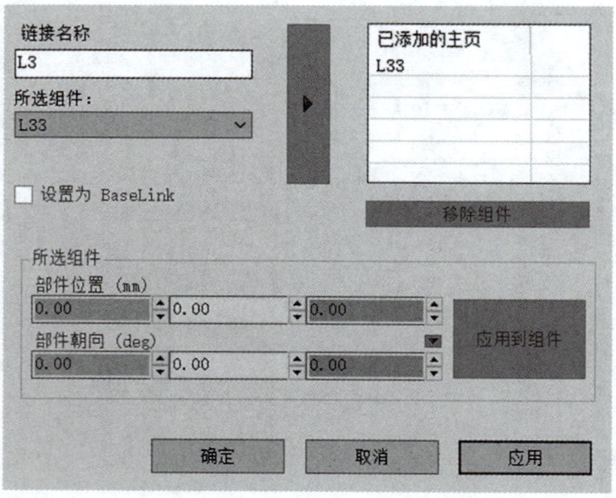

图 5-1-7　建立链接 L3

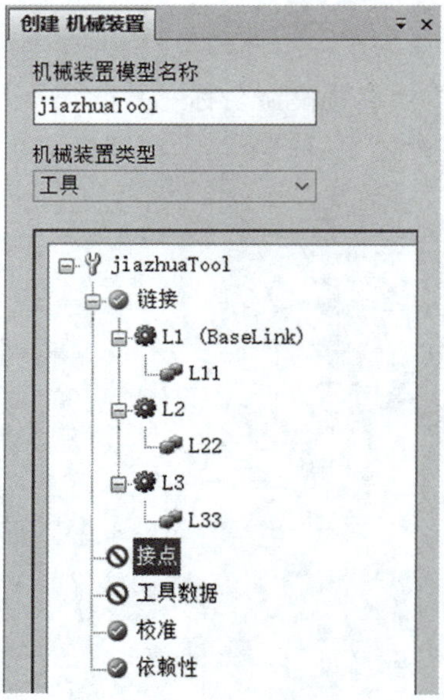

图 5-1-8　双击“接点”

第 9 步：弹出“创建接点”对话框，如图 5-1-9 所示，关节名称设为“J1”，关节类型设为“往复的”，父链接是“L1(BaseLink)”，子链接是“L2”。在视图窗口区的上方选中“选择部件”和“捕捉末端”，关节轴的第一个位置捕捉图 5-1-9 中的 A 点位置坐标。

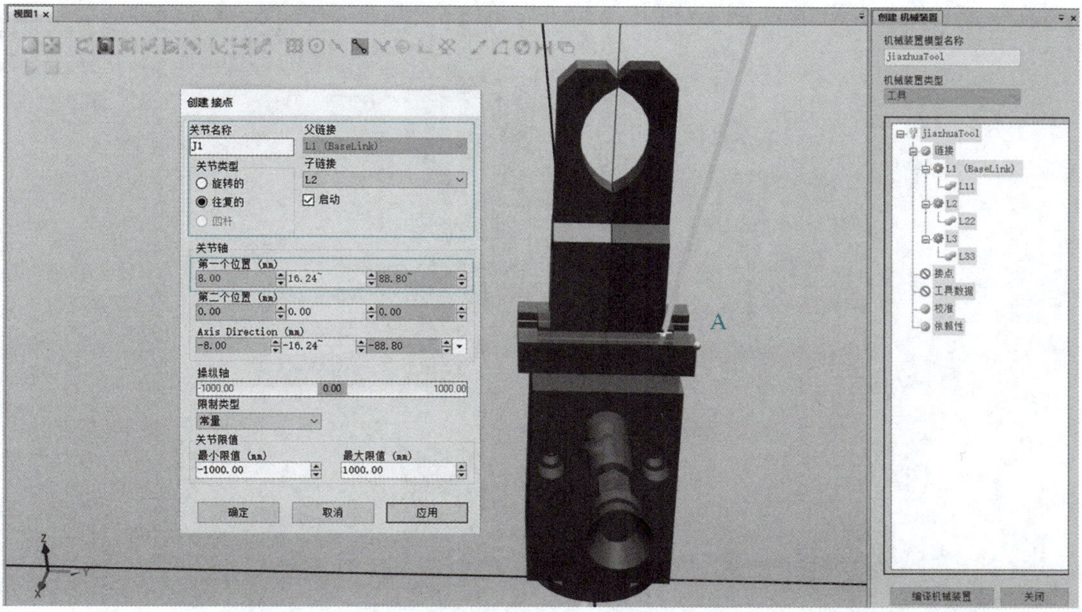

图 5-1-9 创建接点 J1 设置

第 10 步:关节轴的第二个位置捕捉图 5-1-10 中的 B 点位置坐标,那么 L22 部件沿直线 AB 方向往复运动。

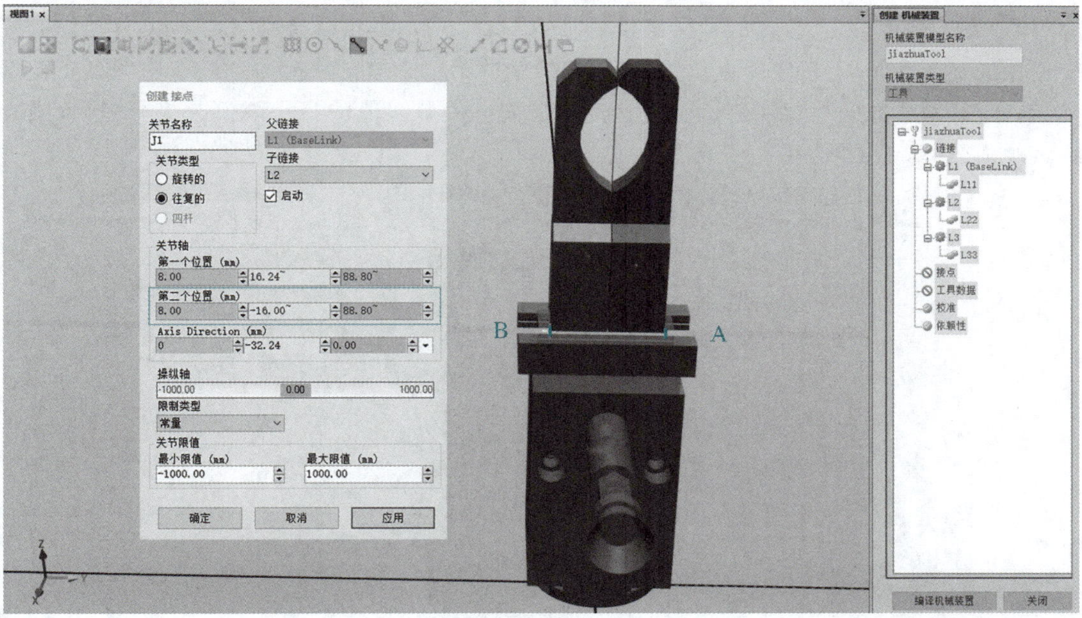

图 5-1-10 关节轴设置

第 11 步:如图 5-1-11 所示,关节限值中的最小限值改为"-10",最大限值改为"10",单击"应用"。

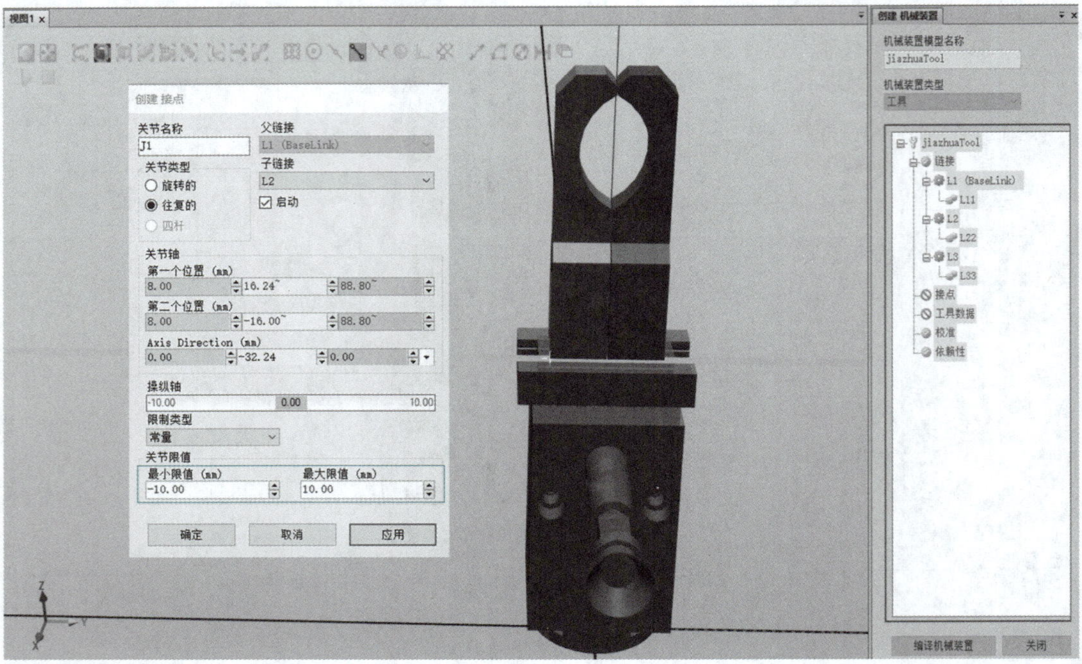

图 5-1-11　修改关节限值

第 12 步： 设置部件 L33 的关节运动同理设置部件 L22。如图 5-1-12 所示，关节名称设为“J2”，关节类型设为“往复的”，父链接是“L1(Base Line)”，子链接是“L3”。关节轴的第一个位置捕捉图 5-1-12 中的 A 点位置坐标，关节轴的第二个位置捕捉图 5-1-12 中的 B 点位置坐标。直线 AB 方向是部件 L33 往复运动的方向。关节限值的最小限值改为“－10”，最大限值改为“10”，单击“应用”→“取消”。

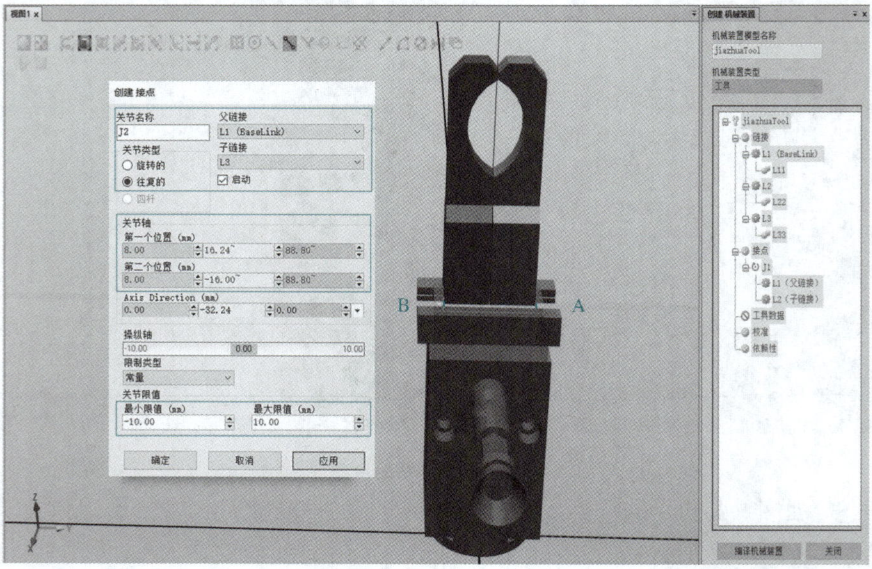

图 5-1-12　创建接点 J2 设置

第 13 步： 双击“工具数据”，如图 5-1-13 所示。

第 14 步： 如图 5-1-14 所示，工具数据名称为“jiazhuaTool”，属于链接是“L1

(BaseLink)”，重量设为 1 kg，重心为(1，0，0)，单击“确定”。

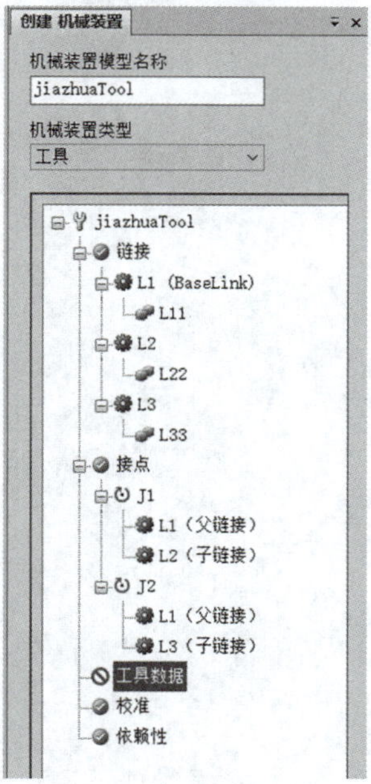

图 5-1-13 双击“工具数据”

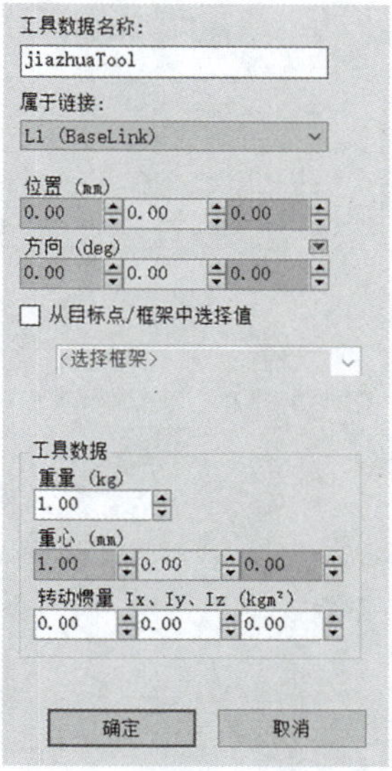

图 5-1-14 工具数据设置

第 15 步：如图 5-1-15 所示，单击软件左下角的“编译机械装置”，弹出如图 5-1-16 所示的对话框，再单击“添加”，为 jiazhuaTool 添加两个姿态，一个是夹爪工具打开的姿态，另一个是夹爪工具关闭的姿态。

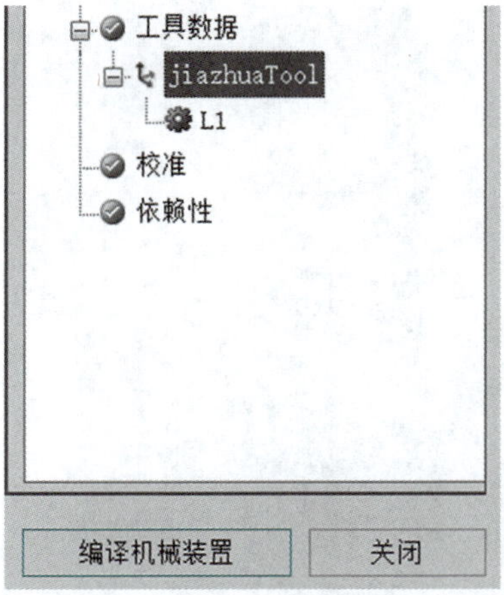

图 5-1-15 单击“编译机械装置”

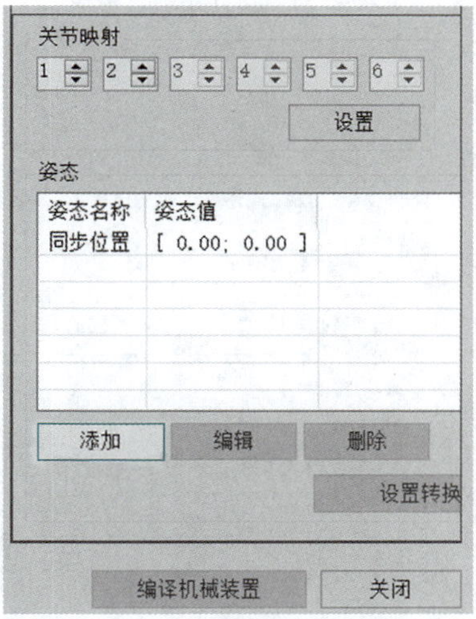

图 5-1-16 单击“添加”

第 16 步：如图 5-1-17 所示，第一个姿态名称命名为“open”，拖动两关节轴的滑块移动，使两夹爪打开，也可以在滑块里直接输入数值。经试验第一关节值输入“−7.97”，第二关节值输入“7.97”，此时夹爪的开度比较合适，之后单击“应用”。

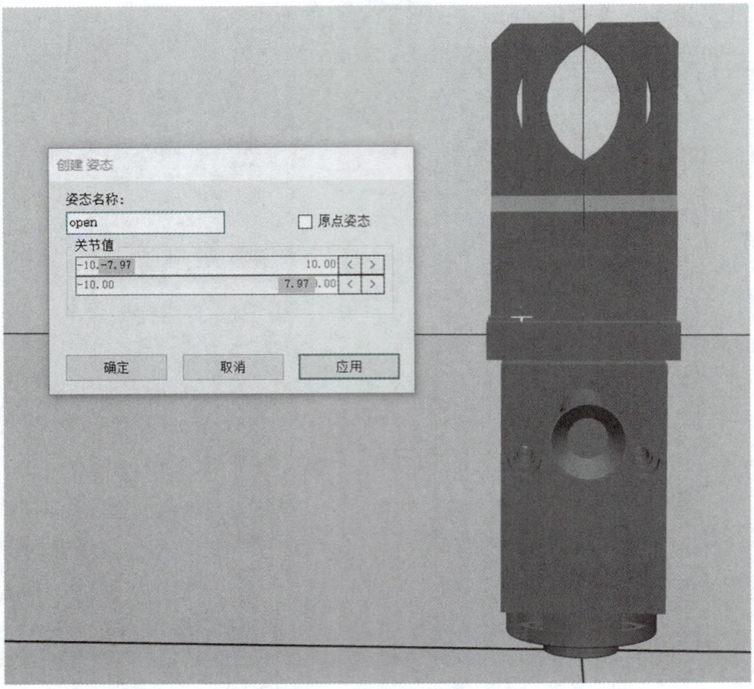

图 5-1-17　添加“open”姿态

第 17 步:如图 5-1-18 所示,第二个姿态名称命名为“close”,拖动两关节轴的滑块移动,使两夹爪闭合,也可以在滑块里直接输入数值。经试验第一关节值输入“－3.13”,第二关节值输入“3.13”,之后单击“应用”。

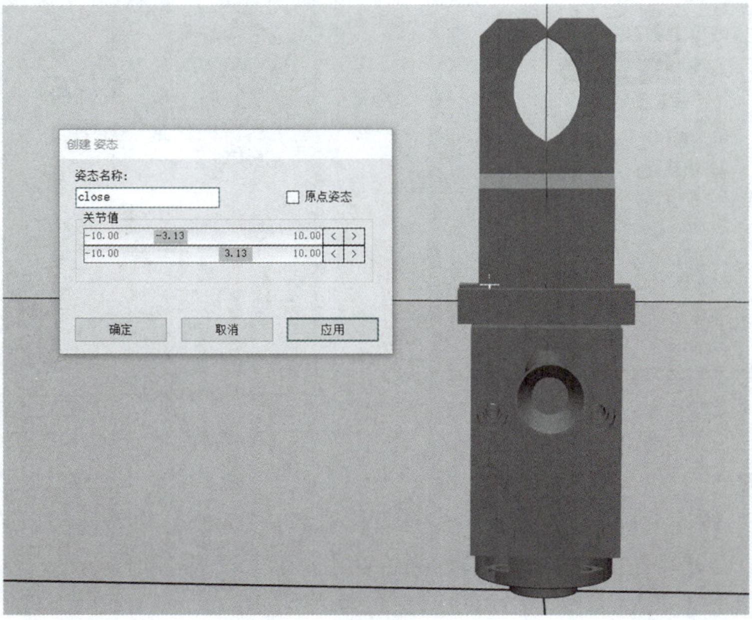

图 5-1-18　添加“close”姿态

第 18 步:如图 5-1-19 所示,单击“关闭”,该机械装置夹爪工具创建完毕可以导出,将其“保存为库文件”,如图 5-1-20 所示,预留以后调用。

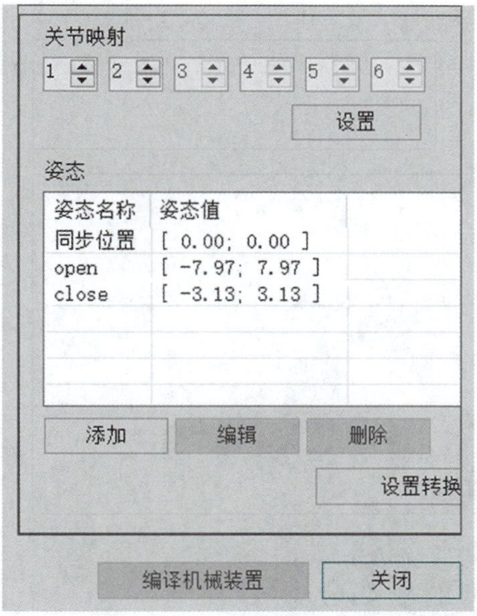

图 5-1-19 关闭创建机械装置

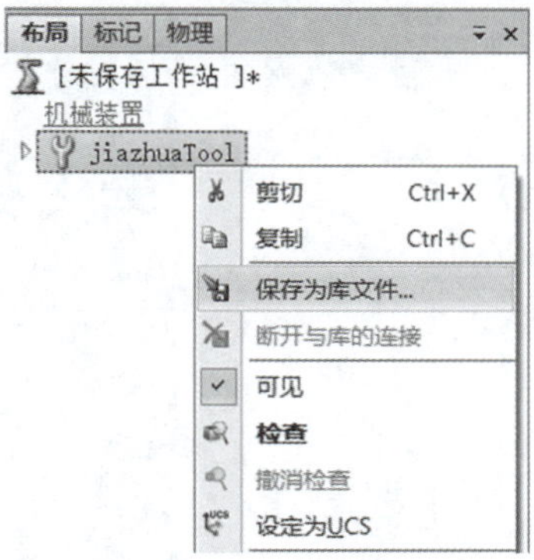

图 5-1-20 将夹爪工具保存为库文件

5.2 创建装配工作站

第 1 步：在“基本”功能选项卡中从“导入模型库”下的“浏览库文件”中导入“399 工业机器人系统实训考核装备”与“礼品装配 1”这两个三维模型，如图 5-2-1 所示。为了后续操作的方便，可以暂时先隐藏“399 工业机器人系统实训考核装备”。

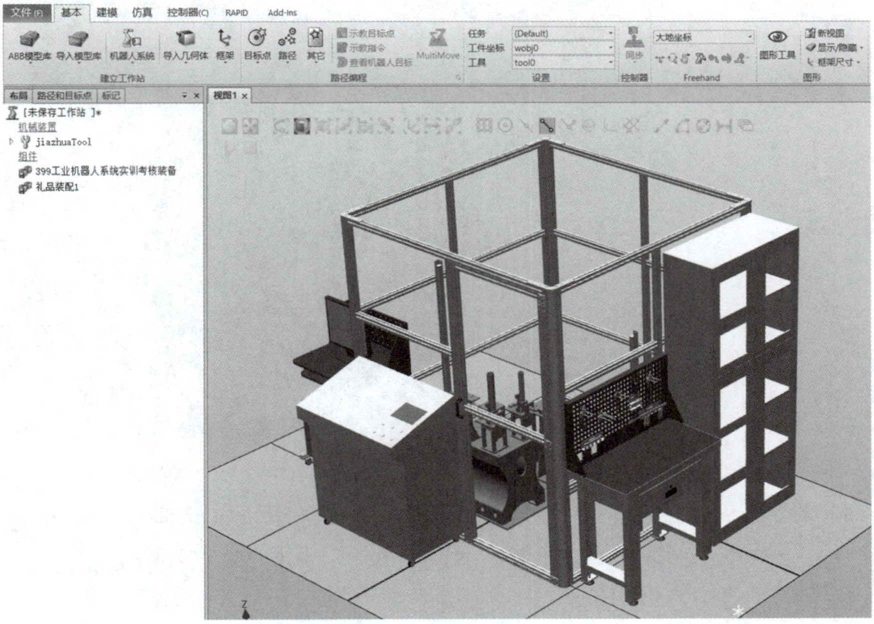

图 5-2-1 导入装配工作站模型

第 2 步：从“ABB 模型库”里导入 IRB120 型机器人，先利用“基本”功能选项卡下“Freehand”选项组中的移动工具把机器人移到一旁，再选中机器人并右击，单击“位置”→“放置”→“一个点”，把机器人放置到机器人底座上，如图 5-2-2 所示。

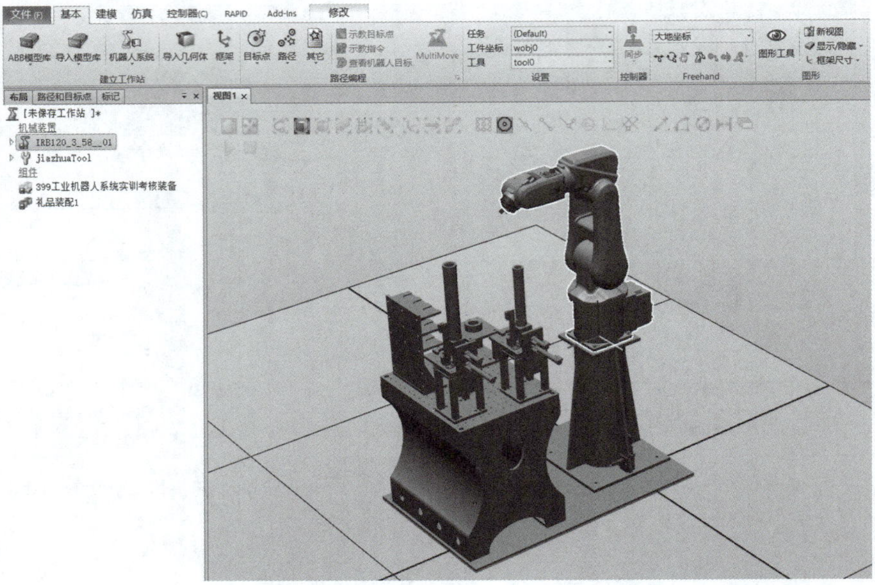

图 5-2-2　导入 IRB120 型机器人并放置到机器人底座上

第 3 步：如图 5-2-3 所示，把“jiazhuaTool”安装到机器人法兰盘上，弹出询问是否希望更新 jiazhua 位置的对话框，单击“是”。之后为 IRB120 型机器人添加机器人系统，设定语言为“Chinese”，添加设备“709-1 DeviceNet Master/Slave”。

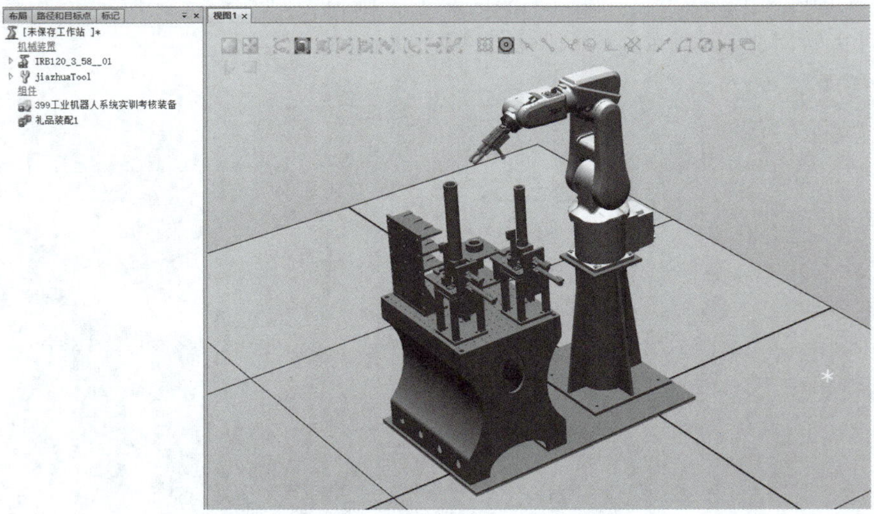

图 5-2-3　安装机器人工具

第 4 步：再通过“导入几何体”→“浏览几何体”导入需要进行装配的两个物料，即“物料 1”与“物料 2”，如图 5-2-4 所示。合理布局装配工作站，创建完毕后保存到指定路径。

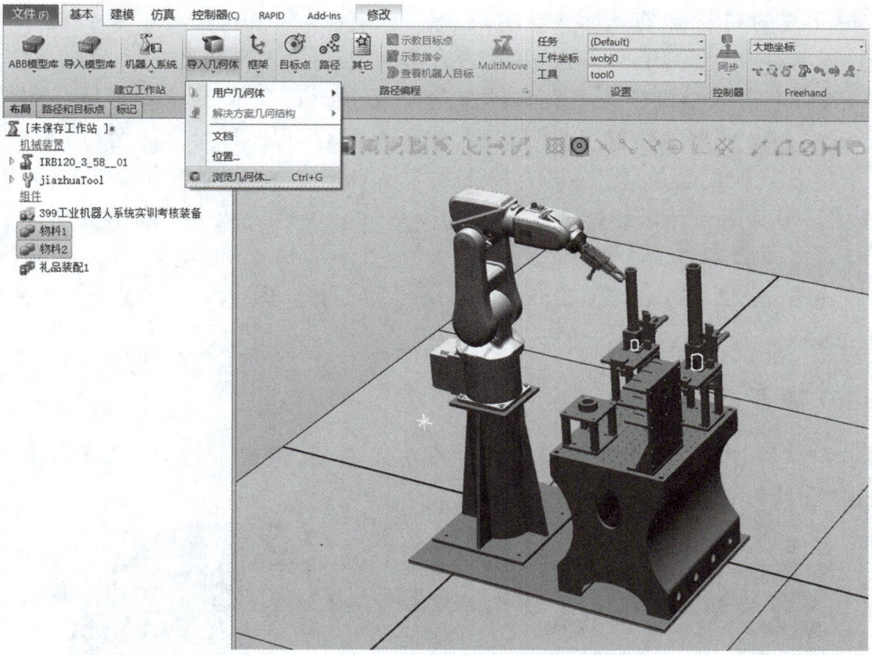

图 5-2-4　导入两个物料

5.3 工作站设计

装配工作站的工作过程是：供料装置 1 落料口提供物料 1，即大料，供料装置 2 落料口提供物料 2，即小料。这两个物料都被推料气缸推送到前面的料槽口，当料槽里的传感器检测到了物料，即刻通知机器人过来抓料，先抓取物料 1，将其放到组装台上，再抓取物料 2，将其装配到组装台上的大料内，完成大、小料装配，之后将其取出放到仓储架上。当机器人取走大料和小料时，落料机构又会提供大料和小料，并将其推送到料槽口，等待机器人来抓取，如此循环。下面模仿装配 9 个内、外嵌套工件，并将其存储到仓储机构。

大料用夹爪抓取，小料用吸盘吸取。机器人与周边设备进行交互的信号有 6 个，分别为接收料槽口 1 有大料的信号和料槽口 2 有小料的信号；机器人取走大、小料后分别通知供料装置 1 提供大料和通知供料装置 2 提供小料的信号；机器人发出信号控制夹爪工具的张开与闭合的信号；机器人发出信号控制吸盘吸住与放开小料的信号。基于此，需建立 2 个数字输入信号：xinhao1 和 xinhao2；4 个数字输出信号：通知供料装置 1 出大料信号 chuliao1、供料装置 2 出小料信号 chuliao2、控制夹爪工具张开与闭合的信号 jiazhua、控制吸盘吸住与放开小料的信号 xipan。

完成大、小料装配效果需要 4 个 Smart 组件，分别为 Smart_liaokou1、Smart_liaokou2、Smart_xipan 和 Smart_jiazhua，这四个组件分别实现出大料动态效果、出小料动态效果、吸盘动态效果和夹爪动态效果。Smart 组件相当于 PLC，它要与机器人进行数据交互。Smart_liaokou1设置一个数字输入信号 di_chuliao1 和一个数字输出信号 do_naliao1；Smart_liaokou2 设置一个数字输入信号 di_chuliao2 和一个数字输出信号 do_naliao2；Smart_xipan 设置一个数字输入信号 di_xipan；Smart_jiazhua 设置一个数字输入信号 di_jiazhua。

机器人示教的目标点有大、小料的取料点 quliao1 和 quliao2，组装台的大料放置点 zuzhuang1 与小料放置点 zuzhuang2，再有就是仓储机构第一个料仓的装配成品物料放置点 cangchudian，以上这五个机器人示教的目标点是 robtarget 类型的位置常量。此外，还需要设置一个 robtarget 类型的位置变量目标点 pPlace，配合 TEST 指令使用，用来被赋值不同位置的 9 个料仓装配成品放置点；再有一个机器人工作时的安全工作点 home，它是 jointtarget 型数据；还有用来计量装配成品个数的变量 n(n 可以设成 var 变量类型，也可以设成 PERS 可变量类型)。总之，要建立的程序数据有 robtarget 型常量 quliao1、quliao2、zuzhuang1、zuzhuang2 和 cangchudian，robtarget 型变量 pPlace；jointtarget 型常量 home；num 型可变量 n。

一、建立板卡、信号

第 1 步：在“控制器”功能选项卡中启动虚拟示教器，进入示数器主界面，单击“控制面板”，再单击“配置”，如图 5-3-1 所示。

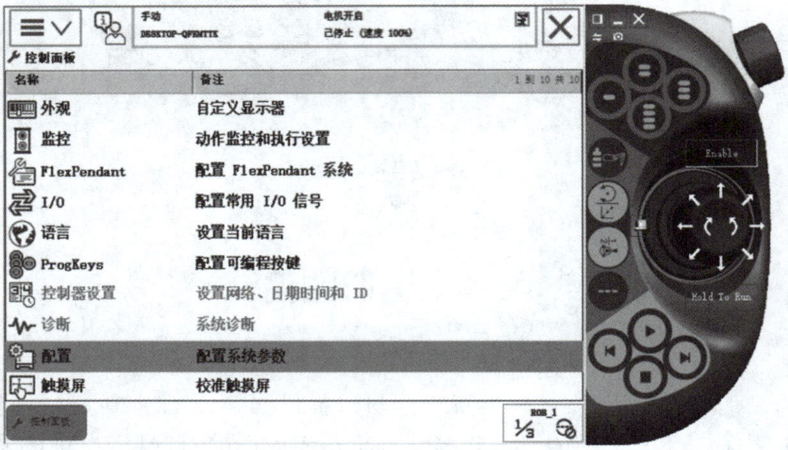

图 5-3-1　单击“配置”

第 2 步：如图 5-3-2 所示，选中“DeviceNet Device”，单击“显示全部”，弹出新界面，单击“添加”。

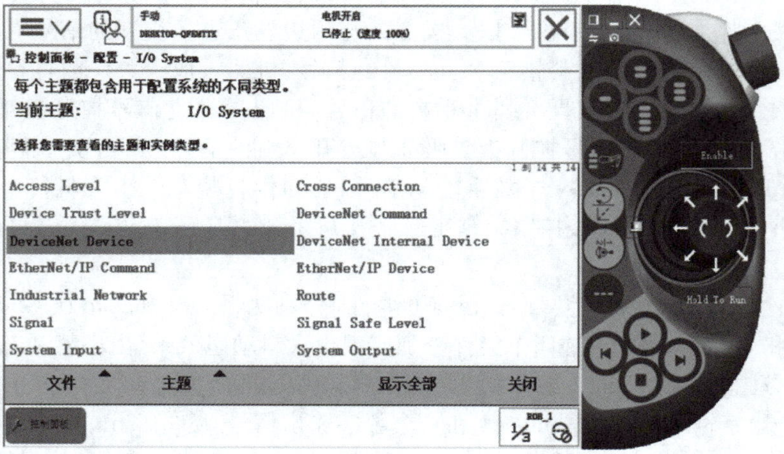

图 5-3-2　添加“DeviceNet Device”

第 3 步:如图 5-3-3 所示,单击“使用来自模板的值”右侧的下拉按钮,选择“DSQC 652 24 VDC I/O Device”。

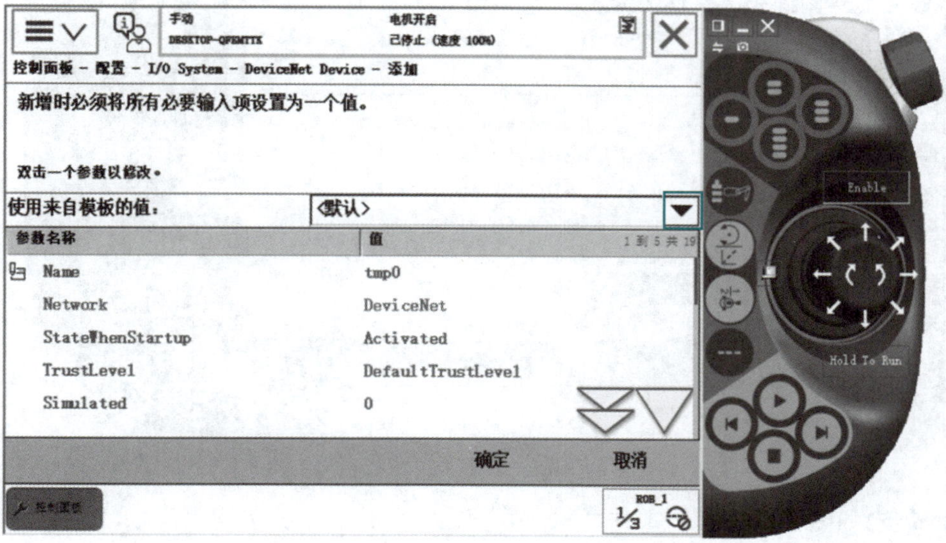

图 5-3-3 添加 DSQC 652

第 4 步:如图 5-3-4 所示,地址“Address”设为“10”,单击“确定”。弹出询问是否重新启动的对话框,单击“否”,暂时先不重新启动,之后单击“后退”。

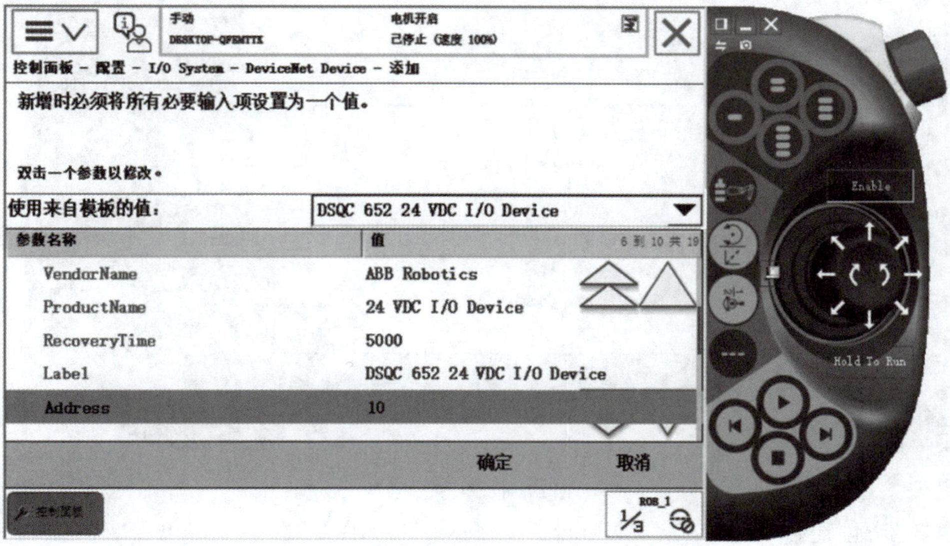

图 5-3-4 地址“Address”设为“10”

第 5 步:如图 5-3-5 所示,选中“Signal”,之后单击“显示全部”。

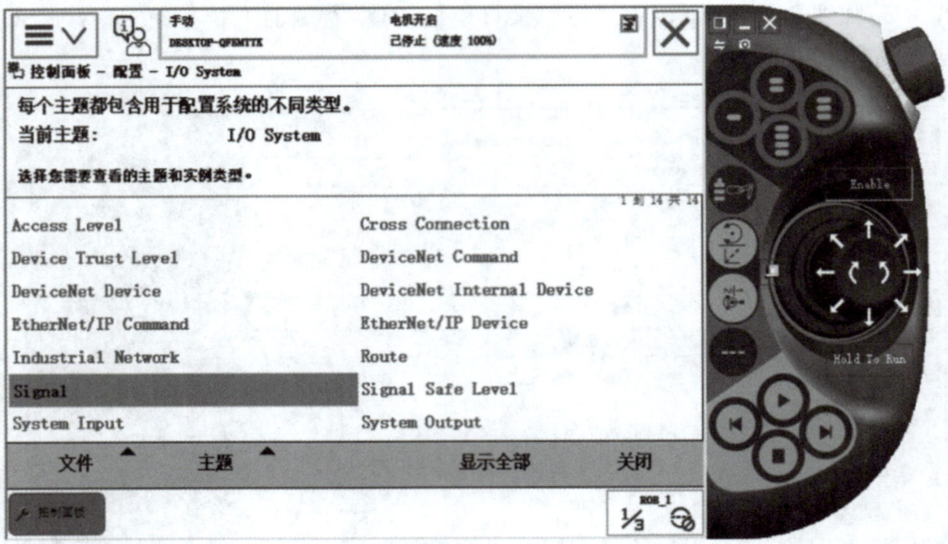

图 5-3-5　选中“Signal”

第 6 步:如图 5-3-6 所示,单击“添加”。下面将创建 2 个数字输入信号与 4 个数字输出信号。

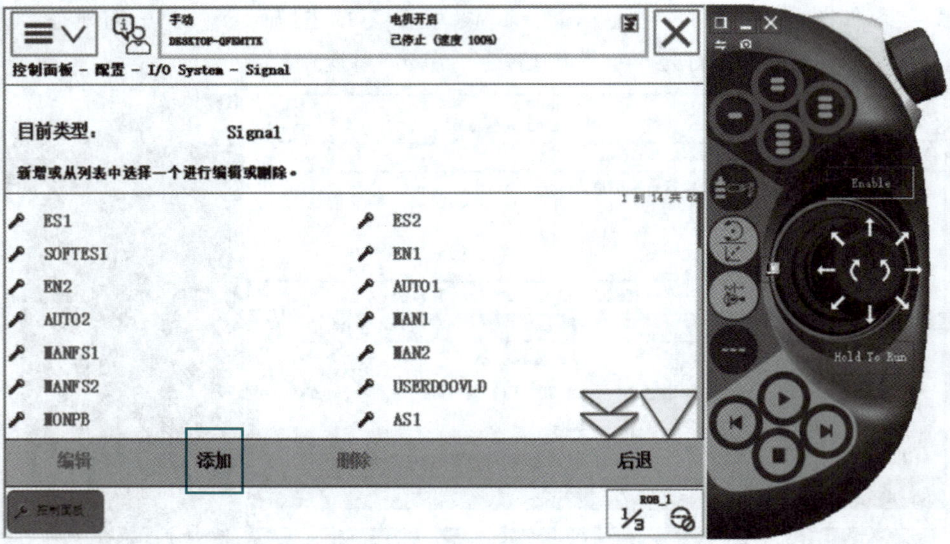

图 5-3-6　单击“添加”

第 7 步:创建数字输入信号“xinhao1”,地址为 0,如图 5-3-7 所示,单击“确定”。弹出询问是否重新启动的对话框,单击“否”。

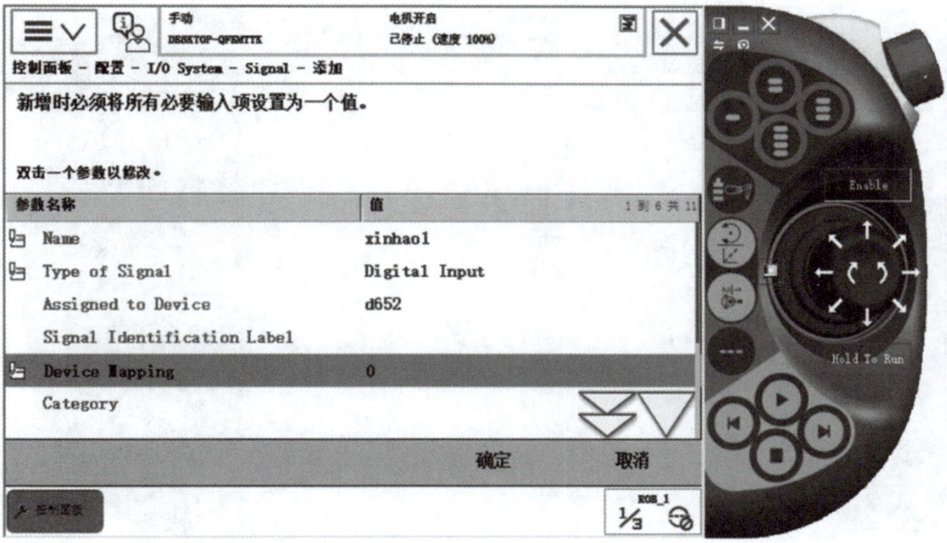

图 5-3-7 创建数字输入信号“xinhao1”

第 8 步:创建数字输入信号“xinhao2”,地址为 1,如图 5-3-8 所示,单击“确定”。弹出询问是否重新启动的对话框,单击“否”。

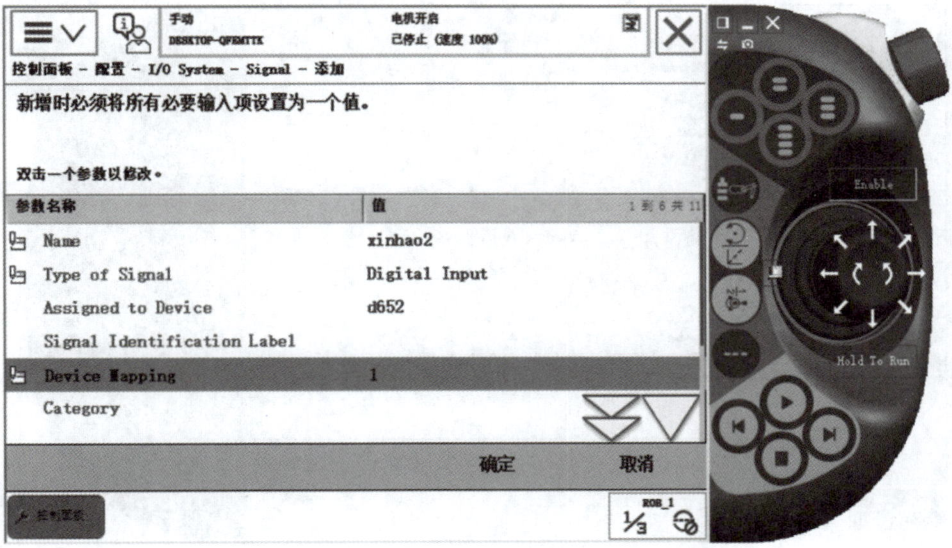

图 5-3-8 创建数字输入信号“xinhao2”

第 9 步:创建数字输出信号“jiazhua”,地址为 0,如图 5-3-9 所示,单击“确定”。弹出询问是否重新启动的对话框,单击“否”。

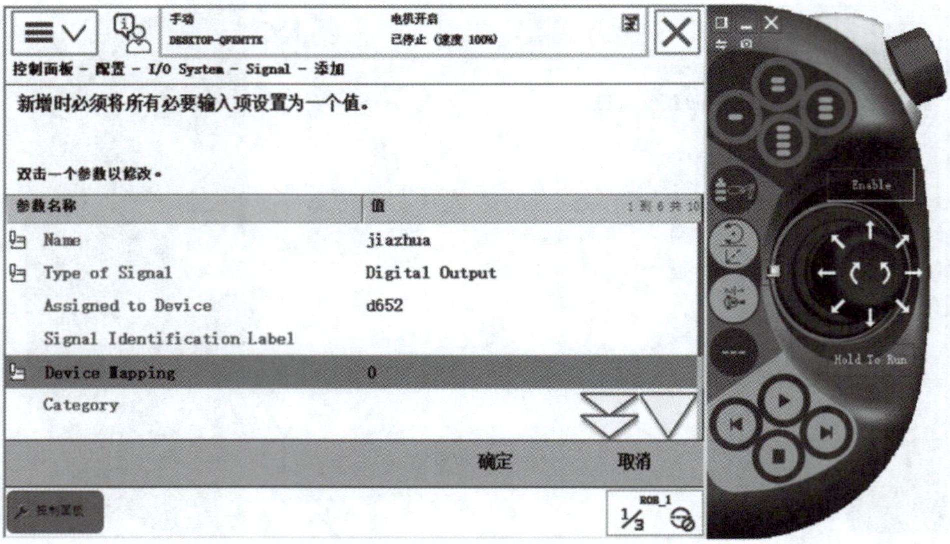

图 5-3-9 创建数字输出信号“jiazhua”

第 10 步:创建数字输出信号“xipan”,地址为 1,如图 5-3-10 所示,单击“确定”。弹出询问是否重新启动的对话框,单击“否”。

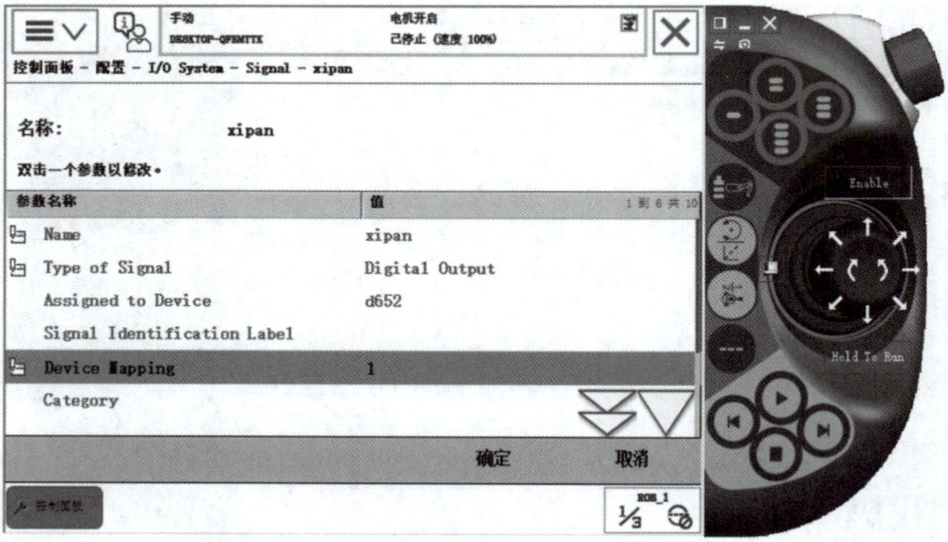

图 5-3-10 创建数字输出信号“xipan”

第 11 步:创建数字输出信号“chuliao1”,地址为 2,如图 5-3-11 所示,单击“确定”。弹出询问是否重新启动的对话框,单击“否”。

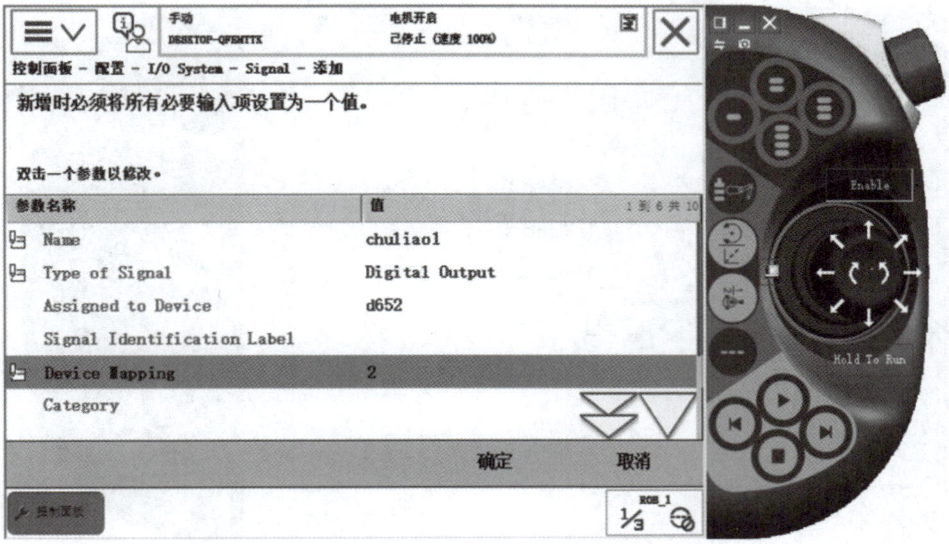

图 5-3-11 创建数字输出信号"chuliao1"

第 12 步:创建数字输出信号"chuliao2",地址为 3,如图 5-3-12 所示,单击"确定"。弹出询问是否重新启动的对话框,单击"是"。重启后,建立的 DSQC652 板以及 6 个输入、输出信号将生效。

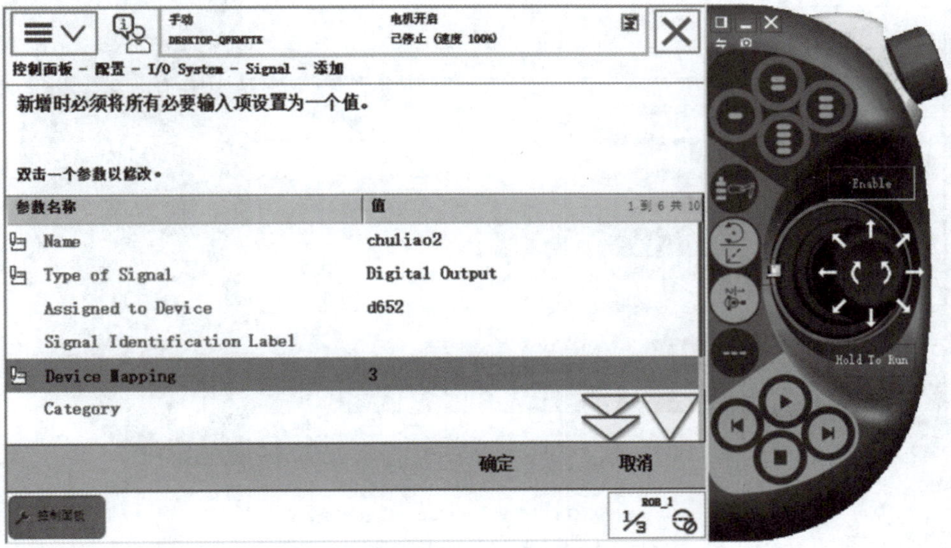

图 5-3-12 创建数字输出信号"chuliao2"

二、建立程序数据

第 1 步:进入示教器主界面,单击"程序数据",如图 5-3-13 所示。

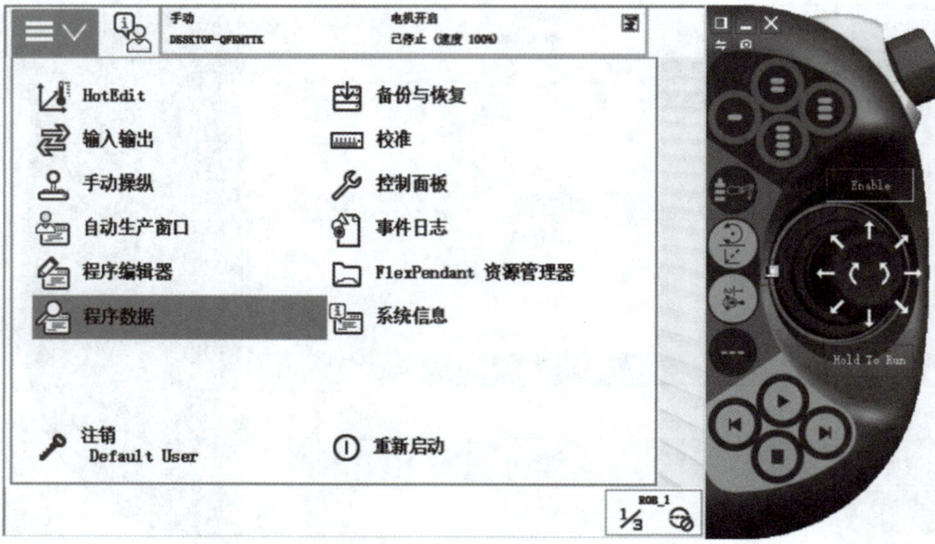

图 5-3-13　单击“程序数据”

第 2 步:找到“jointtarget”型数据并选中,之后单击“显示数据”,如图 5-3-14 所示。

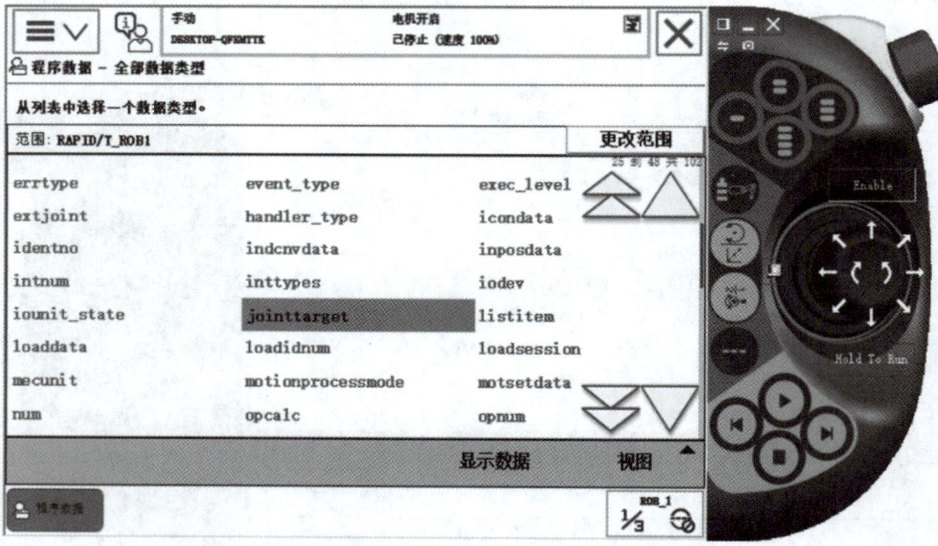

图 5-3-14　选择“jointtarget”型数据

第 3 步:创建名称为“home”的“jointtarget”型“常量”数据,如图 5-3-15 所示;单击“初始值”,将 6 个轴的角度设为(0°,0°,0°,0°,30°,0°),之后单击“确定”。

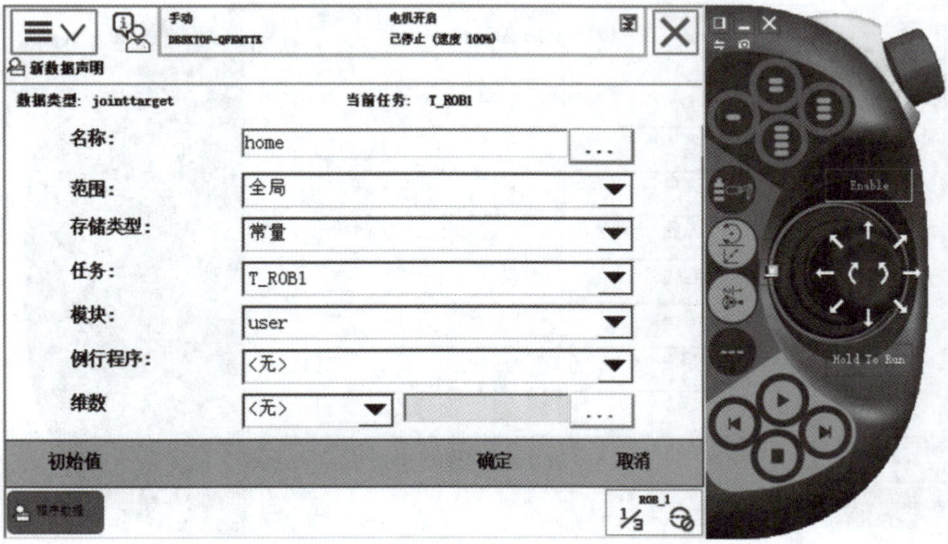

图 5-3-15 创建“jointtarget”型“常量”数据“home”

第 4 步：找到“robtarget”型数据并选中，之后单击“显示数据”，如图 5-3-16 所示。

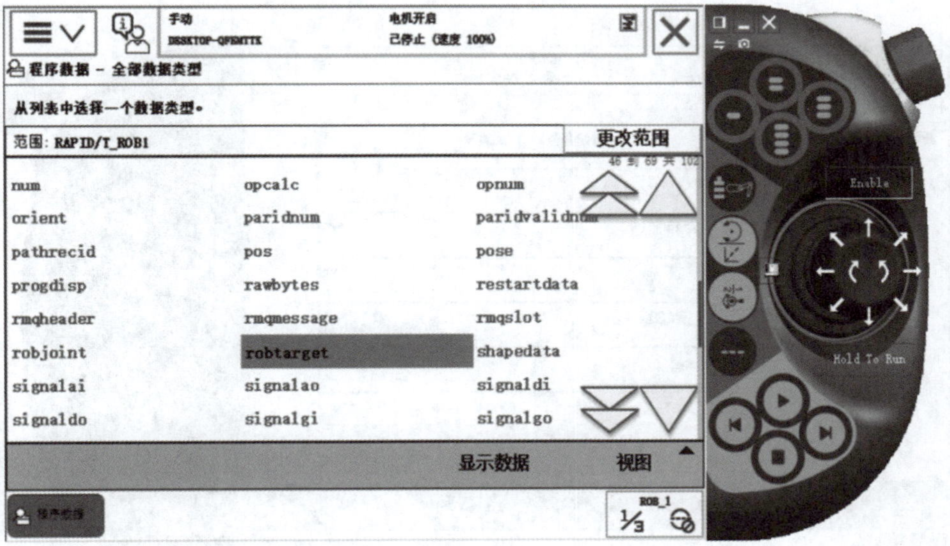

图 5-3-16 选择“robtarget”型数据

第 5 步：创建名称为“pPlace”的“robtarget”型“变量”数据，如图 5-3-17 所示，之后单击“确定”。

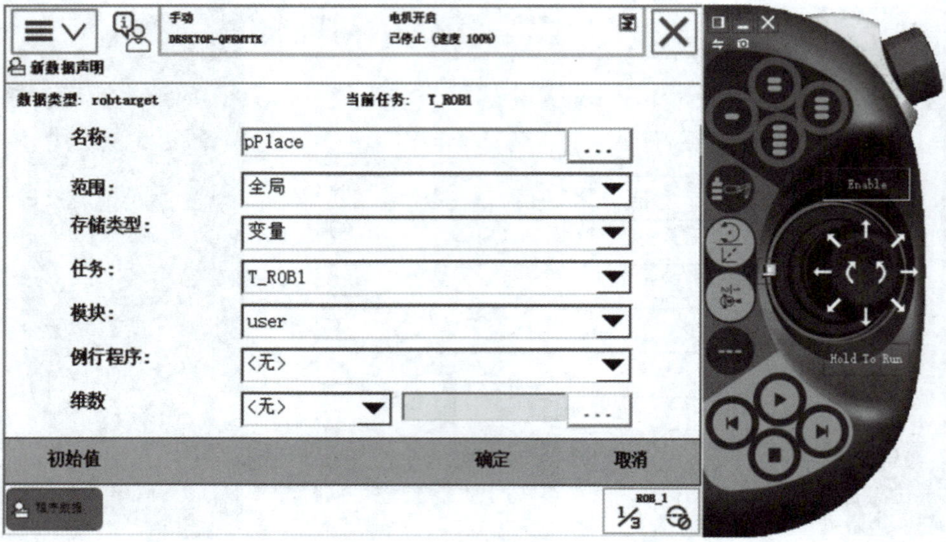

图 5-3-17　创建“robtarget”型“变量”数据“pPlace”

第 6 步:创建名称为“quliao1”的“robtarget”型“常量”数据,如图 5-3-18 所示,之后单击“确定”。

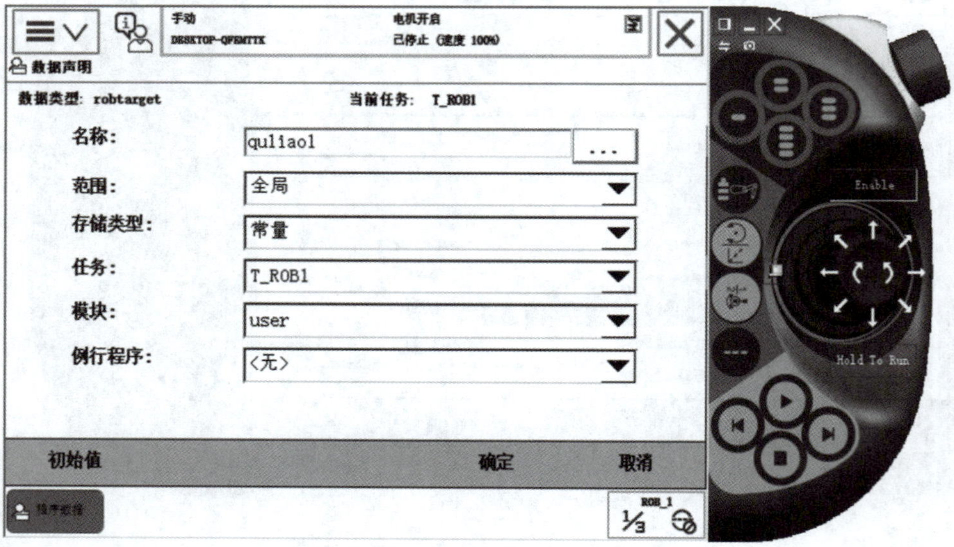

图 5-3-18　创建“robtarget”型“常量”数据“quliao1”

第 7 步:同理建立“robtarget”型“常量”数据“quliao2”、“zuzhuang1”、“zuzhuang2”和“cangchudian”,如图 5-3-19 所示。

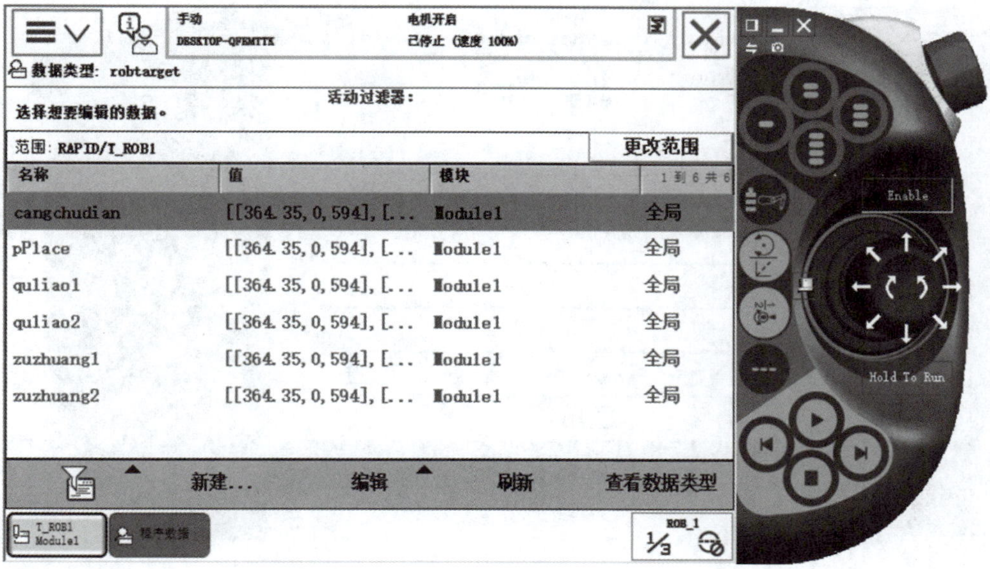

图 5-3-19　创建"robtarget"型"常量"数据

第 8 步：找到"num"型数据并选中，之后单击"显示数据"，如图 5-3-20 所示。

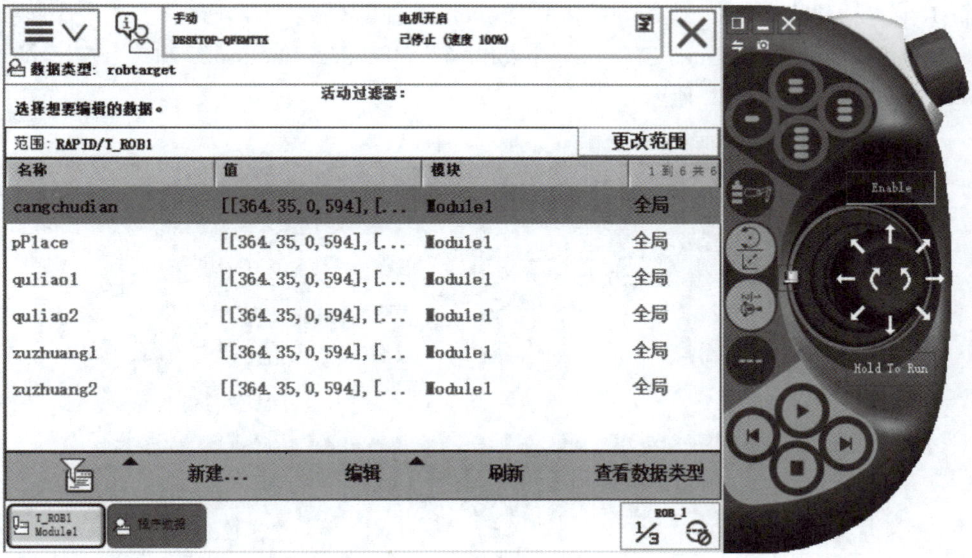

图 5-3-20　选择"num"型数据

第 9 步：创建名称为"n"的"num"型"可变量"数据，如图 5-3-21 所示，之后单击"确定"。

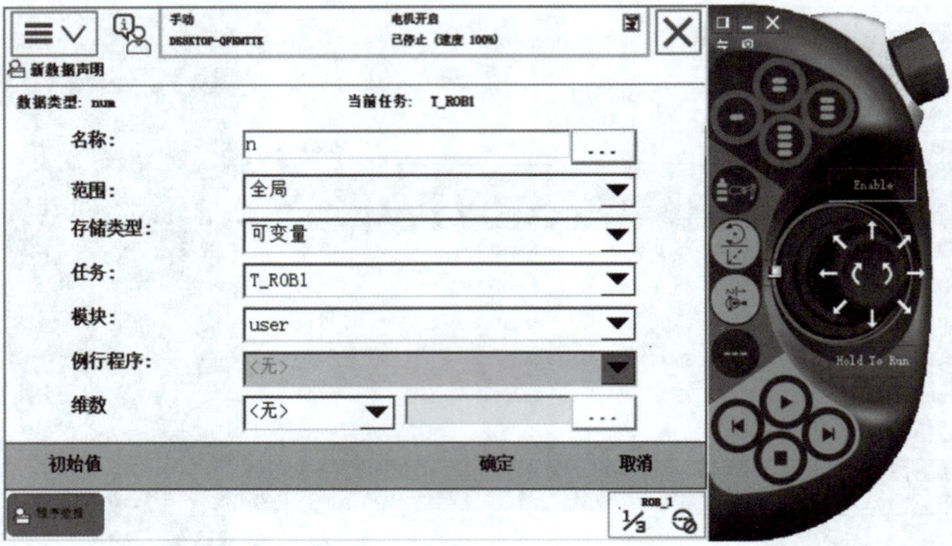

图 5-3-21 创建“num”型“可变量”数据“n”

三、工作站逻辑设计

微课

工作站逻辑设计

第 1 步:在“建模”功能选项卡中单击“Smart 组件”,创建 4 个 Smart 组件,分别为“Smart_jiazhua”、“Smart_liaokou1”、“Smart_liaokou2”和“Smart_xipan”,如图 5-3-22 所示。

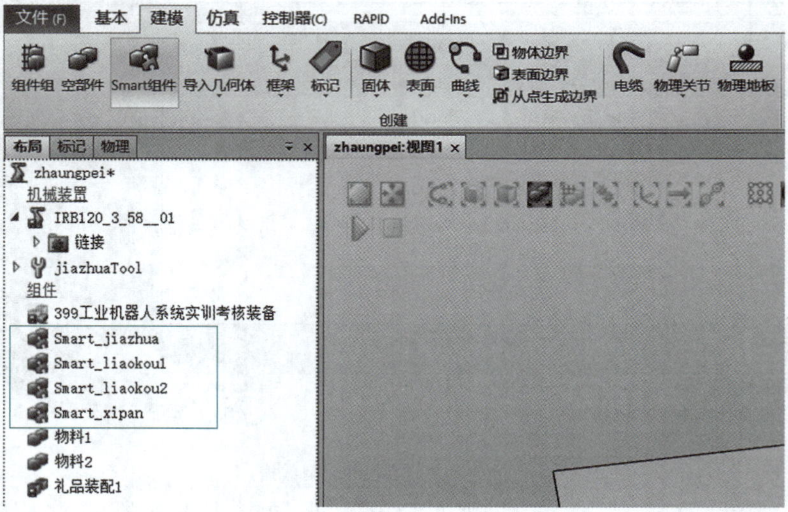

图 5-3-22 创建 4 个 Smart 组件

第 2 步:选中“Smart_liaokou1”,右击,单击“编辑组件”,进入 Smart 组件编辑器,单击“设计”,如图 5-3-23 所示。

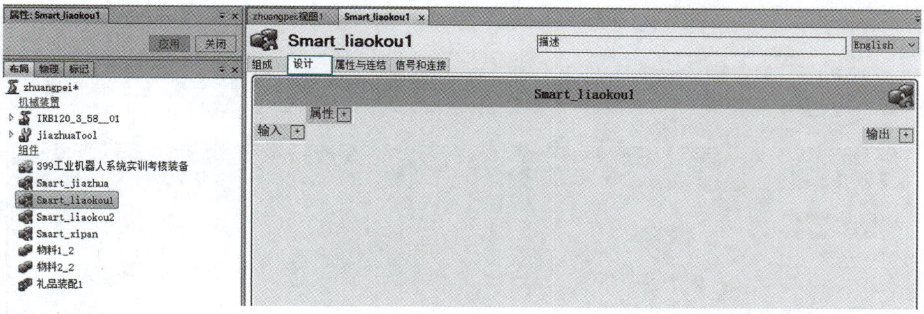

图 5-3-23 设计“Smart_liaokou1”

第 3 步:在“Smart_liaokou1”编辑器内,建立数字输入信号“di_chuliao1”和数字输出信号“do_naliao1”,如图 5-3-24 所示。

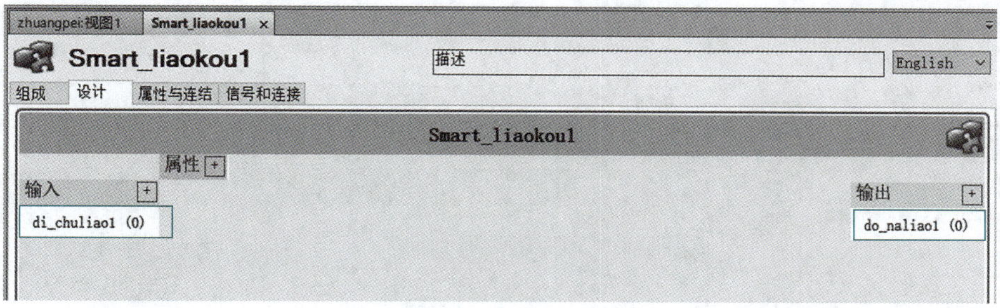

图 5-3-24 创建“Smart_liaokou1”的数字输入信号与数字输出信号

第 4 步:进入“Smart_liaokou2”编辑器,单击“设计”,建立数字输入信号“di_chuliao2”和数字输出信号“do_naliao2”,如图 5-3-25 所示。

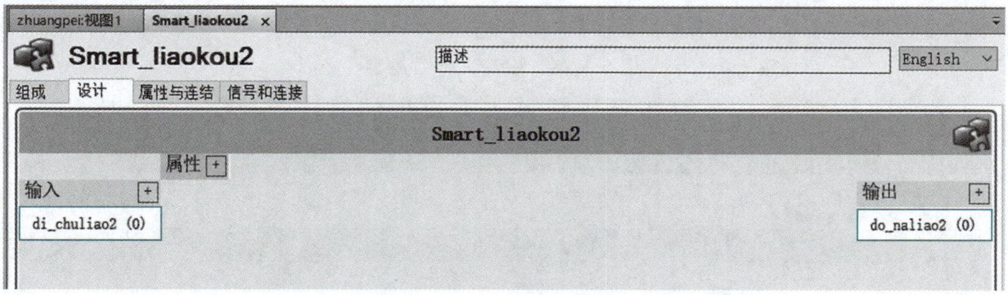

图 5-3-25 创建“Smart_liaokou2”的数字输入信号与数字输出信号

第 5 步:进入“Smart_xipan”编辑器,单击“设计”,建立数字输入信号“di_xipan”,如图5-3-26 所示。

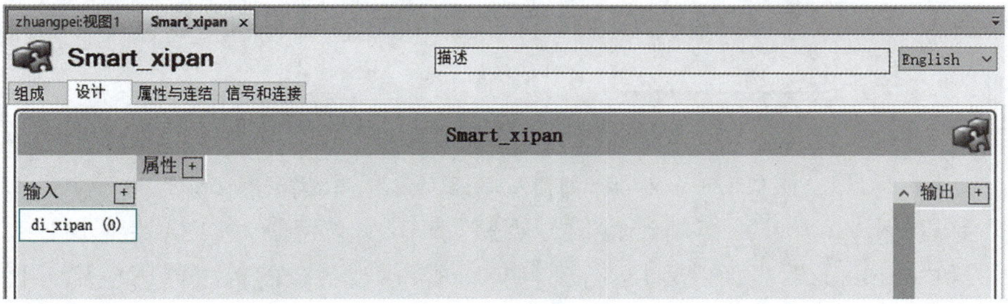

图 5-3-26 创建“Smart_xipan”的数字输入信号

第 6 步:进入“Smart_jiazhua”编辑器,单击“设计”,建立数字输入信号“di_jiazhua”,如

图 5-3-27 所示。

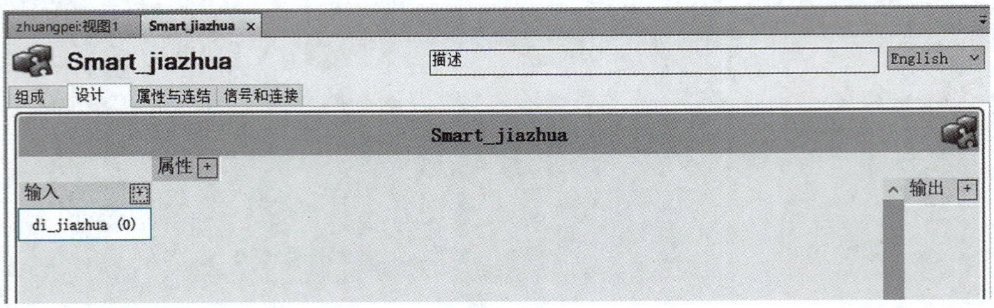

图 5-3-27　创建“Smart_jiazhua”的数字输入信号

第 7 步：在“仿真”功能选项卡中单击“工作站逻辑”，再单击“设计”，如图 5-3-28 所示。

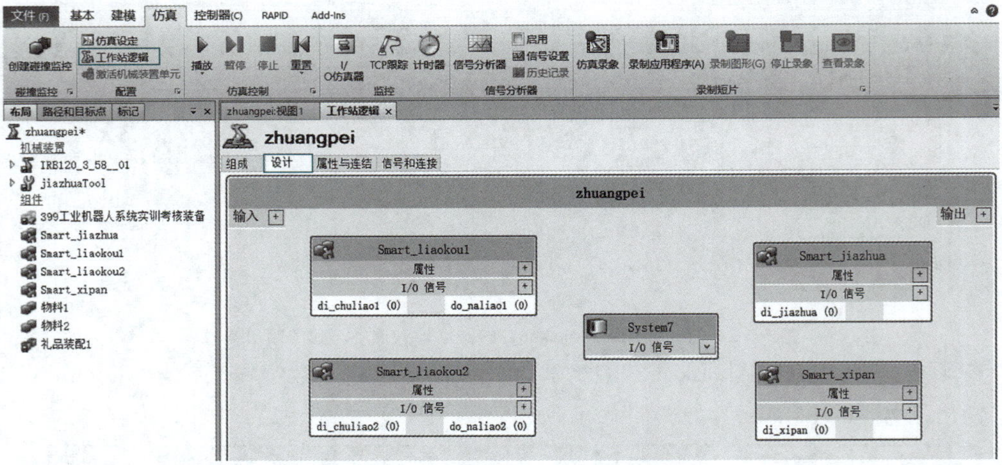

图 5-3-28　设计工作站逻辑

第 8 步：在 zhuangpei 工作站中调出机器人系统里的输入、输出信号，如图 5-3-29 所示。

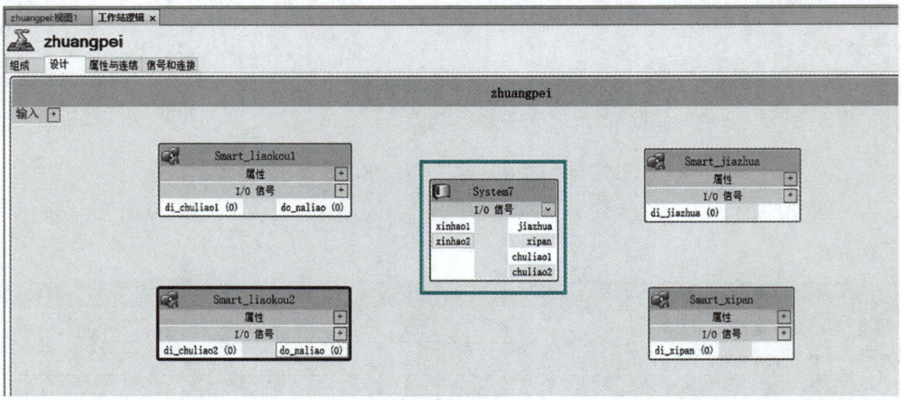

图 5-3-29　调出机器人系统里的输入、输出信号

第 9 步：对 zhuangpei 工作站进行信号连接，如图 5-3-30 所示。机器人发出出料信号“chuliao1”和“chuliao2”，当大、小料运行到各自料槽口，被各自的传感器感应到，组件 Smart_liaokou1 和组件 Smart_liaokou2 发出信号“do_naliao1”和“do_naliao2”，通知机器人去拿料，那么机器人接到输入信号“xinhao1”和“xinhao2”后，发出输出信号“jiazhua”去夹取大

料，发出输出信号“xipan”去吸取小料，并进行装配与入库。当大、小料被取走的瞬间，马上通知组件 Smart_liaokou1 和 Smart_liaokou2 出料，如此循环。

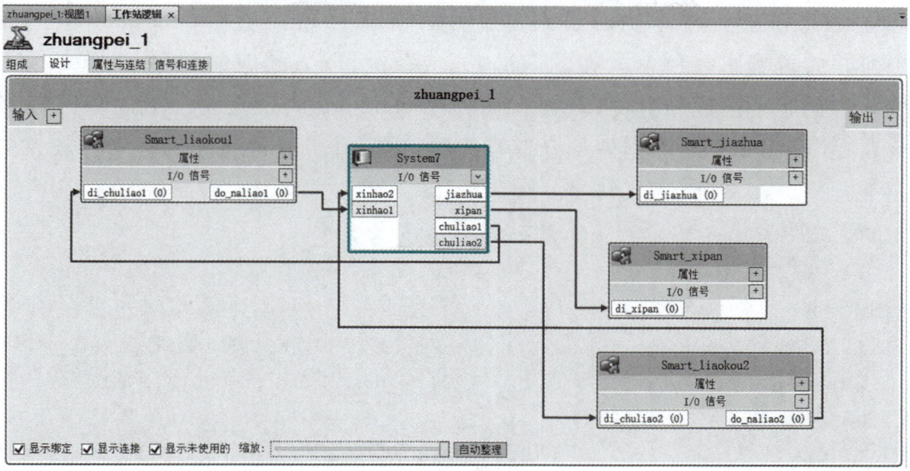

图 5-3-30 工作站信号连接

5.4 编写程序

第 1 步：在“RAPID”功能选项卡中展开系统“System7”，再展开“RAPID”，单击“Module1”，进入 Module1 编程界面，如图 5-4-1 所示。该界面已经有了事先设定的各个程序数据，但 robtarget 型的程序数据采用的是系统默认值，需要重新示教目标点给予实际值。该界面绿色的注释部分可以删除。

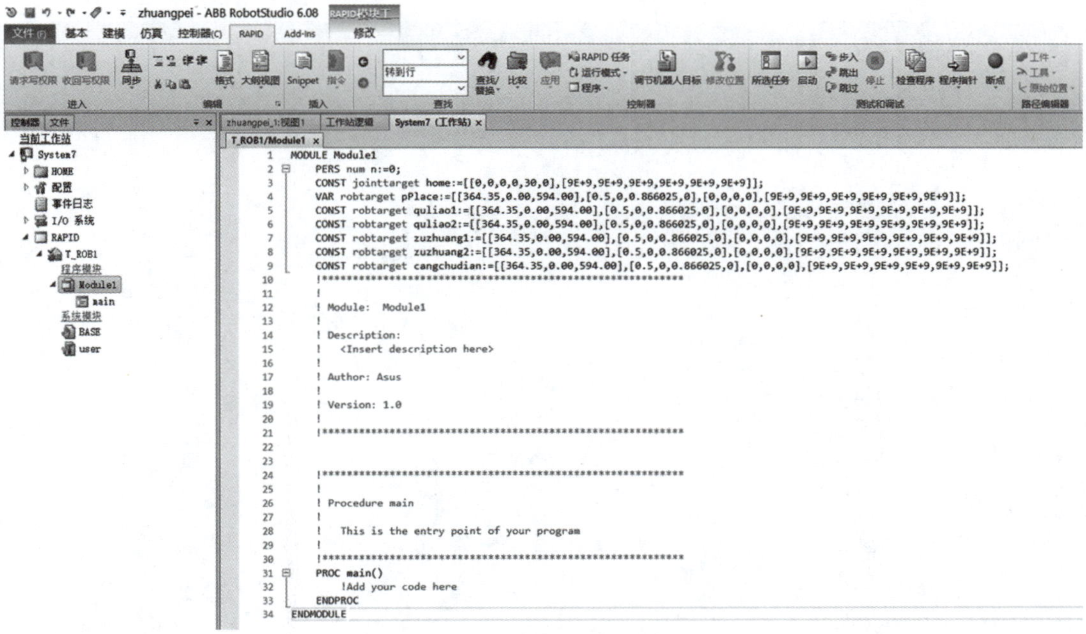

图 5-4-1 进入 Module1 编程界面

第 2 步:采用模块化编程，主程序调用各个子程序，初始化程序 chushihua 实现机器人输出信号清零，机器人从工作安全点开始工作，并让落料机构出料；取放大料程序 qufangdaliao 实现从料槽口夹起大料并放置到组装台上；取放小料程序 qufangxiaoliao 实现从料槽口吸取小料并放置到组装台上大料的内部，完成装配；取装配成品程序 quchengpin 实现机器人从组装台抓起装配成品套件；放置仓储程序 cangchu 实现把装配成品套件放到仓储架的各个料仓；计算程序 jisuan 内嵌到仓储程序里，用来计算仓储料仓的各个存放点位置。编写程序如下：

```
MODULE Module1

    PERS num n:=0;
    CONST jointtarget home:=[[0,0,0,0,30,0],[9E+9,9E+9,9E+9,9E+9,9E+9,9E+9]];
    VAR robtarget pPlace:=[[364.35,0.00,594.00],[0.5,0,0.866025,0],[0,0,0,0],[9E+9,9E+9,9E+9,9E+9,
9E+9,9E+9]];
    CONST robtarget quliao1:=[[364.35,0.00,594.00],[0.5,0,0.866025,0],[0,0,0,0],[9E+9,9E+9,9E+9,9E+9,9E+9,9E+9]];
    CONST robtarget quliao2:=[[364.35,0.00,594.00],[0.5,0,0.866025,0],[0,0,0,0],[9E+9,9E+9,9E+9,9E+9,9E+9,9E+9]];
    CONST robtarget zuzhuang1:=[[364.35,0.00,594.00],[0.5,0,0.866025,0],[0,0,0,0],[9E+9,9E+9,9E+9,9E+9,9E+9,9E+9]];
    CONST robtarget zuzhuang2:=[[364.35,0.00,594.00],[0.5,0,0.866025,0],[0,0,0,0],[9E+9,9E+9,9E+9,9E+9,9E+9,9E+9]];
    CONST robtarget cangchudian:=[[364.35,0.00,594.00],[0.5,0,0.866025,0],[0,0,0,0],[9E+9,9E+9,9E+9,9E+9,9E+9,9E+9]];

    PROC main()
    chushihua;
    WHILE n < 10 DO
      qufangdaliao;
      qufangxiaoliao;
      quchengpin;
      cangchu;
      incr n;
    ENDWHILE
    n:=1;
    MoveAbsJ home\NoEOffs, v1000, fine, tool0;
    stop;
ENDPROC

    PROC chushihua()
        reset jiazhua;
        reset xipan;
        reset chuliao1;
```

```
    reset chuliao2;
    waittime 0.1;
    MoveAbsJ home\Noeoffs,v1000,fine,tool0;
    Set chuliao1;
    Set chuliao2;
    waittime 0.1;
    n:=1;
ENDPROC

PROC qufangdaliao()
    waitdi xinhao1,1;
    movej offs(quliao1,0,0,100),v1000,fine,tool0;
    movej quliao1,v1000,fine,tool0;
    set jiazhua;
    waittime 1;
    movej offs(quliao1,0,0,100),v1000,fine,tool0;
    reset chuliao1;
    waittime 0.1;
    Set chuliao1;
    movej offs(quliao1,0,0,100),v1000,fine,tool0;
    movej offs(quliao1,-100,0,100),v1000,fine,tool0;
    movej offs(zuzhuang1,0,0,100),v1000,fine,tool0;
    movej zuzhuang1,v1000,fine,tool0;
    reset jiazhua;
    waittime 1;
    movej offs(zuzhuang1,0,0,100),v1000,fine,tool0;
ENDPROC

PROC qufangxiaoliao()
    movej offs(quliao2,0,0,100),v1000,fine,tool0;
    waitdi xinhao2,1;
    movej offs(quliao2,0,0,100),v1000,fine,tool0;
    movej quliao2,v1000,fine,tool0;
    set xipan;
    waittime 1;
    movej offs(quliao2,0,0,100),v1000,fine,tool0;
    reset chuliao2;
    waittime 0.1;
    set chuliao2;
    movej offs(zuzhuang2,0,0,100),v1000,fine,tool0;
    MoveJ zuzhuang2,v1000,fine,tool0;
    reset xipan;
    waittime 1;
    movej offs(zuzhuang2,0,0,100),v1000,fine,tool0;
ENDPROC
```

```
PROC quchengpin()
    movej offs(zuzhuang1,0,0,100),v1000,fine,tool0;
    movej zuzhuang1,v1000,fine,tool0;
    set jiazhua;
    waittime 1;
    movej offs(zuzhuang1,0,0,100),v1000,fine,tool0;
ENDPROC

  PROC cangchu()
    jisuan;
    MoveJ offs( pPlace,-100,0,5),v1000,fine,tool0;
    MoveJ offs( pPlace,0,0,5),v1000,fine,tool0;
    MoveL pPlace,v50,fine,tool0;
    reset jiazhua;
    WaitTime 0.8;
    MoveJ Offs(pPlace,-100,0,0),v1000,fine,tool0;
    movej Offs(quliao1,-100,0,100),v1000,fine,tool0;
  ENDPROC

  PROC jisuan()
    TEST n
    CASE 1:
    pPlace:= offs(cangchudian,0,0,0);
    CASE 2:
    pPlace:= offs(cangchudian,0,-62,0);
    CASE 3:
    pPlace:= offs(cangchudian,0,-62 * 2,0);
    CASE 4:
    pPlace:= offs(cangchudian,0,0,-58);
    CASE 5:
    pPlace:= offs(cangchudian,0,-62,-58);
    CASE 6:
    pPlace:= offs(cangchudian,0,-62 * 2,-58);
    CASE 7:
    pPlace:= offs(cangchudian,0,0,-58 * 2);
    CASE 8:
    pPlace:= offs(cangchudian,0,-62,-58 * 2);
    CASE 9:
    pPlace:= offs(cangchudian,0,-62 * 2,-58 * 2);
    ENDTEST
  ENDPROC
ENDMODULE
```

第 3 步：如图 5-4-2 所示，在“RAPID”功能选项卡中单击“应用”→“全部应用”，把书写的程序全部应用到机器人系统中。关闭 Module1 编程界面，可在示教器程序编辑器中查看是否导入程序。

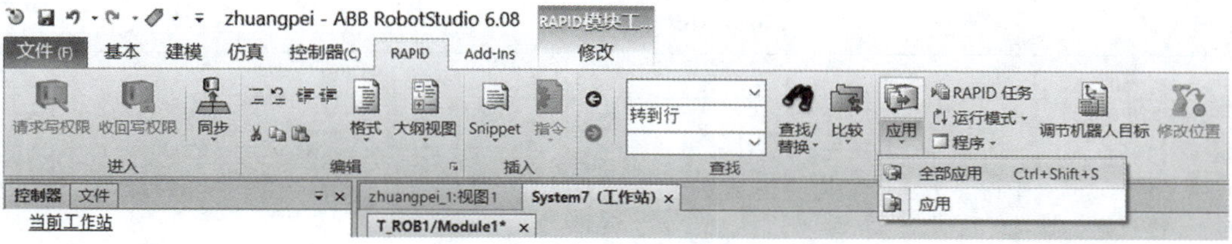

图 5-4-2 单击“全部应用”

5.5 Smart组件设置

本工作站需要创建 4 个 Smart 组件，分别为 Smart_xipan、Smart_liaokou1、Smart_liaokou2和 Smart_jiazhua。需要用到新的 Smart 子对象组件有 Queue、PlanSensor、LinearMover 和 PoseMover。这几个 Smart 子对象组件的属性和信号说明见表 5-5-1～表 5-5-4。

表 5-5-1 Queue 属性和信号说明

功能	属性/信号		说　明
对象的队列，可作为组进行操作	属性	Back	进入队列的对象，指定 Enqueue 的对象
		Front	队列的第一个对象
		Queue	队列元素的唯一 ID 编号
		NumberOfObjects	队列中的对象数目
	信号	Enqueue	将 Back 中的对象添加到队列末尾
		Dequeue	删除队列中前端的对象
		Clear	清空队列中的所有对象
		Delete	在工作站和队列中移除 Front 对象
		DeleteAll	清除队列和删除所有工作站的对象

说明：Queue 表示 FIFO(First In，First Out)队列，可作为组进行操作。当信号 Enqueue 被置为 1 时，在 Back 中的对象将被添加到队列末尾，队列前端对象将显示在 Front 中。当 Dequeue 信号置为 1 时，Front 对象将从队列中移除，如果队列中有多个对象，下一个对象将显示在前端。当 Clear 信号置为 1 时，队列中所有对象将被删除。

表 5-5-2 PlanSensor 属性和信号说明

功能	属性/信号		说　明
监测对象与平面相交	属性	Origin	平面的原点
		Axis1	平面的一条边
		Axis2	平面的另一条边
		SensedPart	监测到的部件
	信号	Active	设定为 high (1)去激活传感器
		SensorOut	对象与平面相交时输出为 high (1)

表 5-5-3　　LinearMover 属性和信号说明

功能	属性/信号		说　明
移动一个对象到一条线上，按指定的速度沿指定的方向移动对象	属性	Object	要移动的对象
		Direction	对象移动方向
		Speed	速度
		Reference	参考坐标系，可以是 Global、Local 或 Object
		ReferenceObject	如果将 Reference 设置为 Object，指定参考对象
	信号	Execute	设定为 high (1)去开始移动对象

表 5-5-4　　PoseMover 属性和信号说明

功能	属性/信号		说　明
运动机械装置关节到一个已定义的姿态	属性	Mechanism	要运动的机械装置
		Pose	要运动到的姿态
		Duration	机械装置运动到指定姿态的时间
	信号	Execute	设定为 high (1)开始或重新开始移动
		Pause	设定为 high (1)暂停移动
		Cancel	设定为 high (1)取消移动
		Executed	当移动完成后变成 high (1)
		Executing	当移动时变成 high (1)
		Paused	当移动被暂停时变为 high (1)

一、Smart_xipan 组件

微课

Smart_xipan组件设置

第 1 步：如图 5-5-1 所示，选中“Smart_xipan”，右击，单击“编辑组件”，进入 Smart 编辑器，在“组成”选项卡下单击“添加组件”。

第 2 步：如图 5-5-2 所示，添加 Attacher、Detacher、LineSensor 和 LogicGate 子对象组件。LogicGate 的操作属性选择“NOT”。

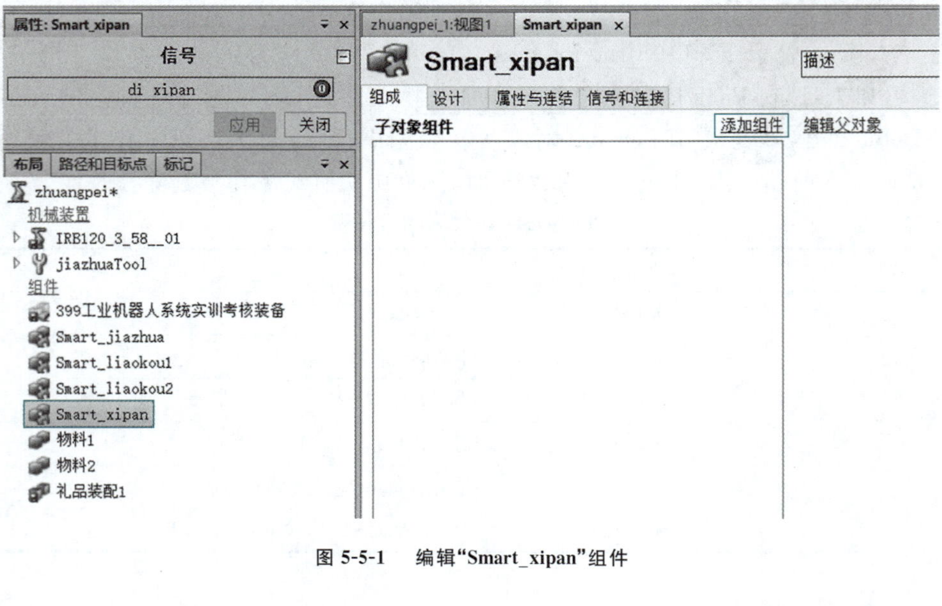

图 5-5-1　编辑“Smart_xipan”组件

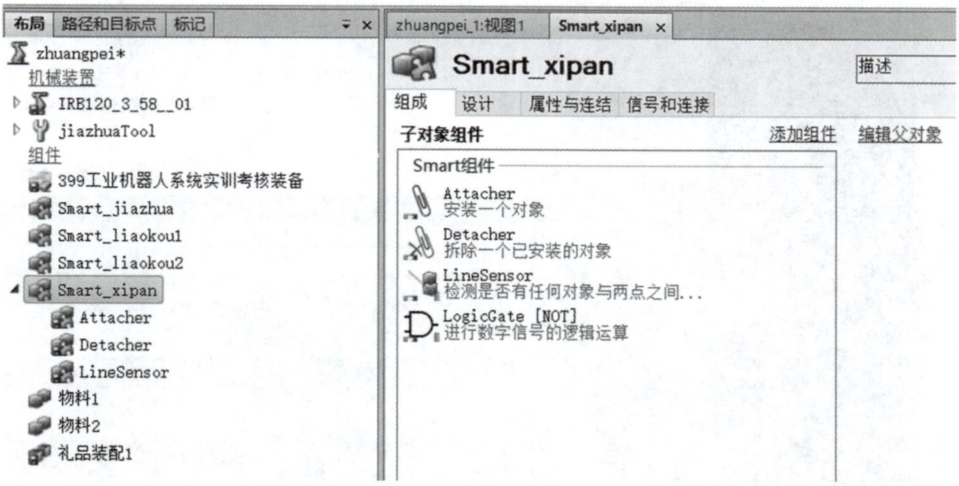

图 5-5-2 "Smart_xipan"内添加 4 个子对象组件

第 3 步： 切换到"设计"选项卡，进行"Smart_xipan"内部的属性与信号连接。信号连接设置如图 5-5-3 所示。接下来设置 Attacher 和 LineSensor 子对象组件的属性，Detacher 属性不用设置。

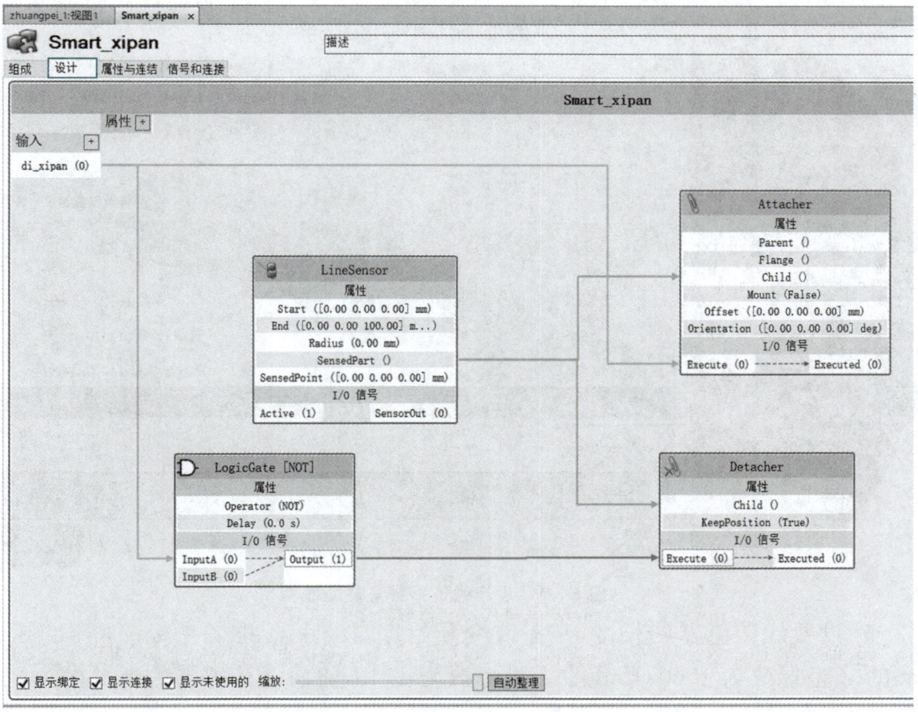

图 5-5-3 "Smart_xipan"内部的信号连接设置

第 4 步： 选中"Attacher"，右击，单击"属性"，弹出如图 5-5-4 所示的对话框，父对象 Parent选择"jiazhuaTool"。

第 5 步： 选中 IRB120 型机器人，右击，单击"机械装置手动关节"，在弹出的对话框中设置 6 个轴都为 0°，如图 5-5-5 所示。

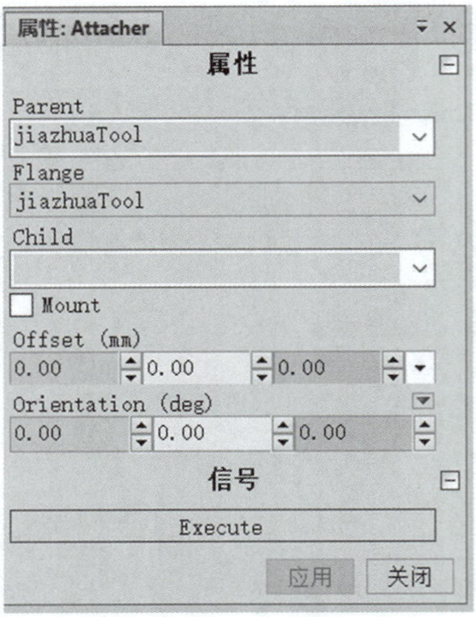

图 5-5-4 Attacher 属性设置

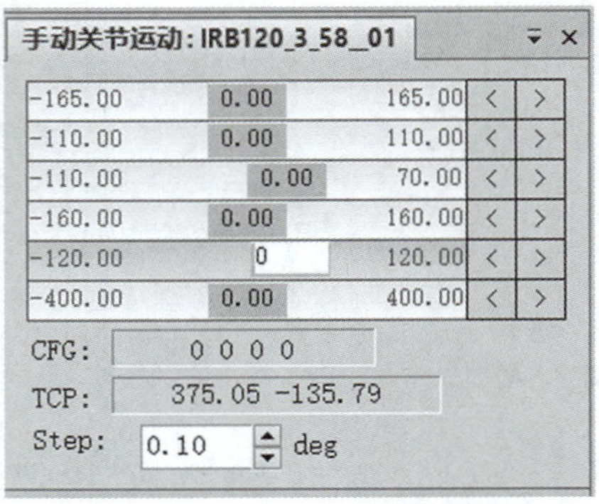

图 5-5-5 将 6 个轴设置为 0°

第 6 步：如图 5-5-6 所示，选中“Smart_xipan”内的“LineSensor”，右击，依次单击“位置”→“设定位置”，在视图窗口区的上方选中“选择表面”和“捕捉中心”，捕捉吸盘工具末端圆心，将其数据坐标捕捉到“位置 X、Y、Z”的坐标框内，之后单击“应用”→“关闭”。

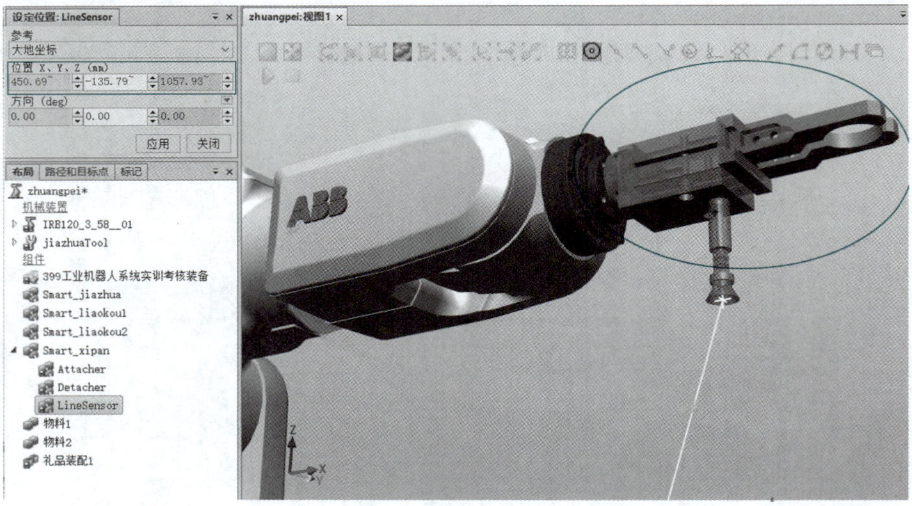

图 5-5-6 设定线传感器安装位置

第 7 步：设置线传感器的长度，只需改变开始点与结束点的 Z 坐标即可，如图 5-5-7 所示，Start 的 Z 坐标改为 1060，End 的 Z 坐标改为 1040；再将线传感器的半径设为 2，然后单击“应用”→“关闭”。

第 8 步：如图 5-5-8 所示，选择“LineSensor”，右击，单击“安装到”→“L1”（“L1”是 jiazhuaTool工具的一部分）。系统弹出询问是否更新 LineSensor 位置的对话框，单击“否”，不更新位置，保持现有位置。

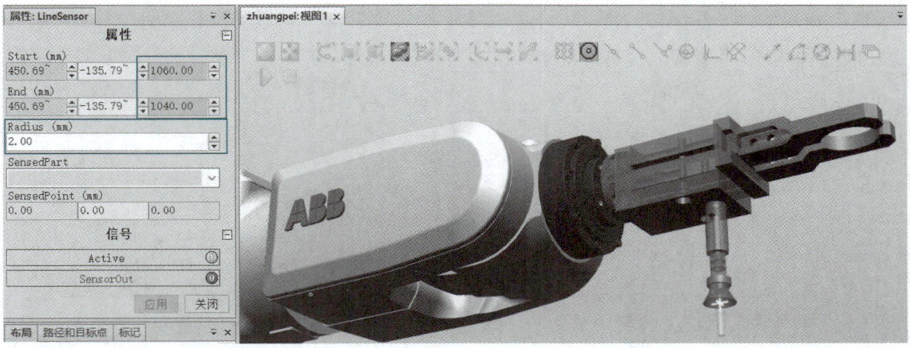

图 5-5-7 设置线传感器的长度与半径

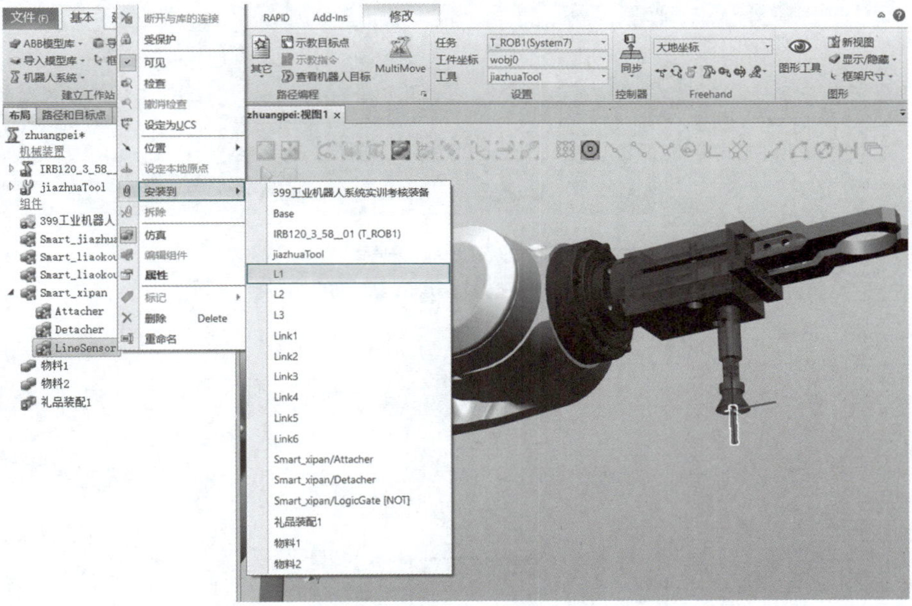

图 5-5-8 安装线传感器到"L1"

第 9 步：如图 5-5-9 所示，选中"jiazhuaTool"，右击，去除"可由传感器检测"的勾选。为了避免误检测到机器人工具，使其处于不可由传感器检测的状态。

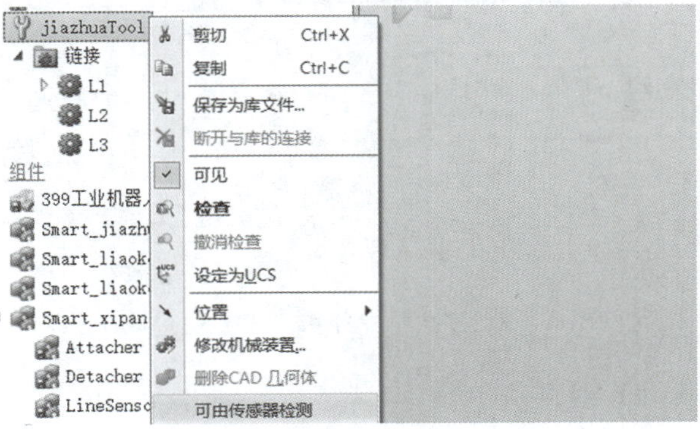

图 5-5-9 设置机器人工具不可由传感器检测

第 10 步：检验传感器是否好用，可以把物料 2 拖到吸盘传感器上，单击"Active"，SensedPart 应该能检测到"物料 2"且 SensorOut 为 1，如图 5-5-10 所示；拖动物料 2 离开吸盘传感器，SensedPart 内应该检测不到对象；之后把物料 2 再拖放回原处。

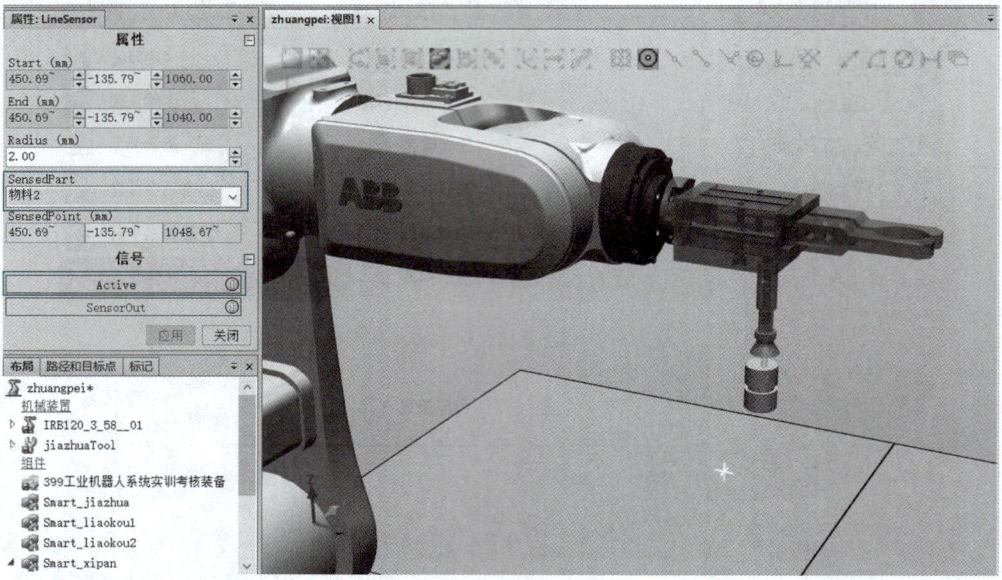

图 5-5-10 检验传感器是否好用

属性连接与信号连接设置完成的 Smart_xipan 如图 5-5-11 所示。

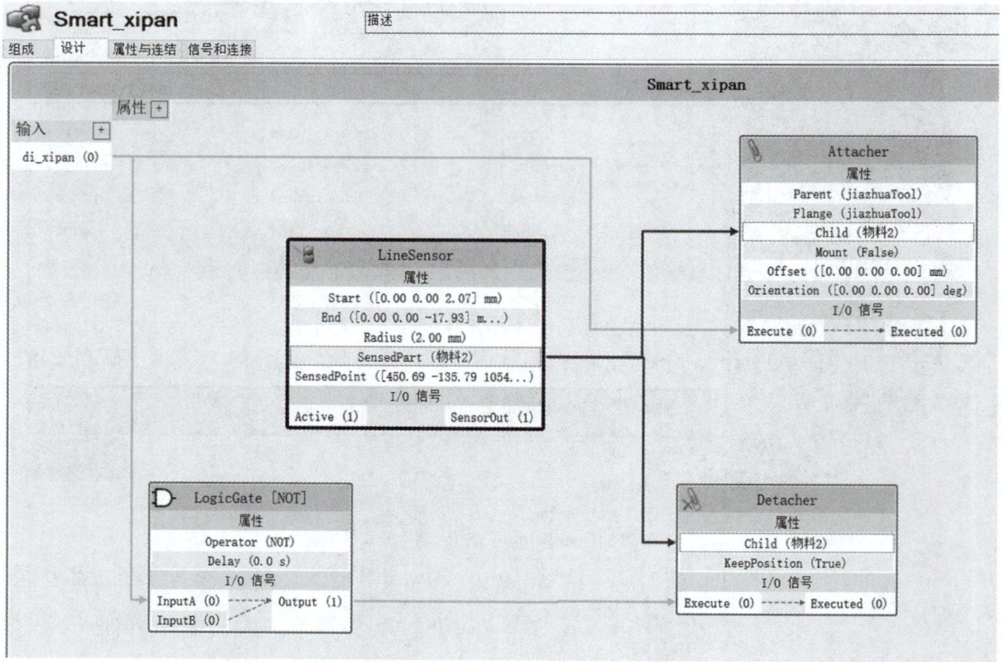

图 5-5-11 属性连接与信号连接设置完成的 Smart_xipan

二、Smart_liaokou1 组件

第 1 步：如图 5-5-12 所示，选中“Smart_liaokou1”，右击，单击“编辑组件”，在 Smart 编辑器的“组成”选项卡中单击“添加组件”，添加 Source、LinearMover、Queue、PlaneSensor 和 LogicGate 子对

微课

Smart_liaokou1组件设置

象组件。LogicGate_2 的操作属性选择"NOT"。

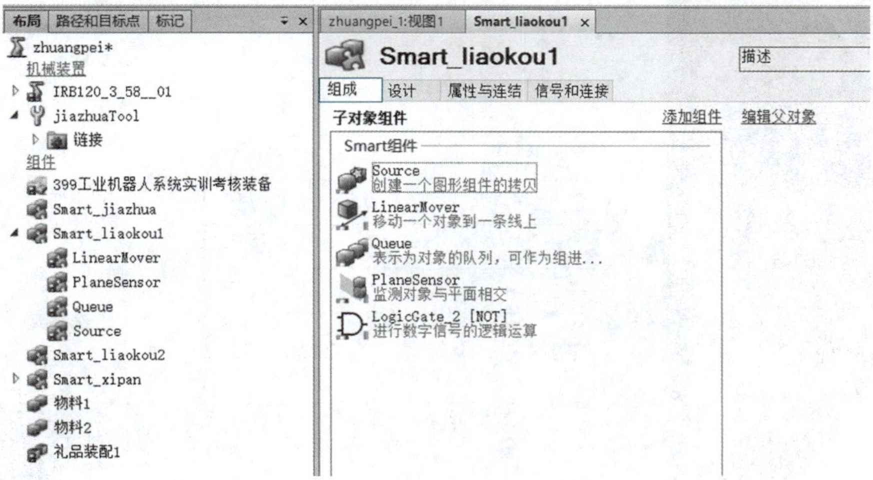

图 5-5-12 "Smart_liaokou1"内添加 5 个子对象组件

第 2 步：关闭 Smart 编辑器，回到视图窗口。把"物料 1"移出料仓，如图 5-5-13 所示，选中"物料 1"，单击"基本"功能选项卡下"Freehand"选项组中的"移动"，因"物料 1"的本地原点不在"物料 1"本身上，所以十字光标架离"物料 1"较远，拖动红色的箭头，沿 X 轴正方向拖出"物料 1"。

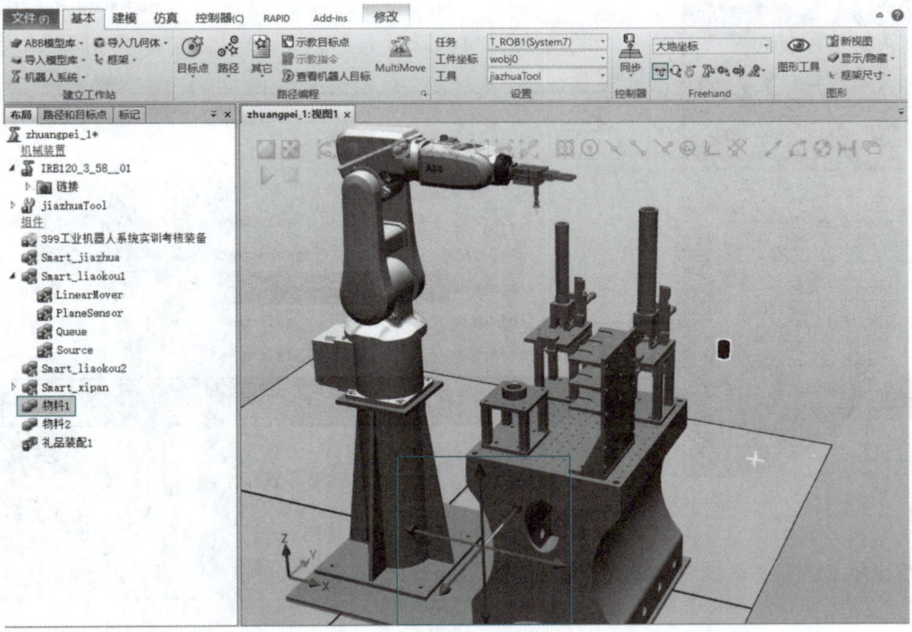

图 5-5-13 把"物料 1"移出料仓

第 3 步：选中"物料 1"，右击，依次单击"修改"→"设定本地原点"，在视图窗口区的上方选中"捕捉中心"，捕捉"物料 1"底面中心，将其坐标数据填入"位置 X、Y、Z"坐标框内，如图 5-5-14所示，之后单击"应用"→"关闭"。这样做的目的是把物料 1 的本地原点设置到物料 1 本身上，为后面 Source 属性设置做准备，因为复制是从本地原点复制的。

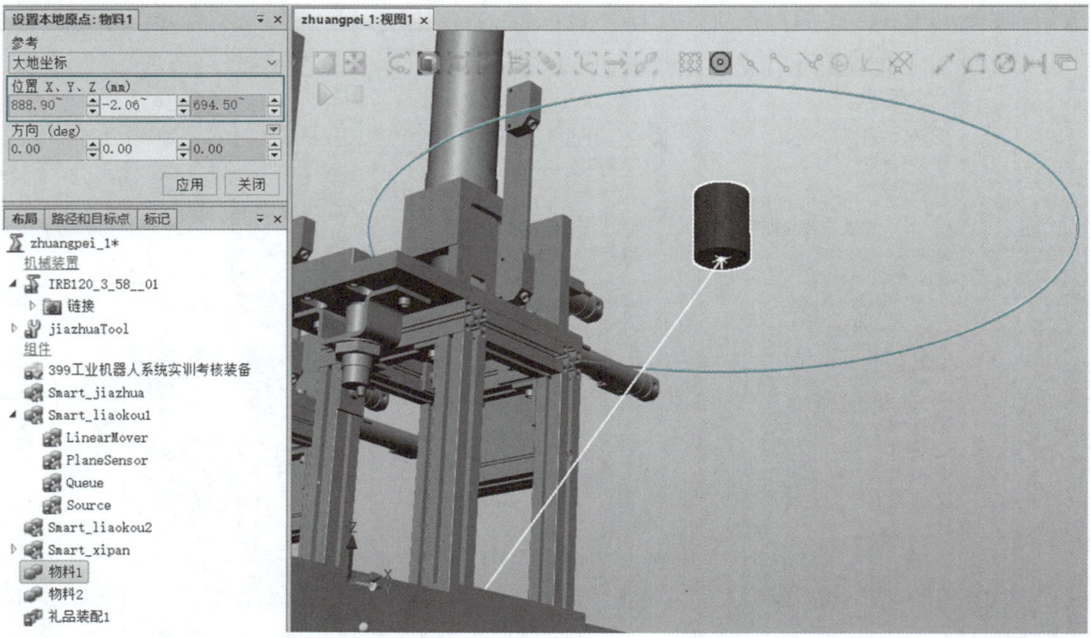

图 5-5-14 捕捉“物料 1”底面中心作为“物料 1”的本地原点

第 4 步：选中“Smart_liaokou1”中的“Source”，右击，单击“属性”，如图 5-5-15 所示，在左上角的“属性”对话框中，将要复制的对象“Source”设置为“物料 1”，“Transient”可以现在勾选，也可以都调试好了再勾选。将光标放到“Position”坐标框内，捕捉到出料口底面中心并单击，这样出料口底面中心的坐标数据就填入“Position”坐标框内了。“物料 1”的复制品在此位置生成，之后单击“应用”→“关闭”。

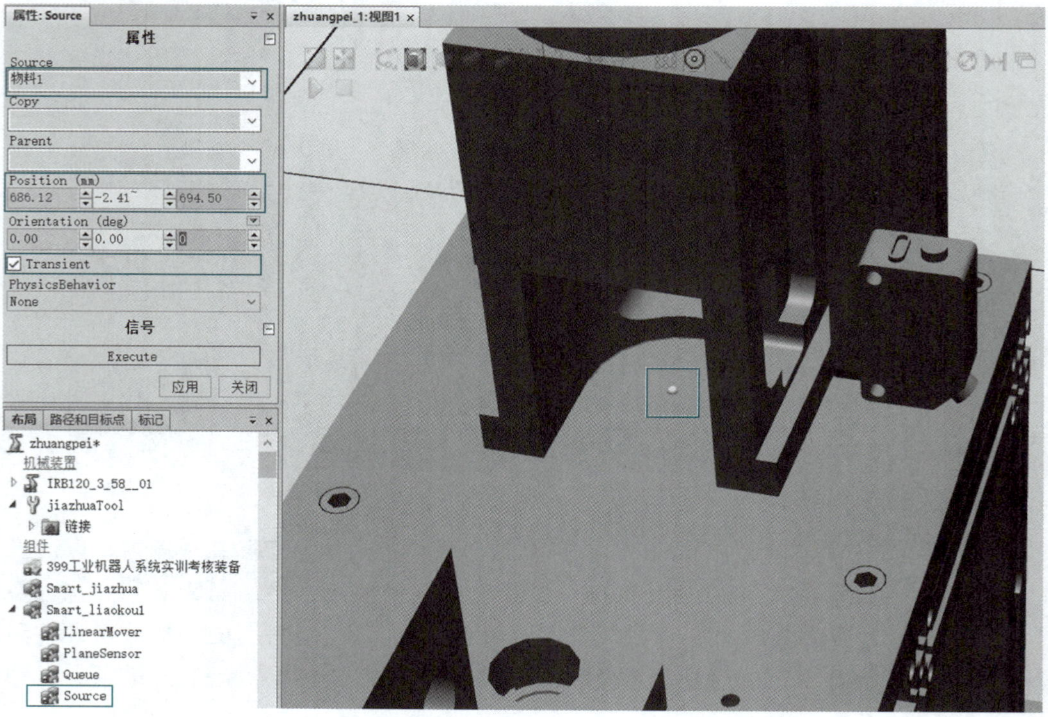

图 5-5-15 “Smart_liaokou1”中的“Source”属性设置

第 5 步: 把“物料 1”移回落料口,如图 5-5-16 所示。

第 6 步: 选中“Smart_liaokou1”中的“LinearMover”,右击,单击“属性”,弹出如图 5-5-17 所示的对话框,将要移动的对象 Object 设定为 Queue,方向设定为(0,−1,0),运动方向为沿 *Y* 轴负方向,速度设为 100 mm/s,之后单击“应用”→“关闭”。

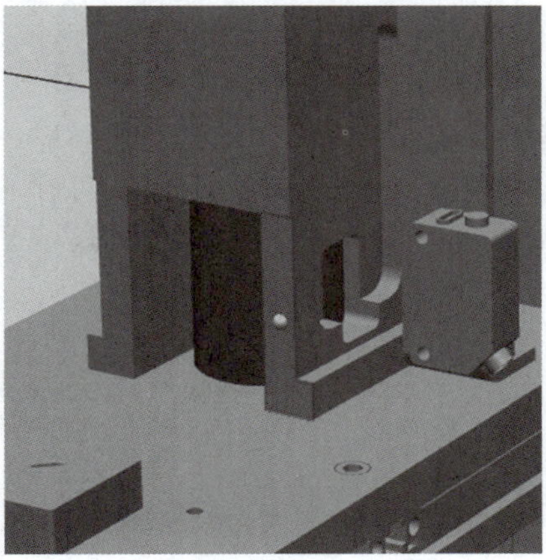

图 5-5-16 把“物料 1”移回落料口

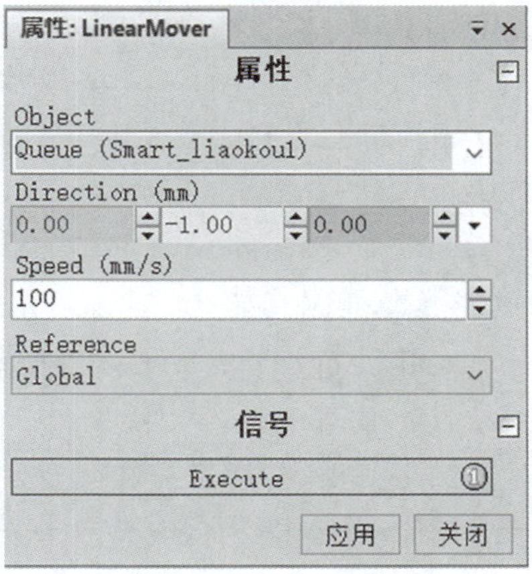

图 5-5-17 “LinearMover”属性设置

第 7 步: 选中“Smart_liaokou1”中的“PlaneSensor”,右击,单击“属性”,如图 5-5-18 所示,在视图窗口区的上方选中“选择表面”和“捕捉边缘”。在“属性”对话框中,Origin 捕捉料槽边缘 A 点的坐标数据,Axis1 设为(20,0,0),Axis2 设为(0,0,−10),即设置面传感器 *X* 轴长 20 mm,*Z* 轴长 10 mm,之后单击“应用”→“关闭”。Queue 组件属性不用设置。

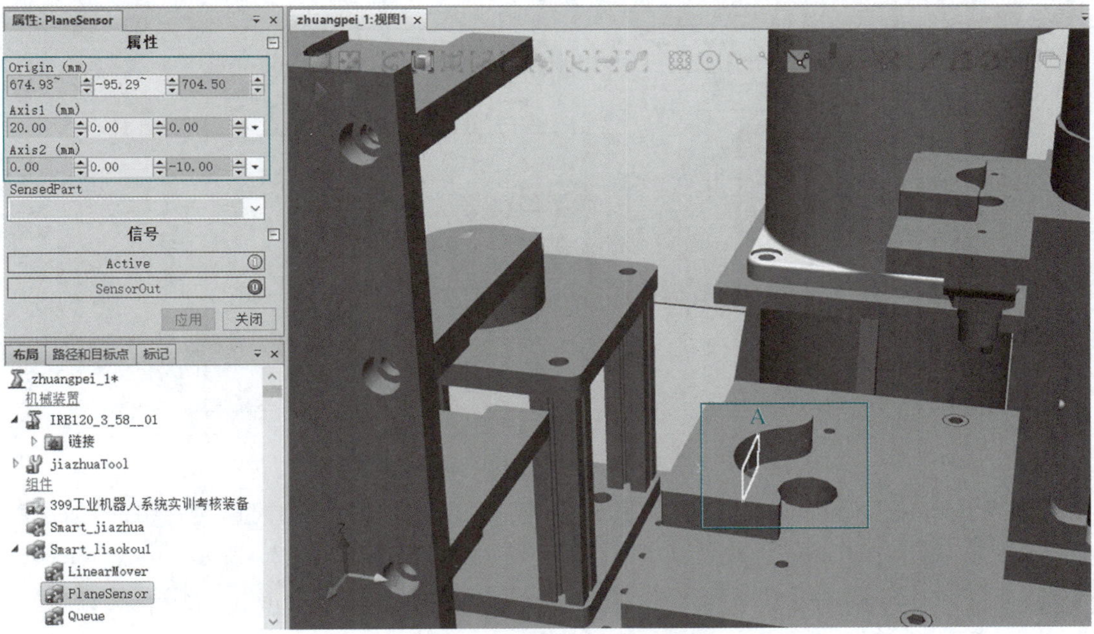

图 5-5-18 设置面传感器

第 8 步: 选中“Smart_liaokou1”,右击,单击“编辑组件”。进入 Smart 组件编辑器,切换到“设计”选项卡,进行“Smart_liaokou1”内部的属性与信号连接,如图 5-5-19 所示。

注意

“Smart_liaokou1”的工作过程是：当输入信号 di_chuliao1 为 1 时，激活 Source 复制，完成的复制品送给队列 Queue 的 Back，复制完去激活队列的 Enqueue，将 Back 中的内容添加到队列，队列前端对象将在 Front 中显示。队列中的对象随 LinearMover 沿 Y 轴负方向运动，运动到面传感器 PlaneSensor 处，当传感器检测到“物料 1”复制品时，传感器的 SensorOut 置 1，传给输出信号 do_naliao1，通知机器人来夹取大料；SensorOut(1)同时也传递给 Queue 的 Dequeue，使 Front 中的对象从队列中移除；当机器人取走物料后，传感器检测不到物体，SensorOut 置为 0，SensorOut(0)传递给 LogicGate，进行非运算，LogicGate 的输出 Output 为 1，Output(1)传递给 LinearMover 的 Execute，使得线性运动被执行，又一个复制品被送到面传感器，如此循环工作。注意一点，传感器一直处于被激活状态。

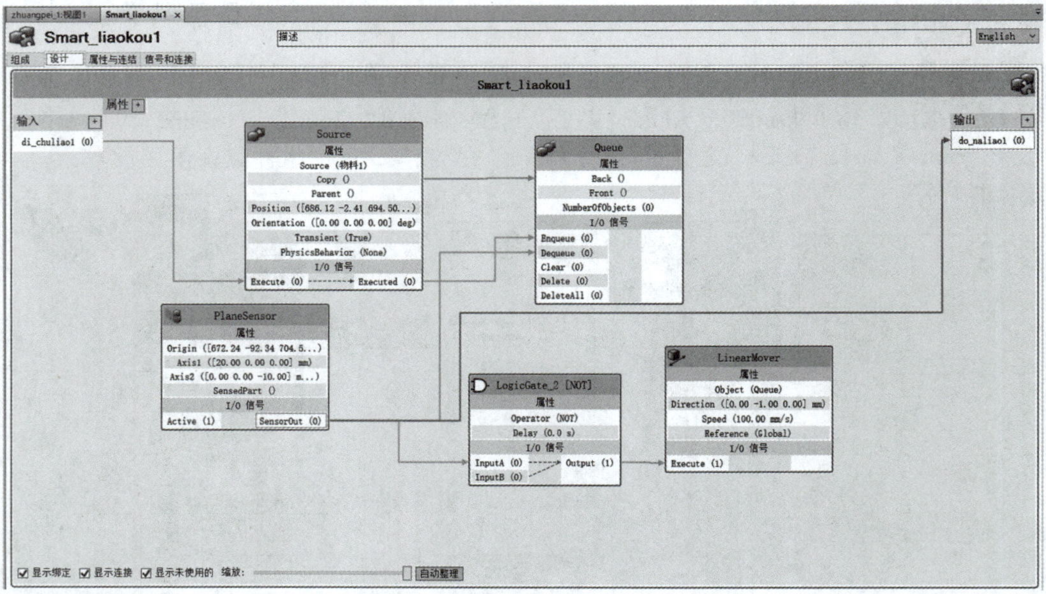

图 5-5-19 “Smart_liaokou1”内部的属性与信号连接

第 9 步：验证“Smart_liaokou1”的出料功能，只需单击“仿真”功能选项卡中的“播放”，此时“物料 1”应该出料，并被传送到面传感器处停止，如图 5-5-20 所示，并且“Smart_liaokou1”内的“di_chuliao1”信号为 1，“do_naliao1”信号为 1，之后单击“停止”→“重置”。

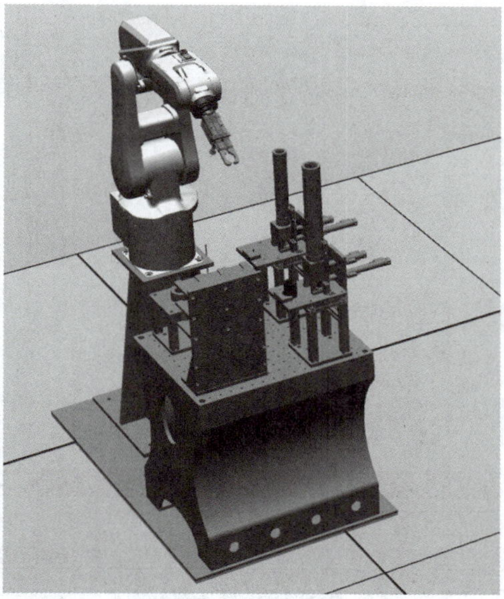

图 5-5-20 验证“Smart_liaokou1”的出料功能

三、Smart_liaokou2 组件

微课

Smart_liaokou2组件设置

第 1 步：选中“Smart_liaokou2”，右击，单击“编辑组件”，在 Smart 编辑器“组成”选项卡中单击“添加组件”，添加 Source、Queue、PlaneSensor、LinearMover 和 LogicGate 子对象组件。LogicGate_3 的操作属性选择“NOT”，如图 5-5-21 所示。

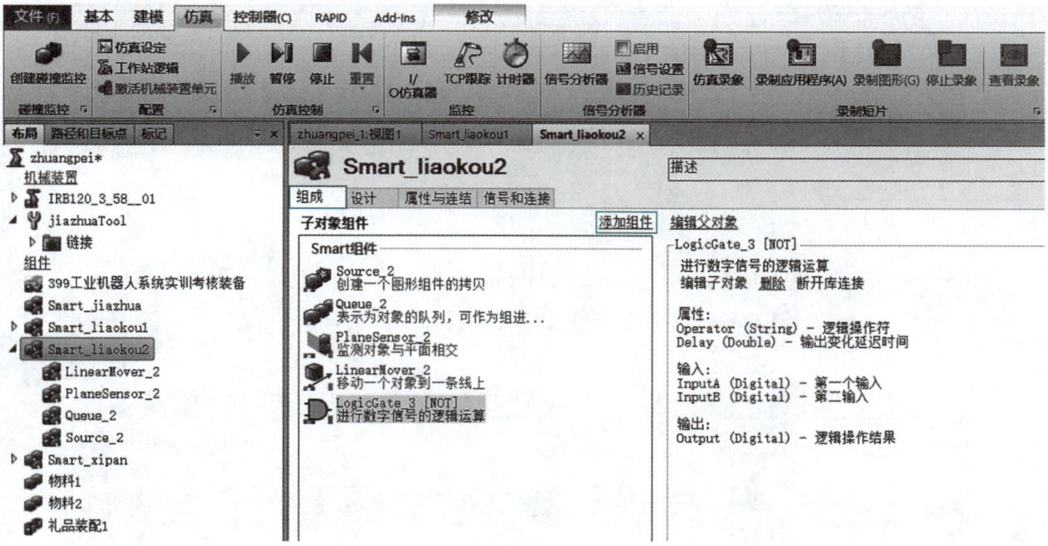

图 5-5-21 “Smart_liaokou2”内添加 5 个子对象组件

第 2 步：关闭 Smart 编辑器，回到视图窗口。把“物料 2”移出料仓，如图 5-5-22 所示，选中“物料 2”，单击“基本”功能选项卡下“Freehand”选项组中的“移动”，因“物料 2”的本地原点不在“物料 2”本身上，所以十字光标架离“物料 2”较远，拖动红色的箭头，沿 *X* 轴负方向拖出“物料 2”。

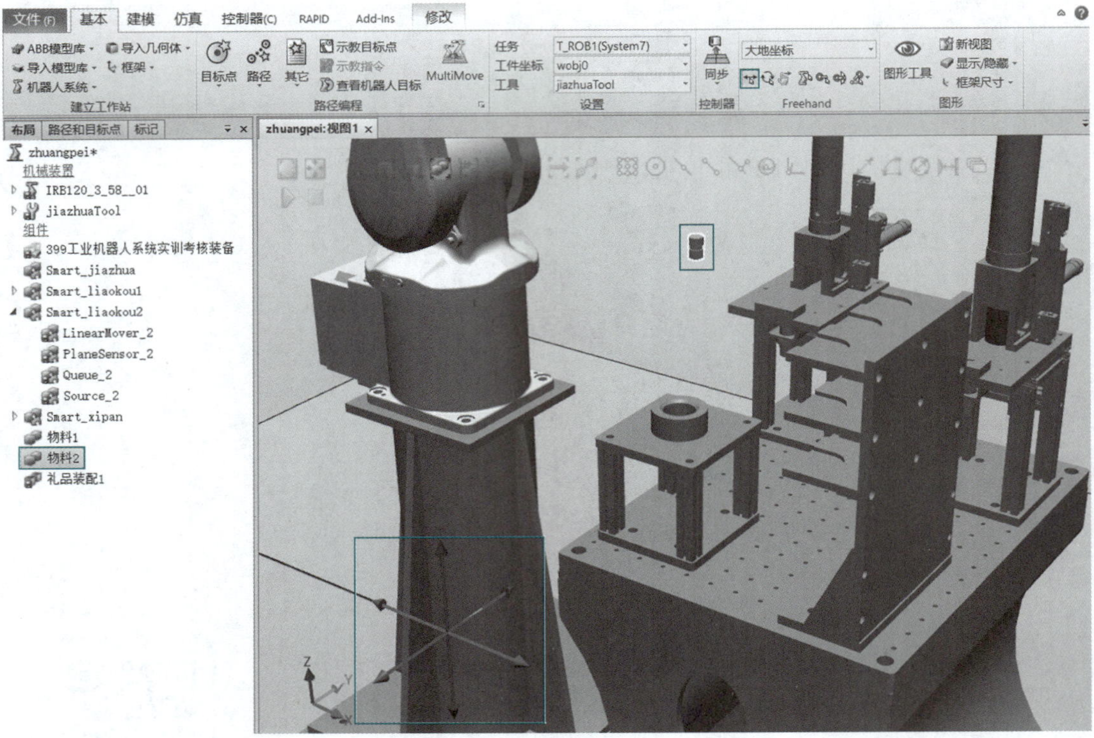

图 5-5-22 把“物料 2”移出料仓

第 3 步: 如图 5-5-23 所示,选中“物料 2”,右击,依次单击“修改”→“设定本地原点”,捕捉物料 2 底面中心,将其坐标数据填入“位置 X、Y、Z”坐标框内,之后单击“应用”→“关闭”。这样做的目的是把物料 2 的本地原点设置到物料 2 本身上,为后面 Source 属性设置做准备,因为复制是从本地原点复制的。

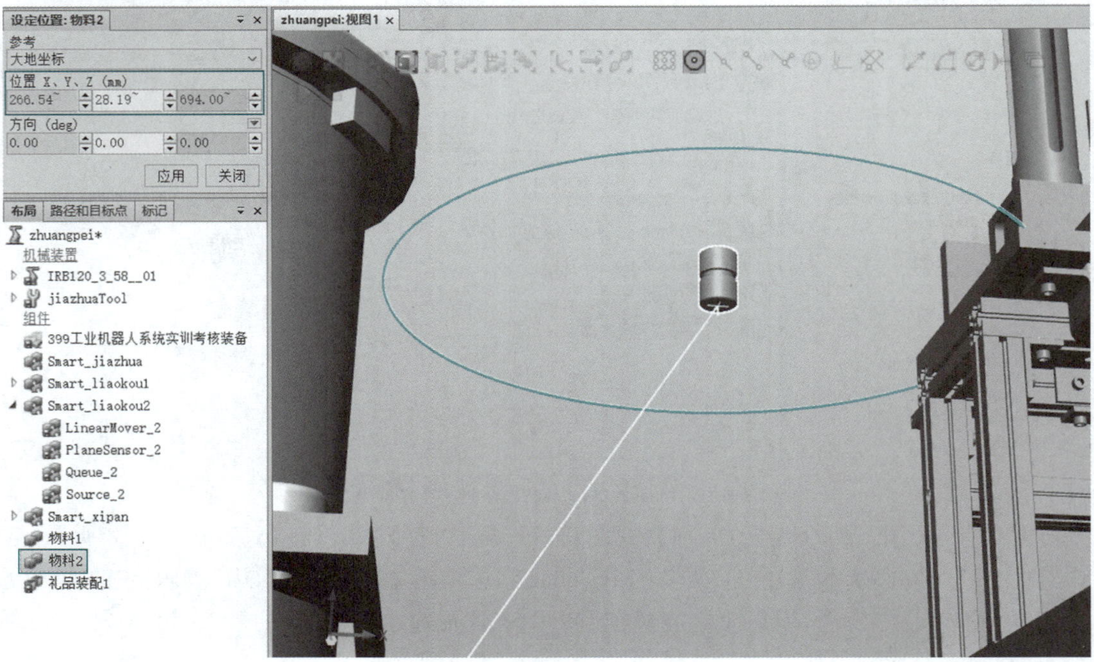

图 5-5-23 捕捉“物料 2”底面中心点设为“物料 2”本地原点

第 4 步：选中“Smart_liaokou2”中的“Source_2”，右击，单击“属性”，如图 5-5-24 所示，在左上角的“属性”对话框中将要复制的对象 Source 设置为“物料 2”，Transient 可以现在勾选，也可以都调试好了再勾选。将鼠标光标放到 Position 的坐标框内，捕捉到小料出料口底面中心并单击，这样出料口底面中心的坐标数据就填入 Position 的坐标框内了。“物料 2”的复制品在此位置生成，之后单击“应用”→“关闭”。

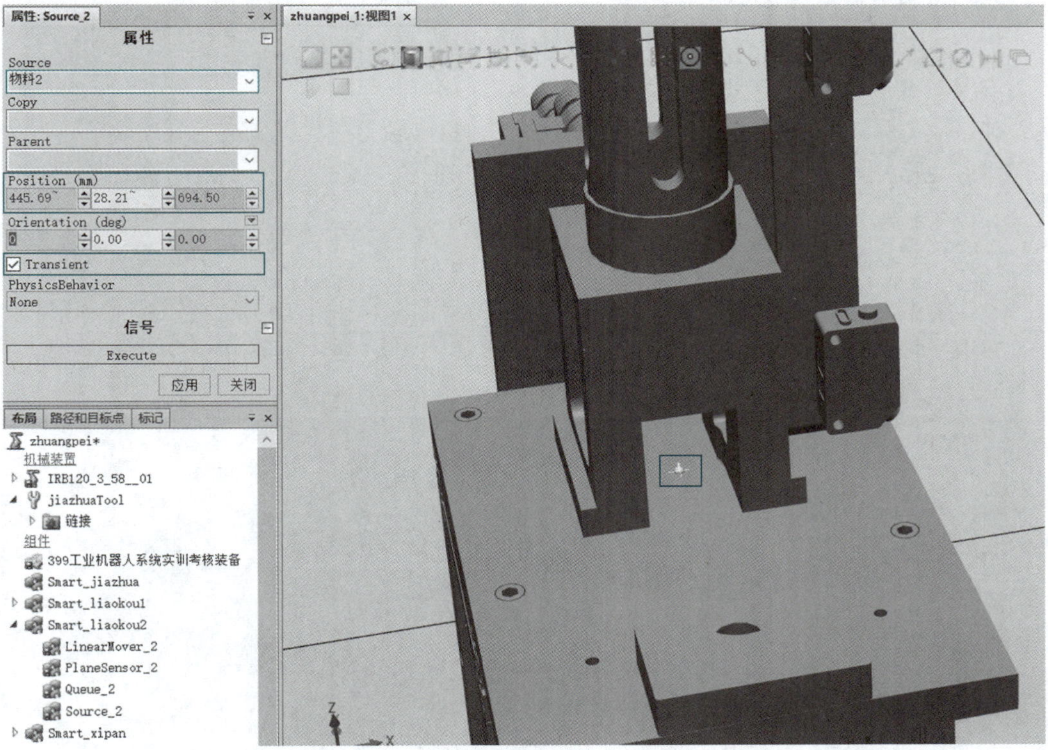

图 5-5-24 “Smart_liaokou2”中的“Source_2”属性设置

第 5 步：把“物料 2”移回落料口，如图 5-5-25 所示。

第 6 步：选中“Smart_liaokou2”中的“LinearMover”，右击，单击“属性”，弹出如图 5-5-26 所示的对话框，将要移动的对象 Object 设定为 Queue_2，方向 Direction 设定为(0,−1,0)，运动方向为沿 Y 轴负方向，速度设为 100 mm/s，之后单击“应用”→“关闭”。

注意

“LinearMover”的“Direction”设置，X、Y、Z 坐标框内哪个有数值，就沿哪个方向运动。数值为正，沿正方向运动；数值为负，沿负方向运动。

第 7 步：选中“Smart_liaokou2”中的“PlaneSensor_2”，右击，单击“属性”，在视图窗口区的上方选中“捕捉边缘”，Origin 捕捉料槽边缘 A 点的坐标，Axis1 设为(−15,0,0)，Axis2 设为(0,0,−10)，即设置面传感器 X 轴长 15 mm，Z 轴长 10 mm，如图 5-5-27 所示，之后单击“应用”→“关闭”。Queue 组件属性不用设置。

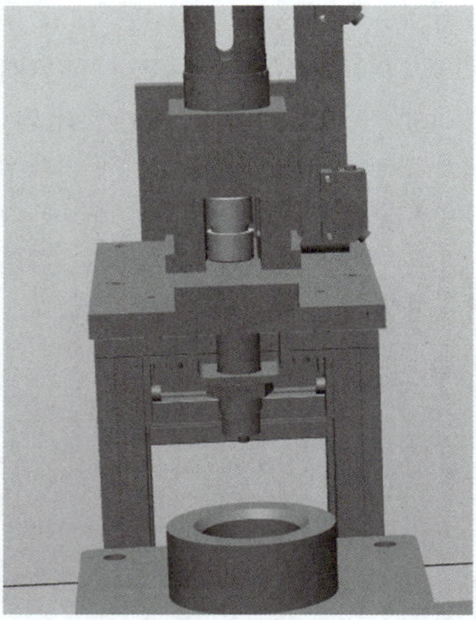

图 5-5-25　把“物料 2”移回落料口

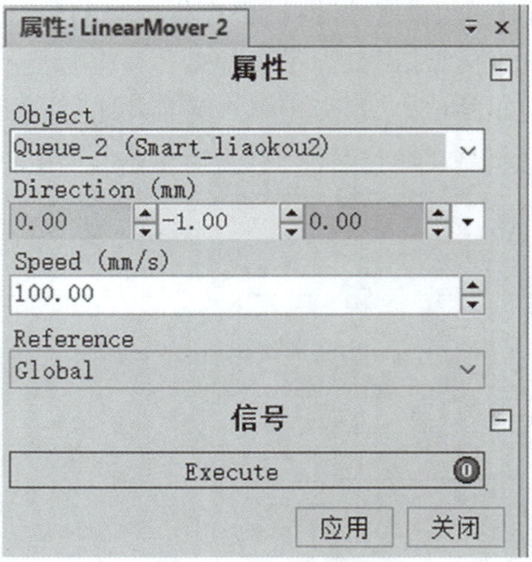

图 5-5-26　“LinearMover”属性设置

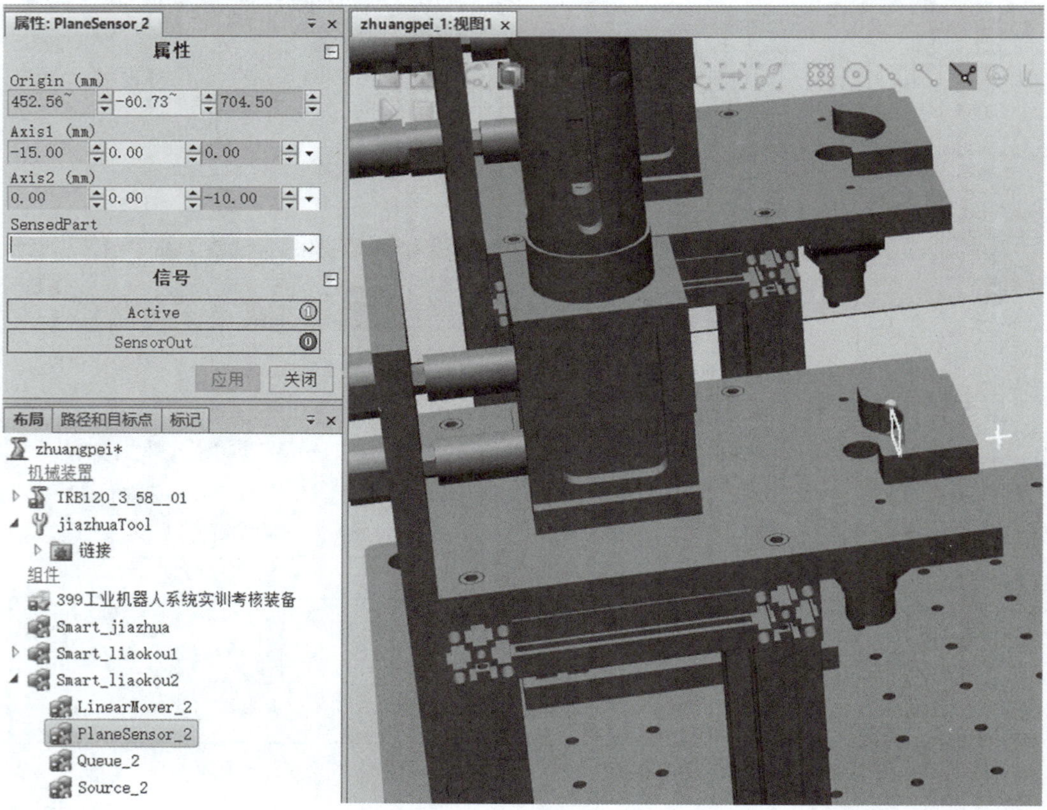

图 5-5-27　设置面传感器

第 8 步: 选中“Smart_liaokou2”,右击,单击“编辑组件”,进入 Smart 组件编辑器,切换到“设计”选项卡,进行“Smart_liaokou2”内部的属性与信号连接,如图 5-5-28 所示。

注意

“Smart_liaokou2”的工作过程是：当输入信号 di_chuliao2 为 1 时，激活 Source_2 复制，完成的复制品送给队列 Queue_2 的 Back，复制完去激活队列的 Enqueue，将 Back 中的内容添加到队列，队列前端对象将在 Front 中显示。队列中的对象随 LinearMover_2 沿 Y 轴负方向运动，运动到面传感器 PlaneSensor_2 处，当传感器检测到“物料 2”复制品时，传感器的 SensorOut 置 1，传给输出信号 do_naliao2，通知机器人来夹取小料；SensorOut(1) 同时也传递给 Queue_2 的 Dequeue，使 Front 中的对象从队列中移除；当机器人取走物料后，传感器检测不到物体，SensorOut 置为 0，SensorOut(0) 传递给 LogicGate_2，进行非运算，LogicGate_2 的输出 Output 为 1，Output(1) 传递给 LinearMover_2 的 Execute，使得线性运动被执行，又一个复制品被送到面传感器，如此循环工作。注意一点，传感器一直处于被激活状态。

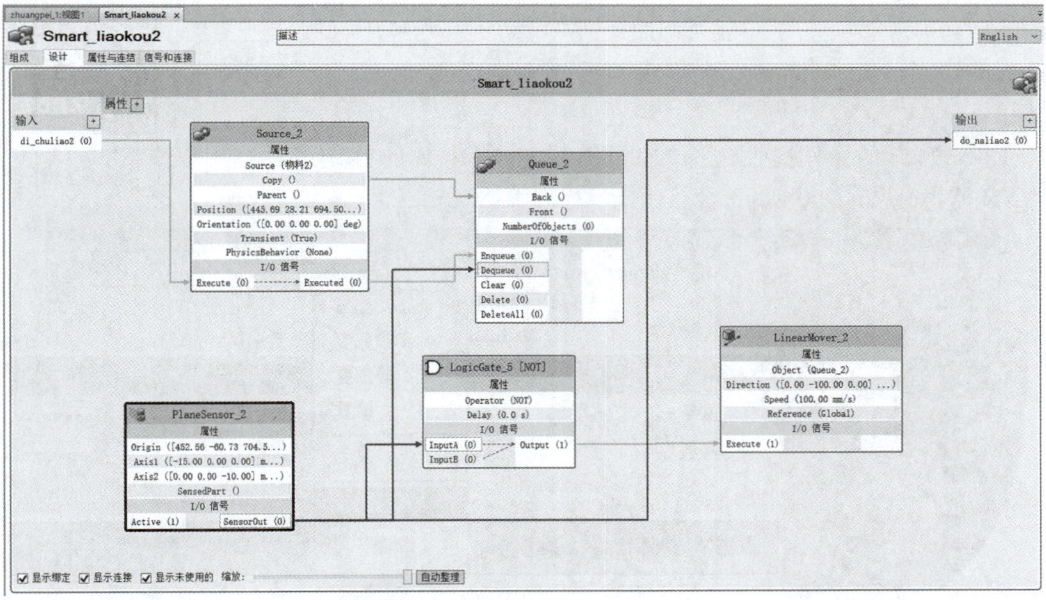

图 5-5-28 “Smart_liaokou2”内部的属性与信号连接

第 9 步：验证“Smart_liaokou2”的出料功能，只需单击“仿真”功能选项卡中的“播放”，此时“物料 2”应该出料，并被传送到面传感器处停止，如图 5-5-29 所示。并且“Smart_liaokou2”内的“di_chuliao2”信号为 1，“do_naliao2”信号为 1，之后单击“停止”→“重置”。

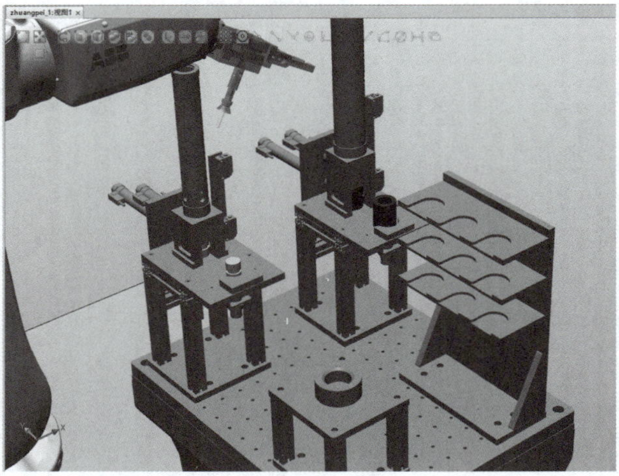

图 5-5-29 验证“Smart_liaokou2”的出料功能

四、Smart_jiazhua 组件

微课

Smart_jiazhua组件设置

第 1 步：选中“Smart_jiazhua”，右击，单击“编辑组件”，在 Smart 编辑器“组成”选项卡中单击“添加组件”，添加 2 个 Attacher、2 个 Detacher、2 个 LineSensor、2 个 PoseMover 和 2 个 LogicGate 子对象组件。

LogicGate 的操作属性选择“NOT”，LogicGate_2 的操作属性选择“AND”，如图 5-5-30 所示。

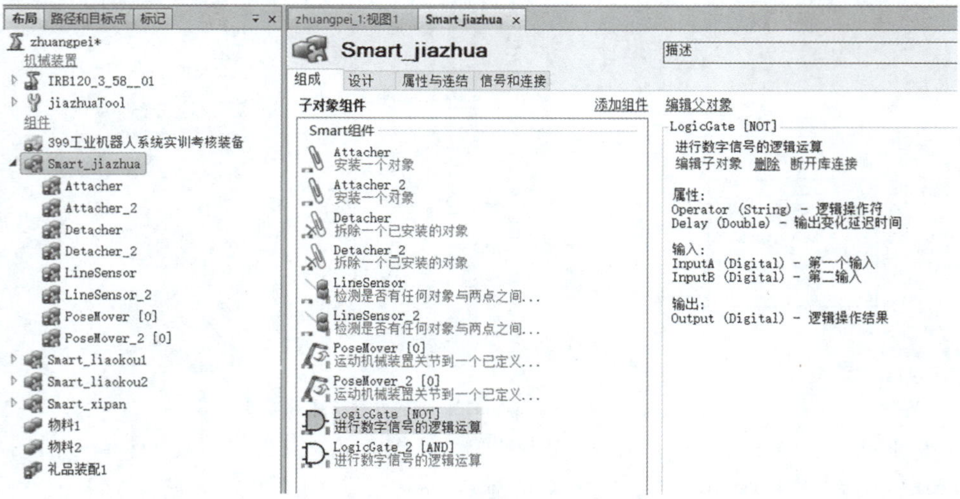

图 5-5-30 “Smart_jiazhua”内添加 10 个子对象组件

第 2 步：选中 IRB120 型机器人，右击，单击“机械装置手动关节”，在弹出的对话框中将 6 个关节的角度值都设为 0°。在视图窗口区的上方选中“选择部件”和“捕捉中点”。选中“Smart_jiazhua”中的“LineSensor”，右击，依次单击“位置”→“设定位置”。弹出如图 5-5-31 所示的对话框，“位置 X、Y、Z”坐标框捕捉 jiazhuaTool 的 A 点坐标，如图 5-5-31 中的 A 点位置，之后单击“应用”→“关闭”。

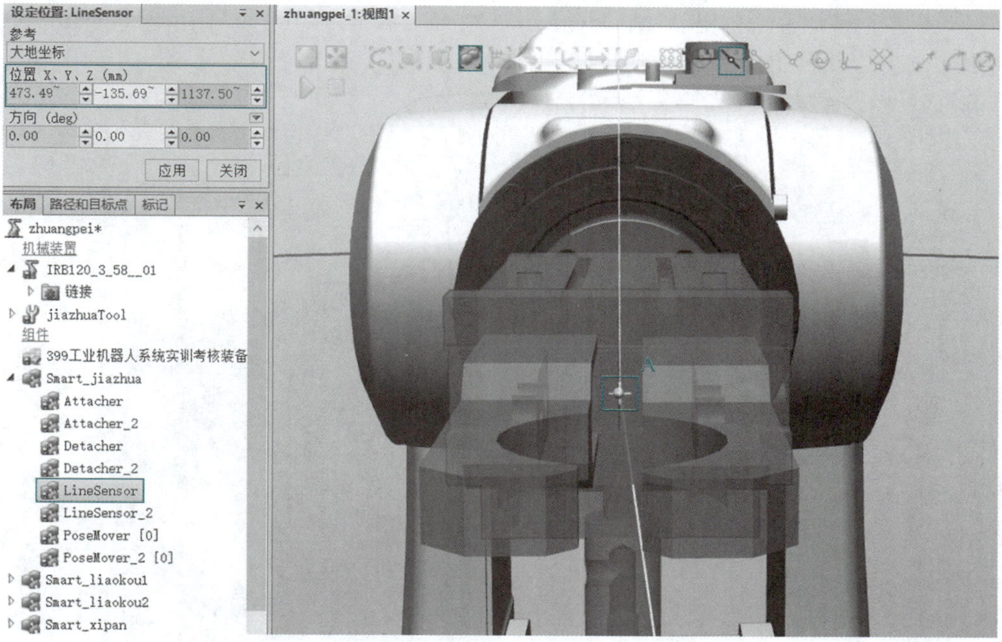

图 5-5-31 设定检测大料线传感器的安装位置

第 3 步： 选中“LineSensor”，右击，单击“属性”，弹出如图 5-5-32 所示的对话框，设定半径 Radius 为 1.00 mm，开始点 Start 坐标(473.49，－135.89，1137.50)与结束点 End 坐标(518.49，－135.89，1137.50)只是 X 坐标不一样，Y、Z 坐标相同，两点 X 坐标的差值即为线传感器长度。

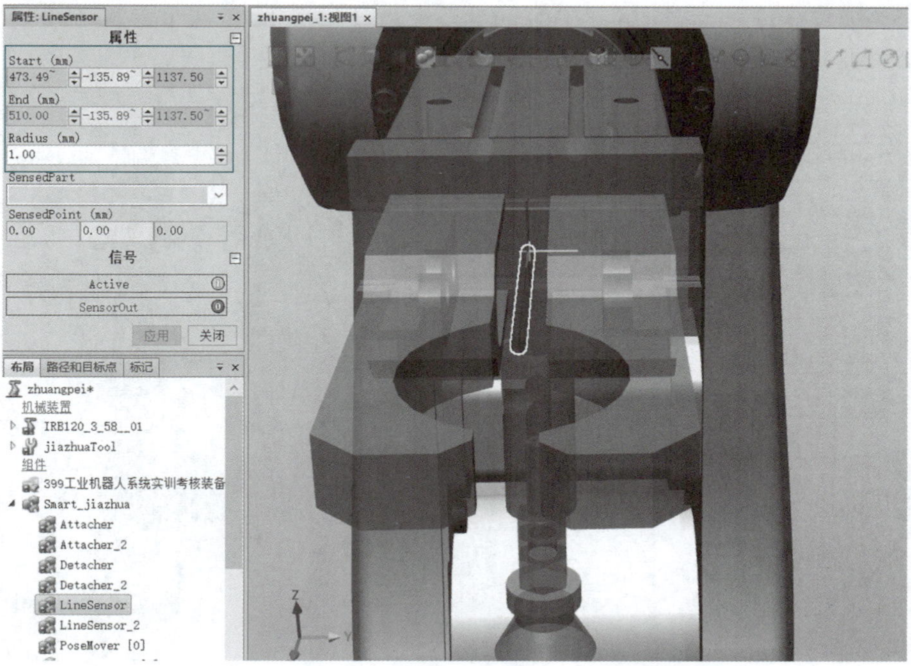

图 5-5-32 检测大料线传感器“LineSensor”的属性设置

第 4 步： 如图 5-5-33 所示，选中“Smart_jiazhua”中的“LineSensor”，右击，单击“安装到”

→“L1”，弹出询问是否希望更新 LineSensor 位置的对话框，单击“否”。jiazhuaTool 不可由传感器检测。

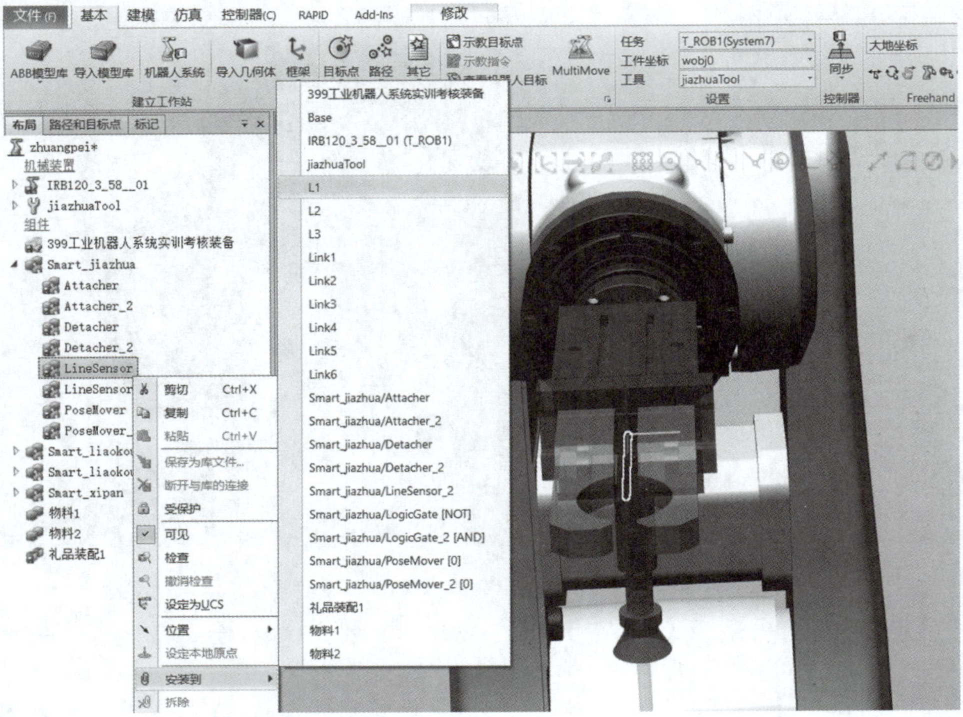

图 5-5-33 将“LineSensor”安装到“L1”

第 5 步：选中“Smart_jiazhua”中的“LineSensor_2”，右击，依次单击“位置”→“设定位置”，如图 5-5-34 所示。

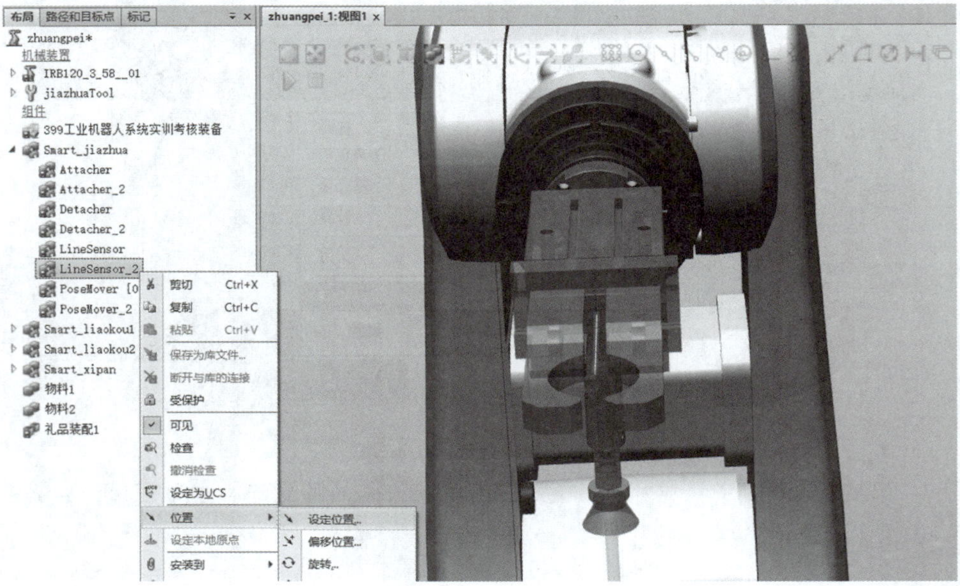

图 5-5-34 单击“位置”→“设定位置”

第 6 步：在视图窗口区的上方选中“捕捉末端”，捕捉 jiazhuaTool 工具的半圆形末端的 B 点位置，如图 5-5-35 所示，将其坐标填入“位置 *X*、*Y*、*Z*”的坐标框内，之后单击“应用”→“关闭”。

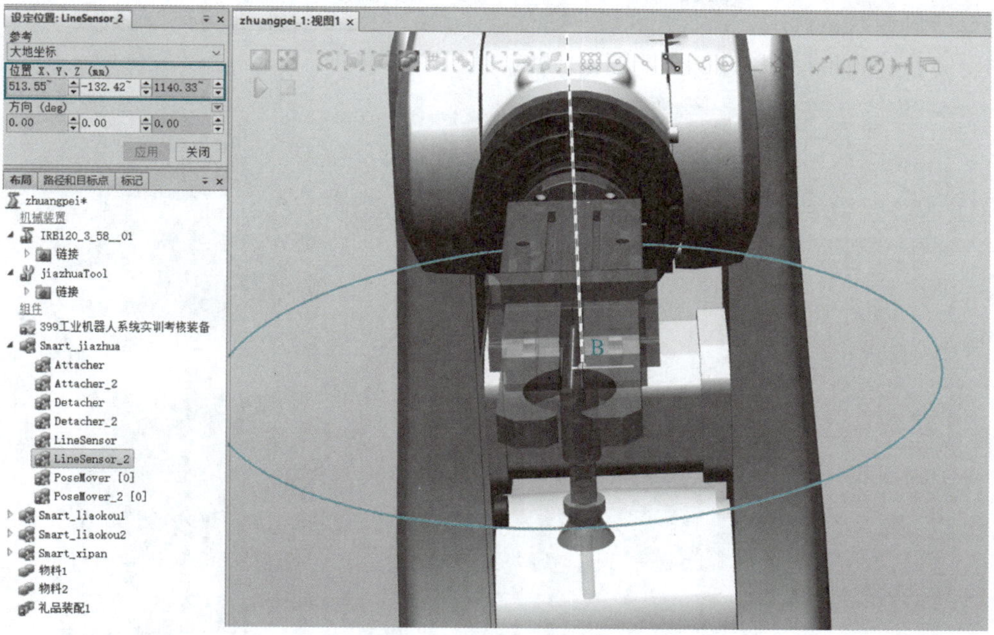

图 5-5-35 设定检测小料线传感器的安装位置

第 7 步：选中“Smart_jiazhua”中的“LineSensor_2”，右击，单击“属性”。如图 5-5-36 所示，开始点 Start 坐标(513.55，−132.42，1140.33)与结束点 End 坐标(513.55，−132.42，1125.33)只是 *Z* 坐标不一样，*X*、*Y* 坐标相同，两点 *Z* 坐标的差值即为线传感器长度。半径 Radius 设为 1.00 mm，之后单击“应用”。

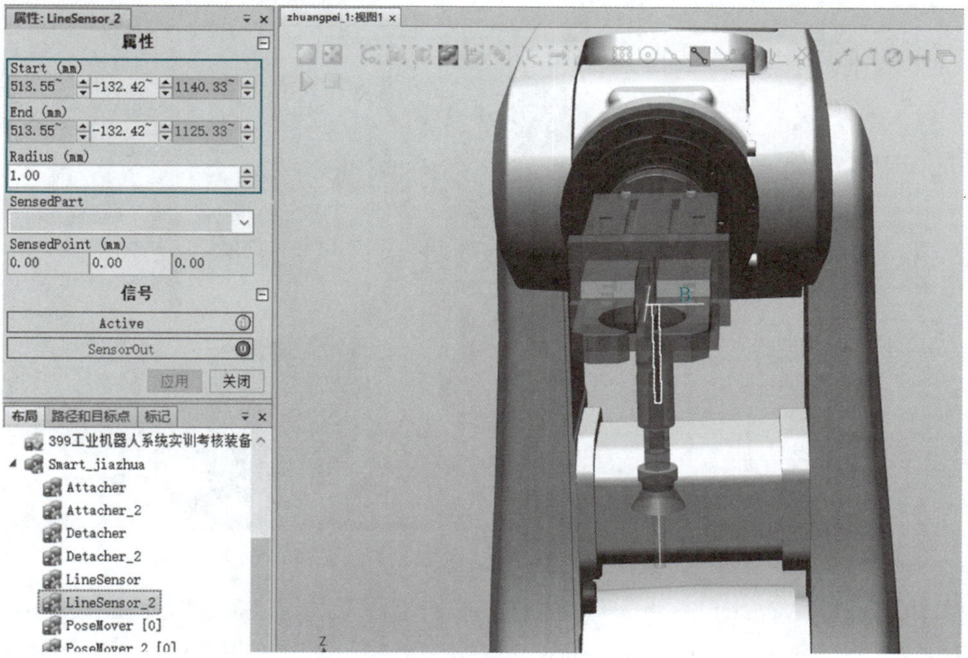

图 5-5-36 检测小料线传感器“LineSensor_2”的属性设置

第 8 步：“LineSensor_2”这个竖直的线传感器用来检测装配成品套件里的小料。需要把该线传感器移到 jiazhuaTool 工具的圆环中心处，需要移动 Start 点和 End 点的 X、Y 坐标。移动后的 Start 坐标为（528.55，−135.42，1140.33），End 坐标为（528.55，−135.42，1125.33），如图 5-5-37 所示。之后单击“应用”→“关闭”。

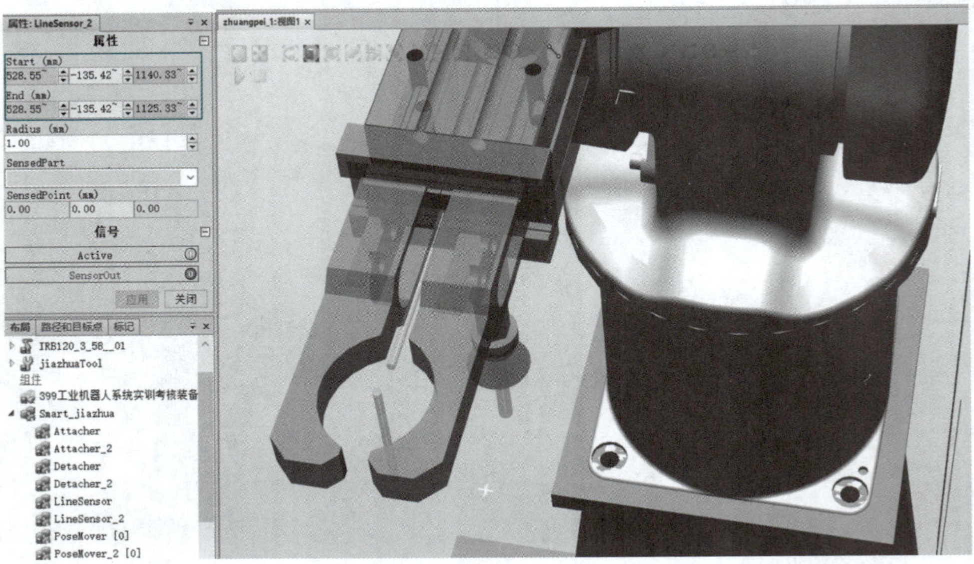

图 5-5-37　检测小料线传感器的安装位置移动到 jiazhuaTool 工具的圆环中心处

第 9 步：选中“Smart_jiazhua”中的“LineSensor_2”，右击，单击“安装到”→“L1”，如图 5-5-38 所示。弹出询问是否希望更新 LineSensor_2 位置的对话框，单击“否”，保持现有位置。

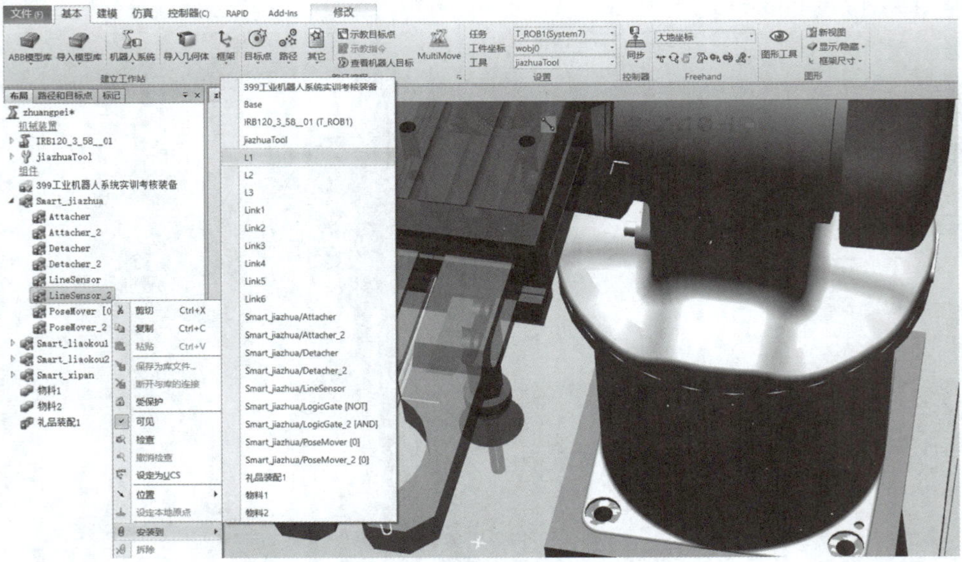

图 5-5-38　将“LineSensor_2”安装到“L1”

第 10 步：选中“Smart_jiazhua”中的“Attacher”，右击，单击“属性”，弹出如图 5-5-39 所示的对话框，将父对象 Parent 设置为“jiazhuaTool”，之后单击“应用”→“关闭”。

第 11 步:选中“Smart_jiazhua”中的“Attacher_2”,右击,单击“属性”,弹出如图 5-5-40 所示的对话框,将父对象 Parent 设置为“jiazhuaTool”,之后单击“应用”→“关闭”。

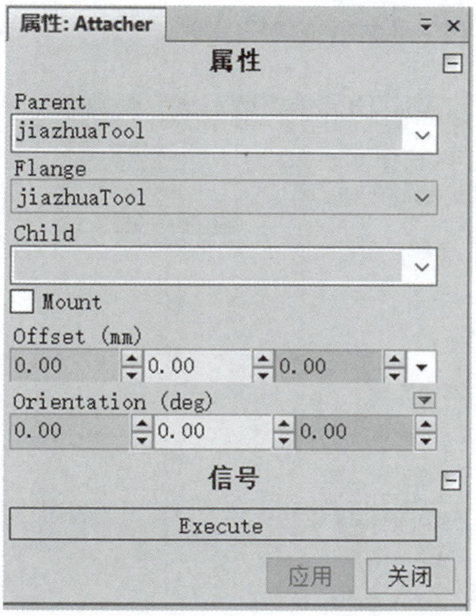

图 5-5-39 Attacher 属性设置

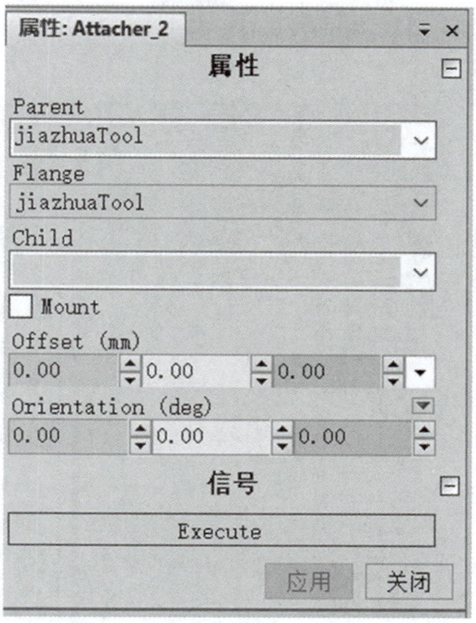

图 5-5-40 Attacher_2 属性设置

第 12 步:选中“Smart_jiazhua”中的“PoseMover”,右击,单击“属性”,弹出如图 5-5-41 所示的对话框,要变换姿态的机械装置 Mechanism 设置为“jiazhuaTool”,姿势 Pose 设置为“close”,之后单击“应用”→“关闭”。

第 13 步:选中“Smart_jiazhua”中的“PoseMover_2”,右击,单击“属性”,弹出如图5-5-42 所示的对话框,将变换姿态的机械装置 Mechanism 设置为“jiazhuaTool”,姿势 Pose 设置为“open”,之后单击“应用”→“关闭”。

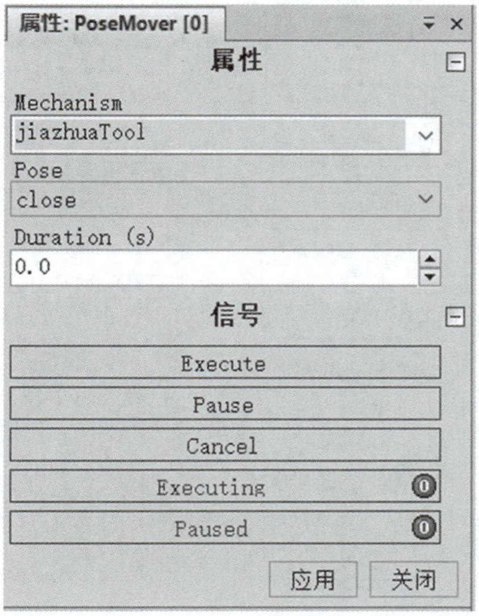

图 5-5-41 PoseMover 属性设置

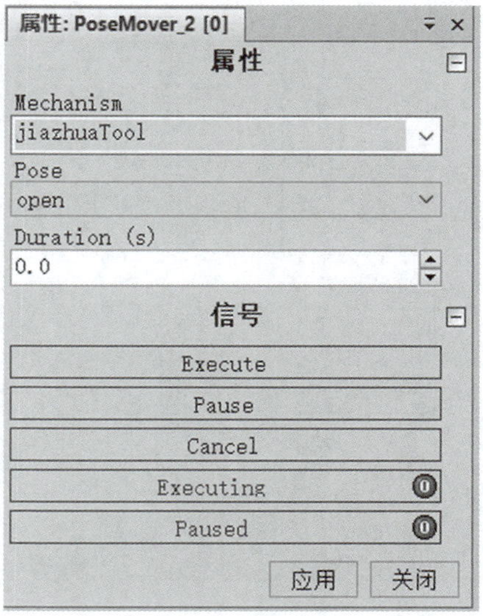

图 5-5-42 PoseMover_2 属性设置

第 14 步:选中“Smart_jiazhua”,右击,单击“编辑组件”,进入 Smart 编辑器,切换到“设计”选项卡,如图 5-5-43 所示。

第 15 步:在“设计”选项卡内进行“Smart_jiazhua”内部的属性与信号连接,如图 5-5-44 所示。

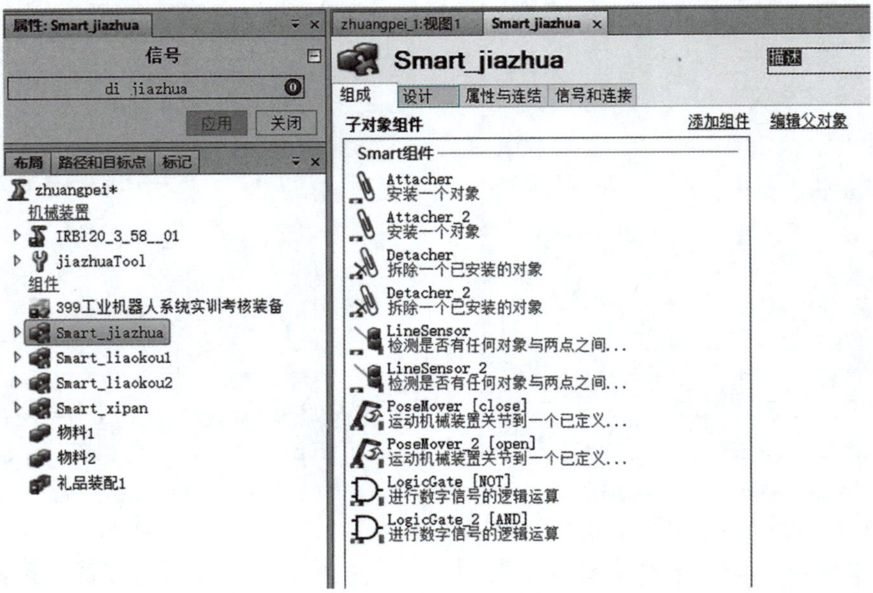

图 5-5-43 进入“Smart_jiazhua”的设计选项卡

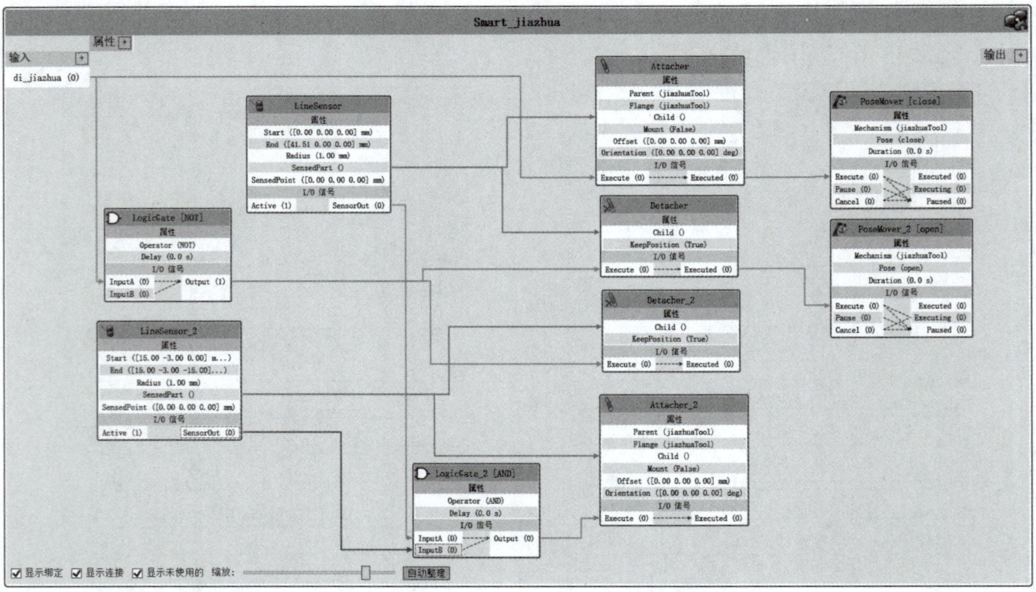

图 5-5-44 “Smart_jiazhua”内部的属性与信号连接

说明

"Smart_jiazhua"的工作过程是：当输入信号 di_jiazhua 为 1 时，夹爪工具去抓 LineSensor 检测到的"物料 1"，并且夹爪工具的姿态是 close，若此时 LineSensor_2 也检测到了"物料 2"，那么"物料 1"和"物料 2"一起抓起，抓起的就是装配成品套件，夹爪工具的姿态是 close；当输入信号 di_jiazhua 为 0 时，夹爪工具的姿态是 open，夹爪工具放下 LineSensor 检测到的"物料 1"，若此时 LineSensor_2 也检测到了"物料 2"，那么"物料 1"和"物料 2"一起放下，放下的就是装配成品套件。值得注意的是：两个传感器一直处于激活状态。两个传感器刚好检测到物料即可，不要太长，避免误检测。第二个传感器感应的始终只有物料 2，第一个传感器感应的始终只有物料 1，夹爪抓取物料上端。示教目标点很重要，其精准与否，关系仿真能否成功。

5.6 示教目标点

微课

示教目标点

示教目标点可以利用"基本"功能选项卡下"Freehand"选项组中的手动关节、手动线性、手动重定位工具进行，也可以利用"虚拟示教器"中的方向键进行，采用带件示教能精准些。本节利用"虚拟示教器"进行目标点示教。

第 1 步：选中"Smart_liaokou1"中的"Source"，打开其"属性"对话框，取消勾选"Transient"，如图 5-6-1 所示；选中"Smart_liaokou2"中的"Source_2"，打开其"属性"对话框，取消勾选"Transient"，如图 5-6-2 所示。

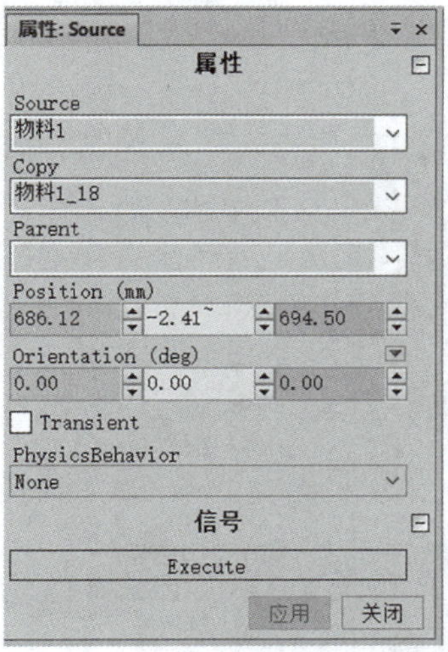

图 5-6-1 Source 属性设置

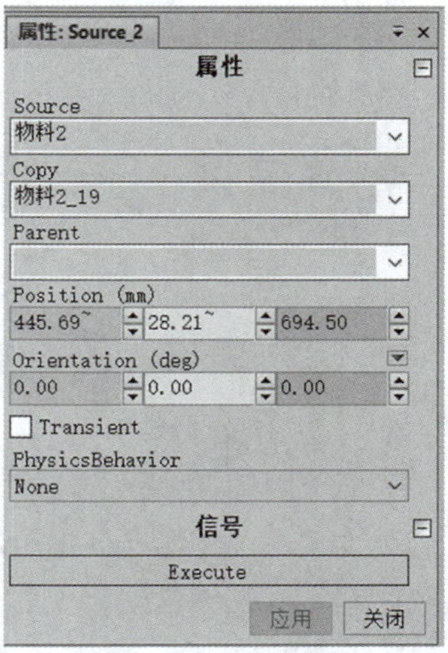

图 5-6-2 Source_2 属性设置

第 2 步：如图 5-6-3 所示，单击"仿真"功能选项卡下"仿真控制"选项组中的"播放"，等到有大料、小料被推送到料槽口时，单击"停止"。

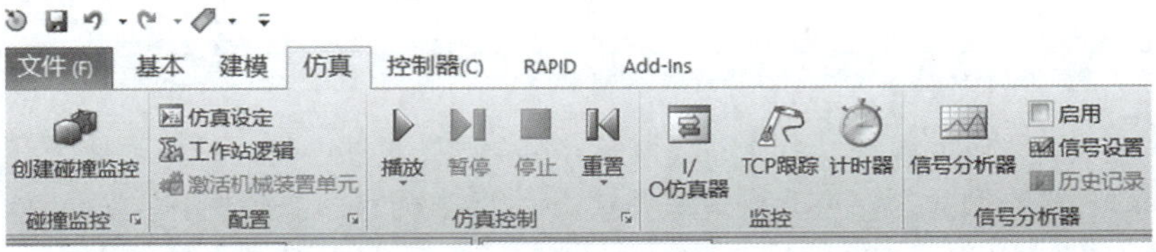

图 5-6-3　仿真播放

第 3 步：在“控制器”功能选项卡中单击“示数器”→“虚拟示数器”，切换到“轴 4-6”运行方式，调整 5 轴使其到 90°左右的位置，如图 5-6-4 所示。

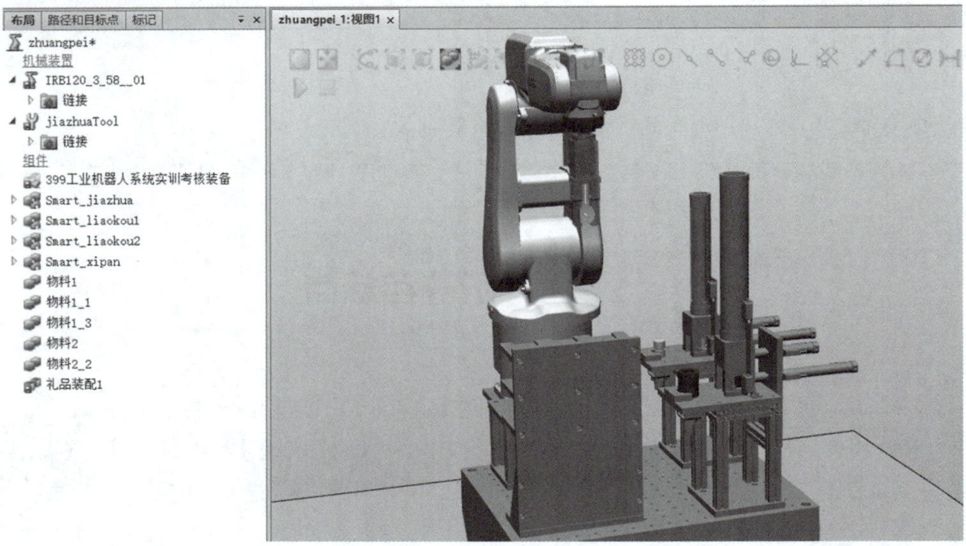

图 5-6-4　调整 5 轴到 90°左右的位置

第 4 步：切换到“线性”运行方式，使机器人沿 Z 轴负方向运行，之后切换到“轴 4-6”运行方式，调整 5 轴负方向使 jiazhuaTool 下的吸盘工具近似垂直于水平面，再切换到线性运行方式，操作 X、Y、Z 轴运动，使夹爪处于抓取物料的姿态，如图 5-6-5 所示，该位置点就是抓取大料的 quliao1 点。

图 5-6-5　机器人到达抓取大料的 quliao1 点

第 5 步：启动虚拟示教器，切换到手动模式，进入"程序数据"界面，显示"robtarget"型数据，如图 5-6-6 所示，选中"quliao1"，单击"编辑"，单击"修改位置"，单击"修改"。若出现"计划路径未终止"的对话框，可以先单击"确定"，切换到程序编辑器界面，单击"调试"→"PP 移至 Main"，再找到"quliao1"进行"修改位置"。此时机器人当前位置就示教到 quliao1 点了。

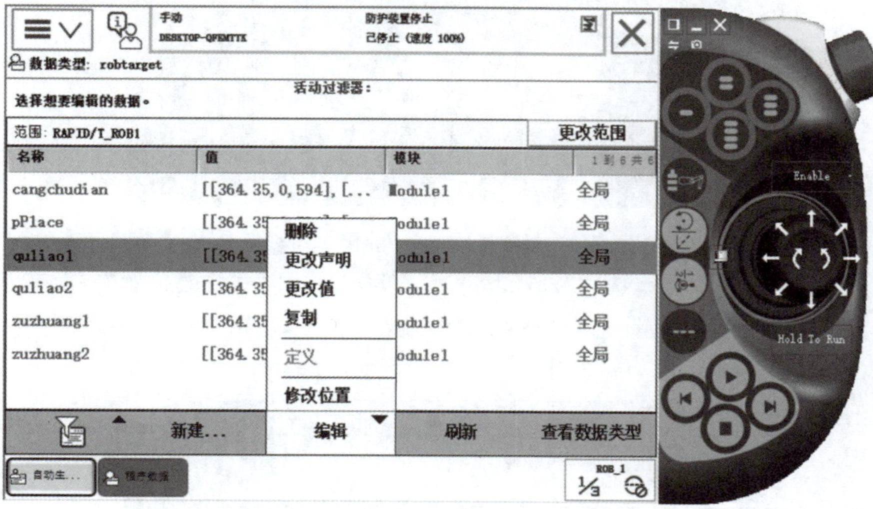

图 5-6-6 示教 quliao1 点

第 6 步：如图 5-6-7 所示，选中物料 1 的复制品，右击，单击"安装到"→"jiazhuaTool"，弹出询问是否更新物料 1_1 位置的对话框，单击"否"。

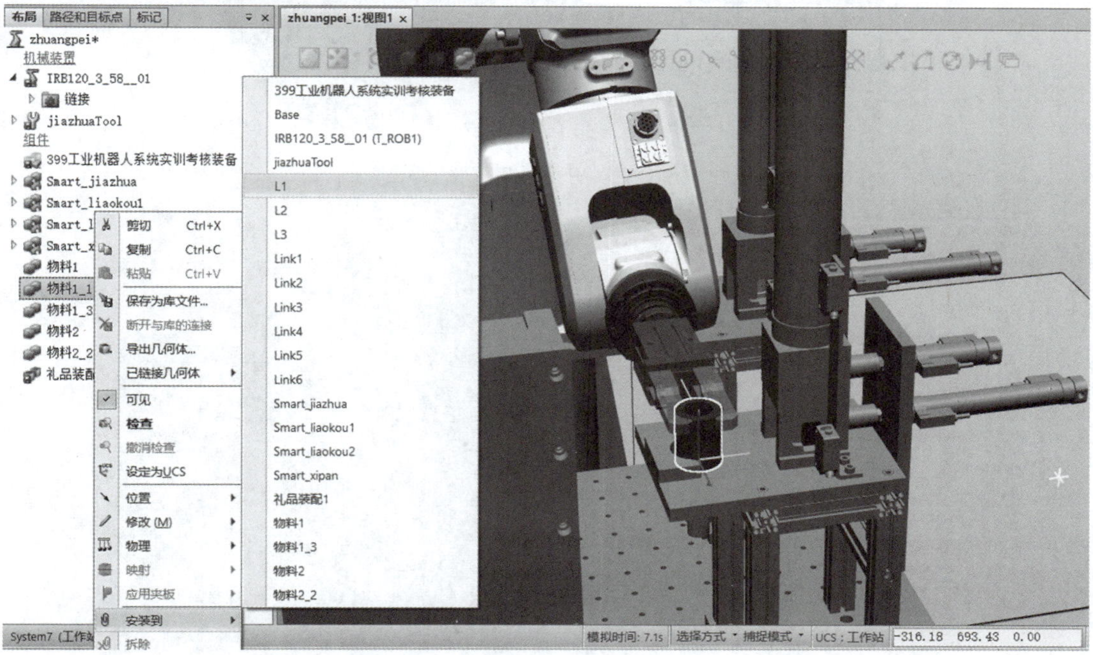

图 5-6-7 将物料 1 的复制品安装到"jiazhuaTool"

第 7 步：切换到"线性"进行方式，操纵方向键，通过查看正面视图、左视图并借助"增量模式"，使"物料 1"放在组装槽内，如图 5-6-8 所示，此时机器人的位姿就是物料 1 的组装点"zuzhuang1"。

图 5-6-8 将机器人放置到物料 1 的组装点

第 8 步：如图 5-6-9 所示，选中“zuzhuang1”，单击“编辑”→“修改位置”→“修改”。

第 9 步：如图 5-6-10 所示，选中物料 1 的复制品，右击，单击“拆除”，弹出询问是否希望恢复物料 1_1 位置的对话框，单击“否”。

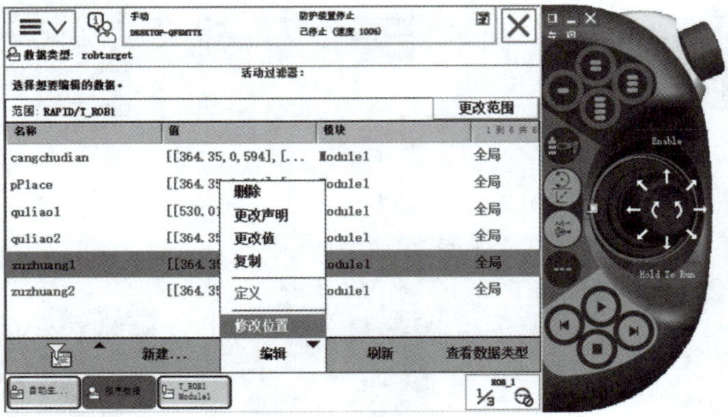

图 5-6-9 示教“zuzhuang1”点

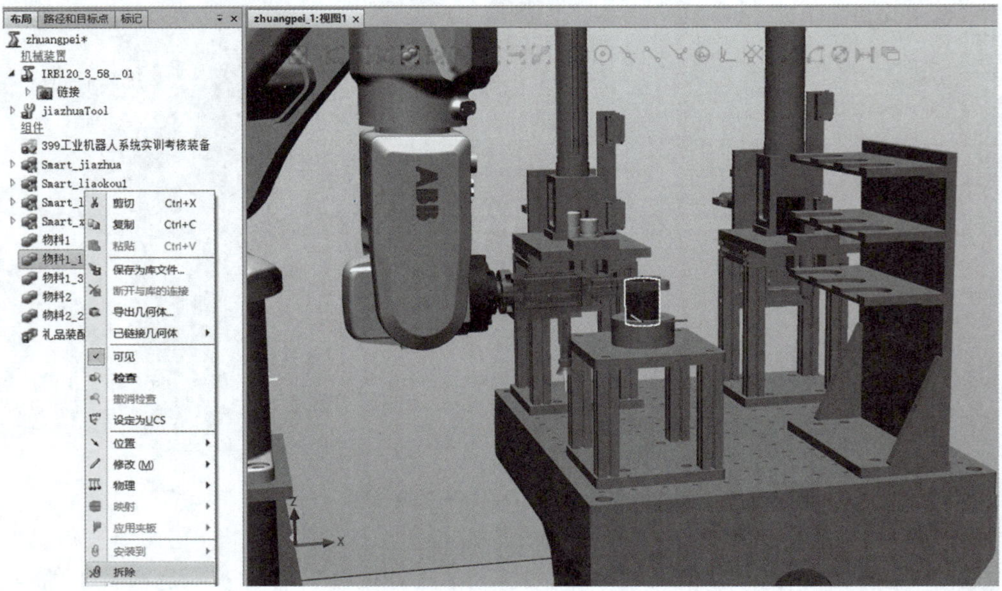

图 5-6-10 拆除物料 1 的复制品

第 10 步:切换到“线性”运行方式,操纵方向键使 jiazhuaTool 的吸盘工具放在“物料 2”的复制品上方,可通过查看正面视图、左视图并借助“增量模式”来精准示教,如图 5-6-11 所示,此时机器人的位置即吸取“物料 2”的 quliao2 点。

图 5-6-11 机器人到达吸取“物料 2”的 quliao2 点

第 11 步:如图 5-6-12 所示,选中“quliao2”,单击“编辑”→“修改位置”→“修改”。

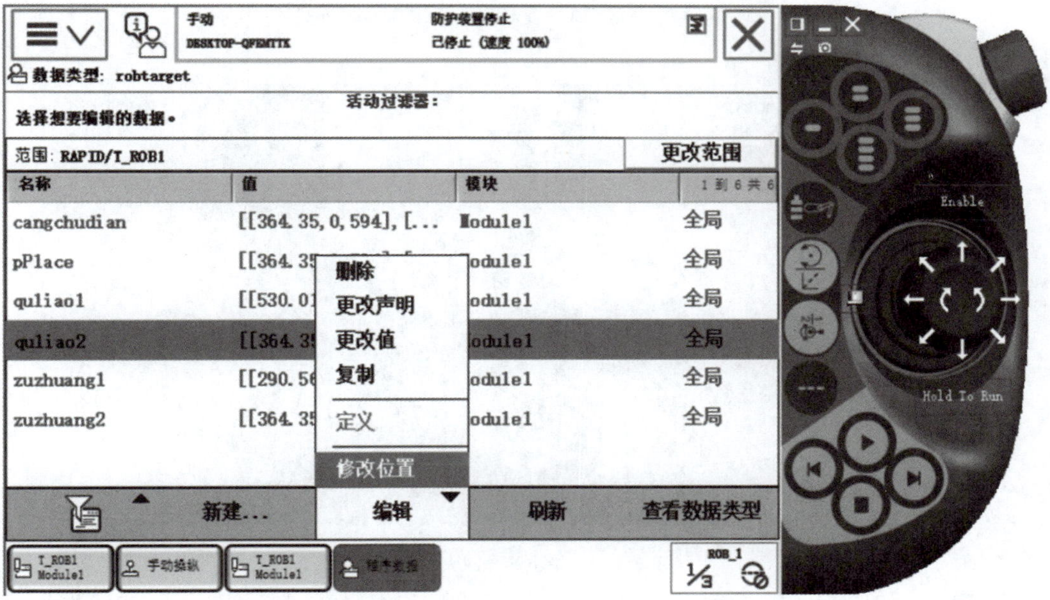

图 5-6-12 示教 quliao2 点

第 12 步:如图 5-6-13 所示,选中物料 2 的复制品,右击,单击“安装到”→“jiazhuaTool”,弹出是否更新物料 2_2 位置的对话框,单击“否”。

第 13 步:切换到“线性”运行方式,操纵方向键使 jiazhuaTool 吸取的小料放到组装台上大料的内部,可通过查看正面视图、左视图并借助“增量模式”来精准示数,如图 5-6-14 所示,此时机器人的位置即“物料 2”的 zuzhuang2 点。

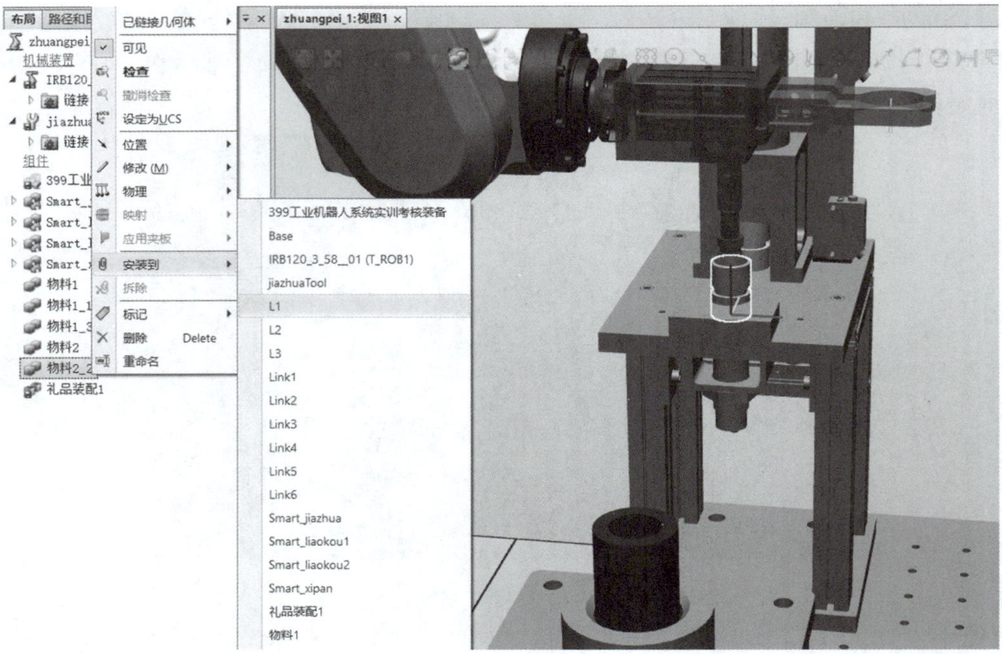

图 5-6-13　将物料 2 的复制品安装到“jiazhuaTool”

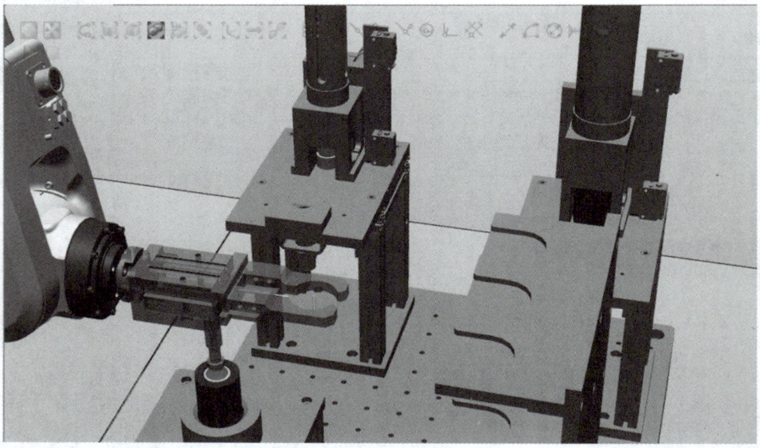

图 5-6-14　把小料放到大料内部

第 14 步：如图 5-6-15 所示，选中“zuzhuang2”，单击“编辑”→“修改位置”→“修改”。

第 15 步：选中物料 2 的复制品，右击，单击“拆除”。

第 16 步：启动虚拟示教器，切换到手动模式，进入程序编辑器界面，单击“调试”→“PP 移至 Main”。

第 17 步：从示教器主界面进入手动操纵界面，单击“转到”，“Enable”上电，选中“zuzhaung1”，如图 5-6-16 所示，然后一直按住“转到”，直到机器人到达“zuzhaung1”位置时松开“转到”。

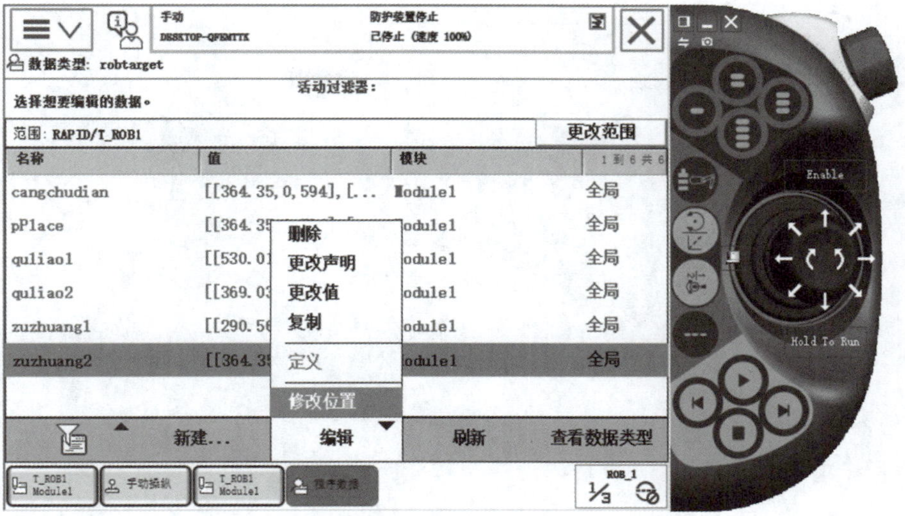

图 5-6-15　示教 zuzhuang2 点

第 18 步：选中物料 1 的复制品，右击，单击“安装到”→“jiazhuaTool”，弹出是否希望更新物料 1_1 位置的对话框，单击“否”；选中物料 2 的复制品，右击，单击“安装到”→“jiazhua-Tool”，弹出是否希望更新物料 2_2 位置的对话框，单击“否”。

第 19 步：切换到“线性”运行方式，操纵方向键使 jiazhuaTool 工具夹住装配成品套件并将其放到仓储机构的第一个料仓内，可通过查看正面视图、左视图并借助“增量模式”来精准示数，如图 5-6-17 所示。

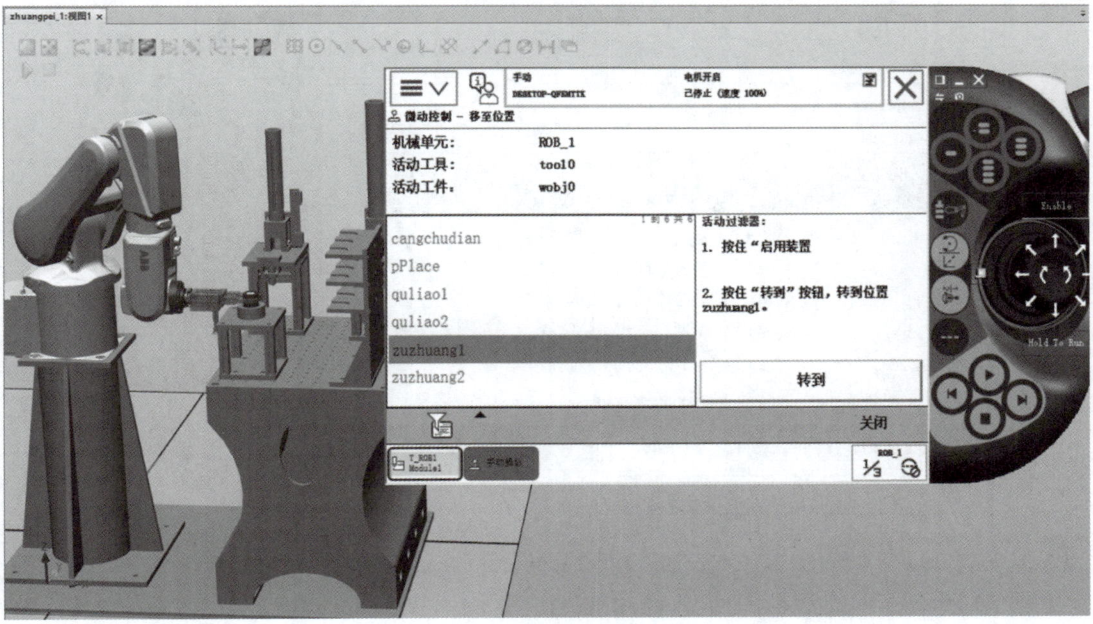

图 5-6-16　“转到”zuzhaung1 点

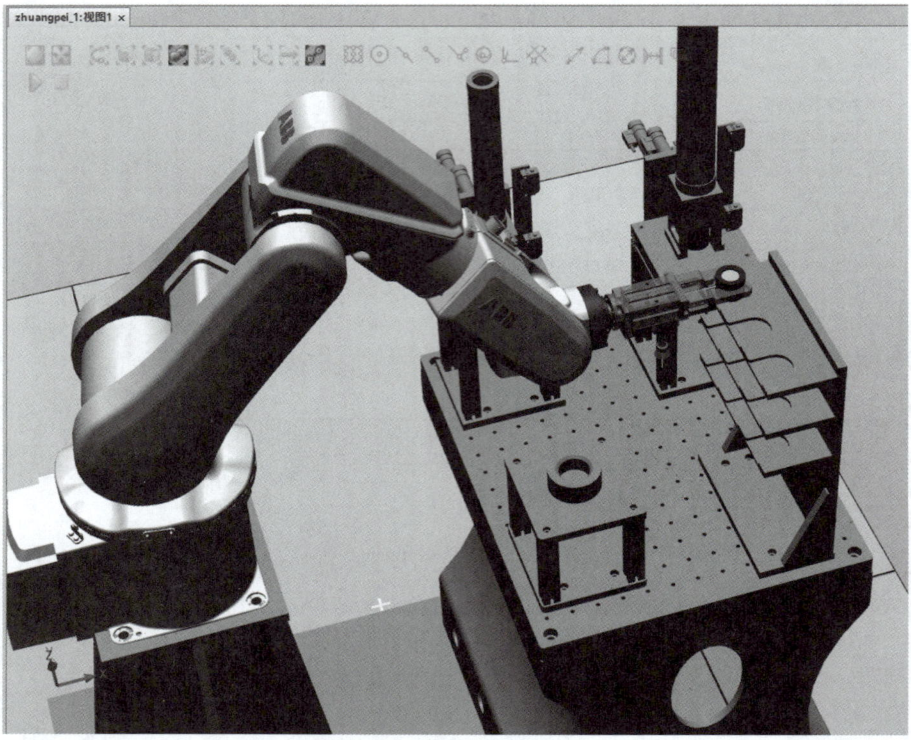

图 5-6-17　将大、小料移到仓储机构的第一个料仓的放置点

第 20 步：如图 5-6-18 所示，选中“cangchudian”，单击“编辑”→“修改位置”→“修改”。

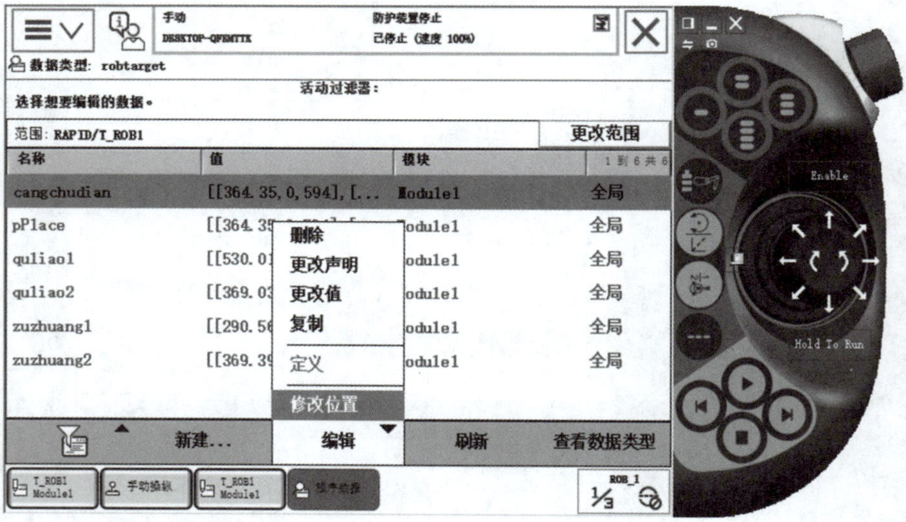

图 5-6-18　示教 cangchudian

第 21 步：选中物料 1 的复制品，右击，单击“拆除”，弹出是否希望恢复物料 1_1 位置的对话框，单击“是”；选中物料 2 的复制品，右击，单击“拆除”，弹出是否希望恢复物料 2_2 位置的对话框，单击“是”。

第 22 步：选中 IRB120 型机器人，右击，单击“回到机械原点”，如图 5-6-19 所示。

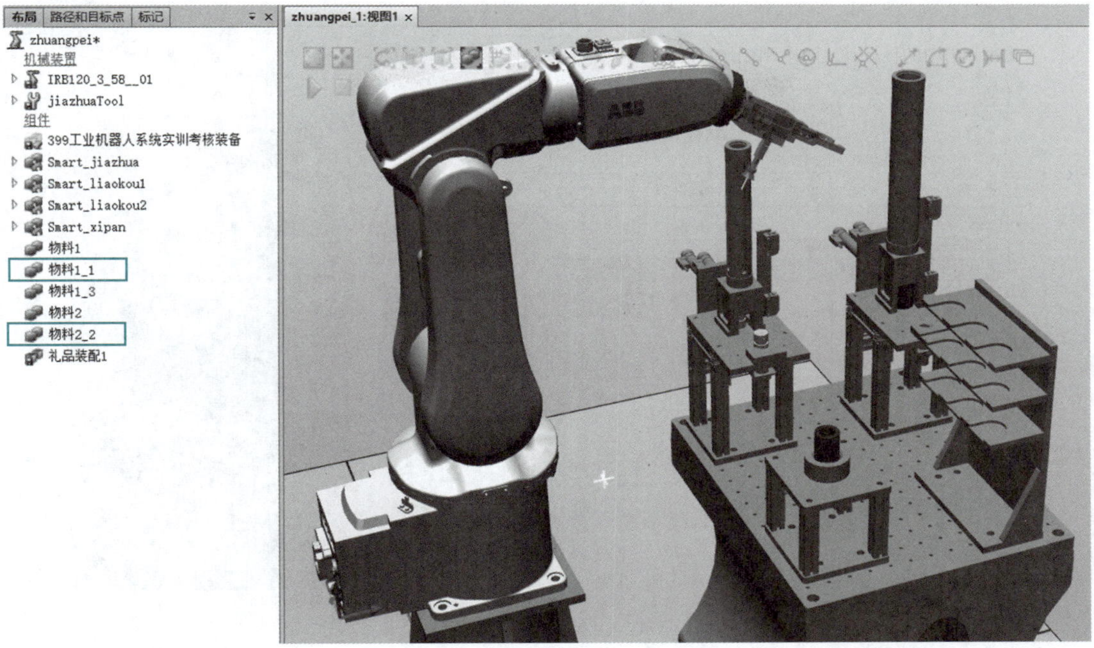

图 5-6-19 回到机械原点

第 23 步：删除物料 1 的复制品“物料 1_1”和物料 2 的复制品“物料 2_2”。

第 24 步：选中“Smart_liaokou1”中的“Source”，打开其“属性”对话框，勾选“Transient”，如图 5-6-20 所示；选中“Smart_liaokou2”中的“source_2”，打开其“属性”对话框，勾选“Transient”，如图 5-6-21 所示。

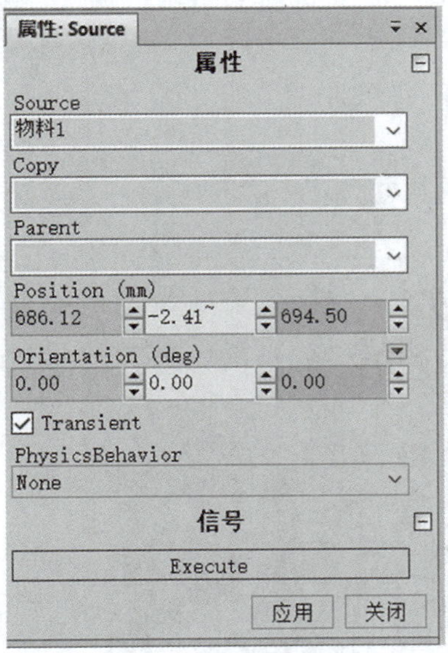

图 5-6-20 Source 属性设置

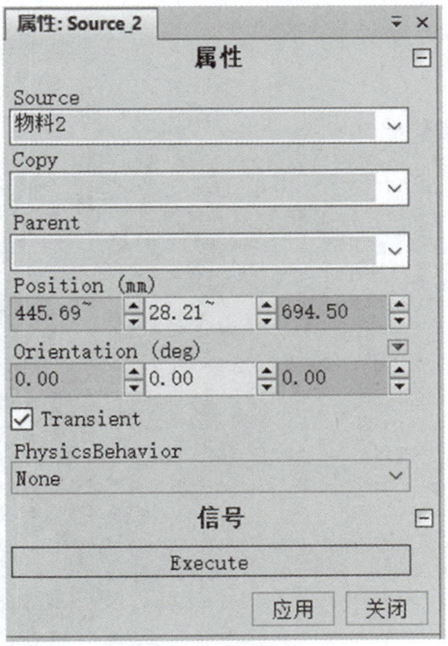

图 5-6-21 Source_2 属性设置

第 25 步：在“仿真”功能选项卡中单击“重置”。

第 26 步：如图 5-6-22 所示，进入示教器的程序编辑器界面，单击“调试”→“PP 移至 Main”，之后单击“连续运行”或“单步运行”，查看机器人的运行轨迹是否正确，直至调试到轨迹正确为止。

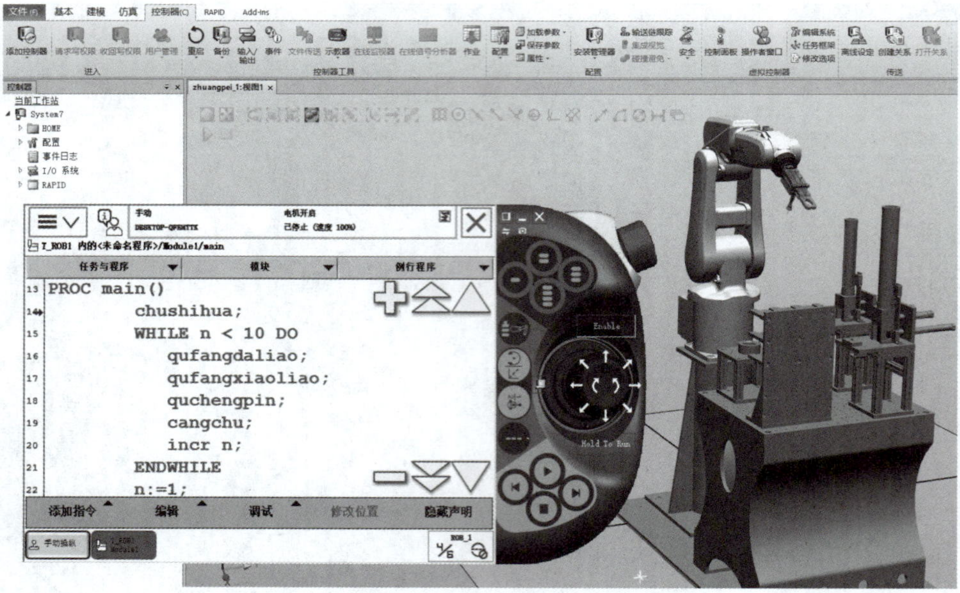

图 5-6-22　检查机器人运行轨迹

5.7　仿真调试运行

微课

仿真调试运行

在“仿真”功能选项卡中单击“播放”，仿真运行效果如图 5-7-1 所示。仿真结束后可单击“重置”。仿真调试成功后，“399 工业机器人系统实训考核装备”恢复勾选“可见”。

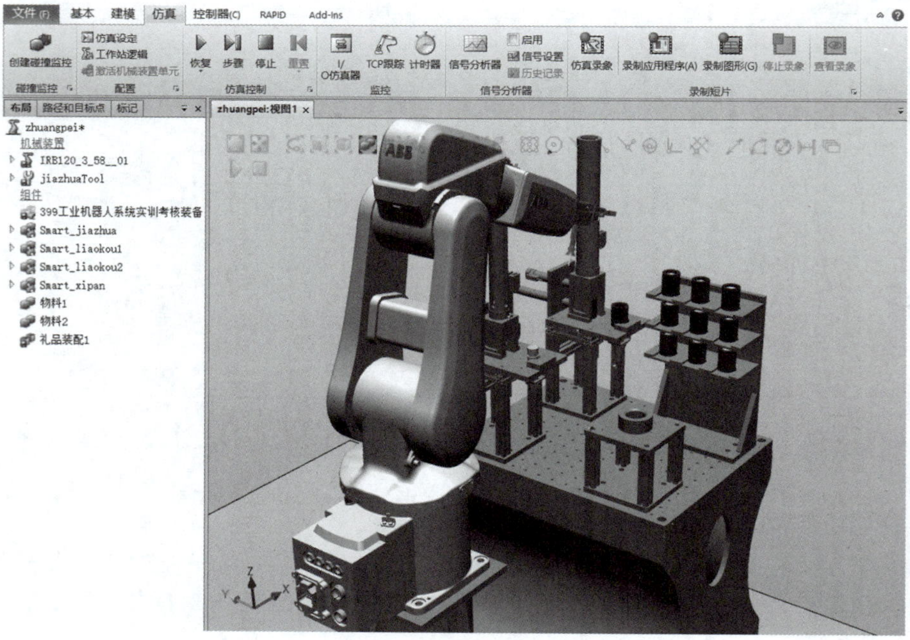

图 5-7-1　装配工作站仿真运行效果

若仿真过程有错误,则应检测工作站逻辑是否设置正确,各个 Smart 组件是否设置正确,程序是否正确。点位示教若不准确,则可重新示教。仿真播放运行时可以监控各个 Smart 组件的信号传递、属性值是否正确,可以把视图 1 的窗口通过右键菜单置于浮动的状态,以便同时观察多个窗口。

拓展阅读

打造更多为人民服务的钢铁侠

一台通体雪白的小机器人,口吐“仙气”便可杀灭病菌无数;一台看似小巧的机器人,可轻松拖动 1 000 kg 的水带向纵深挺进;一台泡沫灭火机器人,能瞬间让上百平方米的广场成为泡沫的海洋……这些形态各异、功能奇特的机器人都是专门为执行特殊任务所设计的,他们都出自中信重工开诚智能装备有限公司 33 岁的机器人研发工程师孙宁之手。

“研究机器人就是我最大的兴趣,我要把他们变成守护人类的‘钢铁侠’。”过去 5 年间,孙宁团队在智能制造的道路上加速前行,将特种机器人技术逐步拓展到应急救援、矿山和石油石化等多个领域,研发出的 53 种特种机器人成为国内外多个领域抢险救援的“急先锋”。日前,他被评为全国劳动模范。

3 个月研发第一款消防机器人问世

2015 年,天津滨海新区物流仓库发生爆炸事故,公司研发防爆消防机器人的任务随即交到了孙宁团队手中。对他来说,第一次集成研发特种机器人是一个全新的开始,没有参照物、没有技术经验,当时团队立下了“军令状”——3 个月做成具有国际先进水平的消防机器人。

他查阅了 200 多篇相关论文,形成十几个方案,做了数百次实验,功夫不负有心人,不到 3 个月,研制成功首款防爆消防机器人。较之国外同等搭载 80 L/s 水炮类机器人产品,孙宁团队研发的机器人质量仅为他们的一半,体积是他们的三分之一。这意味着这款机器人具有更强的复杂环境通过能力和狭小空间的工作能力,被中国科学院认定为达到国际先进水平。

2016 年,他主持开发的消防机器人参加故宫博物院消防演练,由于表现出色,被媒体赞为“新时代的紫禁卫士”。此后,消防机器人系列产品逐渐占领国内 70% 以上同类市场,先后出口多个国家。

打通最后一公里,开发全特种机器人

如何加速打通从设计到交付的“最后一公里”?孙宁善于从既有研发成果中寻找关键技术,充分激发团队自主创新的活力和积极性。

“每个机器人都像我们的孩子一样,要倾尽全力为‘他们’增长本领。”2018 年,市场上的特种机器人技术水平普遍落后,团队要从环境适应能力和智能化水平等方面实现质的突破。同年,他从巡检机器人开始,将研发领域拓展到公司的全部特种机器人产品。

巡检机器人需要代替救援队,深入沟壑纵横的地形里全速奔驰。参照坦克车辆上的克里斯蒂减振悬挂系统,孙宁研发出了插齿型履带,使机器人能在草地、沼泽、雪地、废墟、煤矿、油田等多种地形上快速移动,为抢险救援赢得宝贵时间。

开发轮式巡检机器人虽然只用了短短一个多月，但在这个过程中，孙宁团队不仅掌握了特种机器人二次开发的所有流程和关键技术，更为承接其他机器人项目打下了坚实基础。

“创新不设限”，带领研发团队勇敢闯关

创新工作不是一个人的事，解决难题，需要团队成员勇挑重担、精益求精。

孙宁用“创新不设限”作为带队的口头禅。研发轮式巡检机器人时，国内的初代产品质量达 550 kg，电池的续航能力根本达不到一天，如何给机器人减重一度成了团队攻坚的核心课题。

孙宁从核心元件下手，研制出国际首创的本安云台，让终端执行元件减重 75%。团队成员各展所长，优势互补，执行装置本安化的设计理念，实行了一整套防爆机器人小微化的方案，使轮式巡检机器人的体重减轻了 60%。“瘦身”后的巡检类机器人真正走进了矿井和石化厂站，取代了大量的高危、重体力、高强度的人工岗位，为我国的全面矿井自动化事业提供了有力的技术和装备保障。

“创新助力了各式各样‘钢铁侠’的诞生，表象是技艺，实质在精神，永不妥协是基础，创新突破是关键。未来，我们一定会在更多的危化场所实现‘机器换人’！”孙宁信心满满。

——资料来源：中国机器人网（2021 年 1 月）

小结

本模块主要介绍了创建设备型机械装置与创建工具型机械装置；多个 Smart 组件的设置以及整个工作站的逻辑设计；在仿真停止的条件下带件示教各个目标点；编程时要考虑机器人信号与各个 Smart 组件的信号传递逻辑关系。

习题

一、判断题

1. 在带变位机的机器人系统中，是将工件安装在变位机上；变位机是通过改变加工工件姿态，来增大机器人的工作范围的。（　　）

2. ABB 机器人数据存储类型分为 CONST 常量，VAR 变量和 PERS 可变量。（　　）

3. 子组件 LinearMover 设定运动属性，其属性包含指定运动物体、运动方向、运动速度、参考坐标系等。（　　）

二、选择题

1. 在创建机械装置的过程中设置机械装置的链接参数时，必须选择一个链接设置为________，否则无法创建机械装置的链接。（　　）

A. Fartherlink　　B. Poplink　　C. Baselink　　D. TDlink

2. 在 RobotStudio 创建机械链接的过程中设置机械装置的接点参数时，接点的类型有________两种。（ ）

A. 父链接、子链接　　B. 局部链接、网络链接

C. 基础链接、活动链接　　D. 父链接、基础链接

3. RobotStudio 中的信号类型主要有________等几种类型。(多选题)（ ）

A. DigitalInput、DigitalOutput

B. AnaloglInput、AnaloglOutput

C. DigitalGroupInput、DigitalGroupOutput

D. Input、Output

参考文献

1. 叶晖等. 工业机器人工程应用虚拟仿真教程(第二版). 北京:机械工业出版社,2021.

2. 叶晖等. 工业机器人实操与应用技巧(第二版). 北京:机械工业出版社,2017.

3. 朱洪雷,代慧. 工业机器人离线编程(ABB). 北京:高等教育出版社,2018.

4. 宋云艳,周佩秋. 工业机器人离线编程与仿真. 北京:机械工业出版社,2017.